高职高专"十二五"规划教材

冷轧带钢生产

主　编　夏翠莉　朱万军
副主编　于漫子　陈　丹

北　京
冶 金 工 业 出 版 社
2023

内 容 提 要

本书共分两篇，第 1 篇为冷轧带钢生产知识，第 2 篇为冷轧带钢生产工艺及设备操作。第 1 篇重点介绍冷轧带钢生产方案、生产特点，冷轧产品种类、产品标准及产品用途；介绍了贯穿全书的典型车间和典型产品。第 2 篇按学习情境划分，共分成 6 种学习情境，在每种学习情境下首先提出学习目的和工作任务，然后以此为目标介绍工艺及设备操作，其中有酸洗工艺及设备操作、冷轧工艺及设备操作、酸洗连轧机组传动系统及自动化简介、退火炉工艺及设备操作、带钢连续热镀锌工艺设备操作和冷轧精整工艺及设备操作。

本书可作为高等职业技术院校相关专业的教材，也可供从事塑性加工的工程技术人员参考。

图书在版编目(CIP)数据

冷轧带钢生产/夏翠莉，朱万军主编．—北京：冶金工业出版社，2011.10（2023.2 重印）

高职高专“十二五”规划教材

ISBN 978-7-5024-5686-3

Ⅰ.①冷…　Ⅱ.①夏…　②朱…　Ⅲ.①冷轧—带钢—高等职业教育—教材　Ⅳ.①TG335.5

中国版本图书馆 CIP 数据核字(2011)第 204026 号

冷轧带钢生产

出版发行　冶金工业出版社　　**电　话**　(010)64027926
地　址　北京市东城区嵩祝院北巷 39 号　　**邮　编**　100009
网　址　www.mip1953.com　　**电子信箱**　service@mip1953.com

责任编辑　卢　敏　美术编辑　彭子赫　版式设计　葛新霞
责任校对　王永欣　责任印制　禹　蕊
北京富资园科技发展有限公司印刷
2011 年 10 月第 1 版，2023 年 2 月第 2 次印刷
787mm×1092mm　1/16；20.75 印张；497 千字；319 页
定价 41.00 元

投稿电话　(010)64027932　投稿信箱　tougao@cnmip.com.cn
营销中心电话　(010)64044283
冶金工业出版社天猫旗舰店　yjgycbs.tmall.com
（本书如有印装质量问题，本社营销中心负责退换）

前　言

本书是在教育部高职高专材料类专业教学指导委员会编委会的组织安排下，根据高职高专教育特点，注重学生生产实际和岗位技能培养的要求编写的。书中以冷轧带钢厂生产实践为基础，以介绍冷轧带钢产品、生产工艺和设备为主，辅以冷轧带钢生产理论知识。内容选材参考了多种相关书籍和实际生产资料，力求紧密结合现场实践，学以致用，体现以岗位技能为目标的特点。

全书共分两篇，第 1 篇为冷轧带钢生产知识，重点介绍冷轧带钢生产特点、生产方案、产品种类、产品标准及产品用途；介绍了贯穿全书的典型车间和典型产品。第 2 篇为冷轧带钢生产工艺及设备操作。第 2 篇按学习情境划分，共分成 6 种学习情境，在每种学习情境下首先提出学习目标和工作任务，以典型产品的生产为主线，完成从原料到成品的各个生产环节的工艺参数设定及设备操作。6 种学习情境包括酸洗工艺及设备操作、冷轧工艺及设备、酸洗连轧机组传动系统及自动化简介、退火炉工艺及设备、带钢连续热镀锌生产工艺概况和冷轧精整工艺及设备，并分析了各工序易产生的缺陷及应采取的措施。

本书由辽宁科技学院夏翠莉和朱万军任主编，辽宁科技学院于漫子和陈丹任副主编。书中第 1 篇中的第 1 章和第 2 篇中的学习情境 1 的第 1 单元到第 6 单元由夏翠莉编写；第 1 篇中的第 2 章和第 2 篇中的学习情境 2、学习情境 6 由朱万军编写；第 2 篇中的学习情境 4 由陈丹编写；第 2 篇中的学习情境 1 的第 7 单元和学习情境 3、学习情境 5 由于漫子编写。

本书在编写过程中得到辽宁科技学院吴国玺教授、本钢冷轧厂等的大力支持，并参考了多种相关书籍、资料，在此，对其作者一并表示由衷的感谢。

由于水平所限，书中不妥之处，敬请读者批评指正。

编　者

2011 年 6 月

目　录

第1篇　冷轧带钢生产知识

第2篇　冷轧带钢生产工艺及设备操作

第1篇

冷轧带钢生产知识

1 绪　　论

冷轧带钢生产是以热轧板带材为原料，在其再结晶温度以下或室温状态下进行形变，经酸洗、冷轧、热处理和涂镀等一系列工序的加工处理，最终成为冷轧产品。由于冷轧薄板材尺寸精度、表面质量以及组织性能优良，属于高附加值钢材品种，因此是汽车、建筑、家电、食品等行业不可缺少的金属材料。近十年来我国已建成和正在建设一批具有国际先进水平的酸洗-冷轧联合生产线，装配水平、自动化程度都有很大的提升。随着我国冷轧薄板生产线设备装配和生产工艺的研发与创新，不断推进了冷轧产品品种、实物质量水平及冷轧产品的更新换代。

1.1　冷轧带钢生产的工艺特点

1.1.1　冷轧中产生加工硬化

冷轧是在金属再结晶温度以下进行的轧制。由于加工温度低，金属的晶粒被破碎且不能产生再结晶回复，导致金属在轧制过程中将产生不同程度的加工硬化，随之带来的后果是：（1）变形抗力增加，使轧制力增加；（2）塑性降低，金属易发生脆裂。

当钢种一定时，加工硬化的剧烈程度与冷轧变形程度有关。加工硬化超过一定程度后，板料将因过分硬脆而不适于继续轧制，或者不能满足用户对性能的要求。因此钢板完成一定的冷轧总压下量之后，往往要经软化热处理，即再结晶退火、固溶处理等，使轧件恢复塑性，降低变形抗力，以便继续轧薄。同理，成品冷轧板带钢在出厂之前一般也都需要进行一定的热处理。这种成品热处理的目的不仅在于使金属软化，更重要的是为了提高冷轧产品的综合性能。

在冷轧生产过程中，每次软化退火之前完成的冷轧工作称为一个“轧程”。在一定轧制条件下，钢质愈硬，成品愈薄，所需的轧程愈多。

1.1.2　冷轧中采用工艺冷却与润滑

1.1.2.1　工艺冷却

冷轧过程中金属形变产生热与摩擦热使轧件和轧辊温度升高，道次压下量越大，轧制速度愈快，变形抗力越大，钢种发热率增加越急剧。实验研究与理论分析表明，冷轧板带钢的变形功约有84%～88%转变为热能，使轧件与轧辊的温度升高，故须采用有效的人工冷却。

当辊面温度过高时会引起工作辊淬火层硬度下降，使辊面出现附加的组织应力。另外，辊温的升高以及辊温分布规律的反常导致正常辊形条件的破坏，直接有害于板形与轧制精度。

水是比较理想的冷却剂，其比热大，吸热率高且成本低廉。油的冷却能力则比水差得多。把少量的油剂与大量的水混合起来，制成乳状的冷润液（简称“乳化液”）可以较好地解决油的循环使用问题。在这种情况下，水既作为冷却剂又充当载油剂。

1.1.2.2 工艺润滑

冷轧采用工艺润滑的主要作用是减小金属的变形抗力，降低能耗，提高轧辊的使用寿命，改善冷轧板卷厚度的均匀性和表面质量，使轧机能够经济可行地生产厚度更小的产品。此外，在轧制某些品种时，采用工艺润滑还可以起到防止金属黏辊的作用。

在一定的轧制条件下，工艺润滑的效果取决于润滑剂油品性能、变形区润滑油量的多少和均匀程度，以及轧机清净性、退火清净性、较好的镀层附着力。不同的油品性能差别很大，例如，有些油品注重润滑性，适合于应用在轧后带有清洗线的机组；有些油品注重清洁性，适合应用于轧后板卷贮存时间较短，能较快地进入下一道工序的机组，根据各自轧机的特点选择适合轧机的轧制油。而变形区油量的多少及均匀性主要取决于冷润系统，应尽量保持乳化液系统的配套设施完整，提高乳化液系统的自身清洁性和乳化液相关性能的稳定。

实践表明动物油工艺润滑的效果最佳，其次是植物油，矿物油最差。近年来国内研究用矿物油中添加极性添加剂、油性添加剂等以提高润滑效果，大大降低了成本，使用效果良好。

1.1.3 冷轧中采用张力轧制

所谓“张力轧制”，就是轧件在轧辊中的碾轧变形是在有一定的前张力与后张力作用下实现的。按照习惯规定，作用方向与轧制方向相同的张力叫做“前张力”，而作用方向与轧制方向相反者则称为“后张力”。单位张力是指作用在带材断面上的平均张应力。

张力的作用主要有以下几方面：

（1）防止带钢在轧制过程中跑偏，使所轧带钢保持平直。在张力的作用下，若轧件出现不均匀延伸，则沿轧件宽向上的张力分布将会发生相应的变化，延伸较大的一侧张力减小而延伸较小的一侧张力增大，结果便自动地起到纠正跑偏的作用，保证轧后板形良好。

（2）降低轧件的变形抗力及轧制力，降低能耗。现代冷轧板带生产借助准确可靠的测张仪与自动控制系统结成闭环系统，实现恒张力控制。通过改变卷取机或开卷机的转速、各架轧机主电机的转速和压下可以使轧制力、张力在较大范围内变化。

1.2 冷轧带钢生产的基本任务

冷轧带钢生产的基本任务是经过冷轧生产出厚度更薄、尺寸精度更高、性能更好的全硬板带、普冷板带和涂镀板带。全硬板带指经冷轧后的板带不再继续到下游工序加工处理直接作为产品；普冷板带指冷轧后的板带再进行退火热处理和平整等工序的产品；涂镀板带指冷轧后的板带再经过脱脂、退火、镀层或涂层等工序处理的产品，是冷轧产品中加工程度最深的产品，因此其附加值也是最高的。采用的主要技术手段是酸洗、冷轧、脱脂退火、精整、镀层、彩涂等操作。

1.2.1 酸洗

酸洗是冷轧生产的重要任务，为了保证钢板表面光洁，以便顺利地实现冷轧及其后的表面处理，必须在冷轧前通过酸洗去除氧化铁皮、表面杂质和油污。冷轧薄板生产中最常用的方法为盐酸酸洗。

1.2.2 冷轧

冷轧是冷轧生产的核心任务，钢板的减薄，即金属的塑性变性量几乎全部是由这一工序完成的。通过原料的化学成分、规格和产品的技术要求确定冷轧工艺规程，即变形规程、速度规程、张力的设定和冷却润滑方式的设定等，按着冷轧工艺规程进行轧制。

1.2.3 脱脂退火

冷轧后的带钢退火或涂镀前要经过脱脂处理，去除板面上的油污。一般普冷板带常采用冷轧“机上洗净法”，涂镀板带常采用碱性清洗的方式。

退火是冷轧板带钢生产中的最主要的热处理工序，分成三种情况：第一种情况为中间退火，主要是对高度冷加工硬化的金属进行再结晶软化退火后继续冷变形；第二种情况是成品的最终退火，退火工艺根据用户对产品的需求而定，主要作用是对带钢进行再结晶退火处理等，完善微观组织、提高塑性和冲压成形性；第三种情况是涂或镀前的退火，一般为连续退火炉，作用与前面相同。由于连续退火炉较之罩式退火炉具有退后产品性能均匀、表面光洁、板形好、成材率高、可控性好的优点，故其发展很快。

1.2.4 精整

精整是保证冷轧产品的最后一道工序，主要作用是改善材料力学性能，消除材料屈服平台，改善板形，并对板带进行剪切、检查、包装等。精整工艺由平整工艺、重卷工艺、横切工艺和纵切工艺等组成。

1.2.5 涂、镀工艺

镀层板带由于具有良好的耐腐蚀能力、焊接性能、冲压成形性等特点，被广泛应用在建筑、汽车、包装材料等领域。主要工艺是冷轧后的板带经过表面处理后，通过电镀或热镀的方式使钢板表面附着一层锌或锡等金属。

彩色涂层板带由于具有美观多变的色彩、良好的耐候性和低成本等特点，被广泛应用在建筑、装饰和家电等行业。主要工艺是冷轧后的板带经过表面处理后，涂敷上一层或两层有机涂料，然后进行烘烤固化。

1.3 冷轧带钢生产的技术经济指标

技术经济指标能够反映生产中的技术水平与经济效果，是衡量一个企业完成计划的情况，同时也为企业的各项技术、生产、经营活动与检查分析提供依据。冷轧薄板生产的技术经济指标主要包括产量、质量、品种、成本等。

1.3.1 产量

具体如下：

（1）轧机小时产量A：

$$A = \frac{3600Gbk_1}{T}$$

式中 A——轧机小时产量，t/h；

T——轧机的轧制节奏时间，s；

G——原料重量，t；

b——成材率,%；

k_1——轧机利用系数。

（2）轧机日历作业率（%）：

$$轧机日历作业率 = \frac{轧机实际工作时间(h)}{日历时间(h) - 计划大修时间(h)}$$

（3）轧制节奏时间T(s)。轧制节奏时间指轧制过程中，第一根轧件头部进入第一架轧机到第二根轧件头部进入第一架轧机之间所需时间。轧制节奏时间的长短直接影响着轧机的小时产量，轧制节奏时间缩短，轧机小时产量提高；反之，轧机小时产量下降。

1.3.2 质量

（1）成材率（%）。成材率指合格产品质量与所用原料质量的百分比。

$$b = \frac{Q_{合}}{G} \times 100\%$$

式中 b——成材率,%；

$Q_{合}$——合格产品质量，t；

G——原料质量，t。

成材率越高，单位原料的利用率越高，产品成本越低，说明企业生产技术水平和管理水平越高。

（2）金属损失量（t）。金属损失量指生产全过程中金属损失量的总和。冷轧薄板生产中金属损失包括切头尾、切边损失、拉断等废品损失、溶损等其他损失。金属损失量越小，金属成材率越高。

1.3.3 车间成本（元/t）

产品成本的组成把下列各种消耗量换算成吨钢消耗价格为：

（1）原材料消耗（kg/t）。原材料消耗是指生产1t合格冷轧板所需热轧板的重量。它等于金属成材率的倒数。

原材料消耗(kg/t) = 原材料消耗量(kg)/合格冷轧板产量(t)

（2）辅助材料消耗（kg/t）。辅助材料消耗是指生产1t合格冷轧板所消耗的酸、轧辊、轧制油等的量。

辅助材料消耗(kg/t) = 辅助材料消耗量(kg)/合格冷轧板产量(t)

（3）燃料消耗（m^3/t）、动力消耗（kW·h/t）。燃料消耗是指生产1t合格冷轧板所消耗的退火炉用煤气等的量。

燃料消耗(m^3/t) = 燃料消耗量(m^3)/合格冷轧板产量(t)

动力消耗（kW·h/t）包括生产线总用电量的消耗。

动力消耗(kW·h/t) = 动力消耗量(kW·h)/合格冷轧板产量(t)

（4）生产工人工资及工资附加费。

（5）车间经费：固定资产折旧费，车间经费。

1.4　冷轧带钢生产的发展前景

从1920年美国第一次成功轧制出冷轧宽带钢开始，直到1960年我国建设了第一台1700mm单机可逆式冷轧机，1978年在武钢建设了首套1700mm冷连轧板带机组，1988年在宝钢建成了2030mm五机架全连续宽度冷轧机。进入21世纪，随着钢产量的大幅提高，特别是2004年以来，全国各大钢铁公司纷纷投入巨资新建或拟建冷轧板带项目，不少民营企业也加入了这一行列。2003~2004年底，我国冷轧带钢产量为1329万吨，而表观消费量为3079万吨，自给率为43%，据预测至2005年底，冷轧带钢产量将达2995万吨，而表观消费量为4020万吨，自给率为71%。预示着我国冷轧板带的生产应有很大的发展空间。

从冷轧产品的规格看，0.15~0.38mm厚的薄板带，0.07~0.25mm厚的较薄薄板，0.025~0.05mm厚的极薄薄板，最薄达0.001mm的钢板都需要用冷轧的方法来完成。虽然约占50%以上1mm的冷轧带钢可以通过热轧的连铸连轧来生产，但我国用薄规格热轧板替代冷轧板的工作刚刚开始，还需要一个过程。从厚度精度上看，现代冷连轧板厚精度高达±5μm，比热轧厚度精度高10倍。从板形方面看，冷轧板特别是现代化的宽带钢冷轧机轧制的带钢，其平直度能控制在5~20I（1I单位 = 10^{-5}相对长度差）以内。从表面质量看，冷轧板按表面粗糙度分为三种：一种是无光泽的钢板，其表面粗糙度为3~10μm，一般适用于作冲压部件，并且当需涂喷刷漆时，这种钢板附着性较强；第二种是光亮板，其表面粗糙度小于0.2μm，这种钢板主要作为装饰镀铬用原板等；第三种是压印花纹钢板，采用表面具有70~120μm凹凸的平整辊平整钢板，这种钢板用于仪表壳及家具装饰等。从性能看，应用于汽车等行业的冷轧板具有强度高、塑性好、重量轻和良好深冲性能等特点，为此开发了双向钢、TRIP变形诱导塑性钢、TWIP孪晶诱导塑性钢；应用于机电工业的硅钢冷轧板等具有重量轻、低能耗等特点；应用于家电、食品、建筑装饰等行业的不锈钢板、镀层和涂层钢板具有耐腐蚀和美观大方等特点。

冷轧薄钢板生产工艺流程各有特点，发展迅速。我国 2002 年之后新建的冷轧板带生产线大多为酸洗-冷轧联合机组、冷轧-连续退火联合机组和单机架或双机架可逆冷轧机。冷轧联合机组生产效率高，轧制速度快，当产品品种较单一或者变动不大时，最能发挥其优越性。冷轧联合机组由于自动化程度高，实现了板厚和板形的在线检测和控制，例如：CVC、HC、UC、VC 等板形控制机型的采用，使得冷轧薄板的厚度精度更高、板形更好。随着全新的集电解清洗、退火、平整、卷取为一体的带钢热处理新技术的广泛使用，连续退火炉具备了处理低碳钢以外其他钢种的能力，如高强钢、烘烤硬化钢、双向钢、TRIP 钢、电工钢、镀锡板等，为开发新品种和高性能的钢材创造了条件。2004 年之后，我国新建了数十条单机架或双机架可逆冷轧机，从长远看，根据国外冷轧机发展的经验，当冷轧板带产量基本满足要求时，建设单（双）机架可逆式轧机，适应市场对冷轧板小批量、多品种的需求显得尤为重要。

思考题

1-1-1　冷轧带钢生产的基本任务是什么？

1-1-2　冷轧带钢生产的工艺特点有哪些？

1-1-3　什么是成材率，冷轧板带金属损失有哪些？

2 冷轧带钢生产机组及产品简介

2.1 冷轧带钢生产方案简介

2.1.1 生产方案

冷轧生产方法是不断发展进步的，从最初的单张生产方法、半成卷生产方法开始，到20世纪50年代的成卷生产方法，其生产效率、产量、板形、产品质量和产品性能都有大幅度的提高，同时工人的劳动强度、生产能耗大大降低了。发展至今单张生产和半成卷生产方法由于工艺比较落后，已被逐渐淘汰。成卷生产方案按轧机布置形式划分成单机架、双机架和多机架布置，以适应不同品种及质量产品的生产需求。多机架布置中大多由4~5架轧机组成连轧机组，按冷轧带钢生产工序及联合的特点，将多机架的连续轧机分成三类，即单一全连续轧机、联合式全连续轧机及全联合式全连续轧机。选择何种轧制方式，可视生产的产品种类和规模的大小而定。生产方案划分如下：

（1）单机架可逆式：二辊式、四辊式、六辊式、十二辊式、二十辊式（森吉米尔）；

（2）双机架可逆式：四辊式、六辊式；

（3）多机架连轧机组，分成：

1）单一全连续轧机机组：常规连轧机机组、全连续轧机机组；

2）联合式全连续轧机机组：酸洗—冷轧联合式全连续轧机机组、冷轧—退火联合式全连续轧机机组；

3）全联合式全连续轧机机组：酸洗—冷轧—退火全联合式全连续轧机机组。

2.1.1.1 单机架可逆式冷轧机组

A　轧机形式

作为机列配置，最简单的要数单机架。单机架按辊系结构又可分为二辊式、四辊式、六辊式等多辊式冷轧机，如图1-2-1所示。

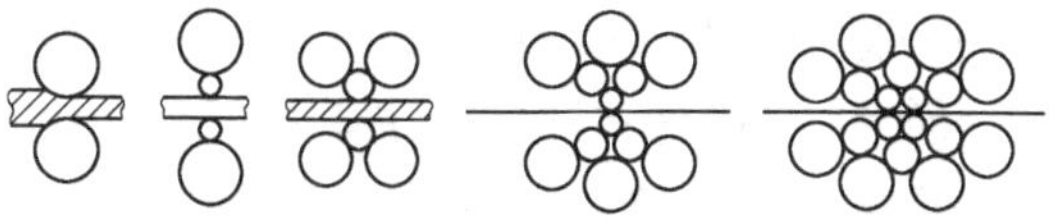

图1-2-1　单机架辊系结构图

二辊式冷轧机是早期出现的最简单结构形式的冷轧机。二辊式轧机辊径大，咬入性能好，轧制过程稳定，但轧机刚度较小，轧制产品厚度大、精度差，难以保证高质量的轧制。因此目前这种轧机只用于轧制较厚的带钢或作平整机用。

对于二辊轧机而言，为了能够轧制更薄的带钢必须减小轧辊直径。这是因为只有减小辊直径，才能使轧制力和力矩降低，轧辊弹性压扁减小，就可以承受轧薄时更大的轧制力，增加道次压下量。但是，小直径轧辊在轧制力和张力作用下，又缺乏足够的强度和刚性，这样就产生了由小直径工作辊直接进行轧制变形，而用大直径辊作为支撑辊，于是就产生了四辊式冷轧机。

四辊式冷轧机一般多采用工作辊传动，其工作辊和支撑辊直径之比约为1∶3，机架具有较大的刚度，可以轧制厚度为0.15～3.5mm、宽度最大为2080mm的低碳冷轧带钢和镀锡、镀锌及涂层基板，也可轧制不锈钢、硅钢等合金带钢。

多辊轧机是指一个机架内轧辊数多于4个的轧机，早期是六辊式和十二辊式，现在普遍使用森吉米尔型二十辊轧机。这种轧机刚性大，工作辊挠度小。工作辊是由弹性模量很大的材质制成的，能承受较大的轧制力，加上有较完善的辊形调节系统，所以多辊轧机可以轧制0.002～0.2mm的极薄带钢和变形困难的硅钢、不锈钢及高强度的铬镍合金材料。

B 单机架可逆冷轧机生产线配置

单机架可逆式冷轧机组是单卷轧制方式，因此具有投资少、见效快、生产灵活的特点。单机架可逆式轧制可通过改变道次的压下量、速度、张力等参数的设定值，灵活地组织不同品种规格、不同钢种、不同批量的产品生产，容易满足市场的需要和适应市场的变化。当采用森吉米尔型轧机时，又具有刚性好，轧制力大，能轧制高强度极薄的冷轧板特点，因此最近几年国内冷轧厂为了调节产品的品种和规格，新建厂广泛采用森吉米尔型轧机。

单机架可逆式轧制生产方式规模比较小，收得率比较低。生产低碳钢时，一般产量在15～30万吨左右。生产高合金钢或取向电工钢时，其年产量低于15万吨。

随着热轧技术的发展，以及冷轧传动与控制系统的进步，使得热轧带钢厚度不断减薄，热轧带钢最小厚度已达到0.78mm；冷轧轧制速度的提高，换辊时间的缩短，单机可逆冷轧机的产量已提高至年产量40万吨甚至80万吨以上的水平。如美国Berkeley厂1997年8月投产的单机架冷轧机的年生产能力为80万吨，其轧制规格为(0.25～1.93)mm×(1168～1676)mm，最大轧制速度为800m/min。

单机架可逆式冷轧机、双机架可逆式轧机和多机架单一连轧机生产线通常配置方式如图1-2-2所示。

连续式酸洗工序工艺：开卷→剪切对焊→活套→连续酸洗→剪切→卷取。

轧制工序工艺：开卷→轧制→卷取。

连续退火工序工艺：开卷→剪切对焊→活套→清洗干燥→退火→剪切→卷取。

平整工序工艺：开卷→平整→卷取→打包→入库。

横切工序工艺：开卷→矫直→剪切→打包→入库。

镀锌工序工艺：开卷→连续退火→镀锌锅→气刀→镀后冷却→光整、矫直、卷取。

彩涂工序工艺：镀层板开卷→涂层机组涂层→卷取。

酸洗有两种形式：推拉式酸洗和连续式酸洗。按酸洗槽深浅又分成浅槽式酸洗和深槽式酸洗。连续式酸洗生产线酸洗效率较高，是目前常用的一种方式。

单机架可逆式轧机有两辊式、四辊式、六辊式、十二辊式、二十辊式。当生产硅钢和不锈钢时，可逆式轧机多采用森吉米尔式二十辊可逆冷轧机，由于二十辊式支撑辊排列方式为2-3-4，轧机的刚性好，因此可以轧制超薄、超硬的钢板。

退火工序可以采用全氢罩式退火炉、连续退火炉、环形退火炉。三种退火炉各具特色，为了提高产量，灵活地控制退火工艺，从而控制带钢的组织和性能，最好采用连续退火炉。

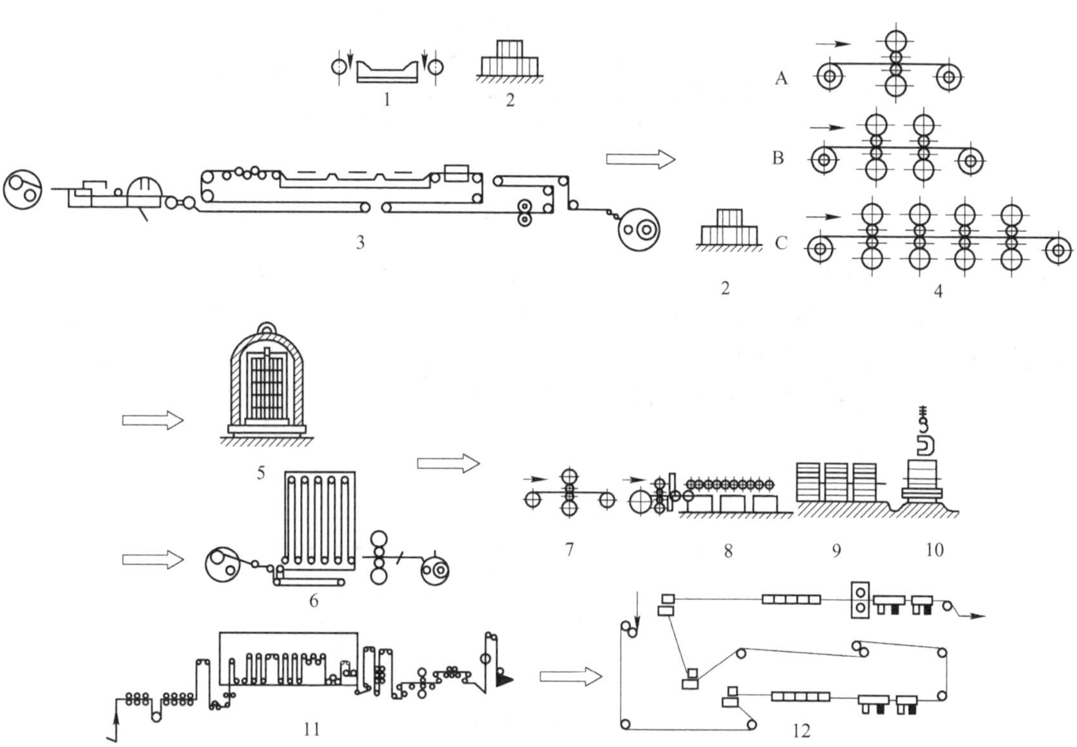

图 1-2-2 冷轧生产线配置方式图示

1—酸洗；2—板卷；3—连续酸洗；4A—单机架可逆式轧机；4B—双机架可逆式轧机；4C—多机架连轧机；5—罩式退火炉；6—连续退火炉；7—平整机；8—横切机组；9—包装；10—入库；11—镀层机组；12—涂层机组

2.1.1.2 双机架可逆冷轧机组

双机架可逆冷轧机，简称 CCM 轧机（compact cold mill 紧凑式冷轧机）。带钢是在两架轧机上实现连续可逆轧制的（图 1-2-3）。

A 双机架轧机形式

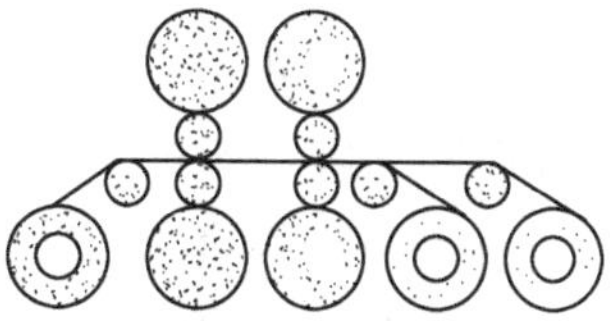

图 1-2-3 双机架可逆冷轧机辊系结构图

双机架可逆冷轧机，具有灵活的轧制道次，可实现产品规格的多样性。与单机架相比，双机架可逆冷轧机的优点在于增加产量、减少停机时间和一次轧制可完成 2 个道次；与冷连轧机相比，双机架可逆冷轧机的优点在于轧制道次的灵活性，如：一次轧制 2 道次；二次可逆轧制 4 道次；三次可逆轧制 6 道次。因此，双机架可逆冷轧机可以实现四机架冷连轧机不能实现 2 个或 6 个道次压下量的轧制。双机架可逆冷轧机一般配有正负工作辊弯辊系统、CVC 轴向移动技术、多段冷却和采用流量控制带钢厚度的 AGC 系统，保证了冷轧带钢的板形和平直度。

B 双机架可逆冷轧机生产线配置

图 1-2-4 为双机架可逆冷轧机组与单机架可逆冷轧机组及多机架冷连轧机组之间的产

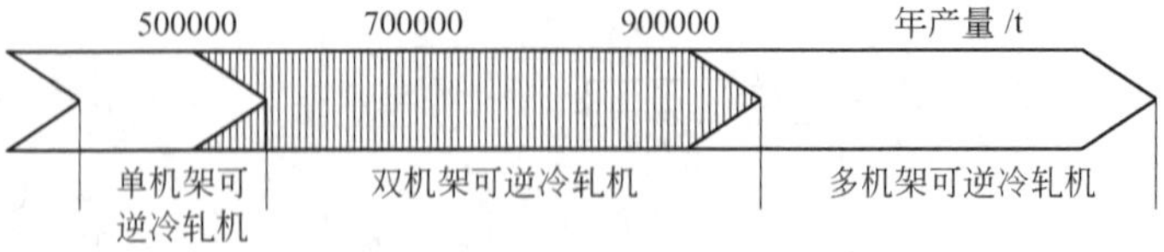

图 1-2-4　双机架可逆冷轧机与单机架可逆冷轧机和多机架冷轧机之间的产量比较

量比较。双机架可逆冷轧机的产量介于单机架可逆冷轧机与多机架冷连轧机之间，对于年产量 50 ~ 90 万吨的机组是比较合适的选择。此外，双机架可逆冷轧机组的优点还在于相同的轧机产量建设投资费用及生产成本较低。由于双机架可逆冷轧机具有投资及成本优势，因而自 1996 年推出后在世界范围内得到了迅速推广，如图 1-2-5 所示。

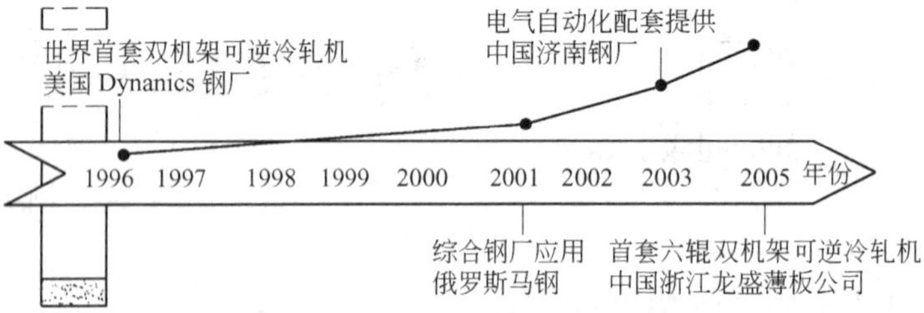

图 1-2-5　双机架可逆冷连轧机在世界上的应用

1996 年推出的首套双机架可逆冷轧机在美国 Dynanics 钢厂于 1998 年投产，实际年产量已超过 100 万吨。近年我国建造了数台双机架可逆冷轧机。

美国国际轧钢咨询公司 Ginzburg 重点对双机架可逆冷轧机与酸轧全连续 5 机架冷连轧机进行了比较，结果如表 1-2-1 所示。在年总产量相当的条件下，在设备数量、成材率、人员及成本等方面，后者（酸轧全连续）均优于前者（双机架可逆冷轧机）；而轧机利用系数则是前者优于后者。

表 1-2-1　双机架可逆冷轧机与酸轧全连续 5 机架冷连轧机的比较

项 目 指 标	双机架可逆冷轧机		酸轧全连续 5 机架冷连轧机	
主要设备台数/台	58		28	
主要设备优缺点评分/分	+3		+12	
辅助设备台数/台	58		48	
辅助设备优缺点评分/分	+5		+8	
轧机操作状态	建张力前带钢尺寸合格	建张力后带钢尺寸合格		
轧机直接生产损耗/%	20	0.20	0.45	
尺寸不合格生产损耗/%	1.79	4.93	0.30	
质量废品/%	2.7	2.70	1.00	
总人员/人 · 年$^{-1}$	冷　轧	酸　轧	冷　轧	酸　轧
	61	54	35	45

续表 1-2-1

项 目 指 标	双机架可逆冷轧机		酸轧全连续 5 机架冷连轧机	
轧机操作状态	建张力前带钢尺寸合格	建张力后带钢尺寸合格	建张力前带钢尺寸合格	建张力后带钢尺寸合格
每吨钢总消耗成本/美元	7.61	7.61	5.81	5.81
每吨钢总人力成本/美元	4.51	4.51	3.09	3.09
每吨钢总金属损耗成本/美元	6.68	12.36	2.56	2.56
每吨钢总计/美元	18.98	24.48	11.46	11.46
轧机利用系数/%	86		78	

当然，双机架可逆冷轧机也有其自身的弱点。在轧制板形要求较高的产品时，其在生产管理及操作上比较麻烦，且成材率也较低。此外，对于轧制像 DDQ 级或 EDDQ 级这类深冲级别较高的产品时，因产品对累计压下量有一定的要求，故需要多道次轧制，必然会影响到轧机的产量。这与双机架可逆冷轧机利用薄板坯连铸连轧薄规格带钢来料、减少轧制道次、提高产量的初衷相矛盾。因此，若要追求双机架可逆冷轧机的高产量，则 DDQ 级或 EDDQ 级产品的产量则会受到一定的限制。

双机架可逆式冷轧机生产线通常配置方式如图 1-2-2 所示，冷轧机采用图中 4B 双机架可逆冷轧机。

2.1.1.3 多机架连轧机组

1926 年美国阿姆科公司 Bulter 厂建成四机架连轧。随着生产技术进步，以及伴随着机械、电气、轧辊冷却等一系列技术问题的相应解决，到 20 世纪 60 年代时，其轧制速度已从 70m/min 迅速增至 1000 ~ 2000m/min。20 世纪 70 年代，采用六机架连轧的最大轧制速度达到了 2520m/min。在整个连轧生产过程全部采用计算机控制，高速高精度的生产过程控制成为现实的基础上，为了消除连轧机穿带-甩尾作业、消除头尾部无张力轧制所带来的厚度波动等质量问题，进一步提高产品质量及轧机产能，全连续式的无头轧制的生产方式诞生了，实现了冷轧轧制技术的一大飞跃。

A 连续式冷轧机机型

轧机机型的含义是指轧机中轧辊的数目、轧辊的排列形式、轧辊的形状与结构、液压弯辊等机械方面的问题。在连续式轧机机组中，轧机一般为四辊式轧机和六辊式轧机。按板形调控手段又分成六辊的 HC 轧机、HCM 轧机、UC 轧机、UCM 轧机、HCMW 轧机和 UCMW 轧机，四辊的 HCW 轧机和 PC 轧机以及 CVC 轧辊技术、DSR 轧辊技术、VC 轧辊技术等形式。

连续式轧机机组中，一般是由 4 ~ 6 架轧机组成。机组轧机配置分成两种方式：单一轧机配置方式和混合轧机配置方式。单一轧机配置方式是指机组中由一种轧机机型（辊数相同）组成，例如图 1-2-6a ~ e。混合轧机配置方式中，有 4 种不同的配置。第一种配置是将六辊机架放在第一机架的位置上如图 1-2-6f 所示，把握好第一机架出口的板形，对后面机架板形调控效果至关重要，即“门户”理论。第二种配置把六辊机型安置在最末机架的位置上如图 1-2-6g 所示。理由是板形测量辊放在机组出口位置，组成闭环控制，控制好出口带钢的板形。第三种配置是第一和第二两种配置的组合如图 1-2-6h 所示。第四种配置是前 3 个机架是四辊机型，最后两个机架采用六辊机型如图 1-2-6i 所示。这种配置方式的主导思想是加强第四机架板形调控能力，降低第四机架板形调控的剩余偏差，减轻第五机架板形调控负荷，有利于第五机架的调控精度的提高。

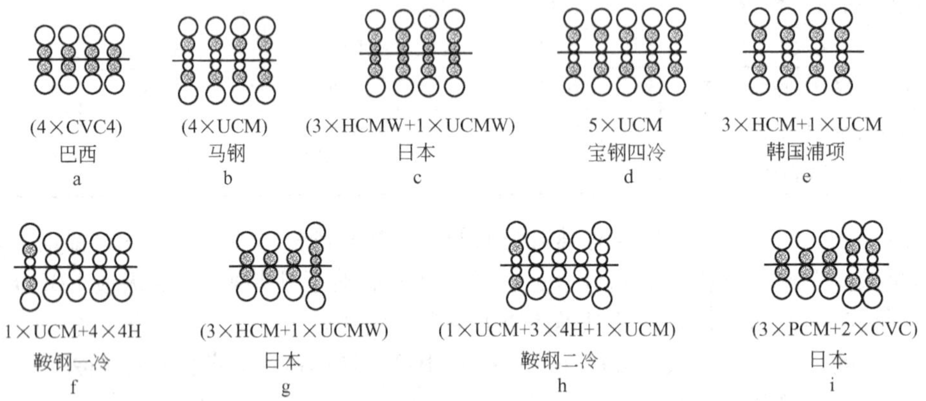

图 1-2-6　连续式冷轧机组中几种典型轧机配置方式

新建的冷轧厂一般设置 5 架轧机居多，尤其对于普通低碳钢来说，70% 的冷轧变形量，即压下率分配到 5 个机架上，长期的生产中证明是比较适中的选择。由于 UCMW 机型具有最强的边部减薄调控能力，因此轧制电工钢的连轧机选用 UCMW 机型是合适的。除此以外，工作辊横向移动的功能并不是不可缺少的，因此近些年来建造的冷连轧机采用 UCM 这种机型越来越多，已成为一种趋势。

采用多机架四辊或六辊连续式轧制方式，板形调控手段配置有如下几种形式：

必备的基本调控手段：压下倾斜（ASD）、弯辊（FB）、精细分段冷却（SCC）。前两项是各轧机都必备的，其中弯辊有工作辊弯辊（FBW）、中间辊弯辊（FBI）、支撑辊弯辊（FBB）3 种，并且一般都采用对称弯辊。

可选的调控手段：轧辊轴向移位（RS）、可控变形支撑辊、轧辊成对交叉（PC）和特殊初始辊形（SRC）。特殊初始辊形（SRC）（无特殊辊形即为普通余弦辊形或平辊）可以是工作辊、中间辊和支撑辊具有的特殊初始辊形曲线，如 CVC、UPC、VCL、VCR 辊形曲线，也可以是具有特殊单侧辊端曲线，如 Taper 工作辊辊形、PPT 中间辊辊形、ASR 工作辊辊形等。

HC（或 HCM）轧机：为六辊轧机，通过轧机中间辊的横移和工作辊的弯辊之间的相互配合，使工作辊和支撑辊在板宽范围之外脱离接触，板形控制能力得到了大幅提高。

HCMW 轧机：为六辊轧机，设置了中间辊的横移，工作辊的横移和工作辊的弯辊功能。通过配置单锥度的工作辊形实现对带钢的边部减薄控制。

HCW 轧机：为四辊轧机，设置了工作辊的横移和工作辊的弯辊功能。

UC（或 UCM）轧机：为六辊轧机，工作辊径较小，设置了中间辊的轴向移动和中间辊的弯辊，同时设置了工作辊的弯辊功能。它的特点在于轧制薄而宽且硬度较大的带钢时具有很好的复合浪形控制能力。

UCMW 轧机：为六辊轧机，工作辊径较小，设置了中间辊的轴向移动和中间辊的弯辊，同时设置了工作辊的弯辊和工作辊的轴向移动功能。

PC（或 PCM）轧机：为四辊轧机，采用工作辊和支撑辊都成对交叉，形成一个中凹的空载辊缝，其等效凸度与交叉角度和板宽均呈二次方的比例关系。通常 PC 轧机对宽板的控制效果更为明显，PC 轧机对交叉角极为敏感，只需 1°的交叉角，就可达到与同规格 HC 轧机相当的板形控制能力。

CVC 轧辊技术：其含义就是连续可变凸度轧辊，其辊身曲线呈 S 形，两个 S 形轧辊相互倒置 180°布置，通过两辊沿相反方向的对称移动，得到连续变化的不同凸度的辊缝，效果相当于配置了一系列不同凸度的轧辊。

DSR 轧辊技术：采用液压胀形，即通过液压方式改变辊形的技术。其轧辊是由固定心轴和旋转轴套构成。由心轴内嵌的负荷液压缸压块将压力传递至旋转的轴套上，实现轴套形状的动态调节，具有较强的板形控制能力。

VC 轧辊技术：采用液压胀形，即通过液压方式改变辊形的技术。其轧辊是由心轴和轴套组成，在心轴和轴套之间设有液压腔，通过调节液压腔内高压油的压力，改变轴套向外膨胀的凸度，达到控制板形的目的。

至今，带钢冷连轧机的主流机型为六辊的 UCM、UCMW 和 CVC，它们之间的调控能力没有太大的差别，UCM、UCMW 轧机辊缝横向刚度比六辊 CVC 轧机略胜一筹，但后者的辊缝凸度调控能力却比前者强。

B　连续式冷轧机生产线配置

按冷轧带钢生产工序及联合的特点，将多机架的连续轧机分成三类，即单一全连续轧机、联合式全连续轧机及全联合式全连续轧机。

a　单一全连续轧机机组

单一全连续轧机机组分成常规连轧机机组和全连续轧机机组。单一全连续轧机机组组成如图 1-2-2 中 4C 所示。

常规连续式轧制是较早时期的一种连轧形式。轧机入口设置两台开卷机，生产时一台在工作，另一台装载好钢卷处在准备开卷位置。由于每个钢卷都必须经过穿带、加速和甩尾降速过程，带钢厚度和板形的控制精度因此而受到限制，同时带尾频繁甩尾容易损坏轧辊表面。由于生产节奏慢，产能受到一定的限制。

全连续轧制克服了上述常规连轧方式的不足，在轧机前面增加焊机和活套，在钢卷进入轧机之前将钢卷焊接起来，借助活套的缓冲功能使得带钢源源不断地进入轧机进行连续轧制，轧机只有在带钢过焊缝和分卷时需要降速。显然带头和带尾厚度超差的长度比常规连轧的短，一般不超过 20 m。这种单一轧制工序的连续化，称为单一全连续轧制。世界上最早实现这种生产的厂家是日本钢管福山钢厂，于 1971 年 6 月投产。川崎千叶钢厂把四机架常规冷连轧改造成单一全连续轧机，1988 年投产效果明显，如表 1-2-2 所示。

表 1-2-2　川崎千叶钢厂改造前后对照表

项　目	改造前	改造后	项　目	改造前	改造后
带钢不合格长度/m	30	2	小时产量/t	215	236
每班操作人数/人	6	3	月产量/t	120000	134000
操作利用系数/%	84	91			

b　联合式全连续轧机机组

联合式全连续轧机机组分成酸洗-冷轧联合式全连续轧机机组和退火联合式全连续轧机机组。

连续式轧制的最大的特点是产能高，年轧制量一般在 80 ~ 250 万吨，甚至还可以更高。连续式轧制是一种高效率的生产方式，轧制速度比可逆式的要高，目前最高轧制速度已达到 2500m/min 水平，而可逆式轧制速度一般在 1400m/min 以下。轧制速度再提高就有困难，因为受到轧机主电机加速度性能的限制。成材率高是连续轧制的另一特点，全连续轧制的成材率一般在 95% 以上，达到 99% 的成材率对全连续轧制并不是高不可攀的事情，而一般的可逆式轧制的成材率要低于 95%。由于连续轧制避免了一卷带钢反复开卷和卷取，大大地降低了带钢表面被擦伤划伤的可能性。如果带钢最终表面要求有一定粗糙度时，在可逆式轧制时最后道次必须更换上经毛化的工作辊，而连续轧制就很容易实现，只要在最末机架使用毛化工作辊即可。

酸洗—冷连轧联合轧制是 20 世纪 80 年代初期发展起来的，显示出高度连续化的优势。酸洗—冷连轧联合方式节省了酸洗与轧机之间的中间库，同时也节省了两个工序之间如焊机、卷取和开卷、涂油等一些设备，占地少，节省了投资，金属收得率高，因此至今这种形式仍然被广泛采用，如图 1-2-7 所示。

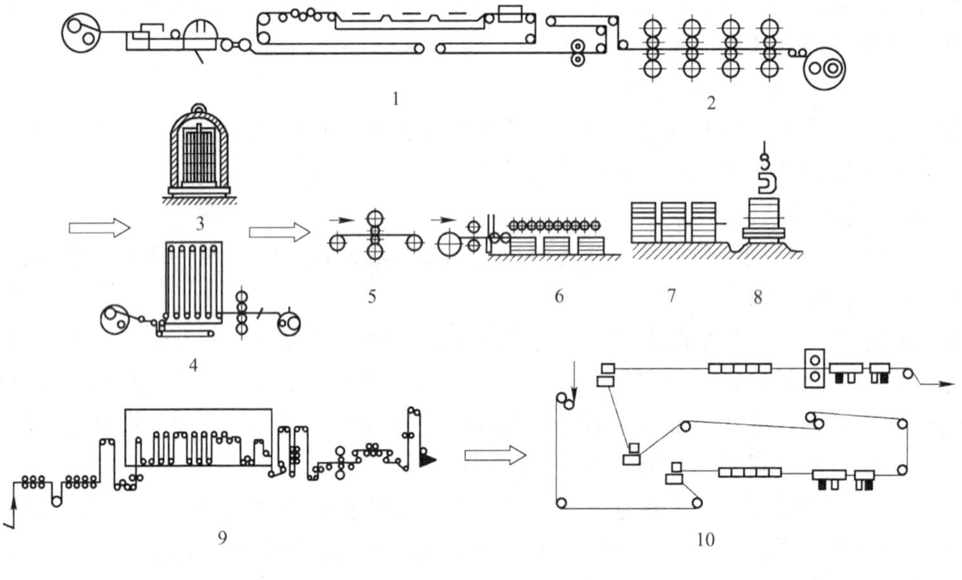

图 1-2-7　酸洗-冷轧联合机组

1—连续酸洗；2—连轧机；3—罩式退火炉；4—连续退火炉；5—平整机；6—横切机组；7—包装；8—入库；9—镀层机组；10—涂层机组

退火联合式全连续轧机机组是把全连续轧机机组和连续退火机组相联合，这种形式采用的厂家不多，如图 1-2-8 所示。

c　全联合式全连续轧机机组

最新开发的全联合式全连续轧机（图 1-2-9），是将单一全连轧机与前面酸洗机组和后面连续退火机组全部联合起来，成为全联合式全连轧的冷轧生产工艺流程。全世界已有两

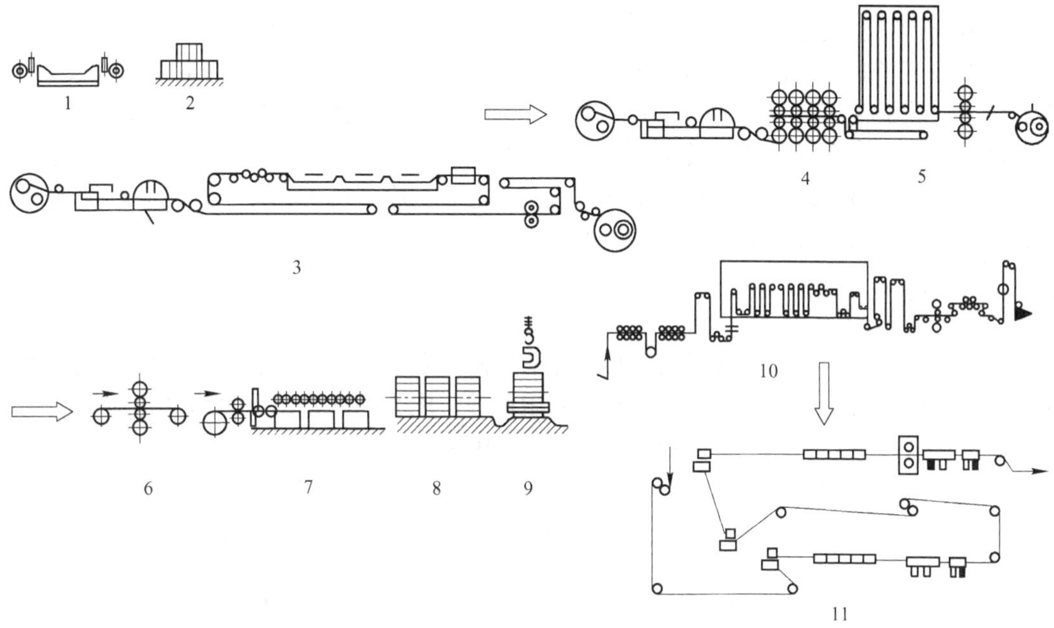

图 1-2-8 退火联合式全连续轧机机组

1—酸洗；2—板卷；3—连续酸洗；4—连轧机；5—连续退火炉；6—平整机；7—横切机组；8—包装；9—入库；10—镀层机组；11—涂层机组

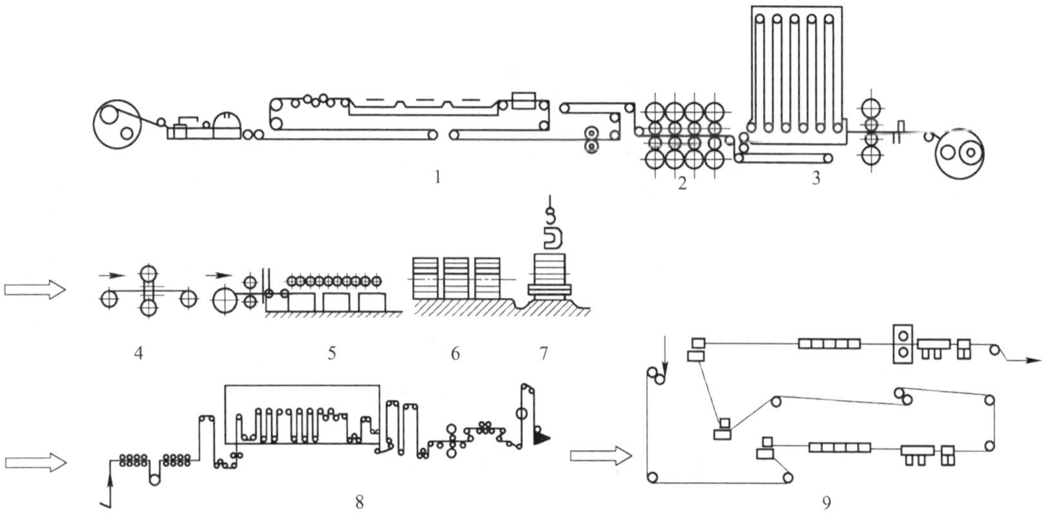

图 1-2-9 全联合式全连续轧机机组

1—连续酸洗；2—连轧机；3—连续退火炉；4—平整机；5—横切机组；6—包装；7—入库；8—镀层机组；9—涂层机组

套这种轧机，最早的是新日铁某厂 1986 年新建投产，第二条线是美日于 1989 年合建的。全联合式全连续轧机是冷轧带钢生产划时代的技术进步，标志着冷轧板带设计、研究、生产、控制及计算机技术已进入一个新的时代。为使整个机组能够同步顺利生产，全联合式全连轧机采用了先进的自动控制系统，投产后均一直正常生产，板厚精度控制在 ±1% 以内。过去冷轧板带从投料到产出成品需 12 天，而采用全联合式全连续轧机只要 20min。由于酸洗—冷连轧联合工艺或全联合式全冷轧工艺是一种高度联合的生产方式，工序与工序之间、机组与机组之间的协调就显得非常重要，对各工序运行可靠性、前后各工序速度匹配、自动化控制水平等要求就更高。如果其中某一环节发生故障，全线将因此而停机。

2.1.2　冷轧生产工艺流程

冷轧板带钢生产工艺流程根据产品品种的不同，各有特点。具有代表性的冷轧产品有深冲钢板、涂镀层薄板、电工硅钢板和不锈钢板等。成品是以板还是卷形式供应取决于用户的要求。各种产品生产工艺流程框图如图 1-2-10 ~ 图 1-2-13 所示。

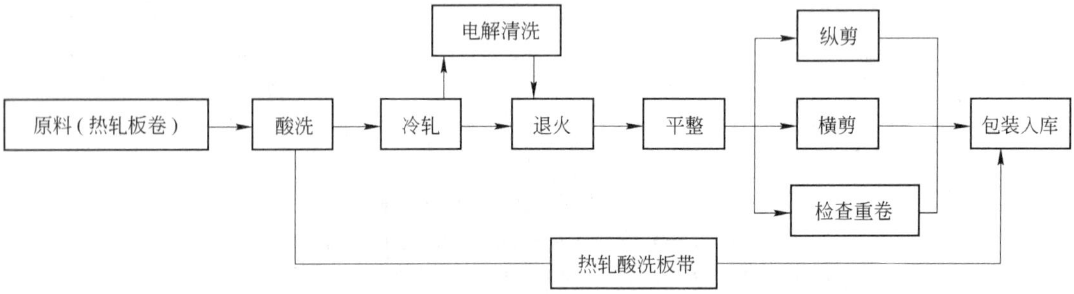

图 1-2-10　深冲钢板及热轧酸洗板带生产工艺流程框图

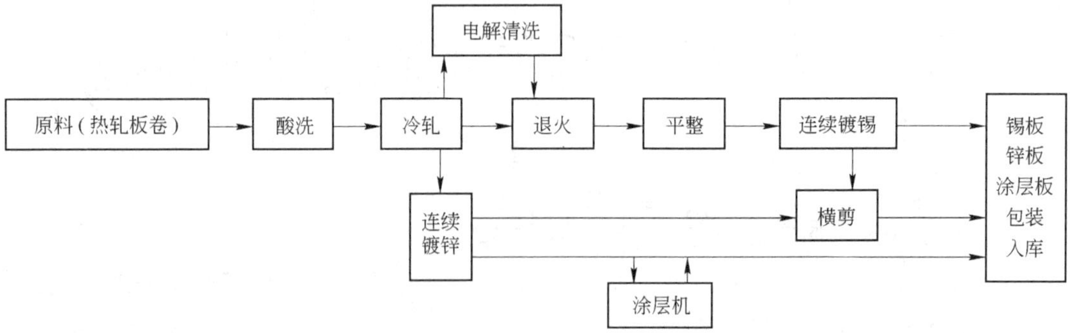

图 1-2-11　涂镀层薄板生产工艺流程框图

图 1-2-12　电工硅钢板生产工艺流程框图

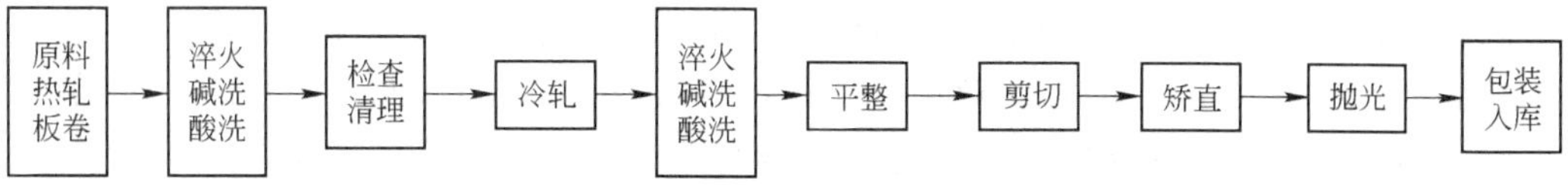

图 1-2-13　不锈钢板生产工艺流程框图

2.2　冷轧带钢产品简介

热轧钢卷经酸洗、冷轧、热处理和涂镀等一系列工序的加工处理，最终成为冷轧产品。冷轧带钢产品广泛应用于汽车制造、家用电器、建筑、船舶、交通、机电、仪表、容器包装等领域。按加工深度进行分类，冷轧带钢产品分为热轧酸洗板带、全硬板带、普冷板带、涂镀板带等四大类。按用途大致分为汽车用板、家电用板、建筑用板、电工用板等。从其性能上来分，又可分为普通冷轧板、深冲级钢板、超深冲级钢板以及各类高强钢板、硅钢板等。

2.2.1　热轧酸洗板带

一般厚度为 150 ~ 300mm 的连铸板坯热装或冷装送入热带钢生产车间的加热炉中加热后，进行轧制、冷却和卷取。送入酸洗的热轧带钢成品的厚度一般在 1.2 ~ 6.0mm 范围，钢种包括：低碳钢、结构钢、汽车结构用钢、冷变形用热轧细晶粒钢、锅炉和压力容器用钢、IF 钢等。热轧板带经酸洗后，进入平整机组平整、涂油包装，成为可销售的成品，这就是热轧酸洗板带。

20 世纪 80 年代末，一批高效节能的薄板坯连铸连轧新工艺应运而生，使得热轧成品的厚度比传统热连轧成品的要薄，可达 0.8mm。热轧成品最终厚度的减薄，进一步扩大了热轧酸洗板的应用范围。

2.2.2　全硬板带

由于用户需要比热轧成品厚度更薄的产品，或对板带的表面质量、尺寸精度或强度等有更高的要求，所以酸洗后的热轧钢卷还需进入冷轧板带轧机进行轧制。如果经冷轧后的钢卷不再继续到下游工序加工处理而直接作为产品使用的话，常常把这种产品称为全硬板带，也有称之为冷轧硬卷的。

经冷轧后带钢的硬度和屈服强度都得到大大地提高。视变形率大小而定，一般硬度在 85 HRB 以上，带钢的屈服极限 R_e 将提高到 2 ~3 倍。全硬板带的厚度一般在 0.3 ~0.8mm 范围，目前一些用户有继续减薄的要求。

2.2.3　普冷板带分类和牌号

热轧带钢经过酸洗冷轧后，进行电解清洗，去掉带钢表面的油污，再进行退火热处理和平整，必要时还进行涂油处理，这样的产品统称为普通冷轧板带，简称普冷板带。冷轧板带厂中以普冷板带作为产品销售居多。

（1）普冷板带按强度等级划分三种钢：

软质钢：商业用钢、冲压用钢和深冲用钢 CQ、DQ、DDQ、EDDQ、SEDDQ 等。软质钢等级与常用牌号的对应关系见表1-2-5所示。

高强钢：低合金钢、BH（bake-hardening）烘烤硬化钢、超低碳含磷钢等。

超高强钢：DP（dual phase）双相钢、TRIP（transformation induced plastic）相变诱导塑性钢、TWIP（twin induced plastic）孪晶诱导塑性钢、含B钢等。

（2）如果按带钢的表面质量，普冷板带又可划分出O3、O5二个级别，其中O5板的一面允许有不妨碍变形和表面镀层的缺陷，但另一面为优质表面，必须无影响电镀和涂漆均匀外观的缺陷存在。

（3）从化学成分上来说（主要指含碳量和添加合金元素），可作如下比较区分：

1）CQ及其高强钢以及DQ产品：多为低碳钢（AK级），含碳量从0.02%到0.11%不等，取决于各生产厂家实际情况，但DQ级也有超低碳钢产品。

2）DDQ、EDDQ、SEDDQ产品：多为含碳量低于0.006%以下的超低碳钢（IF级），还加入了Ti和（或）Nb等微合金元素。现在由于在连续退火中有了更快的冷却速率（对于0.8mm厚带钢高氢喷气冷却速率可达160℃/s），也可生产DDQ级的AK钢产品。

3）高强钢产品：

DQ高强钢：AK钢或IF钢，固溶强化型，强化元素主要是磷。

DDQ高强钢：IF钢级别，固溶强化型，强化元素主要是磷，还有少量的Ti和Nb。

BH钢：有低碳钢和IF钢两种级别，烘烤硬化型，主要通过控制退火后钢中的残碳量来实现。

DP钢：低碳钢级别，相变强化型，通过退火控制成品中的马氏体含量实现最终成品性能。

TRIP钢：低碳钢级别，形变诱导相变强化型，通过退火控制成品中的残余奥氏体含量实现。

（4）普冷板带的牌号。现在国际市场的钢铁产品主要遵从欧标和日本的JIS标准，国内的厂家也有采用德国DIN标准的。而在各个冷轧板带生产厂家内部，往往都形成了各自的内控标准和内部牌号，它们往往高于或远高于其地区标准或国际标准，以达到汽车工业日益增长的质量需求。表1-2-3和表1-2-4给出了一些冷轧退火产品牌号的对应关系。

表1-2-3　冷轧退火产品牌号及对应关系

钢　种	中　国	欧　洲	日　本	德　国
沸腾钢	08F		SPCC	St12
铝镇静钢	08Al-Z	DC01	SPCC	St12
	08Al-F	DC01	SPCD	St13
	08Al-HF	DC01	SPCE	St14
	08Al-ZF	DC01		St15
高强钢	P1，P2，P3	H160Y-H260Y	SANC390-590	PHZ等
	BPD35	H180B-H300B	SAFC490D-1180D	
	H260LA-H420LA		SAFC340R-440R	
			SAFC340E-440E	
			SAFC340RB	
无间隙原子钢	BIF1，BIF2	DC04，DC05	KTUX1，KTUX2，SPCEN	MST
	BIF3，WIF	DC06，DC07	SPDX，SSPDX，SSPDX-E	St16，St17

注：对于经常提到的带钢的强度级别，在欧洲和日本是有区别的，在欧洲对于普碳钢、IF钢、普通高强钢和烘烤硬化钢而言，其强度通常指屈服强度，而对于DP、TRIP以及多相钢所说的强度通常则为抗拉强度；对于日本而言，通常所说的强度则均为抗拉强度。

表 1-2-4　冷轧退火产品对应的欧洲标准和日本标准

序　号	类　型	钢　种	对应欧标	对应日标
1	商用钢	CQ	DC01	SPCC
2	冲压用钢	DQ 1　(LU/AK)	DC03	SPCD
3		DQ 2 (IF)	DC03	
4	深冲用钢	DDQ	DC04	SPCEN
5	特深冲用钢	EDDQ	DC05	SSPDX
6	超深冲用钢	SEDDQ	DC07	SSPDX-E

注：SPCC：steel plate cold commerical 商用钢；SPCD：steel plate cold deep drawn 冲压用钢；SPCE：steel plate cold deep drawn extra 深冲用钢。

2.2.3.1　软质钢

软质钢等级与常用牌号的对应关系如表 1-2-5 所示。

表 1-2-5　软质钢等级与常用牌号的对应关系

名　称	级　别	牌　号
商用钢	CQ	ST12，SPCC，BLC
冲压用钢	DQ	ST13，SPCD，BLD
深冲用钢	DDQ	ST14，SPCE，BUSD
特深冲用钢	EDDQ	ST15，ST16，BUFD
超深冲用钢	SEDDQ	ST17，BSUFD

软质钢经冷轧后硬度大大地提高，屈服强度提高 2～3 倍。为了恢复带钢良好的冲压性能，必须将带钢加热到再结晶温度，使在冷轧过程中破碎的晶粒得到完全回复和再结晶。经过再结晶热处理后，带钢的力学性能得到恢复，变形抗力降低，塑性提高，钢的织构得到强化。例如 IF 钢在罩式炉内，铁素体晶粒表现出 {111} 择优取向的特征，从而产生织构强化。若 {111} 晶面平行于带钢轧面的晶粒比例较多，对应的 r 值也比较高，因为 {111} 晶面是主滑移面，而 <110> 方向是主滑移方向，由此构成的滑移系平行于带钢轧制面，钢板在成形过程中抗厚度减薄能力强，拉深性能好。

经过再结晶热处理的带钢产品，为了得到需要的表面形貌，消除时效并获得理想的力学性能，以及改善板形，还需要小压下率的平整轧制，最终成为可供冲压变形加工使用的板带。普冷产品包括各等级软钢以及非时效性 IF 钢。

A　铝镇静钢

现在低碳钢板多用镇静钢。镇静钢就是钢水在浇注前加入锰铁、硅铁和铝等脱氧剂进行充分脱氧，然后凝固时碳和氧不再发生化学反应。

当钢中的硅含量较高时，会产生圣德林效应，镀层变厚并形成灰色镀层，镀层的黏附性极差，另外硅对钢材的冲压性能极为不利；而铝镇静钢在生产过程中可通过控制氮化铝的固溶和析出，使铝镇静钢具有抗时效性和良好的冲压成形性能，因此一般采用铝镇静钢作为热镀锌基板。

B　IF 钢

IF 钢即真空脱 C 且添加微细的钛铌 Al 镇静钢，化学成分为碳不大于 0.003%，锰为 0.15% ~0.30%，氮不大于 0.003%，并在其中加入钛或铌，使钢中碳、氮原子完全被固定成碳氮化合物（TiCN、NbCN），则钢中就无间隙固溶原子存在，这些碳氮化合物在冷轧卷的再结晶退火中不溶解，因此无时效性。

2.2.3.2　高强钢和超高强钢

汽车板的发展趋势是减重、节能、防腐、美观、舒适、安全可靠等，而且各汽车制造厂家对于这些需求标准越来越高，除去结构性能和经济性这些最基本的要求外，还需要考虑以下质量要求：

优良的成形性能，即高的塑性应变比 r 值，高的均匀伸长率 A_g，高的总伸长率 A_t，低的屈服强度 R_e。

良好的抗凹陷能力和足够的结构刚度，即高的 R_m 和适当的烘烤硬化性及加工硬化性，可避免在制造和使用中产生凹陷，特别能在突发性冲撞事故中能最大可能的吸收能量，保护人员安全。

优良的表面形貌和很低的粗糙度，以保证良好的喷涂性能和涂漆优良的附着性。

良好的耐蚀性能。

良好的焊接性能，应保证焊区范围内强度和性能不发生大的变化。

零件钢板应有吸声减振效果。

良好的板形和板面平直度，严格的尺寸精度和性能均匀性。

因此对于汽车板的质量要求主要包括力学性能、表面质量和板形平直度三个方面的要求。具体部件要求如表 1-2-6 所示。

表 1-2-6　汽车零部件及特性要求

部件分类	代表部件	特性要求	主要控制因素
结构部件	构件 发动机罩	成形性、刚性、冲击吸收能、疲劳强度、耐蚀性、焊接性	构件刚性、冲击吸收能、疲劳强度
面板部件	外板：门 内板：车底板	成形性、刚性、抗凹陷性、耐蚀性	拉伸、刚性、抗凹陷性
增强部件	前后防撞件横梁	成形性、焊接性、冲击吸收能	冲击吸收能
行走部件	下部支架车轮	成形性、刚性、疲劳强度、耐蚀性	构件刚性、疲劳强度、焊接性

A　双相钢

低碳钢和低碳低合金钢是经临界区处理或控制轧制而得到的，在铁素体的基体中析出岛状的马氏体或贝氏体，第二相的比例约占 5% ~30%。冷轧双相钢的生产要经过冶炼、热轧、冷轧与连续退火等过程，双相钢的组织主要由铁素体和马氏体组成。因此双相钢以其低屈强比，高抗拉强度，良好的均匀伸长率，高的加工硬化速率以及强度和延性配合良好等特点，成为同时具有良好强度和成形性的新型冲压用钢。此外，这种钢无需平整轧制也不会产生屈服平台，同时还具有烘烤硬化的效应。双相钢因其具有良好的强塑性匹配及冷变形性能，常应用于汽车冲压件。可以说双相钢的研究与应用，是低碳合金领域的重大发展之一。

双相钢可通过热轧法和热处理法获得。

（1）热轧法：将热轧带钢的终轧温度控制在两相区的某一范围，然后快速冷却，即通过控制最终形变温度及冷却速度的方法获得铁素体 + 马氏体双相组织。该方法又分为两种：一是常规热轧法，即在通常的终轧及卷取温度下获得双相组织。二为极低温度卷取热轧法，钢带在 M_s 点以下进行卷取，以获得双相组织。

（2）热处理法：将热轧或冷轧后的带钢重新加热到两相区并保温一定时间，然后以一定速度冷却，从而获得所需要的 F + M 双相组织。

B　烘烤硬化钢

在冲压加工时烘烤硬化钢板强度低，其最小屈服强度可在180～300MPa之间，有很好的加工性能，但是涂漆后在160～250℃烘烤几分钟后，屈服强度可提高40～80MPa。生产这种烘烤硬化钢板时，通过炼钢和轧制热处理工艺控制基板中保留（10～20）$\times 10^{-6}$的C，钢板在冲压加工过程中产生很多可动位错，烘烤时，钢中的C移动到位错，形成苛氏气团和一些极细小的沉淀钉扎位错，使它不能运动，从而提高了强度。如果固溶的碳含量越高，烘烤硬化的效果也就越好，然而在常温下发生时效也越早。如果固溶碳含量过低，则屈服强度的增加可能就不能满足要求了。固溶碳含量的调整是由退火工艺决定的。烘烤硬化是解决强度和冲压性能矛盾的一个最佳方案。

按照钢中碳含量的不同，可以分为低碳BH钢和超低碳BH钢。

在用连续退火生产含碳量在0.05%左右（一般要低于0.05%，高于0.01%）的低碳铝镇静钢时，需在较高温度退火，目的是为了得到更多的游离碳，同时辅之以较高(大于30℃/s)的冷却速度，就会有较多的C保留在固溶体中。若将碳含量降到很小，达到A区，退火保温时就不会有任何渗碳体粒子存在，在冷却时只在某些特殊晶界有碳化物析出，而大量的C保留在基体中，即使缓慢冷却也能达到这一目的。

对于加Ti、Nb的超低碳BH钢，采用高的退火均热温度，TiC、NbC会分解而形成固溶C，只要冷却速率达到30℃/s以上，就能得到烘烤硬化值在40MPa以上的BH钢。

C　TWIP孪晶诱导塑性钢

TWIP钢强度可以达到600～1100MPa，伸长率可达到60%～95%。TWIP钢的成分通常主要是铁，添加15%～30%的Mn，并加入少量Al和Si，也有再加入少量的Ni、V、Mo、Cu、Ti、Nb等元素。研究表明，在γ_{fcc}的层错能是关键，γ_{fcc}大于20mJ/m^{2}时会发生机械孪生，所有增加层错能的合金都有助于孪生的发生，比如铝就增加层错能，硅则降低层错能。该钢在无外载荷时，冷却到室温下的组织是稳定的残余奥氏体，在外部载荷下，因为应变诱导产生机械孪晶，会产生大的无颈缩延伸，并且会显示非常优异的力学性能，如高的应变硬化率、高的塑性值和高的强度。

D　TRIP钢

高强度低合金系列中的TRIP钢是一种新型汽车结构用钢，它利用组织中存在的残余奥氏体在应力应变作用下发生TRIP效应，达到强化的目的。TRIP效应是指在深加工变形过程中，随着变形诱发钢中残余奥氏体向马氏体转变而产生的逐渐硬化，变形不再集中于局部，而是扩散至整体达到均匀，这一现象称为相变诱发塑性效应，即 Transformation Induced Plasticity Effect，简称 TRIP 效应。其实 TRIP 效应是稳定残余奥氏体发生的，不稳定的残余奥氏体则发生 TRIP 效应的几率比较小，大多数产品在生产冷却过程中提前转化为马氏体，残余奥氏体含量和含碳量是影响奥氏体稳定性的主要因素。

TRIP 钢既可以通过热轧获得，也可以在冷轧后的热处理获得。在连续退火的加热过程中，带钢被加热到相间临界温度，形成了奥氏体与铁素体双相组织，然后快速冷却到时效温度，此时大部分的奥氏体转变为贝氏体，冷却直至室温，此时形成了贝氏体、铁素体和小部分残留奥氏体多项组织。这种稳定的组织在强烈的塑性变形过程中将受到影响，残留的奥氏体会转变为马氏体，提高了强度，阻止材料的颈缩进程，改善了加工性能。

TRIP 钢具有强度高、塑性高、强塑积（TS × EL）较高等一系列优点，较好地解决了强度和塑性的矛盾。TRIP 钢有非常突出的特性：强塑积达 20000，而一般钢种仅为 15000；加工硬化指数高达 2.0 以上；平面各向异性低；烘烤硬化性好；屈强比低，通常为0.6 ~ 0.8，加工容易，高强钢的屈强比通常为 0.8 ~ 0.9；冲撞时吸收能量的能力强，更安全；抗疲劳强度高。

E 固溶强化型加磷钢板

固溶强化式冷轧高强钢的主要生产方式，通过采用添加 C、N、P、Si、Mn 等元素形成间隙固溶体或置换固溶体起到固溶强化的作用。其中以 C、N 和 P 的固溶强化效果最好，但是 C、N 除了使 r 值急剧下降外，还产生时效性，使钢的加工性能下降、屈服点上升并产生屈服延伸等一系列问题，因此应尽可能降低其含量。所以近年来固溶强化钢是以在低碳钢和超低碳钢加入 P、Si、Mn、Cu 等元素为主。固溶强化钢 P 含量小于 0.1%，其他元素与低碳 Al 镇静钢和超低碳钢基本相同。P 的固溶强化同别的元素固溶强化、析出强化和细晶强化相比，在整个生产工艺中强度损失小，并在高强度下有高的延展性，但是 P 过高有害于产品性能，如点焊性，而且随着 P 含量增加，伸长率降低，所以一般加磷钢板的抗拉强度一般不超过 440MPa。

F 弥散强化型高强度低合金钢板

通过加入 Mn、Cu、Mo、V、Ti、Co 和适当的控制控冷工艺产生弥散强化、晶粒细化、回复强化以提高强度。其屈服强度可达 620 ~ 950MPa，强度级别为 380MPa、420MPa、460MPa、500MPa 和 540MPa。Cu 析出强化钢抗拉强度可达 610MPa。

G 无间隙原子钢板（IF）

作为第三代冲压用钢已被广泛应用于汽车工业，宝钢能够批量生产从 DQ 到 SEDDQ 所有级别的 IF 钢板。在 IF 钢的基础上略微增加 Mn、P 和 Si 的含量可提高 IF 钢的强度，同时保持 IF 钢良好的成形性能，成为高强 IF 钢，抗拉强度可达 400MPa，是汽车用钢的良好材料。

2.2.4 电工钢板带

2.2.4.1 电工钢板带分类

按化学成分分类，电工钢可分为无硅电工钢：$w(\text{Si}) \leqslant 0.5\%$；低硅电工钢：$0.5\% \leqslant w(\text{Si}) \leqslant 1.0\%$；中硅电工钢：$1.0\% \leqslant w(\text{Si}) \leqslant 2.4\%$；高硅电工钢：$w(\text{Si}) > 2.5\%$。

按生产工艺可分为：热轧电工钢、冷轧电工钢。

电工钢按其内部的晶粒位向不同可分为无取向电工钢和取向电工钢。无取向电工钢内部的晶粒位向在各个方向上是均匀分布的，也可以说是无规律的，因此带钢磁性是各向同性的，理想的无取向硅钢产品织构为｛100｝<hkl>；而取向电工钢内部的晶粒位向是按一定的规则排列的，带钢在轧向上有优良的磁性，它的易磁化方向与轧制方向一致，理想的取向硅钢产品的织构为｛110｝<001>。取向电工钢可根据磁感的不同分为高磁感取向电工钢（B8 ≥ 1.88T，记为 HiB 或 SGO）和一般取向电工钢（B8 < 1.88T，记为 CGO）两种。

电工钢经过电磁性能的处理后还需要涂敷上一层绝缘层，无取向电工钢的绝缘涂层有无机涂层、半有机涂层、有机涂层和自黏接涂层等。

2.2.4.2 电工钢牌号的表达方式

代码的含义如下所述：

X　XX　X　XXXX

1　2　3　4

1：B：BAOSTEEL；

2：公称厚度的 100 倍；

3：无取向电工钢用 A（宝钢）或 W（武钢），取向电工钢用 Q（武钢）；

4：铁损保证值的 100 倍。

2.2.5 涂镀层板带

通常解决钢材腐蚀问题采用合金防腐和表面包层防腐两种。合金防腐就是将钢制成含有镍、铬等化学成分的不锈钢及耐蚀钢；表面包层就是在钢材表面形成金属镀层（锌、铝、锡、铅等）、非金属涂层（漆、塑料）或非金属膜。涂镀层产品包括了热镀锌板带、热镀铝锌合金板带、电镀锌板带、电镀锡板带和彩色涂层板带等。涂镀产品是冷轧带钢产品中加工程度最深的产品，因此其附加值也是最高的。

2.2.5.1 电镀锌板

电镀锌板带是通过电镀镀上一层锌，电镀锌工艺适于生产薄镀层和单面镀层的板带。电镀锌工艺中有一个预磷化工序，就是机组生产时在电镀纯锌产品表面多增加一道磷化处理工艺，使产品表面生成一层磷化结晶薄膜，这层预磷化膜层本身具有自润滑作用。

电镀锌板带的基板通常采用经罩式炉或连续退火炉退火的普冷板，也有使用厚度较薄的热轧酸洗板作电镀锌基板的。电镀锌基板钢种以低碳钢、超低碳钢为主，也有部分低合金高强钢、烘烤硬化钢等。表 1-2-7 为电镀锌板带的应用范围及其宝钢相应的牌号。

电镀锌板带的镀层有两种：纯锌镀层和锌镍合金镀层。锌镍合金镀层中镍的质量分数在 8% ~ 15% 范围内。如果电镀后的板带再进行表面电解钝化处理并涂上一层膜，可以提高电子或电气产品的耐沾污性，这样的产品称为耐指纹板。电镀锌板带按表面处理方法分类列于表 1-2-8。

表 1-2-7　电镀锌板带的应用范围及其宝钢相应的牌号

应用范围	基板级别	宝钢牌号
冲压用	低碳钢	BLCE + Z，BLCE + ZN，BLDE + Z，BLDE + ZN
		SECC，SECD，SECE
	超低碳钢	BUFDE + Z，BUFDE + ZN，BSUFDE + Z，BSUFDE + ZN，BUSDE + Z，BUSDE + ZN
冷成形用	加磷高强钢	B180P2E + Z，B180P2E + ZN，B220P2E + Z，B220P2E + ZN
		B170P1E + Z，B170P1E + ZN，B210P1E + Z，B210P1E + ZN，B250P1E + Z，B250P1E + ZN
	烘烤硬化钢	B140H1E + Z，B140H1E + ZN，B180H1E + Z，B180H1E + ZN，B180H2E + Z，B180H2E + ZN
	双相钢	B240/390DPE + Z，B240/390DPE + ZN，B280/440DPE + Z，B280/440DPE + ZN，B340/590DPE + Z，B340/590DPE + ZN，B400/780DPE + Z，B400/790DPE + ZN
	低合金高强钢	B340LAE + Z，B340LAE + ZN，B410LAE + Z，B410LAE + ZN

表 1-2-8　电镀锌板带表面处理方法

类　别	表面处理方法
一般表面处理	铬酸钝化处理
	铬酸钝化处理 + 涂油
	磷化处理（含封闭处理）
	磷化处理（含封闭处理） + 涂油
	磷化处理（不含封闭处理）
	磷化处理（不含封闭处理） + 涂油
	涂　油
	不处理
特殊表面处理	耐指纹处理

电镀锌板带的镀层有单面镀和双面镀两种，单面镀镀层重量范围在 10 ~ 110g/m^2；双面镀层时，两表面镀层厚度相同或有差别，相同时称为等厚镀层，不相同称为差厚镀层。等厚镀层每面重量在 3 ~ 90g/m^2 范围，差厚镀层重量在 3 ~ 90g/m^2 范围，而两面镀层重量差最大可达 40g/m^2。

表 1-2-7 中电镀锌牌号代码的含义说明如下：

电镀锌牌号：

XX XX　　X　　+　　X

　1　　　2　　　　　3

1：冷轧基板牌号；

2：E 为电镀锌的英文缩写；

3：镀层种类：Z 表示纯锌，ZN 表示锌镍合金。

表中双相钢牌号含义为：

X　XXX　/XXX　XX　X + XX
1　2　3　4　5　6

1：B 宝钢；
2：最小屈服强度值；
3：最小抗拉强度值；
4：强化方式 DP 双相钢；
5：E 为电镀锌的英文缩写；
6：镀层种类：Z 纯锌，ZN 锌镍合金。

2.2.5.2 电镀锡板带

镀锡薄钢板，简称镀锡板，又称马口铁，是两面镀有锡的低碳薄钢板。以热浸工艺镀锡的称热浸镀锡板；以电镀工艺镀锡的称电镀锡板。电镀锡工艺比热镀锡工艺具有耗锡省，生产率高，锡镀层均匀，质量稳定并能生产两面不同镀锡量的差厚镀锡板等优点。目前热镀锡板产量极少，绝大部分是电镀锡板。

电镀锡板的基本工艺是冷轧后的板带经退火处理，然后进行电镀和后续处理生产出电镀锡板带。

镀锡板 DI 材是宝钢在国内独有的产品，宝钢 K 板生产量在国内最高。与国外同类产品相比，宝钢镀锡板产品的实物质量已达到或接近国际水平。每年出口西欧、美国等地的产品约占镀锡板总产量的 20%，深受用户好评，宝钢已成为中国最大的镀锡板生产企业，处于国内镀锡板市场主导地位。

A　电镀锡板的分类

电镀锡板又可按照电镀后处理方法的不同分为，经软熔处理的光亮表面电镀锡板与未经软熔处理的无光泽表面电镀锡板。也可按表面精整时轧辊表面粗糙度不同进行区分。上述两者结合起来可生产适于各种用途的不同表面精整状态的镀锡板。

电镀锡板带镀层类型分等厚镀层和差厚镀层两种。等厚镀层的镀锡量为 1.1 ~ 11.2 g/m^2，差厚镀层从 2.8/1.1g/m^2 到 5.6/15.1g/m^2 不等。电镀锡板带的表面状态对用户至关重要，因此按基板的表面特征和电镀锡后是否进行锡层软熔处理进行分类，电镀锡板带表面特征如表 1-2-9 所示。

表 1-2-9　电镀锡板带的表面特征

代　号	类　别	特　征
B	光亮表面	在具有磨石花纹的光滑表面的基板上镀锡，然后进行镀层软熔处理的有光表面
R	石纹表面	在具有一定方向的磨石花纹表面的基板上镀锡，然后进行镀层软熔处理得到的有光表面
S	银色表面	在粗糙无光的基板上镀锡，然后进行镀层软熔处理得到的有光表面
M	无光表面	在无光表面的基板上镀锡，不进行软熔处理得到的无光表面

从用户对产品力学性能的要求来说，电镀锡板带又可分为一次轧制电镀锡板带和二次轧制电镀锡板带。一次轧制电镀锡板带是指热轧板卷经过冷轧后，进行退火、平整处理，

最后的工序是镀锡。二次轧制电镀锡板带是指经过第一次冷轧后，经退火再进行冷轧，镀锡处理。二次轧制的变形率达 30% ~50%，而一次轧制的平整变形率只有 1% 左右。二次轧制电镀锡板带的牌号与一次冷轧电镀锡板带不同，ISO 1111/1—1983 和 EN 10205 1991 的命名方法相同，JIS G3303（1987）和 ASTM A623M—87a 命名相同，表 1-2-10 为两种命名方法的牌号对应关系，EN 10205 1991 标准中 DR 后面的数值为 0.2% 屈服点名义值，单位为 MPa（$1MPa = 1N/mm^2$）。

表 1-2-10　二次冷轧电镀锡板带两种命名方法的牌号对应关系

标　准	ISO 1111/1—1983，EN 10205 1991	JIS G3303（1987），ASTM A623M—87a
牌　号	DR550	DR-8
	DR620	DR-9
	DR660	DR-9M

通过二次冷轧生产的电镀锡板带的厚度可更薄，强度更高。厚度可达 0.1mm，甚至薄至 0.05mm。广泛用于制造电子通讯、高精度电子产品部件，如集成电路框架、显像管的荫罩，厚度偏差范围在 ±1μm/m，波高小于 2mm。

电镀锡板带产品的调质度按硬度从软到硬分为：T-1，T-2，T-2.5，T-3，T-3.5，T-4，T-5；电镀锡板带产品硬度值从 46 HRB 到 65 HRB。电镀锡的基板采用低碳或超低碳铝镇静钢，根据基板杂质含量和对深冲时滑移线产生的限制，基板分为 MR、L、D 三种，这三种基板的特性列于表 1-2-11。

表 1-2-11　电镀锡板带按基板的分类与基板特性

基板类型	基 板 特 性
L	非金属夹杂物以及 Cu、Ni、Cr、Mo 等残余元素含量低，用于对耐蚀性有较高要求的用途
MR	非金属夹杂物含量与 L 类钢相近，残余元素含量的限制没有 L 类钢严格，具有良好的耐蚀性，适用于大多数用途
D	用于深冲压或限制滑移线产生的用途

B　电镀锡板牌号

电镀锡板带的牌号由基板类型、调质度代号、热处理方法组成。

例如：MR T-2.5CA，基板采用 MR 类型，调质度为 T-2.5，CA 为连续退火的热处理方法；如果用于制作两片拉拔罐，退火方法后面加“DI”字样，例如：D T-2.5CA DI；用于制作盛装酸性内容物的，退火方法后面加“K”字样，例如：L T2.5CA K；用于制作盛装蘑菇等食品，要求低铬钝化处理的，加“LCr”字样，例如：MR T-2.5CA LCr。

2.2.5.3　电镀铬板

镀铬板又称铬系无锡钢板，简称 TFS 板。这是一种较有前途的新材料，它是为了节省用锡而发展起来的一种镀锡板的代用材料。镀铬板的价格约比镀锡板低 10%，它是目前制作食品罐的材料中价格最低的。

镀铬板的结构有四层：钢基板、金属铬层、水合氧化铬层和油膜。由于基板相同，机械性能和镀锡板一样，但在应用上有一些自己的特点：

（1）成本比镀锡板约低10%，外观光泽不及镀锡板好看。

（2）耐蚀性不及镀锡板，镀层薄而针孔率高，因此使用时内外表面要上涂料。

（3）镀铬板附着力强，对有机涂料的附着力比镀锡板强3～6倍。抗硫化腐蚀能力也比镀锡板强。

（4）镀铬板不能锡焊，只能采用搭接电阻焊或黏合。

（5）镀层薄而韧性差，制罐易破裂，因而不宜冲拔罐，可用于深冲罐。

（6）镀铬板耐高温性强。

2.2.5.4 热镀锌板

热镀锌板带生产工序由脱脂、再结晶退火、热镀、平整和钝化涂油等工序组成。新建的热镀锌生产线常采用改良的森吉米尔镀锌法和美钢联镀锌法，使得工艺速度普遍提高到了180m/min左右。

A 热镀锌板分类

（1）按加工性能：分成普通用途、机械咬合、冲压、深冲、特殊镇静钢深冲、无时效超深冲等，普通用途和机械咬合这两类，所对应的产品是CQ级别如Q195、Q195AL、XSt01Z，XSt02Z；冲压类对应DQ级，深冲对应为DDQ，特殊镇静钢深冲和无时效超深冲对应于EDDQ、SEDDQ级。

（2）按基板：可分为热轧镀锌板和冷轧镀锌板两大类。热轧镀锌钢板多用于要求不高的建筑板。冷轧热镀锌钢板用途广泛，尤其对于汽车工业，从钢种的分类来看，现在基本上可以分为深冲用钢（Al镇静钢、IF钢）、高强钢（BH、IF-HSS、固溶强化钢和微合金钢）和最近几年开发的超高强钢（DP、CP、TRIP和MART）。

（3）按锌层重量：国际规定热镀锌产品，镀层是按其每平方米带钢原板表面涂覆的锌重量进行划分的，用g/m^{2}表示。镀锌钢板适用于防腐为主的用途，在大气中镀层的保护作用与单位面积锌层重量成正比。锌层重量应与所要求的使用期限，基体金属的厚度以及成形要求相适应。

差厚镀层：实质上是双面镀层的一种，其区别仅为两面镀层存在锌层重量差，即一面镀层薄、一面镀层厚。单面镀层：采用特殊的生产工艺，使带钢原板一面涂覆上锌，另一面无锌。

（4）按表面结构：目前国内可以生产的有正常锌花、小锌花、无锌花、锌铁合金4个类别。在国际上，还有锌铝合金，铝锌合金产品。

正常锌花镀层（Spangle coating）：锌在正常凝固过程中，锌晶粒经自由长大形成的，具有明显锌花形貌的锌镀层。一般直径大于4mm。民用、建筑等普通商用板，均要求正常锌花供货。

小锌花镀层（Minimized spangle coating）：锌在凝固过程中，锌晶粒被人为限制，形成尽可能细小的锌花镀层。通常直径小于4mm。小锌花常常作为彩色涂层板基材使用，或者作为需要进一步涂漆的各种容器、家电、电气设备外壳等。

无锌花镀层（Spangle-free）：通过调整镀液化学成分所得到的，不具有肉眼可见的锌花形貌和表面均匀一致的镀层锌花。通常锌花直径小于1mm，主要用途是汽车制造业、家电或彩涂基板。

锌铁合金镀层（Zinc-iron alloy coating）：对通过镀锌后的钢带进行热处理，使得整个镀层生成锌与铁的合金层，这种镀层外观呈暗灰色，没有金属光泽，在剧烈成形过程中易于粉化，适用于除一般的清洗外，不用进一步处理，即可直接涂漆的镀层，主要用于汽车工业。

（5）按表面质量：定量对产品表面进行检验分类，国标中分为普通表面、较高级表面、高级表面，如表 1-2-12 所示。

表 1-2-12　按表面质量分类表

表面质量代号	名　称	特　征
FA	普通级表面	允许存在小腐蚀点、不均匀的锌花、划伤、暗点、条纹、小钝化斑等。可以有拉伸矫直痕和锌流纹
FB	较高级表面	不得有腐蚀点，但允许有轻微的不完美表面，例如拉伸矫直痕、光整压痕、划痕、压印、锌花纹、锌流纹、轻微的钝化缺陷等
FC	高级表面	其较优一面不得对优质涂漆层的均匀一致外观产生不利影响。对其另一面的要求必须不低于表面级别 FB

（6）按表面处理：为了保证镀锌产品在用户使用前表面不产生氧化，需对其进行处理，按国标处理方法分为钝化、涂油、磷化、漆封和不处理。

钝化：锌镀层通过钝化处理，可减少潮湿贮运条件下产生的锈蚀（白锈）。但这种化学处理的防腐蚀性能是有限的，而且，妨碍大多数涂料的附着性。这种处理一般不用在锌铁合金镀层。除光整表面外，作为常规，生产厂对其他类型的锌镀层均进行钝化处理。

涂油：涂油可减少潮湿贮运条件下的钢板锈蚀，经钝化处理后的钢板及钢带再涂油，将进一步减少潮湿存贮条件下的锈蚀。油层应能够用不损伤锌层的脱脂剂去除。

漆封：通过涂敷一层极薄的透明有机涂层膜，可提供一种附加的防腐蚀作用，特别是耐指纹，在成形时，改善润滑性，并作为后续涂层的黏附底层。

磷化：通过磷化处理，使各种镀层种类的镀锌钢板，除正常清洗外，不需进一步处理即可涂层。这种处理可改善涂层的附着性能和防腐性能，减少贮运过程中被腐蚀的危险。磷化后与适合的润滑剂配用，可改善成形性能。

不处理：只有在订货者作出了不处理的表述并对此负责的情况下，按国标供货的钢板及钢带才可以不进行表面处理，即：不钝化、不涂油、不漆封、不磷化。

B　热镀锌板牌号

（1）低碳钢牌号：例：DC51D + Z

$\underset{1}{\underline{X}}\quad\underset{2}{\underline{X}}\quad\underset{3}{\underline{XX}}\quad\underset{4}{\underline{X}} + \underset{5}{\underline{X}}$

1：D 为冷成形用；

2：C 为通过冷轧生产；

3：特性符合（51，52）；

4：D 热镀锌英文缩写；

5：镀层种类：Z 纯锌，ZF 锌铁合金，AZ 铝锌合金，ZR（HR）热轧热镀锌。

（2）结构钢牌号：例：S320GD + Z

X　　XXX　　XX　+ X

1　　2　　3 4　　5

1：S 结构钢；

2：最小屈服强度值；

3：G 热处理代号；

4：D 热镀锌英文缩写；

5：镀层种类：Z 纯锌，ZF 锌铁合金，AZ 铝锌合金。

（3）高强钢牌号：例：H180YD + Z

X　　XXX　　XX　+　X

1　　2　　3 4　　5

1：H 高强钢；

2：最小屈服强度值；

3：强化方式（B：烘烤硬化，P：磷强化，LA：低合金高强，Y：IF）；

4：D 热镀锌英文缩写；

5：镀层种类：Z 纯锌，ZF 锌铁合金，ZR 热轧热镀锌。

2.2.5.5　热镀铝锌合金板带及其他热镀产品

A　热镀铝锌合金板带

热镀铝锌合金板带（GALVALUM）的镀层由铝锌合金组成，镀层中铝的质量分数约为55%，锌占43.4%，硅占1.6%。热镀铝锌合金板带的耐腐蚀性能突出。热镀铝锌合金板带的基板以铝镇静钢为主，也包括部分低合金高强钢。热镀铝锌合金板带按应用范围可分为冷成形用和结构用两种。热镀铝锌板带按应用范围的分类与牌号列在表 1-2-13 中。

表 1-2-13　热镀铝锌板带按应用范围的分类与宝钢牌号

应用范围	牌　号	应用范围	牌　号
结构用	S250GD + AZ	冷成形用	DC51D + AZ
	S300GD + AZ		
	S350GD + AZ		DC52D + AZ
	S550GD + AZ		

热镀铝锌合金板带与热镀锌板带一样，有不同的镀层种类、表面结构、表面处理，如表 1-2-14 中所示。

表 1-2-14　热镀铝锌合金板带的分类

分类项目	类　别	分类项目	类　别
镀层种类	铝锌合金镀层	表面处理	铬酸钝化处理
			涂　油
表面结构	正常锌花		铬酸钝化处理 + 涂油
			涂耐指纹膜
	光整锌花		不处理

B　其他热镀产品

还有一种热镀锌铝合金产品（GALFAN），镀层也是锌-铝合金，但其质量分数与热镀铝锌合金不同，锌约占 95%，铝约占 5%。热镀锌铝镀层的成形性能比热镀铝锌合金的好，但其耐腐蚀性能要比后者差。

此外，还有一种镀铝板带 FAL。镀铝板带的基板经再结晶退火后，通过熔融的铝锅使带钢表面镀上薄薄的一层铝。镀铝板带耐腐蚀性能很好，镀层的外观也很好，同时其可承受 700～800℃的高温，因此广泛应用在加热的家用电器制造，如烤面包片的烤箱、微波炉等。

2.2.5.6　彩色涂层板带

彩色涂层板带，简称彩涂板带。使用冷轧带钢卷、热镀锌带钢卷等带钢卷为原料，经开卷、焊接、清洗、再清洗及表面化学处理后，再经两次涂层及两次烘烤在带钢表面涂上有机涂料而形成。彩色涂层板带的最早使用是在建筑结构上，近期已向汽车、家电产品、装潢、运输和包装行业方向发展。

彩涂的基板一般用热镀锌、热镀锌铝、电镀锌板带，也可以直接使用全硬板带作基板。彩涂板分为彩色涂层板和彩色覆膜板，其基板均为冷轧板或镀锌板，以镀锌板为主。由于用途不同，所采用的基板也不同，如建筑物外墙板要求使用热镀锌板为基板，建筑物内多用热镀锌或电镀锌板为基板，家具等多使用冷轧板或电镀锌板为基板，家电多用冷轧板、电镀锌或热镀锌板为基板。彩涂基板的钢种已由低碳铝镇静钢发展到部分结构钢和超低碳钢。涂层涂料的种类有普通聚酯、硅改性、氟碳、高耐候聚酯、聚氨酯、PVC 溶胶、PET 膜以及 PVC 膜等。

A　彩色涂层板分类

按应用范围分成：建筑外用、建筑内用、钢窗、家电等；

按基板类型分成：冷轧板、电镀锌板、镀铝锌板、光整锌花、热镀锌板、无锌花；

按涂层表面状主要分七大类：印花、热贴膜、热压花、冷贴膜、冷压花、涂蜡和金属漆；

按涂料种类分成：聚酯、硅改性聚酯、高性能聚酯、聚偏氟乙烯；

按涂层结构：分成上表面、下表面。

B　几种特殊处理工艺

a　印花工艺

大多数涂层生产线每天需要更换多次涂料的颜色。为了实现不停车、不降低产量、快速更换颜色，一般在生产线上面精涂辊涂机涂层头位置，安装两个精涂涂层机，其中一号为上面单头涂层机，二号为双面涂层机，一上一下。当一台辊涂机涂覆带钢时，另一台准备下一个产品的颜色。印花式涂覆工艺至少是基于上述的设备布置形式，在另一面涂层机上面再涂上亮漆或抗紫外线保护膜。近些年来，国内新上的大型彩色涂层机组均采用了这种布置形式。本钢在国内没有任何经验可供参考的情况下，成功轧制出彩涂印花板，且各项技术性能指标均达到世界先进水平，成功填补了我国彩涂生产史上的一项空白，其冷轧生产线的技术装备、生产工艺达到国际先进水平。

b　热贴膜工艺

热贴膜板具有花色品种多、外观美丽、膜层较厚、黏结强度大等优点，主要应用于家电、家具、室内装饰及车船内部装饰等。贴膜板常用有机覆膜有乙烯基覆膜（PVC）、氟基树脂覆膜（PVF）、聚偏氟乙烯（PVDF）、聚酯基覆膜（PET）、丙烯基树脂覆膜（PMMA）等。PVF 贴膜板可做建筑外装饰、高速公路隔声板等；四氟乙烯-乙烯共聚合树脂（ETFE）贴膜板可用作厨房墙书写白板等；PET 贴膜板可作为家电面板。

c 热压花工艺

热压花与印花一样，都能提高涂层钢板的装饰性，同时更加有真实感，有优良的韧性、耐候性、耐化学药品腐蚀性并且具有极佳的手感。

热压花主要采用聚氯乙烯（PVC）增塑溶胶膜。压花时，要求涂膜厚度大于 100μm，采用聚氯乙烯增塑溶胶生产涂层钢板时，一般要求膜厚为 100 ~ 250μm。

热压花一般要求涂膜的厚度不小于 100μm，在机组设计中如果同时有热贴膜产品，可考虑与热贴膜工艺共用一套机架，只需将贴膜压辊更换成一对压花辊，而不使用开膜设备即可。

d 冷压花工艺

冷压花和热压花一样，可以提高涂层钢板的装饰，进一步增加真实感，但由于只是采用普通聚酯涂料，大大降低了这类压花产品的成本。此类产品在美国有较广泛的应用。

随着涂料耐冲击性能的不断提高，冷压花机逐步安装到了机组的出口段，在涂完成品上进行压轧使漆膜和钢基板同时变形，获得美丽的图案。目前，比较常用的图案有皮革纹、水泥砂浆纹、花岗岩纹、钻石纹和线条纹等。在北美，一半以上的家电用彩板采用这种冷压花板。但是此套设备的价格不菲，进口价在 40 ~ 60 万美元左右。目前在我国，仅有宝钢的 2 号彩涂机组在 2002 年首次从美国 FA TA-Hunter 公司引进了一套在线冷压花设备。从美观、质感、成本等角度，此类产品即增加了美观性，又提高了板材的强度，应该有很好的市场前景，但这种产品对涂料的加工性能要求很高，性能优于普通聚酯涂料。

e 冷贴膜工艺

为了保护彩涂钢卷涂层在运输与加工过程中不被划伤和污染，在彩色涂层带钢表面贴上可剥离性的膜，方法是用带有黏合剂的塑料保护膜，薄膜厚度一般不小于 50μm，通常以 80μm 最佳。保护膜应有足够的强度，化学稳定性、不受黏合剂的影响，在成卷后不影响涂层表面的质量，价格还要便宜，易于剥离，并且在剥离后易于销毁。

常用的保护膜大多是聚乙烯膜，膜的宽度应该略微大于带钢的宽度，这样可以确保完全覆盖住带钢的表面，也可以在成卷存放或者运输时有利于对边部的保护，而且在加工时容易剥离。目前，国内新上的大型彩涂机组包括一些中小型生产线都已经安装了冷贴膜机。

C 彩色涂层板带牌号

彩色涂层板带牌号和用途的对应关系列于表 1-2-15，在基板牌号前面加“T”，组成表中宝钢彩色涂层板牌号代码。

例：TDC51D + ZT

T ——“涂”的汉语拼音的第一个字母；DC51D + Z——热镀锌基板的牌号。

表 1-2-15　彩色涂层板带牌号和用途的对应表

基板类型	应用范围	宝钢牌号
热镀锌板带	一般用	TDC51D（TSt01，TSt02，TSt03）
	冲压用	TDC52D
	深冲压用	TDC53D
	结构用	TS280GD（TStE28）
		TS350GD（TStE34）
		TS550GD
热镀铝锌合金板带	冷成形用	TDC51D + AZ
		TDC52D + AZ
	结构用	TS250GD + AZ
		TS300GD + AZ
		TS350GD + AZ
		TS550GD + AZ
	一般用	TSECC，TBLCE
	冲压用	TSECD，TBLDE
	深冲压用	TSECE，TBUSDE

2.2.6　冷轧带钢产品用途

2.2.6.1　热轧酸洗板带的用途

由于热轧酸洗板带的生产成本低，表面质量和尺寸精度相对冷轧板带差，因此对带钢的尺寸精度和表面质量要求不那么高的下游加工行业来说，首选热轧酸洗板作为原材料。热轧酸洗板可直接加工成汽车结构件、冰箱空调压缩机、热水器、防盗门、通用机械、搪瓷制品等，也可以作为热镀锌基板用。

2.2.6.2　普冷板带的用途

普冷板带是冷轧带钢最基础的产品，品种种类丰富，产品直接应用到汽车领域、家电制造领域等，并可以作为涂镀板带的基板使用，因此它的产品几乎覆盖了碳钢板带的所有领域。

用作汽车外板的高强钢，其强度范围在 300 ~ 460MPa，内板强度为 260 ~ 540MPa。为了提高车门、车顶盖的抗凹陷性能，340 ~ 370MPa 等级的烘烤硬化钢板成为很多车型的首选材料，德国大众 POLO 就选用这个级别的烘烤硬化钢板作外板。随着汽车轻型化的推进，车内板部件钢板强度等级将向 400 ~ 600MPa 级别上升。汽车的结构件多采用 350 ~ 510MPa 级别的高强钢。目前汽车结构件采用强度大于 800MPa 的钢板越来越普遍，有时强度甚至达到 1500MPa。普冷板带产品在汽车等上的应用见表 1-2-16 和图 1-2-14。

表 1-2-16　冷轧厂产品品种及应用

序　号	类　型	钢　种		应　用
1	低碳钢	CQ	DC01	建筑、防护栏、包装、简单弯曲件、电器柜、家具、家电等
		DQ	DC03	
2	IF 钢	DDQ	DC04	汽车外板、内板大变形冲压件等
		EDDQ	DC05	
		SEDDQ	DC06 \ 07	
3	低碳高强钢	CQ-HSS	DC01	类似 CQ
4	微合金高强钢	DQ-HSS	H300LA \ H340LA H380LA \ H420LA	汽车内支撑梁、支柱、座位、框架、轴件等
5	磷强化低合金钢	DQ-HSS	H260LA	汽车内饰件、悬挂件、搁板、电控板
6	高强 IF 钢	DDQ-HSS	H160Y \ H180Y H220Y \ H260Y	汽车内饰件、悬挂件
7	BH-DQ 级	BH	H220B \ H260B H300B	汽车内外板
8	BH-DDQ 级	BH	H180B	汽车内外板
9	双相钢	DP	DP-K30、50 DP-K34、60	汽车内支柱、悬挂件、支撑梁、外门缘等
10	形变诱导相变（属多相钢）	TRIP	RA-K40、70 RA-K42、80	汽车内支柱、悬挂件、支撑梁、高能量吸收部件等

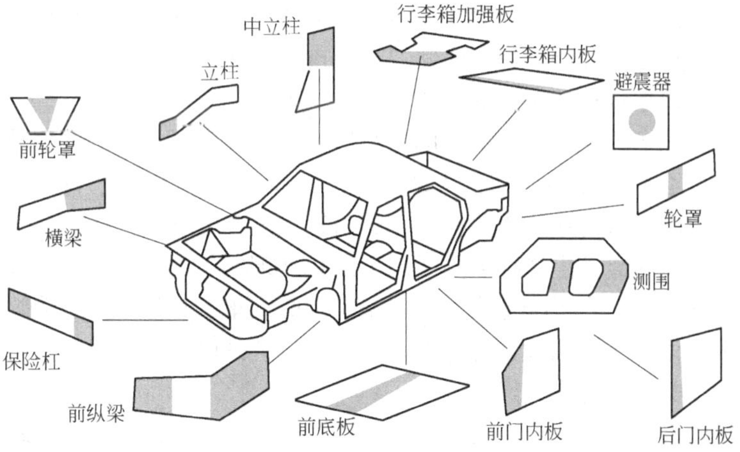

图 1-2-14　冷轧钢板在汽车上的应用

由于软质普冷板带具有表面质量好、尺寸精度高、板形好、易于成形、品种丰富、选择余地大等优点，因此在家电制造行业中得到大量的应用。根据需要，可在成形的零件上喷涂成各种各样色彩。例如，电冰箱、冰柜、空调机、洗衣机、彩电等音像产品、计算机等办公用品等都离不开普冷板。

另外很大一部分的普冷板带直接作为电镀锌板带和彩色涂层板带的基板。普冷板带还是搪瓷制品、管材型材制品、压力容器制品的主要基板材料。

还有一些特殊用途的普冷板带，如硬币制造，大多数也是采用普冷板。

2.2.6.3　电镀锌板带的用途

电镀锌板带的镀层薄而均匀，表面具有细腻、无锌花、涂装性能优良、焊接性能好、耐腐蚀等优点，因此广泛应用于汽车工业中制作车身部件、燃料箱、座架。美国、欧洲车系列主要采用电镀锌厚镀层的板材用作汽车外板，日本车系列常采用热镀锌铁合金板。在电镀锌汽车板方面，如通用别克、福特等美国车系列习惯采用电镀纯锌无处理产品；而如大众帕萨特、宝来、POLO、GOLF、奥迪等欧洲车系列则习惯于采用预磷化电镀锌产品。由于预磷化膜层本身具有自润滑作用，因此预磷化膜能很好地改善汽车板在冲压成形过程中的金属流动，有利于成形。

采用电镀锌厚镀层外板生产的汽车，其油漆表层的光亮度保持更持久，不易褪色。另外，加上汽车制造过程中的空腔灌蜡工艺，可以保证镀锌车身钢板12年不锈穿，大大提高了汽车的使用寿命。

电镀锌钢板带的另一应用领域为家用电器制造业，用来制作洗衣机、冰箱、计算器、冷冻机罩等。

2.2.6.4　热镀锌板带的用途

热镀锌薄板（带）除一部分直接作为商品板（带）供应建筑等市场外，还有相当部分作为彩涂薄板（带）的原料，进行彩涂深加工。就生产品种而言，我国汽车、家用电器等行业用镀锌板还不能完全满足市场的要求。与普冷板带和电镀锌板带相比，热镀锌板带的焊接性能、涂装性能、成形性能都不如前者。汽车用热镀锌GI钢板的冲压成形性、点焊性和表面质量一直是个问题，焊接热镀锌板时电极寿命低，即同一电极的连续点焊次数低，限制了热镀锌板在汽车外板上的应用。

随着热镀锌新技术的发展，生产出的产品质量大大提高了、品种更加多样化，并且极大地降低了成本，不足之处都得到很大的改善，因此在汽车制造业领域里的应用越来越多，并且近年来家电制造行业应用热镀锌板的份额在逐年增加。

我国新建的连续热镀锌生产线大多考虑了磷化处理钢板的工艺。近年来，随着热镀锌技术的发展及汽车制造厂为了降低成本，越来越多的汽车制造厂，尤其是欧、美的汽车制造厂，要求用预磷化热镀锌钢板，这样汽车制造厂可省去电泳脱脂处理工序，因此预磷化热镀锌钢板在欧、美发展前景较好。

汽车用表面处理板材不仅要有良好的耐腐蚀性，而且必须满足冲压成形性、焊接性、钝化处理性及涂漆性等多方面性能要求。在北美，主要使用较厚镀层的电镀锌钢板EG板；而日本除了EG钢板外，更多的汽车厂使用的是合金化热镀锌钢板GA板；欧洲汽车制造厂除了使用EG钢板和GA钢板外，主要使用的是非合金化热镀锌钢板GI板。GI钢板相对合金化热镀锌钢板GA钢板来讲，冲压性能和涂装性能好，而且价格便宜，在欧洲已有的汽车制造厂将GI钢板作为汽车外板，效果较好。因此最近使用GI钢板作内装部件或外装部件的汽车厂家不断增加，GI 钢板的需求量正在不断扩大。

2.2.6.5　电镀锡板带的用途

电镀锡板因其基板具有合适的强度、优良的焊接性和冲压性，表面镀层具有良好的耐腐蚀性，且易于涂布、印刷等而广泛应用于食品、饮料、喷雾剂、化工、油漆、礼品包装等各种形态物品的包装以及各种器具的制造，另有少部分用于电子、药品和家用电器等行业。目前约有 90% 的电镀锡板用于包装，所以它是很重要的包装材料之一。近几年，随着食品工业特别是饮料工业的发展，镀锡板的需求量由 20 世纪 90 年代初的 40 多万吨增加到 2005 年的 180 万吨，其中罐头消费占 30% 左右，饮料占 30% ~40% 左右，其他（饼干桶、茶叶桶、油桶、压力罐、医药、电池等）占 30% ~40%。在镀锡板消费的品种方面，国产镀锡板多用于干食品包装，而消费占绝对优势的食品包装市场需用高档镀锡板，全部靠进口。在规格方面，罐头壁厚一般在 0.12 ~0.49mm 之间，但 0.23mm 用量较多，世界上最薄已达 0.08mm，并有继续减薄的趋势。饮料多用 0.20mm，饼干桶一般为 0.23 ~0.28mm。在性能方面，罐头和饮料用料主要要求其耐腐蚀性强，并随着用户制罐生产线自动化水平的不断提高，对钢板性能的均匀性、表面尺寸精度及板形等提出了更严格的要求，而且为降低成本，镀锡板厚度及锡层厚度也逐渐向薄的趋势发展。人们日常生活中使用的许多物品其中不少是用镀锡板制造的，例如电池的外壳、做蛋糕和点心的模子、炊具、手电筒等等。办公和学生文具用品中用镀锡板生产的东西比比皆是，例如磁性黑板、文具盒、文件夹等。根据食品包装行业的发展及我国 GDP 增长速度的预测，2010 年镀锡板需求量将达到 300 万吨左右。

由于镀锡板相对于其他包装材料具有强度高、可再生以及环保等许多优点，其用途和使用量仍在继续扩大中。表 1-2-17 为 2000 ~2005 年我国镀锡板消费情况统计。

表 1-2-17　2000 ~2005 年我国镀锡板消费情况统计

年　份	国内产量/万吨	进口量/万吨	出口量/万吨	表观消费量/万吨	增长率/%	自给率/%
2000	101	39.65	8.19	132.46	24.41	76.2
2001	109	30.97	14.22	125.75	5.07	86.7
2002	115.9	39.83	13.96	141.77	12.74	81.8
2003	122.1	51.97	17.43	156.64	10.49	77.9
2004	136	58.7	15.7	179	14.27	76
2005	180	49.1	12.1	217	21.2	82.9

2.2.6.6　电镀铬板带的用途

镀铬板用的原板和镀锡原板一样，都是低碳冷轧薄钢板或带钢，只是把钢板表面镀锡改成镀铬，其他工序完全相同。目前镀铬板已取代部分镀锡板，但是它的耐蚀性终究还是不如镀锡板，主要用于腐蚀性较小的啤酒罐，饮料罐以及食品罐的底盖等，接缝需采用熔接法和黏合法接合。

从国外市场看，目前镀铬板的消费量占镀锡板消费量的 20% 以上，如美国需求量约占镀锡板的 30%，日本在 45% 以上。目前我国无锡板消费量在 20 万吨左右，占镀锡板总量的 11% 左右，主要消费领域为合资企业用皇冠盖、食品罐头底盖、杂罐等。

镀铬板在国外制罐包装领域中主要应用在以下几方面：

（1）盖子，包括啤酒瓶盖、汽水瓶盖和四旋盖等。常用板厚：0.25mm，材料调质度：T2.5～T4。

（2）食品罐，在这方面的用途如下：苹果酱三片罐：罐身用镀锡板；底和盖用镀铬板，板厚为 0.25mm，调质度为 T4CA。桃子水果三片罐：罐身用镀锡板；底和盖用镀铬板，板厚为 0.25mm，调质度为 T4CA。金枪鱼三片罐：罐身用镀锡板；底和盖用镀铬板，板厚为 0.20mm，调质度为 T4CA～T5CA。

（3）杂罐，所谓杂罐包括食用油罐、马达油罐、油漆罐、涂料罐等。板厚为 0.20～0.40mm，调质度为 T2.5、T3、T4。

（4）美术罐，如茶叶罐、糖果盒、饼干盒、干点盒等。板厚为 0.20～0.30mm，调质度为 T2.5、T3、T4。

（5）电饭煲、热水瓶、家用吸尘器的外壳等。板厚为 0.28～0.32mm，调质度为 T3。

2.2.6.7　彩色涂层板带的用途

由于彩涂板成形性和耐久性好，使用寿命长，并且色彩鲜艳，可以大量节省用户的清洗、除锈和涂漆的生产成本，因此，彩涂板广泛应用于建筑业，包括大型工业厂房、公用建筑、民用建筑、简易活动房等建筑的室内外装饰板、预制隔热夹芯板；彩涂钢板门窗、卷帘门及钢制家具；轻工家电行业用于制造家电外壳，如电冰箱、洗衣机等；家具行业公文柜、书柜、货架等；交通运输业造船用于制作地板、墙壁、隔板等，而且彩涂板的应用领域还在不断扩大。我国彩涂板生产、消费及进出口情况如表 1-2-18 所示。

表 1-2-18　我国彩涂板生产、消费及进出口情况

年　份	生产量/万吨	进口量/万吨	出口量/万吨	表观消费量/万吨	自给率/%
2000	40	49.23	1.14	88.09	45.41
2001	80.5	71.67	0.22	151.95	52.98
2002	141	110.05	0.72	250.33	56.33
2003	145.5	110	1.5	254	57.28
2004	151	49.4	4.53	195.87	77.1
2005	173	39.83	9.15	203.68	84.94
2006	226.5	30.4	50.84	206.06	100

使用彩色涂层钢板作为建筑的屋面材料，其质量轻，可降低建筑物的基础造价。彩色涂层钢板可事先加工成屋面所需面积和形状，组合式的施工模式，快捷方便，同时安装精度很容易达到工程的要求，搬迁和扩建也非常方便，因此彩色涂层钢板是超市、机场、足球建筑用的彩色涂层钢板除经压形后直接用作单层的屋面材料以外，还可以在两张经压形的彩色涂层钢板中间填充一种发泡塑料，制成具有良好的隔热性能的夹芯板。彩色夹芯板既可用作屋面板，也可用作墙面板。

此外，彩色涂层钢板表面还可以涂敷上一层塑料溶胶或塑料薄膜。若将聚氯乙烯溶胶涂在彩涂钢板表面，制成的压层板称为 PVC 涂层钢板；如果将预先印有木纹、布纹或皮革纹的塑料薄膜粘贴在彩色涂层钢板上，制成的贴膜钢板称为 PVC 贴膜板。这些彩色涂层钢板品种，大多数应用在室内装潢行业中，如门窗框架等。

随着彩色涂层板带基板冷成形和冷冲压性能的提高，耐候性能和抗化学腐蚀性能的改进，颜色的鲜艳绚丽，彩色涂层钢板可直接成形加工各种家庭用具和电气的外壳，已取代了传统的成形—喷涂—烘干的加工工艺路线，大大提高了生产周期。对新建厂来说，也节省了喷涂烘干生产线的建设费用。由于直接使用彩色涂层钢板制作家电外壳具有上述优点，因此彩板在家电行业的使用有着良好的前景。

除了电冰箱、冷藏冰柜、洗衣机、电视机、微波炉等家用电器直接使用彩色涂层钢板外，汽车、拖车和农业机械的承重框架、车厢的侧面板等都可以用彩色涂层钢板加工而成。

2.3　冷轧带钢产品标准

2.3.1　冷轧带钢产品标准

我国按着颁发单位和使用范围把标准划分为：

国家标准：其代号为“GB”；

行业标准：例如钢铁行业标准代号为“YB”；

企业标准：例：宝钢企业标准代号“BQ”，本钢企业标准代号为“Q/BB”。

按照 1988 年 12 月颁发的《中华人民共和国标准化法》规定：行业标准和企业标准不得与国家标准相抵触，企业标准不得和行业标准相抵触。为了满足市场对产品质量日益提高的要求，增强市场竞争力，企业制订的标准远比行业标准和国家标准要高，形成企业内控标准和企业对外标准。

在国际上的技术领域里，各国组成了一个国际标准化组织，这个组织制定的标准称为国际标准，代号为“ISO”。我国冷轧薄板厂多数等效采用和参照德国标准（DIN）或日本标准（JIS）等制定我国冷轧薄板的产品标准。

我国冷轧厂常用标准有：

GB/T 221—1979　钢铁产品牌号表示方法；

GB/T 15574—1995　钢产品分类；

GB/T 15575—1995　钢产品标记代号；

GB/T 699—1999　优质碳素结构钢；

GB/T 700—1988　碳素结构钢；

GB/T 11253—1989　碳素结构钢和低合金结构钢冷轧薄钢板和钢带；

GB/T 13237—1991　优质碳素结构钢冷轧薄钢板和钢带；

GB/T 5213—2001　深冲压用冷轧薄钢板和钢带；

GB/T 8164—1993　焊接钢管用带钢；

GB/T 708—1988　冷轧钢板和钢带的尺寸、外形、重量及允许偏差；

GB/T 247—1997　钢板和钢带检验、包装、标志及质量证明书的一般规定；

GB/T 222—1984　钢的化学分析用试样取样法及成品化学成分允许偏差。

冷轧薄板带产品标准一般包括如下内容：规定产品的品种、规格、尺寸、外形、牌号、成分、性能、表面质量、试验方法、验收规则、包装、标志等。产品标准是衡量产品质量的依据，是提高和保证产品质量，实现产品标准化、系列化、通用化，提高经济效益的重要手段。下面给出了某厂冷轧钢板和钢带尺寸、外形、重量及允许偏差标准，彩色涂层钢板及钢带产品标准，连续热镀锌/锌铁合金钢板及钢带产品标准。

依板材厚度和用途不同，对其提出的技术要求各不一样，但仍有其共同的一面，归纳起来就是：尺寸精确板形好，表面光洁，性能高。

（1）尺寸精度要求高。尺寸精度主要指厚度精度，因为它不仅影响到使用性能，而且在生产中难度最大。此外厚度偏差对于金属的节约影响也很大。板带材由于宽厚比（B/H）很大，厚度一般很小，厚度的微小变化就会引起其使用性能和金属消耗的巨大波动。故在板带材生产中一般都应力争高精度轧制。

（2）板形要好。对于所有板带材都不允许有明显的浪形或瓢曲，要求其板形良好。原料板形不良对于冷轧操作有很大影响。板形严重不良会导致冷轧过程产生卡钢、断带、撕裂、勒辊等事故的出现，使轧制操作无法正常进行。

（3）表面质量要好。板带钢多用作外部构件，故必须保证表面质量。其表面不得有气泡、结疤、拉裂、刮伤、折叠、裂缝、夹杂和压入氧化铁皮，因为这些缺陷不仅有损板制件的外观，而且往往破坏性能或诱发破裂和锈蚀，成为应力集中的薄弱环节。

（4）性能要好。板带材的性能主要包括机械性能、工艺性能和某些钢板的特殊性能。一般结构钢板只要求具备较好的工艺性能，例如冷弯和焊接性能等，而对机械性能要求不严。为了合理地使用板带钢和评定其质量，技术标准中都有对钢材进行机械性能和工艺性能试验的规定。

下面简介冷轧板带和镀锌板带的产品标准。

2.3.1.1　冷轧钢板和钢带尺寸、外形、重量及允许偏差

A　我国冷轧产品的规格范围及使用标准

我国冷轧产品的规格尺寸及使用标准如表1-2-19所示。

表1-2-19　冷轧薄板（带）规格、钢号及所用标准

钢　种	钢　号	规格尺寸			标准号
		厚度 a_0/mm	宽度 b_0/mm	长度 L/mm	
汽车用薄钢板	K08Al重、 08Al、 08AlP	0.2～0.65 0.7～1.2 1.5～3.0	600～1100 600～1250 600～1500	1200～3000 1200～3500 1200～6000	GB/T 708—1988 GB/T 5213—2001 Q/ASB89—1992
碳素结构钢	Q195、Q215A(B)F、 Q215A(B)、Q235A(B)F、 Q235A(B)	0.2～0.65 0.7～1.2 1.5～3.0	600～1100 600～1250 600～1500	1200～3000 1200～3500 1200～6000	GB/T 708—1988 GB/T 700—1988 GB/T 11253—1989
优质碳素结构钢	08Al、10、15、20、 25、30、35、40、 45、50	0.2～0.65 0.7～1.2 1.5～3.0	600～1100 600～1250 600～1500	1200～3000 1200～3500 1200～6000	GB/T 708—1988 Q/ASB 80—1992 GB/T 699—1999

续表 1-2-19

钢　种	钢　号	规格尺寸			标准号
		厚度 a_0/mm	宽度 b_0/mm	长度 L/mm	
低合金钢	09MnXt、 50Mn、 08CuP、15Ti	0.2～0.65 0.7～1.2 1.5～3.0	600～1100 600～1250 600～1500	1200～3000 1200～3500 1200～6000	GB/T 708—1988，鞍协 1983-3 鞍协 1981-4，鞍协 1988-9 鞍协 1989-1，Q/ASB78—1992
冷轧带钢					
碳素结构钢	Q195、Q215A（B）、 Q215A（B）F、 Q235A（B）、 Q235A（B）F	1.0～2.5	110～500	卷	GB/T 708—1988 GB/T 700—1988 GB/T 11253—1989 GB/T 8164—1993
优质碳素结构钢	08Al	1.0～2.5	110～500	卷	GB/T 699—1999 GB/T 8164—1993

根据 GB/T 708—1988 的规定，钢板的厚度、宽度和长度应符合表 1-2-20 的规定。

表 1-2-20　GB/T 708—1988 规定钢板的规格

公称厚度/mm	按下列钢板宽度的最小和最大长度/mm																			
	600	650	700	710	750	800	850	900	950	1000	1100	1250	1400	1420	1500	1600	1700	1800	1900	2000
0.20 0.25 0.30 0.35 0.40 0.45	1200 2500	1300 2500	1400 2500	1400 2500	1500 2500	1500 2500	1500 2500	1500 3000	1500 3000	1500 3000	1500 3000									
0.56 0.60 0.65	1200 2500	1300 2500	1400 2500	1400 2500	1500 2500	1500 2500	1500 2500	1500 3000	1500 3000	1500 3000	1500 3000	1500 3500								
0.70 0.75	1200 2500	1300 2500	1400 2500	1400 2500	1500 2500	1500 2500	1500 2500	1500 3000	1500 3000	1500 3000	1500 3000	1500 3500	2000 4000	2000 4000						
0.80 0.90 1.00	1200 3000	1300 3000	1400 3000	1400 3000	1500 3000	1500 3000	1500 3000	1500 3500	1500 3500	1500 3500	1500 3500	1500 4000	2000 4000	2000 4000	2000 4000					
1.10 1.20 1.30	1200 3000	1300 3000	1400 3000	1400 3000	1500 3000	1500 3000	1500 3000	1500 3500	1500 3500	1500 3500	1500 3500	1500 4000	2000 4000	2000 4000	2000 4000	2000 4000	2000 4000	2000 4200		
1.40 1.50 1.60 1.80 2.00	1200 3000	1300 3000	1400 3000	1400 3000	1500 3000	1500 3000	1500 3000	1500 3000	1500 3000	1500 4000	1500 4000	1500 6000	2000 6000	2000 6000	2000 6000	2000 6000	2000 6000	2500 6000		
2.20 2.50	1200 3000	1300 3000	1400 3000	1400 3000	1500 3000	1500 3000	1500 3000	1500 3000	1500 3000	1500 4000	1500 4000	2000 6000	2000 6000	2000 6000	2000 6000	2000 6000	2500 6000	2500 6000	2500 6000	2500 6000
2.80 3.00 3.20	1200 3000	1300 3000	1400 3000	1400 3000	1500 3000	1500 3000	1500 3000	1500 3000	1500 3000	1500 4000	1500 4000	2000 6000	2000 6000	2000 6000	2000 6000	2000 2750	2500 2750	2500 2700	2500 2700	2500 2700

注：1. 钢板和钢带的宽度也可为 10mm 倍数的任何尺寸，钢板长度为 50mm 倍数的任何尺寸；

2. 根据需方要求，经供需双方协商，可以供应其他尺寸的钢板和钢带。

下面按我国某企业 Q/##109—2008 标准简单说明标准的内容。

B　冷轧产品尺寸允许偏差

冷轧产品分类和代号如表 1-2-21 所示。

表 1-2-21　某厂冷轧产品分类和代号

按尺寸精度分		按边缘状态分		不平度精度	
普通厚度精度 PT. A	高级厚度精度 PT. B	切边 EC	不切边 EM	普通不平度精度 PF. A	高级不平度精度 PF. B
普通宽度精度 PW. A	高级宽度精度 PW. B				
普通长度精度 PL. A	高级长度精度 PL. B				

a　厚度允许偏差

最小屈服强度小于 280MPa 的钢板和钢带的厚度允许偏差应符合表 1-2-22 的规定。

表 1-2-22　钢板和钢带的厚度允许偏差

公称厚度/mm	厚度允许偏差/mm					
	普通精度 PT. A			高级精度 PT. B		
	公称宽度/mm			公称宽度/mm		
	<1200	1200 ~ 1500	≥1500	<1200	1200 ~ 1500	≥1500
≤0. 40	±0. 04	±0. 05	±0. 06	±0. 025	±0. 035	±0. 045
>0. 40 ~0. 60	±0. 05	±0. 06	±0. 07	±0. 035	±0. 045	±0. 05
>0. 60 ~0. 80	±0. 06	±0. 07	±0. 08	±0. 04	±0. 05	±0. 05
>0. 80 ~1. 00	±0. 07	±0. 08	±0. 09	±0. 045	±0. 06	±0. 06
>1. 00 ~1. 20	±0. 08	±0. 09	±0. 10	±0. 055	±0. 07	±0. 07
>1. 20 ~1. 60	±0. 10	±0. 11	±0. 11	±0. 07	±0. 08	±0. 08
>1. 60 ~2. 00	±0. 12	±0. 13	±0. 13	±0. 08	±0. 09	±0. 09
>2. 00 ~2. 50	±0. 14	±0. 15	±0. 15	±0. 10	±0. 11	±0. 11
>2. 50 ~3. 00	±0. 16	±0. 17	—	±0. 110	±0. 120	—

当钢带厚度小于 1. 50mm 时，两端总长度 30m 内厚度允许偏差允许比规定值超出 50%；当钢带厚度不小于 1. 50mm 时，两端总长度 30m 内的厚度允许偏差允许比规定值超出 30%。

钢带焊缝 20m 区域内的厚度允许偏差，允许比表 1-2-22 规定的值超出 40%。

b　宽度允许偏差

钢板和钢带的宽度允许偏差应符合表 1-2-23 的规定。

表 1-2-23　钢板和钢带的宽度允许偏差

边缘状态	公称宽度/mm	宽度允许偏差/mm	
		普通精度 PW. A	高级精度 PW. B
不切边 EM	—	+8 0	—
切边 EC	<1200	+4 0	+2 0
	≥1200	+5 0	+3 0

c 长度允许偏差

钢板的长度允许偏差应符合表 1-2-24 的规定。

表 1-2-24 钢板的长度允许偏差

公称长度/mm	长度允许偏差/mm	
	普通精度 PL. A	高级精度 PL. B
≤2000	+6	+3
>2000	+0.0030×L	+0.0015×L

C 冷轧产品外形

切边钢板和钢带的镰刀弯在任意 2000m 长度上应不大于 6mm。钢板的长度不大于 2000mm 时，其镰刀弯数值不大于钢板实际长度的 0.3%。钢板的不平度应符合表 1-2-25 的规定。

表 1-2-25 钢板的不平度

规定的最小屈服强度/MPa	公称宽度/mm	不平度（不大于）					
		普通精度 PF. A			高级精度 PF. B		
		公称厚度/mm					
		<0.7	0.70~1.20	≥1.20	<0.70	0.70~1.20	≥1.20
<280	≤1200	12	10	8	5	4	3
	>1200~1500	15	12	10	6	5	4
	>1500	19	17	15	8	7	6
280~360	≤1200	15	13	10	8	6	5
	>1200~1500	18	15	13	9	8	6
	>1500	22	20	19	12	10	9

按高级不平度供货时，仲裁情况另需检验波浪度，波浪应符合以下规定：当波浪长度不小于 200mm 时，波浪高度小于波浪长度的 1%；当波浪长度小于 200mm 时，波浪高度应不大于 2mm。

钢带应牢固地成卷，钢卷一侧的塔形高度不得超过表 1-2-26 的规定。

表 1-2-26 钢带塔形

公称厚度/mm	公称宽度/mm	塔形高度/mm
≤2.5	≤1000	30
	>1000	50
>2.5	≤1000	30
	>1000	40

钢板应切成直角，钢板的切斜应不大于钢板宽度的 1%。

D 尺寸测量

厚度测量：不切边钢板和钢带在距离轧制边不小于 40mm 处测量；切边钢板和钢带在距离剪切边不小于 25mm 处测量。

不平度测量：将钢板自由地放在平台上，除钢板的本身重量外，不施加任何压力，测量钢板下表面与平台间的最大距离，如图 1-2-15 所示。长度不大于 2000mm 的钢板，钢板的长度即不平度的测量长度；长度大于 2000mm 的钢板，可任取 2000mm 长度进行不平度的测量。

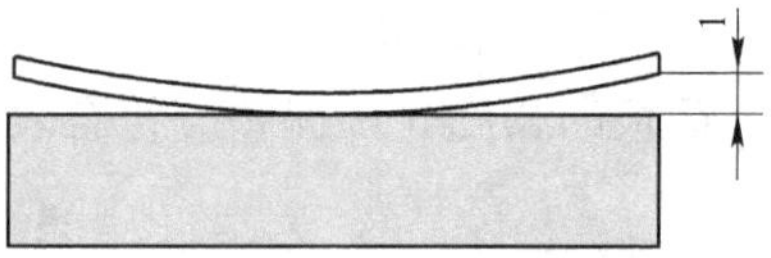

图 1-2-15　不平度的测量

1—不平度

切斜为钢板的宽边向轧制方向边部的垂直投影长度，或者为钢板对角线之差的一半，如图 1-2-16 所示。

镰刀弯测量：钢板及钢带的镰刀弯是指侧边与连接测量部分两端点直线之间的最大距离，在产品呈凹形的一侧测量，如图 1-2-17 所示。

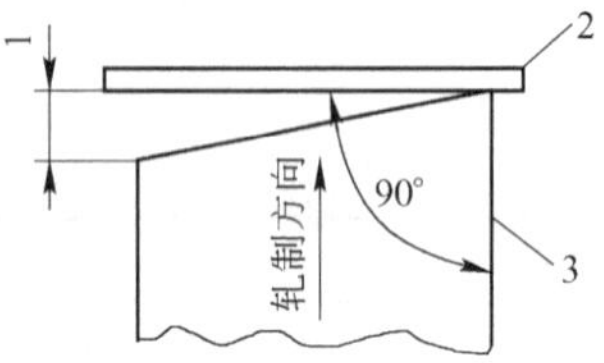

图 1-2-16　切斜的测量

1—切斜；2—直尺（线）；3—侧边

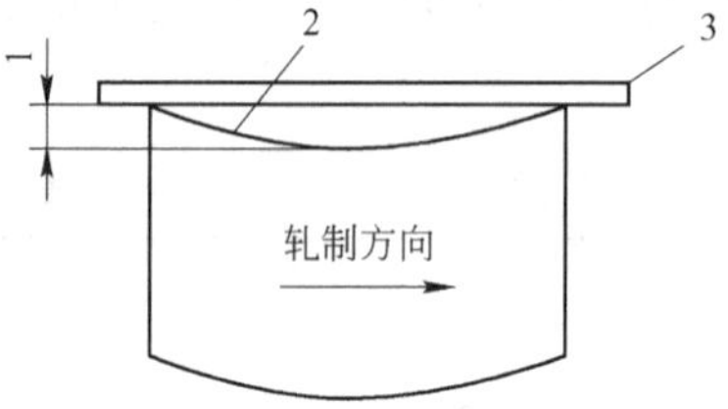

图 1-2-17　镰刀弯的测量

1—镰刀弯；2—凹形侧边；3—直尺（线）

钢带的镰刀弯的测量部位时在距钢带头部和尾部不小于 5000mm 处。长度不大于 2000mm 的钢板，钢板的长度即镰刀弯的测量长度；长度大于 2000mm 的钢板，可任取 2000mm 长度进行镰刀弯的测量。

E　重量

钢板和钢带按实际重量交货。

2.3.1.2　冷轧主要产品的力学性能

根据不同的用途，按照不同标准生产的产品，对其力学性能提出了不同的要求。汽车用钢、优质碳素钢、碳素结构钢的力学性能、弯曲工艺性能如表 1-2-27 所示。

表 1-2-27　各标准规定不同厚度不同钢种钢板的力学性能和弯曲性能

标准号	钢号	厚度/mm	力学性能									弯曲性能	
			R_e/MPa			R_m/MPa			A/%			取样方向	试验条件
			ZF	HF	F	Z ZF	S HF	P F	Z ZF	S HF	P F		
GB/T 5213—2001	08Al	全部	≤195	≤205		255～325	255～335		44	42		二纵二横	180°
		>1.2			≤215			255～345			39		a_0 >2mm
		1.2			≤215						42		d =0
		<1.2			≤235						42		合格

续表 1-2-27

标准号	钢号	厚度/mm	力学性能 R_e/MPa ZF	HF	F	R_m/MPa Z ZF	S HF	P F	A/% Z ZF	S HF	P F	弯曲性能 取样方向	试验条件
GB/T 13237—1991	08、08Al	0.2～2.0				275～365	275～380	275～380	32	30	28	二纵二横	180° $a_0 \leqslant 2$mm $d=0$ $a_0>2$mm $d=a$ 合格
	10					295～410	295～430	295～430	30	29	28		
	15					335～450	335～470	335～470	27	26	25		
	20					355～490	355～500	355～500	26	25	24		
	25						390～540	390～540		24	23		
	30						440～590	440～590		22	21	不作冷弯试验	
	35						490～630	490～630		20	19		
	40						510～650	510～650			18		
	45						530～685	530～685			16		
	50						540～715	540～715			14		
GB/T 700—1988	Q195	0.2～5.0	≥195			315～430			32			纵	180°，$d=0$，合格
												横	180°，$d=0.5a$，合格
	Q215A(B)F		≥215			335～450			30			纵	180°，$d=0$，合格
												横	180°，$d=a$，合格
	Q235A(B)F		≥235			375～500			25			纵	180°，$d=0$，合格
												横	180°，$d=1.5a$，合格

注：1. 表中 25～50 号钢 R_m 值是球状珠光体组织下的抗拉界限值；

2. 表中 Z（最深拉延级）、S（深拉延级）、P（普通拉延级）为 GB/T 13237—1991 标准选用的级别代号；ZF（冲制拉延最复杂）、HF（冲制拉延很复杂）、F（冲制拉延复杂）为 GB/T 5213—2001 标准选用的级别代号。

深冲压冷轧汽车用钢板 08Al 按 GB/T 5213—2001 的要求组织生产和发货。对冷轧汽车深冲用钢的内部组织要求相当严格，其力学性能和工艺性能的好坏取决于钢的纯净度和组织的均匀度及晶粒的大小。钢中存在杂质或 Fe_3C 分布过于集中，则冲制的零件表面易裂；晶粒过大，冲制零件表面不光滑；晶粒过小，冲制零件表面易产生滑移线。主要要求有：（1）晶粒度，钢板和钢带在交货状态下必须进行晶粒度检验。对于 ZF、HF 级钢，晶粒度级别为 6 ~ 8 级或以薄饼形晶粒交货。F 级钢，晶粒度级别为 6 ~ 9 级或以薄饼形晶粒交货，并允许有两个相邻级别范围的混合晶粒。（2）游离渗碳体（Fe_3C），Fe_3C 不得超过显微组织评定法中的 2 级。（3）杯突值，由于杯突试验过程与实冲成形性不是线性关系，因此，杯突值检验只是冷轧汽车板交货的条件之一，即将被 n 和 r 值的检验所代替。对于厚度不大于 2mm 的钢板和钢带在交货状态下进行的杯突试验，其杯突深度值应符合表 1-2-28的规定。

表 1-2-28　GB/F 5213—2001 规定各种厚度钢板的杯突值

公称厚度/mm	冲压深度(不小于)/mm			公称厚度/mm	冲压深度(不小于)/mm		
	ZF	HF	F		ZF	HF	F
0.5	9.5	9.3	9.1	1.3	11.7	11.3	11.3
0.6	9.8	9.6	9.4	1.4	11.8	11.4	11.4
0.7	10.3	10.1	9.9	1.5	12.0	11.6	11.5
0.8	10.6	10.5	10.3	1.6		11.8	11.7
0.9	10.8	10.7	10.5	1.7		12.0	11.9
1.0	11.2	10.8	10.7	1.8		12.1	12.0
1.1	11.3	11.0	10.9	1.9		12.2	12.1
1.2	11.5	11.2	11.1	2.0		12.3	12.2

杯突实验用于评价板材的拉胀性能。其实验方法如图 1-2-18 所示。测定试件产生破裂时的最大成形深度作为杯突值（IE，mm）。但破裂点的确定、工具尺寸、板厚、板材及工具表面粗糙度、压边力、润滑、冲头速度、实验温度以及实验人员、设备误差等对测定值波动都有一定影响。

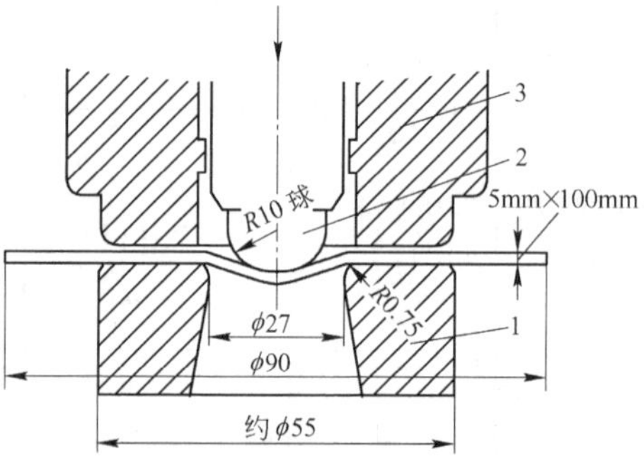

图 1-2-18　杯突实验方法
1—凹模；2—冲头；3—压边

2.3.2　连续热镀锌/锌铁合金钢板及钢带产品标准

以 GB/T 2518—200X 为标准介绍连续热镀锌钢板及钢带产品标准。

2.3.2.1　镀锌板术语及代号

连续热镀锌钢板及钢带（Continuous hot-dip zinc-coated steel sheets and strips）是在镀液金属中，锌含量不低于 98% 的连续热镀锌生产线上，将冷轧钢带或热轧酸洗钢带，经热浸镀锌，获得镀锌层的钢板和钢带。

正常锌花镀层（Spangle coating）：锌在正常凝固过程中，锌晶粒经自由长大形成的，具有明显锌花形貌的锌镀层。

小锌花镀层（Minimized spangle coating）：指锌在凝固过程中，锌晶粒被人为限制，形成尽可能细小的锌花镀层。

无锌花镀层（Spangle-free）：指通过调整镀液化学成分所得到的，不具有肉眼可见的锌花形貌和表面均匀一致的镀层。

锌铁合金镀层（Zinc-iron alloy coating）：指对通过镀锌槽液后的钢带进行热处理，使得整个镀层生成锌与铁的合金层，这种镀层外观呈暗灰色，没有金属光泽，在剧烈成形过程中易于粉化，适用于除一般的清洗外，不用进一步处理，即可直接涂漆的镀层。

差厚镀层（Differential coating）：指对镀锌钢板的两面，具有不同锌层重量牌号要求的镀层。

光整：光整改善了镀锌钢板表面外观或适合于装饰涂层；使成品部件加工时产生的滑移线（吕德斯线）或折纹的现象暂时减至最小等。

钝化：锌镀层通过钝化处理，可减少潮湿贮运条件下产生的锈蚀（白锈）。但这种化学处理的防腐蚀性能是有限的，而且，妨碍大多数涂料的附着性。这种处理一般不用在锌铁合金镀层，除光整表面外，作为常规，生产厂对其他类型的锌镀层均进行钝化处理。

涂油：涂油可减少潮湿贮运条件下的钢板锈蚀，经钝化处理后的钢板及钢带再涂油，将进一步减少潮湿存贮条件下的锈蚀。油层应能够用不损伤锌层的脱脂剂去除。

漆封：通过涂敷一层极薄的透明有机涂层膜，可提供一种附加的防腐蚀作用，特别是耐指纹，在成形时，改善润滑性，并作成为后续涂层的黏附底层。

磷化：通过磷化处理，使各种镀层种类的镀锌钢板，除正常清洗外，不需进一步处理即可涂层。这种处理可改善涂层的附着性能和防腐性能，减少贮运过程中被腐蚀的危险。磷化后与适合的润滑剂配用，可改善成形性能。

不处理：只有在订货者作出了不处理的表述并对此负责的情况下，按本标准供货的钢板及钢带才可以不进行表面处理，即：不钝化、不涂油、不漆封、不磷化。

双面等厚镀层种类及镀层重量的分类和代号按表 1-2-29 的规定。

表 1-2-29 镀层种类及镀层重量的分类和代号

镀层重量/$g \cdot m^{-2}$（双面）	代 号	锌铁合金镀层重量/$g \cdot m^{-2}$（双面）	代 号
60	Z60	40	ZF40
80	Z80	60	ZF60
100	Z100	80	ZF80
120	Z120	100	ZF100
150	Z150	120	ZF120
180	Z180	150	ZF150
200	Z200	180	ZF180
250	Z250		
275	Z275		
350	Z350		
450	Z450		
600	Z600		

差厚镀层可按表 1-2-29 所列镀层重量之半分别表示上、下表面不同的镀层重量，如 Z40/90 或 ZF30/50。低锌层重量表面外观可能不同于高锌层重量表面外观。

2.3.2.2　尺寸、外形、重量及允许偏差

厚度允许偏差测量钢板及钢带的厚度时，应包括镀层的厚度在内。厚度测量部位为距边部不小于 25mm 的任意一点。

基材的厚度允许偏差、宽度允许偏差、长度允许偏差和外形的脱方度镰刀弯、不平度的偏差不再一一叙述。

镀锌板产品出厂时需标注产品名称（钢板或钢带）、本产品标准编号、钢基种类、性能级别、镀层种类、镀层重量、表面结构、表面处理（钝化、涂油、漆封、磷化或不处理）、表面质量和规格及数量。标记顺序：标准编号-性能级别、镀层种类、锌层重量-表面结构-表面处理-钢基种类、规格尺寸。

例如：镀锌钢板，机械咬合级，锌，锌层重量为 275g/m^2，正常锌花光整，表面处理钝化加涂油，表面质量 FB 级、冷轧基板，规格：2. 0mm × 1200mm × 2000mm 的标记示例为：GB/T 2518—02Z275-NS-CO-FB-2. 0 × 1200 × 2000。

2.3.2.3　技术要求

锌层重量应符合表 1-2-30 中规定的锌层牌号要求。

表 1-2-30　锌层重量

镀层种类	锌层牌号	双面三点检测最小平均值 /g · m^{-2}	单点检测最低值/g · m^{-2}	
			双　面	单　面
锌	Z60	60	51	24
	Z80	80	68	32
	Z100	100	85	40
	Z120	120	102	48
	Z150	150	128	60
	Z180	180	153	72
	Z200	200	170	80
	Z220	220	187	88
	Z250	250	213	100
	Z275	275	234	110
	Z350	350	298	140
	Z450	450	383	180
	Z600	600	510	240
锌铁合金	ZF40	40	34	16
	ZF60	60	51	24
	ZF80	80	68	32
	ZF100	100	85	40
	ZF120	120	102	48
	ZF150	150	128	60
	ZF180	180	153	72

当钢板用表1-2-31规定的直径弯曲时，附着的镀层允许有不露钢基的镀层裂纹，但没有剥落痕迹。锌铁合金（ZF）镀层允许有裂纹、变粗和出现粉末。

表1-2-31　锌层弯曲检验

<table>
<tr><th colspan="2" rowspan="2">性能级别</th><th colspan="8">弯心直径/mm</th></tr>
<tr><th>01～06级</th><th colspan="2">220</th><th colspan="2">250</th><th colspan="2">280</th><th>320、350</th></tr>
<tr><td colspan="2">板厚/mm</td><td>各种厚度</td><td><3.0</td><td>≥3.0</td><td><3.0</td><td>≥3.0</td><td><3.0</td><td>≥3.0</td><td>各种厚度</td></tr>
<tr><td rowspan="4">镀层</td><td>Z275、ZF180及以下</td><td>0</td><td rowspan="2">1a</td><td rowspan="3">2a</td><td rowspan="2">1a</td><td rowspan="3">2a</td><td rowspan="4">2a</td><td rowspan="4">3a</td><td rowspan="3">3a</td></tr>
<tr><td>Z350</td><td>1a</td></tr>
<tr><td>Z450</td><td rowspan="2">2a</td><td rowspan="2">2a</td><td rowspan="2">2a</td></tr>
<tr><td>Z600</td><td>3a</td><td>3a</td><td>4a</td></tr>
</table>

注：a为产品厚度。

01～06级别的钢板及钢带的力学性能应符合表1-2-32的规定。

表1-2-32　01～06级别的钢板及钢带的力学性能

<table>
<tr><th rowspan="2">级　别</th><th rowspan="2">锌　层</th><th rowspan="2">R_e（不大于）/N·mm^{-2}</th><th rowspan="2">R_m /N·mm^{-2}</th><th>A/%（不小于）</th><th>r_{90}（不小于）</th><th>n_{90}（不小于）</th><th colspan="2">钢基180°弯心直径（横向）</th></tr>
<tr><th>$b_0=20$mm $L_0=80$mm</th><th colspan="2">$b_0=20$mm $L_0=80$mm</th><th>$e<3$mm</th><th>$e\geq3$mm</th></tr>
<tr><td>01</td><td></td><td>—</td><td>—</td><td>—</td><td>—</td><td>—</td><td>1a</td><td>2a</td></tr>
<tr><td>02</td><td></td><td>—</td><td>—</td><td>—</td><td>—</td><td>—</td><td>0</td><td>1a</td></tr>
<tr><td>03</td><td></td><td>300</td><td>260～430</td><td>23</td><td>—</td><td>—</td><td>—</td><td>—</td></tr>
<tr><td>04</td><td></td><td>260</td><td>260～410</td><td>25</td><td>—</td><td>—</td><td>—</td><td>—</td></tr>
<tr><td>05</td><td></td><td>220</td><td>260～410</td><td>28</td><td>—</td><td>—</td><td>—</td><td>—</td></tr>
<tr><td rowspan="2">06</td><td>Z</td><td rowspan="2">200</td><td rowspan="2">260～350</td><td rowspan="2">36</td><td>1.9</td><td>0.21</td><td rowspan="2">—</td><td rowspan="2">—</td></tr>
<tr><td>ZF</td><td>1.7</td><td>0.20</td></tr>
</table>

注：1. 表中规定的屈服强度为下屈服点或0.2%的屈服强度。
2. 拉伸试验取横向试样，b_0为试样宽度，L_0为试样长度。
3. 抗拉强度值以10N/mm^{2}进位。
4. 当材料厚度（去掉镀锌层后）不大于0.7mm时，表中所列伸长率值减少2。
5. 当材料厚度（去掉镀锌层后）不大于0.7mm时，表中06级的r_{90}值减少0.2、n_{90}值减少0.01。
6. 当材料厚度（去掉镀锌层后）大于1.5mm时，表中06级的r_{90}值减少0.2。
7. 04、05级也可提供n_{90}、r_{90}值，其数值由供需双方协商确定。
8. 热轧基材的力学性能由供需双方协商。

2.3.2.4　试验方法及重量计算

钢板及钢带的外观用目视检查。钢板及钢带的尺寸、外形应用合适的测量量具和工具测量。每批钢材的检验项目、取样数量、取样方法及试验方法按表1-2-33的规定。

表 1-2-33　检验项目、取样数量、取样方法及试验方法

检验项目		取样方法	试验方法	说　明
钢　基	拉　力	GB/T 2795	GB/T 228	去掉锌层后试验
	冷　弯	GB/T 2795	GB/T 232	去掉锌层后试验 试样宽度应不小于 50mm
	n、r 值	GB/T 2795 GB/T 6379	GB/T 5027 GB/T 5028	去掉锌层后试验
锌　层	锌层重量		GB/T 4156	每个试样面积 $50cm^2$
	弯　曲	GB/T 2795	GB/T 232	

取样部位按图 1-2-19 的规定。

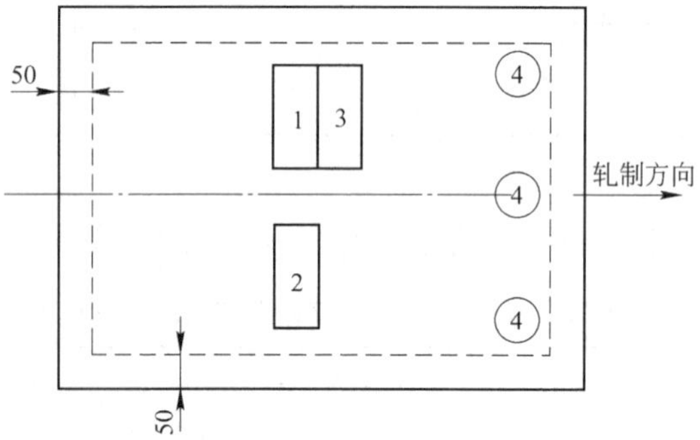

图 1-2-19　取样部位图

1—钢基弯曲检验试样；2—镀层弯曲检验试样；3—钢基拉力检验试样；4—锌层重量检验试样

表 1-2-34 钢板理论计重时，均采用公称尺寸。

表 1-2-34　钢板理论计重

锌层代号	100	120	140	180	200	275	350	450
锌层计算重量/$kg \cdot m^{-2}$	0. 15	0. 183	0. 197	0. 244	0. 285	0. 381	0. 458	0. 565
相当锌层厚度/mm	0. 021	0. 026	0. 028	0. 034	0. 040	0. 054	0. 064	0. 080

注：其他锌层代号的锌层重量及相当锌层厚度，可按表列值以“内插法”求出，或由供需双方协商确定。

表 1-2-35 为钢板理论计重时的重量计算方法。

表 1-2-35　钢板理论计重时的重量计算方法

计 算 顺 序	计 算 方 法	结果的位数
基板的基本重量/$kg \cdot mm^{-1} \cdot m^{-2}$	7. 85（厚度 1mm，面积 $1m^2$ 的重量）	—
基板的单位重量/$kg \cdot m^{-2}$	基板基本重量（$kg/(mm \cdot m^2)$）× 基板公称厚度（mm）	修约到有效数字 4 位
镀锌后的单位重量/$kg \cdot m^{-2}$	基板单位重量（kg/m^2）+ 锌层计算重量（kg/m^2）	修约到有效数字 4 位
镀锌后钢板的面积/m^2	宽度（m）× 长度（m）	修约到有效数字 4 位
镀锌后 1 块钢板的重量/kg	镀锌后的单位重量（kg/m^2）× 面积（m^2）	修约到有效数字 3 位
1 捆的重量/kg	1 块的重量（kg）× 同一尺寸 1 捆中的块数	修约到 kg 的个位
总重量/kg	各捆的重量之和（kg）	kg 的整数

注：1. 基板公称厚度 = 订货公称厚度 − 订货锌层代号相应的相当锌层厚度；

2. 总重量也可以 1 块的重量（kg）× 总块数来求得。

2.4　热轧板带对冷轧带钢产品质量的影响

冷轧板带产品的厚度公差和力学性能不仅仅取决于冷轧生产和冷轧后的轧制退火等，还与钢的化学成分、热轧板带产品的组织和性能以及热轧板带产品的表面质量、板形、尺寸精度密切相关。随着用户对冷轧产品的要求日益严格，不仅要求整个板卷，又要求板卷与板卷之间的厚度和性能均匀一致。我国汽车行业的快速发展，给冷轧板带生产带来机遇的同时也带来了新的挑战，为了保证汽车低能耗、低成本和高安全的要求，开发和研究了延伸性能、冷弯性能、焊接性能和抗冲击性能良好的超低碳微合金高强度钢等。

2.4.1　钢的化学成分对冷轧带钢组织性能的影响

钢的化学成分一般是由碳、锰、硅、微合金（Nb、Ti）和非金属夹杂（P、S）等组成。通过准确的成分控制和先进连铸技术的采用，是保证生产出优质冷轧汽车钢板的基础。

碳是钢中主要的强化元素，但碳含量过高，将提高钢的碳当量，恶化钢板的焊接性能和冷成形性能，因此采用低的碳含量。但碳含量过低，常常保证不了成形性能，故前苏联奇列波维茨和扎波罗什冶金工厂内控碳含量不大于0.07%。碳对薄板成形性能的影响如图1-2-20所示。

锰是钢中重要的合金元素，锰通过置换固溶体提高钢的强度，同时通过改变钢的相变点细化钢的组织，同时加入适量的锰，可补偿低碳所造成的强度损失。锰含量下限可以降低，1990年前苏联标准为0.2%～0.35%。日本JIS G 3141—69规定锰含量没有下限（不大于0.40%）。实际生产中，日本福山、君津厂锰含量下限一般限定为0.23%，前苏联扎波罗什冶金工厂锰含量下限为0.25%。当我们把锰含量下限限定在0.20%～0.23%时，虽然钢的性能有些提高，但热轧时边上有拉裂，所以一般我们把锰含量下限控制在0.26%。

硫在钢中易形成非金属夹杂，造成热轧钢卷的各向异性，对焊接和冷成形性不利。对于08Al，标准规定磷含量不大于0.035%，硫含量不大于0.040%。而作为复杂冲制零件时必须把磷、硫含量分别控制在0.020%和0.030%以下，适量的铝能消除钢的时效硬化性，提高冲压性能。对于500MPa级冷成形用热轧钢板，硫的成分设计为硫含量要求不大于0.004%，并对硫化物进行球化处理。另外，硫有提高屈服强度的趋势，硫化物夹杂促使钢中带状组织形成，恶化深冲性能，图1-2-21为硫对屈服极限的影响图。

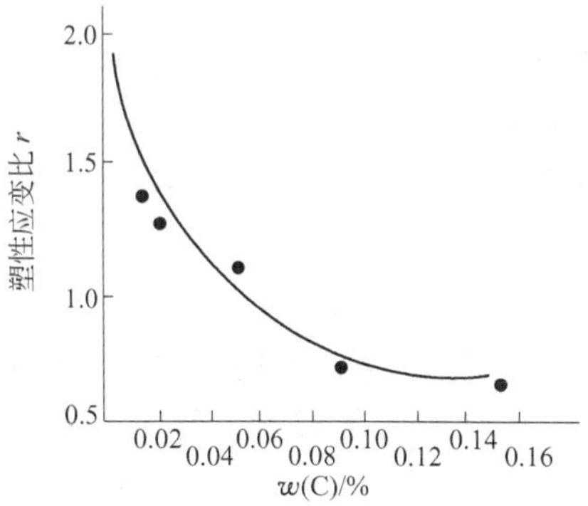

图1-2-20　塑性应变比 r 值与含碳量 w(C)的关系

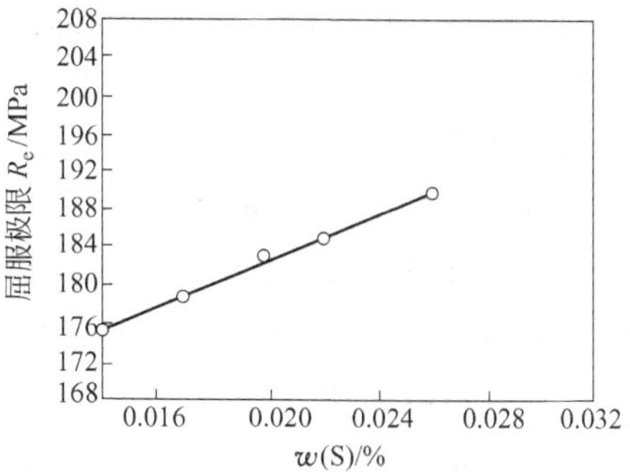

图1-2-21　硫对屈服极限的影响

添加微量合金元素可以有效地提高高强度薄板的强度。然而为了达到采用微量元素的目标值，需要综合化学元素的结合机理。在实践中重要微合金化元素的作用如表 1-2-36 所示。

表 1-2-36　冷轧薄板微合金化元素在钢中的作用

微合金化的作用	元素/化合物
晶粒细化	Nb(C)、Ti(C)
与碳、氮的完全结合	Nb(C、N)、TiN、TiC
析出强化	Nb(C)、Ti(C)
通过滞后再结晶的亚结构	Nb(C)、Ti(C)
织构的影响	Nb(C)、Ti(C)、(BN)
α-晶粒界面接合	B 偏析

铌作为控轧控冷钢中最重要的合金元素在钢中起细化晶粒和沉淀强化作用，铌可抑制奥氏体再结晶温度实现未再结晶轧制，通过控轧控冷工艺细化晶粒，改善因析出强化造成的韧性降低，从而使钢板获得高强度、高韧性的综合性能。对于 500MPa 级冷成形用热轧钢板，铌的成分设计为 0.04% ~0.06%。

钛在钢中具有细化晶粒和沉淀强化作用，在高达 1400℃的高温下，TiN 仍具有很高的稳定性，可有效抑制奥氏体晶界迁移和晶粒长大，从而改善钢的焊接热影响区的韧性。另外由于氮化钛的形成，可以进一步提高铌的细化晶粒和沉淀强化作用，例如：对于 500MPa 级冷成形用热轧钢板，钛的成分设计为 0.02% ~0.035%。

为了满足汽车行业对冷轧板卷的要求，使冷轧板具有低屈服强度、良好的冷成形性，汽车用钢板经历了如下几代变化：

从冲压性能看，半镇静钢板比沸腾钢板冲废率低 3%。沸腾钢板代表了第一代汽车用钢板，它固溶氮含量较高，具有明显的应变时效性，具有较弱的 {111} 织构，冲压成形性较差，不适用于深冲压制复杂零件。

铝镇静钢板通过控制 AlN 的固溶和析出条件，可以得到强的 {111} 织构，从而得到良好的冲压性能。迄今为止，大工业生产中使用的各类冲压用薄板都是以铝镇静钢为基础的，称之为第二代冲压汽车用钢板。

在 20 世纪 80 年代，采用复吹转炉冶炼和改进的 RH 真空处理设备，可以较经济地生产出碳含量不大于 0.002% 的超低碳钢。RH 处理的时间缩短到 10 ~15min。目前有些国家大量生产碳含量不大于 0.005%、氮含量不大于 0.003% 的超低碳 IF 钢，其冲压性能，形成了第三代汽车用冷轧钢板。

为了减轻汽车自重，节省能源，目前采取的途径之一是使用高强度钢。因为铝合金虽轻但比钢价高 10 倍，所以生产高强度钢是汽车工业的急需。这首先还是要从炼钢着手，深冲冷轧板可以加钛、铌等析出强化元素。但这样会增加钢厂的成本，若用加磷固溶强化，由于磷是固溶强化最强的元素，而且成本低廉，应用这种钢制造零件，较用 08Al 钢减重 10%，所以世界各国广泛采用加磷高强度钢。其轧钢生产工艺基本与 08Al 钢相似，但性能产生很大变化。

2.4.2 带钢热轧工艺对冷轧钢板性能和组织的影响

冷轧钢板的组织和性能除了主要与冷轧的变形制度和退火制度有关之外，还与作为原料的热轧带钢的组织和性能密切相关。带钢热轧生产中，确定合适的变形制度和温度制度直接影响热轧带钢的组织和性能，其中包括热轧钢坯的开轧温度、终轧温度、卷取温度、末几道次压下率及道次变形温度。

以低碳钢为例，热轧、冷轧低碳钢的组织特征是铁素体晶粒组织和一定数量的渗碳体，所以决定其性能好坏的钢的组织就是铁素体晶粒的大小、形状及均匀程度，其次就是渗碳体的尺寸大小及分布的弥散程度。冷轧退火后钢板的铁素体晶粒大小，除与冷轧热处理条件有关外，也与热轧带钢的显微组织有关。热轧带钢的显微组织特征保持在冷轧薄板上，冷轧不能消除热轧变形时得到的粗大晶粒、过细晶粒及晶粒不均，这些都将遗传在冷轧带钢上。假如冷轧带钢有很粗大的晶粒，在冲压加工后，加工零件表面将形成粗糙表面，甚至导致冲压时开裂造成废品。某冷轧厂生产中曾出现大量晶粒度不合格的产品，通过对比热轧带钢组织与冷轧产品晶粒度之间的关系，分析结果如下：

沸腾钢热轧后，晶粒为 9 ~ 10 级，占沸腾钢总量的 30%；镇静钢热轧后，晶粒为 9 ~ 10 级，占镇静钢总量的 78%，可见热轧后镇静钢细化较沸腾钢严重。

原料晶粒细小，则成品晶粒亦细小；原料晶粒度极不均匀者，冷轧退火成品也是如此。沸腾钢冷轧成品晶粒为 9 ~ 10 级者占原料晶粒为 9 ~ 10 级的 20%。而镇静钢成品晶粒为 9 ~ 10 级者占原料晶粒为 9 ~ 10 级的 79%，平均为 40% ~ 50%。

晶粒度过细和过粗，都严重影响冲压性能。当用晶粒度为 9 ~ 10 级的钢板与晶粒度适中为 7 ~ 8 级的钢板在某汽车制造厂冲制相同难度冲压零件作对比，其结果列于表 1-2-37。为了保证冲压性能，冷轧板和原料的晶粒度最好都保持在 6 ~ 8 级之间为宜。

表 1-2-37 不同晶粒度与冲废率的关系

规格/mm	晶粒度	合格品数	废品数	废品率/%
1. 2	9 ~ 10	127	80	38. 7
1. 2	7 ~ 8	90	6	6. 25

热轧板带晶粒大小主要取决于开轧温度、终轧温度、卷取温度、末几道次压下率及道次变形温度的综合作用。最好的热轧轧制条件是，为了得到均匀晶粒以及细小分散均匀分布的渗碳体，终轧温度应略高于 A_{r3}。轧后为防止晶粒长大和渗碳体粗大，要尽可能快速冷却，保证成卷温度低于 A_{r1}。图 1-2-22 是 08 号钢的终轧温度、卷取温度对低碳钢组织的影响，其对应组织如图 1-2-23 所示。图 1-2-23a 为最好的组织，晶粒均匀，分散的渗碳体细小；图 1-2-23b 为晶粒不均匀，表面晶粒粗大；图 1-2-23c 为终轧温度低，晶粒被拉长；图 1-2-23d 为均匀粗大晶粒，聚集的粗大的渗碳体；图 1-2-23e 为晶粒不均匀，表面晶粒非常粗大；图 1-2-23f 为晶粒过分粗大。分析如下：

（1） 当带钢的终轧温度和卷取温度都较低时，带钢可形成变形晶粒。在这种情况下，冷轧退火后的冷轧板将得到过于细小的晶粒，相伴产生拉长了的铁素体晶粒组织，冷变形很困难。例如，热轧终轧温度低于规定的 860℃愈多，则晶粒过细的亦愈多，即晶粒度不合格的百分数增加了。

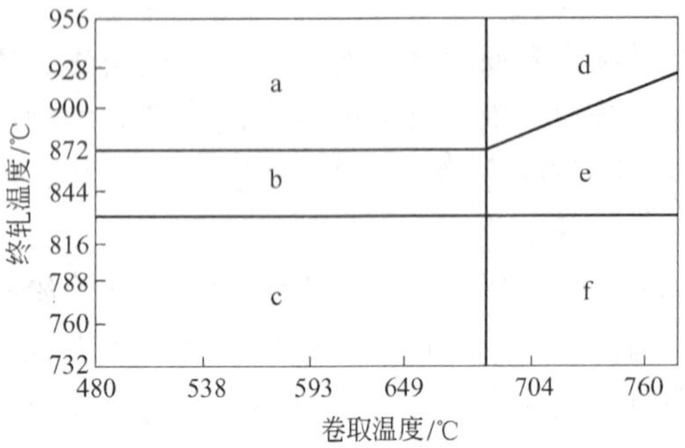

图 1-2-22　低碳 08 号钢的终轧温度、卷取温度对组织的影响

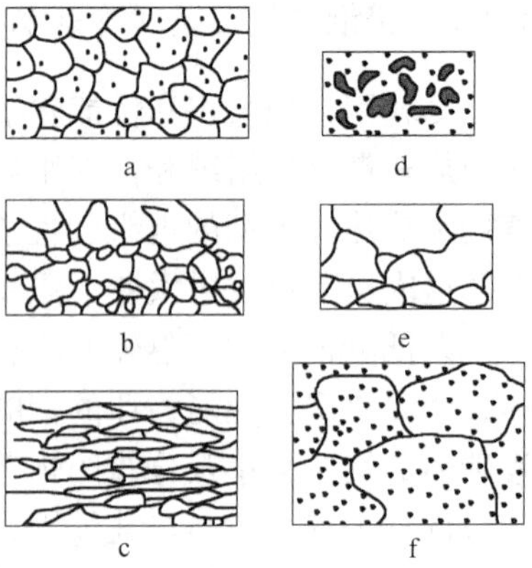

图 1-2-23　对应组织示意图

（2）当带钢的终轧温度和卷取温度都较高，并缓慢冷却下来时，将得到粗大晶粒并析出大的渗碳体。在冷轧时粗大晶粒和大的渗碳体被轧碎，冷轧后有了产生条状渗碳体的条件，这正是冲压时产生断裂的原因。

（3）渗碳体尺寸决定于卷取温度，而渗碳体在钢组织中的分布是由终轧温度决定的。当终轧温度较高，卷取温度为 600～620℃，并且冷却较快时，渗碳体的增长与集聚受到限制，这就使得比较细小的渗碳体均匀地分布在钢的组织之中。当冷轧退火温度不大于 680℃时，热轧得到的渗碳体尺寸及形状均未变，只有当温度提高到 690～710℃时，才发生部分渗碳体溶解，并且有的移至晶界。

1）在卷取温度相同（725℃）但终轧温度不同时，冷轧退火后渗碳体在钢中分布的均匀程度不同，终轧温度较高时，比较细小的渗碳体将均匀地分布在钢的组织之中，其试验结果如图 1-2-24 所示。

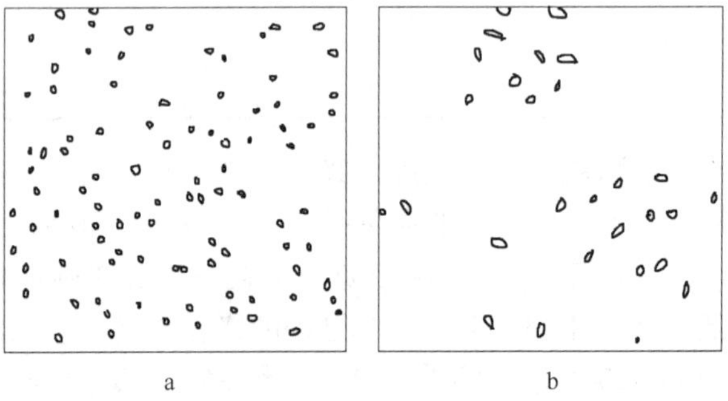

图 1-2-24　终轧温度对冷轧退火后钢板渗碳体分布的影响

a—终轧温度 860℃；b—终轧温度 805℃

2）当终轧温度相同（860℃）但卷取温度不同时，冷轧退火后渗碳体尺寸不同，卷取温度高，渗碳体集聚，尺寸较大；而卷取温度低，则渗碳体尺寸较小，如图 1-2-25 所示。

生产汽车用 08Al 钢板时，热连轧 08Al 带钢质量对冷轧产品的质量有很大的影响。对

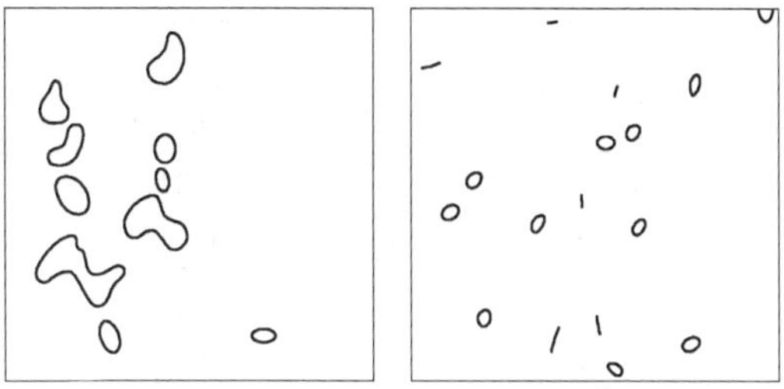

图 1-2-25　卷取温度对冷轧退火后钢板渗碳体尺寸的影响
a—卷取温度 720℃；b—卷取温度 620℃

于铝镇静低碳深冲钢板，要获得很好的冲压性能，就得使｛111｝再结晶织构发展很强，而尽可能地控制｛100｝和｛110｝织构的发生。实际与研究证明，铝镇静钢的热轧板中 AlN 过饱和固溶。冷轧后罩式退火炉加热过程中在再结晶开始以前，AlN 呈极微细的析出是铝镇静钢获得｛111｝织构的重要条件。铝镇静钢高的冲压性能是通过控制热轧时 AlN 的固溶和罩式退火时 AlN 的析出得到的。

众所周知，热连轧除了要轧制出几何尺寸符合规定的板卷之外，更重要的是要执行"三高一低"的工艺制度。"三高一低"的实质就是要求在热连轧的全过程中，保证 AlN 在钢中呈均匀的过饱和固溶状态。钢坯加热时，钢中 AlN 在加热到 600℃时 AlN 开始析出。温度继续升高，析出增加，到 900℃时达到最高点，到 1000℃时 AlN 大部分溶解，到 1200℃时全部溶解。热轧轧前钢坯加热到 1200℃的高温，因此 AlN 已全部溶解。为保证 AlN 均匀地全部溶解，加长加热时间也是必要的。一般加热时间应大于 2.5h，以保证 AlN 充分溶解。同时要求粗轧开轧温度不小于 1150℃，并要求连轧开轧温度为 1000℃，同时要保证终轧温度在 A_{r3} 以上 860～890℃。轧完后急冷到 600℃以下开始卷取。这就是所谓的"三高一低"。这样就保证了 AlN 以过饱和状态溶解在钢中，为冷轧退火形成｛111｝织构创造了条件。

3）热轧成品道次压下量不应是临界压下量（小于 10%），因为这时得到的是大晶粒和不均晶粒，有时表面为大晶粒，而中间晶粒细小，所以末道次压下量以不小于 15% 为宜。

在相同的冷轧压下量和相近的终轧温度下，碳化物颗粒的尺寸也决定于卷取温度，卷取温度高将得到颗粒粗大的碳化物，这是因为卷取后缓慢冷却过程中，铁素体中的含碳量不断降低，碳化物析集。析出的碳化物一般在温度降低过程中强烈生长成大颗粒，另外小颗粒碳化物也不断凝聚成大颗粒。这种大颗粒碳化物在冷轧时被轧碎并被拉长成条状分布，导致钢板呈各向异性，特别是横向性能降低，这对冲压成形是不利的。为此，热连轧机后辊道设有冷却设备。其冷却能力要保证轧后钢板能以 6～7℃/s 的冷却速度迅速冷却到 550～580℃进入卷取机，这样不仅使 AlN 全部均匀固溶，而且也使碳化物呈细颗粒状均匀分布。

在生产中使用的热轧薄板终轧与卷取温度制度如表 1-2-38 所示，这个制度既保证了冷轧用料条件，也可减小带钢氧化铁皮厚度。

表 1-2-38 1680 轧机热轧薄板及终轧卷取温度

钢 种	带钢厚度/mm	温度/℃	
		终轧温度	卷取温度
08F、10F、20F	2.0~2.4	>840	500~550
08 半、10 半、20 半	2.5~3.8	860~900	500~550
08Al	2.0~2.3	>830	540~600
	2.4~2.5	>850	540~600
	3.0~3.5	>860	540~600
08、10、15	2.5~3.5	860~900	500~550
08F（轧铁皮用）	2.3	790~810	500~550

综上所述，要生产出高产优质的冷轧薄钢板，不但取决于冷轧工艺和退火质量，也与钢的化学成分、冶炼工艺、连铸质量和热轧质量密不可分，炼钢质量和轧钢质量是两个最重要的基础保证。为了减小冷轧薄板力学性能的波动，在炼钢方面主要采取的技术有铁水预处理、转炉冶炼、炉外精炼、真空处理、钢包精炼及薄板连铸等；热轧方面主要采取的技术有板坯与钢带的温度分布均匀化、热装/直接轧制、隔热罩/卷箱、控轧与控冷等；在冷轧与退火方面主要采取的技术有浅槽酸洗、冷轧新技术、强对流全氢罩式退火、连续退火等。

2.5 典型车间、典型产品及生产工艺

2.5.1 典型车间概况

典型车间概况如下。

（1）某冷轧薄板厂，机组形式为1970mm 酸洗-冷轧联合机组，年生产规模为190 万吨，其中冷轧板90 万吨，热镀锌板60 万吨，彩涂产品20 万吨，冷硬卷20 万吨。

（2）冷轧产品规格：

冷轧产品厚度：0.3~2.5mm，宽度：800~1850mm；

镀锌（以汽车板为主）产品规格：厚度0.40~2.5mm，宽度800~1850mm；

镀锌（以家电板为主）产品规格：厚度0.20~1.6mm，宽度800~1500mm；

彩涂产品规格：厚度0.20~1.6mm，宽度800~1500mm；

冷硬产品规格：厚度0.25~1.6mm，宽度800~1500mm。

（3）钢种：CQ、DQ、DDQ、EDDQ、SEDDQ、HSS、TRIP，即低碳钢、超低碳钢高强度钢、固溶型、析出型、烘烤硬化型、双向组织型及TRIP 型钢，产品主要侧重于高级汽车板和家电板。

（4）原料规格：热轧钢板厚度：1.8~6.0mm；带钢宽度：800~1530mm；最大卷重：31.5t。

（5）冷轧产品成材率为93%，热镀锌产品成材率为91%，彩涂产品成材率为89%，全硬钢卷成材率为96%。

（6）机组组成：

酸洗—冷轧联合机组（德国米巴赫激光焊接、盐酸浅槽紊流式酸洗，五机架全六辊

UCM 串列式冷轧机）一条；

连续退火机组（以汽车板为主）一条；

1 号连续热镀锌机组（以汽车板为主）一条；

2 号连续热镀锌机组（以家电板为主）一条；

1 号重卷检查机组（带拉矫机）一条；

2 号重卷检查机组一条；

重卷/剖分机组；

1 号半机械化钢卷包装机组一条（用于热镀锌钢卷的包装）；

2 号半机械化钢卷包装机组一条（用于冷轧连退钢卷的包装）。

2.5.2 典型产品

典型产品参数列于表 1-2-39。

表 1-2-39 典型产品参数

成 品			原 料	
钢 种	厚度/mm	宽度/mm	厚度/mm	宽度/mm
DC01	1	1280	3.5	1280
SPCC	1	1030	3.5	1030

以典型产品为主线，贯穿全书，讲授该产品工艺参数的确定方法，生产中设备操作及工艺操作方法。

2.5.3 典型车间生产工艺流程

典型车间生产工艺框图见图 1-2-26。

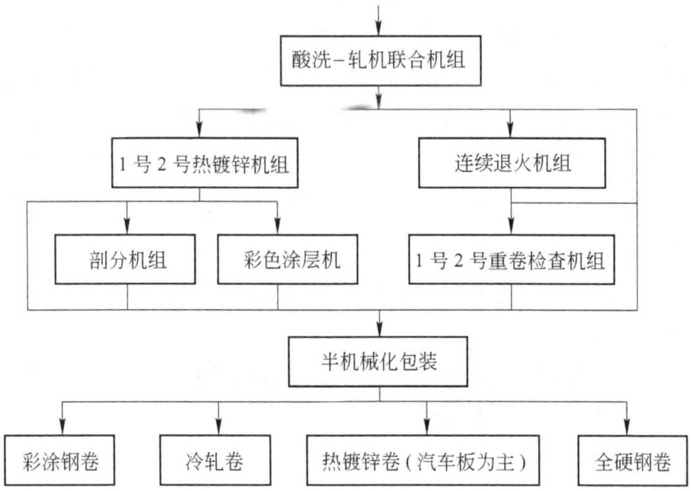

图 1-2-26 典型车间生产工艺框图

车间工艺流程叙述如下。

2.5.3.1　酸洗—冷轧联合机组

热轧钢卷放到入口步进梁上→1 号、2 号开卷机开卷→双切剪切掉带钢头部、尾部→激光焊机焊接带钢头、尾→入口活套→拉伸矫直机→ 酸洗槽酸洗、漂洗、烘干→出口活套→切边剪→连接活套→五架冷连轧机轧制→卷取机卷取→飞剪进行剪切分卷→卸卷小车卸下→出口步进梁→称重、打捆→轧后库存放。钢卷离线表面检查站→开卷机开卷→上下两个表面检查缺陷→剪切→卷取机卷取

冷轧原料钢卷由热轧厂供应。热轧钢卷通过火车运输到冷轧热轧卷库，由其库内吊车吊放到生产管理计算机指定的存放处存放待用，钢卷温度为常温。

根据冷轧厂冷轧系统的整个生产计划安排，由热轧卷库内吊车把要轧制的钢卷依次吊放到酸洗-冷轧联合机组的入口步进梁上。钢卷通过步进梁运输，在运输过程中人工确认钢卷号、拆除捆带，通过吊车将钢卷送至 1 号、2 号开卷机前的钢卷小车上，随后钢卷小车各自把钢卷装入 1 号、2 号开卷机。

钢卷在开卷机上开卷后，经双切剪切掉带钢头部不合格部分，再由夹送辊送到激光焊机处，与已准备好的前一卷带钢的尾部焊接起来。焊接后的带钢，通过入口活套进入酸洗槽前的拉伸矫直机，经拉伸矫直机破鳞并改善带钢板形后进入酸洗槽除去带钢表面的氧化铁皮，酸洗后的带钢经过漂洗槽漂洗后送入热风干燥器烘干。经过酸洗、漂洗、烘干后的带钢通过出口活套送到切边剪。在切边剪处，根据上下工序的生产要求，带钢可以切边或不切边。经过切边剪后的带钢通过连接活套进入冷连轧机。

进入冷连轧机的带钢，按照轧制规程的要求，被轧制到所要求的成品厚度。然后通过轧机出口段送至卷取机卷取成卷，当卷重或带钢长度达到所规定的值时，由设置在轧机出口的飞剪进行剪切分卷。卷取机还设有套筒装载装置，在生产极薄规格带钢时（$h<0.35$mm），要先对卷取机入口卷安装上套筒后再卷取。分卷后的钢卷由卸卷小车卸下并送至出口步进梁。在步进梁上，钢卷通过步进梁运输和在运输过程中称重、打捆后送至轧后库，然后由轧后库内吊车吊运到轧后库指定区域存放。对于去往连退和热镀锌机组的不同用途钢卷，分别存放在不同的轧后库内。

另外，在轧机的出口段，还设有一套与出口步进梁平行的钢卷离线表面检查站。需要检查的钢卷由检查站钢卷小车运到检查站的开卷机上，经开卷展开对其进行上下两个表面检查，有缺陷的带钢头部在检查站上切掉，无缺陷的带钢由开卷机卷取好。检查后的钢卷再由检查站钢卷小车送回到出口步进梁上。

2.5.3.2　热镀锌机组

原料吊运到入口步进梁→自动拆捆机拆除捆带→开卷机开卷→矫直机矫直→双切剪剪切带钢头尾部→全自动窄搭接焊接机焊接带钢头尾→月牙剪→入口活套→清洗（碱液、电解、漂洗、干燥）→立式连续退火炉（预热、加热、均热、冷却）→炉鼻子进入锌锅→

气刀控制镀层厚度→GI 热镀锌产品→合金化处理
↘ GA 合金化热镀锌产品→边部加热→合金化处理→冷却段(冷却、水淬、干燥)→镀层测厚仪→中间活套→光整、拉矫、钝化→出口活套→切边、测宽、检查→打印、涂油→分切剪分卷→张力卷取→称重、手动打捆→中间库→成品库→半机械化包装机组

用于生产热镀锌产品的钢卷，由轧后库内的吊车先分别吊运到 1 号、2 号连续热镀锌机组的入口步进梁之前的钢卷固定鞍座上，由设置在梁旁的自动拆捆带机拆除捆带后，再由步进梁把钢卷运送至两条机组开卷机前的钢卷鞍座上。

对于 1 号热镀锌机组，钢卷在开卷机上开卷后，带头经夹送矫直机矫直，入口双切剪切掉带钢头部不合格部分，并送到全自动窄搭接焊接机处，与已准备好的前一卷带钢的尾部焊接起来。焊接后的带钢，经月牙剪后先进入入口活套再送到清洗段，在清洗段，带钢先后经过碱液清洗，一次刷洗，电解清洗，二次刷洗，热水漂洗和热风干燥，获得洁净的表面进入立式连续退火炉。

带钢在立式连续退火炉内经过预热、加热、均热、冷却等工序后，通过炉鼻子进入锌锅，镀层厚度由设置在锌锅上面的气刀进行控制。镀锌后的带钢，对于 GI 热镀锌产品，则直接进入冷却段冷却；对于 GA 合金化热镀锌产品，先进入带钢边部加热装置进行加热，再进入合金化处理装置，然后送入冷却段冷却。冷却后的带钢经过水淬、干燥和镀层测厚仪，进入中间活套。从中间活套出来的带钢经过光整、拉矫、钝化等处理，进入出口活套。出口活套出来的带钢经过切边，表面缺陷自动检查、测宽、测厚（预留）、立式检查、水平检查、带钢打印、涂油等工序后，进入卷取机进行张力卷取。当卷重或带钢长度达到规定值时，由分切剪分卷、切废和取样。

卷好的钢卷通过钢卷小车运送到出口钢卷运输设备上，经称重、手动打捆后运至精整中间库或成品库或送往紧接的半机械化包装机组，由车间吊车进行运输操作。

2 号热镀锌机组生产工艺与 1 号热镀锌机组生产工艺基本相同。同样经过钢卷的开卷、矫直、焊机、月牙剪剪切、入口活套、碱液清洗、一次刷洗、电解清洗、二次刷洗、热水漂洗和热风干燥，获得洁净的表面进入立式连续退火炉。带钢经退火炉后进入锌锅镀锌，镀锌后的带钢经冷却、水淬、干燥、镀层测厚仪、光整、拉矫、钝化、出口活套、表面缺陷自动检查（预留）、立式检查、水平检查、涂油等工序后，进入卷取机进行张力卷取。当卷重或带钢长度达到规定值时，由分切剪分卷、切废和取样。再经称重、手动打捆后进入成品仓库，或送到下游的半自动化包装机组。

2.5.3.3 冷轧板退火机组

吊车将钢卷放到入口钢卷运输系统→人工拆捆带→钢卷小车开卷机开卷→矫直机矫直→剪切头尾、焊接→月牙剪→清洗段（碱洗、刷洗、清洗、漂洗、挤干、烘干）→入口活套→退火→冷却→出口活套→平整→切边→测宽→检查→涂油→飞剪切断、取样→卷取→称重、打捆、贴标签→包装机组。

用于生产冷轧产品的钢卷，由轧后库内的吊车直接将钢卷吊运到连续退火机组入口钢卷运输系统的钢卷鞍座上，并由人工拆除捆带。

拆除捆带的钢卷由钢卷小车从固定鞍座送到没有钢卷的开卷机上。带头由开卷装置送入夹送辊矫直机内矫直，然后继续送往入口剪切头尾不合格部分，并送到焊机处，与已准备好的前一卷带钢的尾部焊接起来。焊接后的带钢，经月牙剪剪切后送往清洗段。

带钢在清洗段经碱洗、刷洗、电解清洗、再刷洗、热水漂洗及挤干烘干将表面清洗干净后通过入口活套送到退火工艺段，经热处理并最终冷却到常温后再经过出口活套到达出口段。

带钢在出口段先平整，然后再切边、检测宽度并由人工检查带钢表面，再经静电涂油，最后按要求在出口的飞剪上将带钢切断及取样，在 1 号及 2 号卷取机上重新卷成钢卷。

钢卷在卷取机上由钢卷小车送到步进梁运输机上称重，人工打捆，贴标签，然后转送到成品仓库或下游的半自动化包装机组。

2.5.3.4　精整阶段

冷轧厂设置了两条精整机组，1 号重卷检查机组和 2 号重卷检查机组。分别用于热镀锌汽车板和冷轧汽车板的重卷检查。其生产过程如下。

A　重卷机组

热镀锌钢卷(1 号重卷机组)
连续退火后的冷轧钢卷(2 号重卷机组)
→废料斗(废料头)⟶运走⟶

⟶钢卷在开卷机上开卷→夹送辊、直头机→入口剪切废品⟶导板台、侧导装置⟶

圆盘剪切边
→出口导槽(废边)废边卷取机、废料斗
→去毛刺机→检查台(卧式和立式)检查上下表面→涂油→卷取机卷取→

出口横剪分卷或取样→打捆、称重、打印→入库等待包装

1 号重卷机组处理经热镀锌机组处理后的热镀锌钢卷，按作业计划由车间吊车将重卷机组的入口钢卷吊放到鞍座上，再由上卷小车把钢卷送到开卷机的卷筒上进行开卷。钢卷在上卷过程中进行高度自动对中和宽度自动对中。转向夹送辊将带钢头部送入直头机，经直头处理后送到入口剪，将带钢头部超厚或不合格部分剪除。剪下的废料头掉到下面的废料斗中，装满后拖出运走。剪后的带钢经导板台、侧导装置进入圆盘切边剪进行切边。切下来的两条废边由出口导槽送到废边卷取机，卷成球状抛入废料斗中，定期吊走。切边后的带钢由去毛刺机将带钢两边毛刺去掉后送到检查台。检查台分卧式和立式检查台，在卧式检查台上由人工检查带钢的上表面质量，需要打磨时在此打磨。在立式检查台检查带钢下表面，立式检查台下辊可升降，以使带钢顺利穿带。

检查后的带钢送到静电涂油机进行涂油处理，然后送到卷取机进行卷取。待钢卷在皮带助卷器的协助下在卷筒上缠绕几圈后，机组便可进入正常速度运行。操作工可根据事先设定的卷重或带钢长度，对钢卷进行分卷。出口横剪的任务主要是分切钢卷或取样剪切。

卷取机上的钢卷由卸卷小车取出，放到出口鞍座上，在这里完成人工打捆，然后在出口步进梁上对钢卷称重和打印标签，最后由吊车吊运到钢卷库内等待包装后出厂。

2 号重卷机组处理经连续退火机组处理后的冷轧钢卷，经连续退火机组处理后的冷轧

钢卷，由车间吊车按作业计划吊到2号重卷机组的入口钢卷存放鞍座上，再由上卷小车把钢卷送到开卷机的卷筒上进行开卷。钢卷在上卷过程中进行高度自动对中和宽度人工对中（光电管定位）。转向夹送辊将带钢头部送入直头机，经直头处理后送到入口剪，将带钢头部超厚或不合格部分剪除。剪下的废料头掉到下面的废料斗中，装满后拖出运走。剪后的带钢经导板台、侧导装置进入圆盘切边剪进行切边。切下来的两条废边由出口导槽送到废边卷取机，卷成球状抛入废料斗中，定期吊走。切边的带钢由去毛刺机将带钢两边毛刺去掉后送到检查台，检查台分卧式和立式检查台。在卧式检查台上由人工检查带钢的上、下表面（不同的开卷方式）质量，需要打磨时在此打磨。在立式检查台检查带钢上、下表面（不同的开卷方式），立式检查台下辊可升降，以使带钢顺利穿带。

检查后的带钢送到静电涂油机进行涂油处理，然后送到卷取机进行卷取。待钢卷在皮带助卷器的协助下在卷筒上缠绕几圈后，机组便可进入正常速度运行。操作工可根据事先设定的卷重或带钢长度，对钢卷进行分卷。横剪机的任务主要是分切钢卷或取样剪切。

卷取机上的钢卷由卸卷小车取出，放到出口鞍座上，在这里完成称重和人工打捆，然后在出口步进梁上打印标签，最后吊运到钢卷库内等待包装后出厂。

B　半机械化包装机组

吊1号热镀锌产品到 / 2号热镀锌机组出口 → 1号半机械化包装机组（提升小车，人工打捆）→ 步进梁输送 → 完成打捆和包装

连退机组出口→2号半机械化包装机组→步进梁输送→完成打捆和包装（提升小车，人工打捆）。

为了满足实际生产时，不同品种、合同批号物流的畅通及小批量多品种钢卷的包装需要，冷轧成品包装采用较集中的半机械包装机组与分散的人工包装点相结合的包装方式。除通过1号和2号半机械化包装机组进行半机械化包装外，冷轧厂区还设置人工包装点。

1号半机械化包装机组与2号热镀锌机组出口步进梁相接，用于1号、2号热镀锌机组直接出成品钢卷的包装。2号热镀锌机组钢卷直接进入包装线，1号热镀锌机组钢卷用吊车吊放到包装机组。包装机组上钢卷输送采用步进梁，提升为提升小车，打捆用人工。整个包装机组共设置16个包装工位，分别用于1号热镀锌机组钢卷的吊运；钢卷转动包外周防锈纸；放置内周防锈纸、折纸全封闭，预套塑料袋；提升，塑料袋全封闭；包装纸内外护角；提升，包装外周塑料缓冲板、瓦楞板、钢板、打捆；包装内周塑料缓冲板、钢板、内外钢护角，端面圆形瓦轮板、钢板；钢卷周向打捆；钢卷径向打捆；吊车入库吊运。

2号半机械化包装机组与连退机组出口步进梁相接，用于连退机组直接出成品钢卷的包装。从机组出来的钢卷直接进入包装机组。同1号半机械化包装机组一样，钢卷输送采用步进梁，提升为提升小车，打捆用人工，其区别是冷轧卷要求套塑料袋的较少，只考虑了一个提升小车，工位数较少。整个包装机组共设置11个包装工位，分别用于钢卷转动包外周防锈纸；放置内周防锈纸、折纸全封闭，预套塑料袋（需要时）；提升、塑料袋全封闭，包装纸内外护角，包装外周塑料缓冲板、瓦楞板、钢板、打捆；包装内周塑料缓冲板、钢板、内外钢护角，端面圆形瓦轮板、钢板；钢卷周向打捆；钢卷径向打捆；吊车入库吊运。

1 号人工包装点设置在 1 号重卷检查机组旁，用于经重卷检查的钢卷和少量来自 1 号、2 号热镀锌机组的大钢卷的包装。2 号人工包装点设置在 2 号重卷检查机组西面，用于经重卷检查的钢卷包装。3 号人工包装点设置在 2 号半机械化包装机组西面，用于来自连退机组的大钢卷的包装。

钢卷包装后，由跨间吊车分别吊运到各自的成品库存放，等待发货。

2.5.3.5　彩涂阶段

工艺流程：

热轧板（薄板坯连铸连轧）→酸洗、冷轧→连续退火→热镀锌→镀后处理→卷取（取样检验）→彩涂→卷取（取样检验）→包装出厂

思 考 题

1-2-1　试述多机架连轧机组的三种生产方案。

1-2-2　试述酸洗-冷轧联合式冷轧薄钢板生产工艺流程。

1-2-3　具有代表性的冷轧板带钢产品有哪些？

1-2-4　普冷板带的产品标准包括的主要内容？

1-2-5　试述冷轧板带产品的质量与热轧板带产品的化学成分和生产工艺的关系。

1-2-6　简述获得双相钢的方法。

1-2-7　指出冷轧各代汽车板的特点。

第2篇

冷轧带钢生产工艺及设备操作

学习情境1 酸洗工艺及设备操作

热轧带钢在冷轧前必须进行除鳞，其目的是为了清除黏附在钢材表面的氧化层和污垢，为后续加工做好准备。这种氧化层是热轧时产生的氧化铁皮或经水腐蚀产生的铁锈。

除鳞有两种方式：机械除鳞法和化学除鳞法，冷轧工序的连续化导致复合除鳞技术的发展。

（1）机械除鳞法有：反复弯曲法、轧制法、喷丸法、NID法及APO法等。

用高压水喷铁砂浆的NID除鳞法是1973年日本石川岛播磨公司开发的，其原理是将铁砂送入高压水流，通过扁缝式喷嘴，形成铁砂流布满钢带的横向表面。新日铁八幡厂一号酸洗机组的改造即在机组入口处增设了伸长率高达3%～7%的PV轧机进行破鳞，并采用了NID机械除鳞装置，改造后除鳞速度由180m/min提高到250m/min。在美国、德国、法国等均得到了实际运用。我国重钢四厂冷轧车间用10MPa以上的高压水将浓度在60%以上的烧结用铁矿粉浆从喷嘴中喷出，在空中形成高能量水锤打到钢板表面上，取得了很好的除鳞效果。用喷浆法代替过去的喷丸法，吨钢成本降低5倍。

也可将喷砂除鳞和酸洗除鳞联合使用，如硅钢片厂70%靠喷砂除掉铁皮，30%用盐酸洗掉铁皮。这种复合式工艺技术也是可行的。

APO连续研磨除鳞生产线于1989年在前苏联切列流维茨厂建成并投产。该生产线可处理厚度为1.6～4.0mm、宽度为900～1550mm、抗拉强度达650MPa的碳素钢和低合金钢带钢，最大线速度为90m/min，年产量达50万～60万吨。由于不使用酸，解决了因用酸而引起的一系列生态问题，特别对不锈钢的处理尤为优越。这种方法应用范围广、生产成本低。

NID喷浆除鳞和APO研磨除鳞等新的机械除鳞法，具有投资省、生产成本低、污染小等优点，因此有广阔的发展前途。它既可单独完成带钢除鳞，也可以与酸洗联合除鳞，以加快除鳞速度，所以也适用于已有酸洗线的改造，尤其对合金钢和有色金属的除鳞，机械法比酸洗法具有更大的优势。

（2）化学除鳞法采用的酸洗种类有：盐酸酸洗、硫酸酸洗、硝酸酸洗、氢氟酸酸洗、混合酸酸洗和磷酸酸洗。

20世纪60年代以前冷轧原料的除鳞主要是用硫酸酸洗。这种方法废酸不能完全回收，钢的损耗也较大。由于盐酸酸洗的带钢表面洁净且光亮、金属消耗少、成本低等优点，加之1959年奥地利鲁兹纳公司解决了盐酸回收工艺，因此70年代后，世界各国已普遍把老式的硫酸酸洗机组改造成盐酸酸洗机组，并争相建设新的盐酸酸洗机组。这时酸洗槽由深槽逐渐发展为浅槽。1983年西德MDS公司开发出紊流式酸洗新技术，提高了酸洗效率，改善了酸洗质量，降低了设备重量。因此按酸洗的发展历史分类可分为深槽酸洗、浅槽酸洗和浅槽紊流酸洗。表2-1-1给出了在同样的酸液、温度及带钢条件下，深槽酸洗机组、浅槽酸洗机组和浅槽紊流酸洗机组三种酸洗方式的比较。

表2-1-1 三种酸洗方式比较

参数	深槽	浅槽	紊流
槽深/mm	2000	400~1000	400~800
液面深/mm	1000~1200	300~500	150
酸洗时间/s	28(100)	22(80)	18(65)
酸雾量/%	100	60	60
电耗量/%	100	70	70
热传递/%	100	200	700
槽内带钢提升器	有必要	没必要	没必要
槽内带钢位置控制	不可能准确检测	可以准确检测	可以准确检测
张力控制系统	在第1个槽内设重度控制器	在第1个槽入口设跳动辊	不需要
槽内断带事故处理	困难，费时	容易	容易
酸洗后带钢表面杂质/$mg \cdot m^{-2}$	200~300	150	≤50

单元1 带钢酸洗机组简介

按带钢酸洗的过程分类可分为推拉式酸洗机组、连续式酸洗机组。连续式酸洗机组又分成连续卧式酸洗机组和连续塔式酸洗机组两种。酸洗机组的作用是：

（1）清除热轧带钢表面的氧化铁皮和污垢；

（2）检查并清除钢板表面不利于冷轧的缺陷；

（3）按产品宽度切除热轧带钢的边部；

（4）完成无头轧制的前一卷带钢尾部和后一卷带钢头部的焊接。

1.1.1 推拉式酸洗机组

推拉式酸洗机组酸洗时每根带钢经夹送辊依次咬入，不用焊接，推送向前，直至卷取，逐卷带钢间断地通过酸洗机组。近年来推拉式酸洗机组经不断改进提高，已发展成适用于年产50万~80万吨中等冷轧厂的酸洗机组。与连续式酸洗机组相比，由于取消了价格昂贵的焊机，拉矫机及庞大的车式活套装置，它具有设备简单、投资低的突出优点；另外在推拉式酸洗机组中酸洗带钢厚度可达9.5mm，甚至12mm，酸洗带钢的品种较多，如碳钢、硅钢、合金钢等，因此它的适应性强，可以同时酸洗多条窄带钢，由于推拉式酸洗机组所具有的特点，因此，受到一些中、小企业的青睐。

下面是某厂推拉式酸洗机组的工艺参数、设备技术性能及工艺流程：

（1）工艺参数：

机组形式：推拉式酸洗机组（也称半连续式酸洗机组）

酸洗工艺：浅槽紊流酸洗

酸洗带钢材质：碳素结构钢、优质碳素结构钢、低合金钢、合金结构钢等

钢卷规格	入口	出口
带钢厚度	1.5～4.0mm	1.5～4.0mm
带钢宽度	550～1050mm	550～1050mm
内　径	ϕ580/770mm	ϕ508/610mm
外　径	ϕ1000～2000mm	ϕ1000～2000mm
质　量	最大 16t	最大 16t
单位质量	15.2kg/mm	15.2kg/mm

酸洗工艺速度：最大 180m/min

酸洗介质：HCl(200±20)g/L

年酸洗量：55 万吨

（2）推拉式酸洗机组设备性能见表 2-1-2 所示。

表 2-1-2　某冷轧薄板厂推拉式酸洗机组主要单体设备性能

设备名称及主要性能									备　注
拆捆带方式	手　动								
开卷机	台数/台	1	开卷方式		上开卷				
入口剪	形式	电动压下	台数/台	1	废料收集方式		废料筐		
矫直机	形式	九辊矫直机	夹送辊、矫直辊材质		9Cr2Mo，表面硬度 HRC58～62				
酸洗槽	槽数/个	8	长×宽×深/mm×mm×mm		11750×1600×450				
酸浓度/g·L^{-1}	No.1	125	No.2		No.3		No.4	20～50	铁离子浓度
温度/℃	No.1	55～85	No.2	55～85	No.3	55～85	No.4	55～85	
酸浓度控制（手动或自动）			手动/自动						
酸供给方式			溢　流						
挤干辊材质			海帕龙橡胶						
加热装置形式			石墨热交换器						
出口活套	形式	垂直活套	小车台数/台		活套垂直深度/m		7		
切边剪	形式	圆盘剪	切边量/mm	7	废料处理方式		废边卷取		
出口剪形式			液压上切式						
卷取机	卷取方式	上卷取	台数/台	1	有无皮带助卷器		有		
打捆方式（手动或自动）			手　动						
有无称重机			有						离线

（3）推拉式酸洗机组工艺流程简述如下：

钢卷准备站（钢卷→切头→切角→上料小车）→酸洗入口段（钢卷放到托卷器上→开卷机开卷→引料导板引料→压辊压卷头→对中侧导辊→九辊矫直机矫直→过渡台架）→酸

洗工艺段（酸洗槽→ 漂洗槽→ 吹边→烘干机→横切剪）→酸洗出口段（自由活套→对中→圆盘剪切边→两辊张力装置→引料导板及纠偏→带压辊的卷取机→卸卷小车）(见图 2-1-1)。

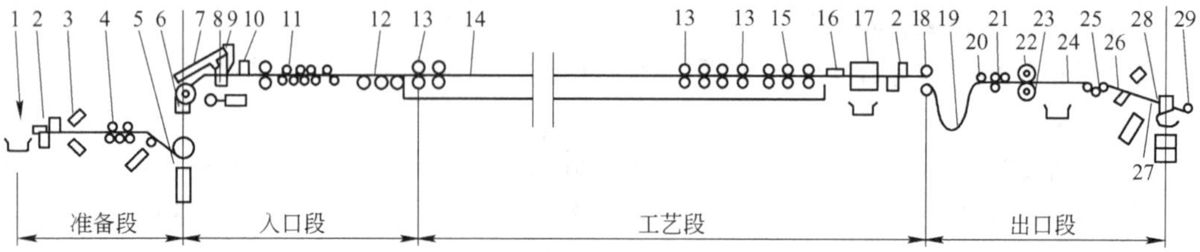

图 2-1-1　推拉式酸洗机组示意图

1—废料箱；2—液压剪切机；3—切角剪；4—五辊矫直机；5—上料小车；6—托卷器；7—开卷机；8—引料导板；9—转向辊；10—对中装置；11—九辊矫直机；12—过渡台；13—挤干辊；14—酸槽；15—冲洗槽；16—吹边机；17—烘干机；18—1 号夹送辊；19—活套坑（过渡台）；20—对中装置；21—2 号夹送辊；22—圆盘剪；23—碎边剪；24—过渡台；25—二辊张力装置；26—光电纠偏；27—卸料小车；28—卷取机；29—涂油机

用上料小车将热轧带钢卷送至准备站，带钢头部经矫直和液压剪切机剪掉不规则部分，为了顺利穿带，再用角剪将带头切成 45°的梯形带头。钢卷由上料小车送至开卷机卷筒上，小车退出，压辊压下，同时反转开卷机使带钢头处于压辊下方。引料导板抬起并伸出，启动开卷机将带头送至辊式矫直机的引料辊前停住，通过侧导对中装置将带头对中，启动矫直机，此时入口开卷工作结束，机组进入穿带工作状态。送料压辊、引导板、对中装置全部打开。带头到达矫直机后面的光电管时，转向辊上的编码器清零，开始跟踪带头。

在入口操作台上，重点关注带钢进入酸槽的穿带情况。首先设定开卷张力及穿带速度，操作人员要密切注视带钢在矫直机出口与酸槽入口之间的运行情况，当发现带钢在矫直机出口的平台上拱起时，立即自动停车，报警并退带数米后，再次穿带。

带钢顺利穿带并连续通过各个酸槽，为了将带钢表面从酸槽带出的残酸挤干，在每个酸槽的出口处设有一对挤酸辊，最后一个酸槽出口处设有两对挤酸辊，此时带钢表面的残酸约为 $25mL/m^2$。

带钢酸洗之后进入 3 ~ 5 级喷淋串级逆流漂洗段漂洗，前面为循环冷喷淋，最后一级为非循环热水喷淋，热水喷淋用水采用石墨加热器冷凝水或脱盐水，漂洗水溢流并顺序进入前一级循环漂洗槽中，最终由第一级冷循环槽的入口处溢流排入管路中。漂洗槽间设挤干辊，经漂洗段出口双挤干辊挤干之后进入烘干机烘干。

在烘干机之后，整个机组由出口操纵台控制。带头经夹送辊进入垂直活套，再经对中装置和活套拉料小车进入圆盘剪切边、三辊张力机，最后经入口导板进入卷取机钳口。钳口咬紧带钢后并在卷筒上卷取 2 ~ 3 圈时，三辊张力机的中间辊压下，压辊和引料导板打开，即可全线加速到酸洗速度。

当酸洗过程中因故停机或穿带时由于卷取机钳口咬不住带钢时，活套入口之前设备要慢速充套，以减少带钢表面上的黄色锈斑。

当带尾通过三辊张力装置前的光电管时，卷取机要降速，三辊张力机的辅助压辊压下，卷取机的压辊也压下，在卷取机下方的卸卷小车抬起，根据本卷钢的卷径上升至轻微接触到带钢的位置，1 号张力辊上的编码器清零，开始跟踪带尾，带尾被跟踪定位在卸卷上压住，此时卷筒收缩，卷取机压辊抬起，卸卷小车托住钢卷脱离卷取机卷筒，运送到打捆位置停住、经打捆、称重，最后由吊车吊走，至此本卷带钢酸洗工序全部完成进入冷轧工序。

一般推拉式酸洗机组的头部设有铡刀式剪断机，这是因为热轧带钢的前端“舌头”能很顺利地通过机组。但在每个酸槽内和酸槽之间安装有传动的拉料辊，拉料辊的辊缝可调，以便带钢端头能被较准确地引入拉料辊。如果推拉式酸洗机组同时酸洗两条以上带钢，那么在酸槽内还将设有带钢导向槽，以保证几条带钢在酸槽中能平行地正常运行。

1.1.2　连续塔式酸洗机组

带钢连续在立式的塔中运行时，将热的盐酸溶液喷射到带钢表面上，以去除带钢表面氧化铁皮的酸洗方法为连续塔式酸洗机组。

塔式连续酸洗机组与卧室连续酸洗机组相比，在酸液参数相同的条件下，喷射酸洗要比浸泡酸洗缩短一半的时间，而且喷射到带钢表面上酸液压力越大，酸洗效果越好。但是它也有如下缺点：其一是酸洗塔过高，桥式吊车无法通过，使塔上设备和塔本身维修不太方便，相应增加了停车检修的时间；其二是带钢在塔内断带时，重新穿带比较困难；其三是塔内带钢的对中比较复杂，尤其是有镰刀弯的带钢，而且塔越高对镰刀弯的要求也越高；其四是带钢在较高的塔内运行时，往往会产生较大的摆动，有时还会打坏喷酸的喷嘴。在 20 世纪 60 年代，欧美许多公司曾新建或改造了约十多条塔式酸洗机组生产线，但由于 20 世纪 70 年代以来高效率卧式酸洗机组的快速发展，加之塔式酸洗机组存在的缺点，所以，后来建设该类机组很少。

带钢在塔内由下而上，然后再由上而下运行一个来回，或几个来回，形成所谓的单套或多套连续塔式酸洗。在机组中部设置酸洗段、清洗段和干燥段。酸洗段有单套塔、双套塔和多套塔等形式，一般采用单套酸洗塔或双套酸洗塔，单套塔允许高度较高，双套塔一般都在 30m 以下。图 2-1-2 所示为典型的单套盐酸塔式酸洗机组。

酸洗塔像一个竖井，它由几个塔节组成，塔节用工程塑料或者玻璃钢制成，塔顶上有塑料或玻璃钢盖。在单套塔中，为使被酸洗的带钢能垂直运动，在塔的上部装有一个衬胶的导辊，下部则有两个导辊。在塔的第 3 ~5 节上装有带孔的管道，酸液从孔内喷射到带钢表面上。塔的下部与收集槽连在一起，酸液从带钢上流入槽内，收集槽同样是用工程塑料或玻璃钢制成。在带钢的入口处或出口处，设有吹风装置，用以清扫带钢表面残酸或防止落下的酸液向塔外飞溅。塔内由抽风机造成负压，以保证塔体具有良好的密封性能，不使酸雾外溢。

1.1.3　连续卧式酸洗机组

连续卧式酸洗机组就是带钢连续地通过盛有酸溶液的酸洗槽。为了实现酸洗过程的连续，设置焊接机将后一卷带钢的头端与前一卷带钢的尾端焊接起来进行带钢的无头酸洗。按着酸洗机组与轧制机组之间的连接方式不同又可把卧式酸洗机组分成连续卧式酸洗机组

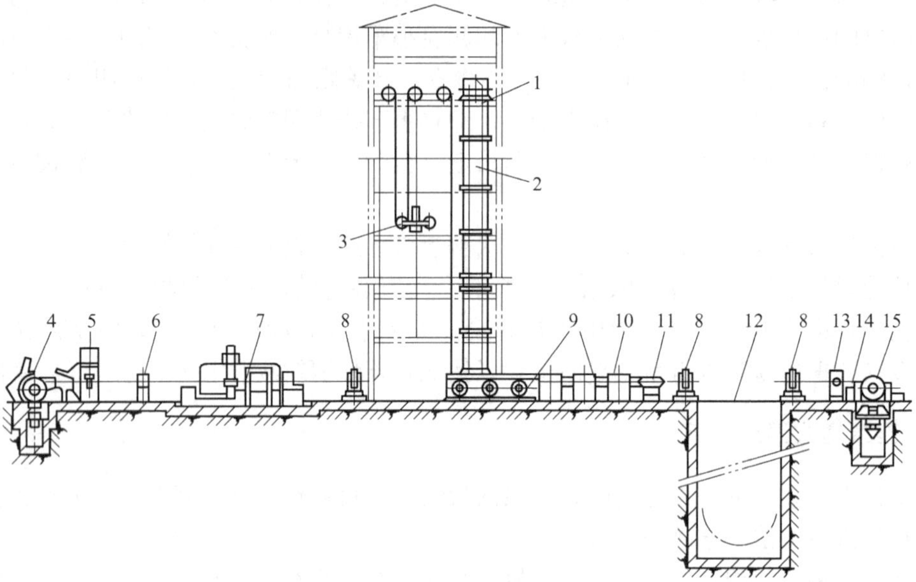

图 2-1-2　塔式酸洗机组示意图

1—塔架；2—酸洗装置；3—入口活套装置；4—开卷机；5—矫直机；6，13—剪机；7—焊机；8—送料辊；9—清洗装置；10—中和装置；11—烘干装置；12—出口活套装置；14—涂油装置；15—卷取机

和酸洗-冷轧联合式酸洗机组两种形式。两者之间在酸洗机组上的区别是前者带钢酸洗后需卷取，当带钢卷到一定重量，切断带钢，并把卷成的带钢卷卸下，酸洗后的带钢卷在冷轧机组轧制时要重新开卷，一般情况下连续卧式酸洗机组与可逆冷轧机组配套使用。酸洗-冷轧联合式酸洗机组是在酸洗机组与冷轧机之间设置活套，酸洗后的带钢板直接进入活套，形成酸洗机组与冷轧机组之间带钢的连续，这时的冷轧机组为全连续。

1.1.3.1　连续卧式酸洗机组

连续卧式酸洗方式比推拉式酸洗方式的设备要复杂，由于采用微机控制和浅槽盐酸酸洗技术，因此机组具有酸洗带钢质量好、易于操作、作业率高、消耗低、无公害等优点。生产线能处理钢卷最大外径为2300mm，最大卷重达45t，带钢宽度为900～1900mm，厚度在1.2～6.0mm，带钢最高速度达780m/min，工艺段带钢速度为500m/min，一条生产线年处理量可达200万吨以上。这种浅槽式酸洗机组具有如下特点：

(1) 可提高酸洗效率。一方面流入每个酸槽的酸液是各自分开的，使得酸槽内游离酸浓度较高；另一方面带钢在小容积槽内高速运行和泵的强大循环能力，使浅槽内酸液产生剧烈搅动，从而加速了酸洗。

(2) 具有酸洗特殊钢（如硅钢）的能力。

(3) 采用了张力装置，出口侧张力辊（后S辊）仅仅是控制速度，入口侧张力辊（前S辊）则控制张力，带钢保持明显的张力，无自由悬垂活套，相对增加了带钢在酸槽内总长度，从而增加了带钢的酸洗时间。

（4）停产时酸洗液靠重力排入酸洗槽下面的贮酸容器内只需很短的时间。断带时带钢端头易于寻找，而且便于处理，还可防止过酸洗。

（5）回收盐酸再生副产品-优质氧化铁粉，它纯度高、颗粒细、活性好，可为电子工业部门提供当前国内短缺的铁氧体磁性材料。

下面是某厂连续卧式酸洗机组的工艺参数、设备技术性能及工艺流程：

A　工艺参数

机组形式：连续式酸洗机组

酸洗工艺：浅槽紊流酸洗

酸洗带钢材质：低碳钢、超低碳钢、高强度钢

钢卷规格	入　口	出　口
带钢厚度	1.5(1.2)~5.0mm	1.5(1.2)~5.0mm
带钢宽度	900~1680mm	870~1680mm
内　径	ϕ762mm	
外　径	ϕ1200~2200mm	ϕ1200~2200mm
质　量	最大 35t	最大 35t
单位质量	24kg/mm	24kg/mm

酸洗工艺速度：1400m/min

酸洗介质：HCl(200±20)g/L

年酸洗量：115 万吨

酸洗机组主要单体设备性能如表 2-1-3 所示。

表 2-1-3　某冷轧薄板厂连续式酸洗机组主要单体设备性能

设备名称及主要性能							备　注
拆捆带方式			手　动				
开卷机	台数/台		1	开卷方式		上开卷	
入口剪	形式	液压下切剪	台数/台	1	废料收集方式	废料筐	
焊接机	形式	闪光对接焊机	制造厂	三菱电机	有无月牙剪	有	
入口活套	形式	卧　式	小车台数/台	1	最大活套量/m	420	
拉矫机	形　式		两弯一矫	最大伸长率/%		3	
酸洗槽	槽数/个	3	长×宽×深/mm×mm×mm		30000×2600×160		
酸浓度/$g\cdot L^{-1}$	No. 1	40	No. 2	100	No. 3	160	
温度/℃	No. 1	70~85	No. 2	70~85	No. 3	70~85	
酸浓度控制（手动或自动）			自　动				
酸供给方式			No. 3 溢流				
挤干辊材质			软质橡胶				
加热装置形式			石墨热交换器				
酸洗出口活套	形式	卧　式	小车台数/台	1	最大活套量/m	240	
切边剪	形式	旋臂式圆盘剪	切边量/mm	7~40	废料处理方式	碎边剪	
出口剪	形式	液压下切式		刀片材质	刀具钢		
卷取机	形式	张力卷取机	台数/台	1	助卷器形式		
涂油形式			静电涂油机				
打捆方式			手　动				
有无称重装置			有				

B　连续卧式酸洗机组工艺流程

连续卧式酸洗机组根据工作性质可分为3段。其中，上料、拆卷、破碎带钢表面氧化铁皮、矫直、切头切尾、焊接、光整为酸洗原料准备段；拉矫、酸洗、漂洗、烘干为酸洗工艺段；剪边、涂油、卷取及卸下带钢卷为酸洗成品段。连续酸洗机组的3段，也可按照带钢的运行方向，称之为酸洗头部、酸洗中部、酸洗尾部。为了保证各段工作的独立性，满足酸洗段的连续运行，在机组每两段之间各设立一个活套车，以储备一定数量的带钢。带钢的储量是不固定的，在准备带钢（上料），卸下带钢卷（卸料）及生产的期间内，储备量会增大或减少。连续卧式酸洗机组工艺流程简述如下：

原料准备段→酸洗工艺段→酸洗成品段

原料准备段：原料放到步进梁上→开卷机开卷→七辊矫直机矫直→剪切头尾→闪光对焊接机焊接

酸洗工艺段：带钢拉矫和对中→入口活套→进入1号、2号、3号酸洗槽中酸洗→挤干辊挤干酸液→三级冲洗段冲洗→烘干

酸洗成品段：进入出口活套→圆盘剪切边→带钢分卷剪切和焊缝剪切→卷取机卷取→卸卷
↓
碎边剪碎边、收集

被送到机组的带钢卷，经带有链式运输机、步进梁、钢卷直径测量、给料装置和七辊矫直机的开卷机将带钢端头拆开、矫直并被送入横切剪切掉带钢头尾，再将切完头尾的带钢送入闪光对焊机，将前后两条带钢的端头焊接起来，焊接处的焊缝通过焊机自身的光整机（拉刀）进行光整，然后拉料辊将带钢送入酸洗入口活套车（坑）中贮存，以备酸洗工艺段生产。

贮存在入口活套内的带钢由拉料辊拉出，并被连续地送入1号、2号、3号酸洗槽进行酸洗。酸洗后清除掉氧化铁皮的带钢经挤干辊、对中控制辊进入冲洗段，采用喷淋方式对带钢的上、下表面进行冲洗。冲洗后的含酸废水排至机组一侧的冲洗水罐内。冲洗水水源则来自于收集和贮存蒸汽加热装置冷凝水和补充去离子水的冷凝水罐。带钢再进入烘干装置进行表面烘干，而后经拉料辊将带钢送入酸洗出口活套之中贮存。

在酸洗出口活套内贮存的带钢经拉料辊拉出，送入圆盘剪进行剪边。被剪下来的毛边用圆盘剪下方的碎边剪剪碎，装箱集中运走。剪边的带钢经涂油机涂油之后，最后由浮动式张力卷取机将带钢卷成钢卷。当钢卷到规定重量时，则使用尾部的剪切机将带钢切断分卷。之后经打捆再用步进式或链式运输机送入轧钢工段，以备冷轧生产之用。图2-1-3为某冷轧厂连续浅槽盐酸酸洗机组示意图。

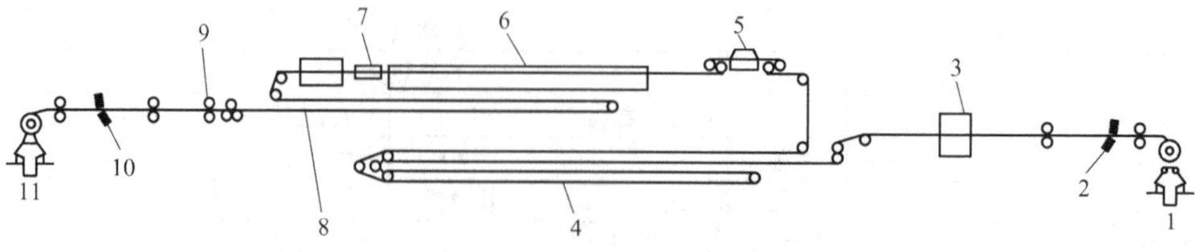

图2-1-3　连续浅槽盐酸酸洗机组

1—开卷机；2，10—横剪；3—焊机；4—入口活套；5—拉伸弯曲矫直机；6—酸洗槽及清洗槽；7—干燥机；8—出口活套；9—剪边机；11—卷取机

1.1.3.2　酸洗-冷轧联合式酸洗机组

有了浅槽及紊流酸洗方式，使得酸洗机组和冷轧机组连在一起成为可能，即采用带有固定酸洗装置的连续冷轧机组，它可以改善轧制过程，解决带钢的无头冷轧问题。酸洗机组和冷轧机组联合在同一条作业线上的主要问题是，要保证他们的生产工艺制度相互协调。

由于酸洗机组各部分与冷连轧机之间工作性质的特殊性和工作速度上的差异，所以要将酸洗的各部分、加之酸洗与冷连轧机之间紧密地联系起来，实际上是不可能的。为了保证各部分工作的独立性，满足酸洗-轧制的连续运行，特在酸洗机组的酸洗工艺部分的前后和酸洗与冷连轧机之间各设立一个活套车，称作酸洗入口活套、酸洗出口活套和轧前连接活套，以储备一定数量的带钢。带钢的储量是不固定的，在生产的期间内，储备量会增大或减少。

当酸洗和连轧机在同一跨度的厂房内时，酸洗-轧钢联合机组将很容易连接。当酸洗与连轧机分别建在两个跨的厂房内，可以在酸洗机尾部及轧机的头部分别增设两个转向辊或转向塔进行两个90°的转变方向以实现酸洗-轧钢的联机。

酸-轧联合机组的优点：

（1）由于实现酸洗-轧钢机组的联合，可以省去许多设备，如酸洗的卷取机和轧钢的开卷机等，因此设备重量轻、投资减少。

（2）实现无头轧制，成材率提高。

（3）可以取消酸洗之后的板卷中间库，减少放置面积。

（4）减少机组人员数量，提高劳动生产率。

酸-轧联合机组的不足：整个机组一处出现故障将造成全线降速或停车。

总之，由于酸洗-轧制联合机组的显著优点，全国各地先后改造或新建一批酸-轧联合机组，如本溪钢铁公司冷轧厂的联合机组；宝钢的1420mm、1550mm、2030mm、1800mm四条作业线；鞍钢冷轧厂的1号、2号线，鞍钢冷轧硅钢片厂的酸-轧线等四条生产线；武钢冷轧厂的酸-轧线等一批新的酸-轧线。相信，随着我国国民生产能力的增强将还有一些工厂向这方向发展。

酸洗-冷轧联合式酸洗机组的工艺参数、设备技术性能及工艺流程将在典型车间酸洗机组中做详细介绍。

单元2　典型车间酸洗工艺参数及工艺流程简述

在酸洗-冷轧联合机组中带钢通过机组的速度一般根据轧机的工作制度而确定。在这种情况下，酸洗制度应随着轧制制度及影响酸洗速度的各种因素的变化而变化。为了保持带钢的酸洗速度和轧制速度相适应，可在酸洗出口段或连轧机之前增设活套装置并用计算机来控制。目前在酸洗-冷轧联合机组中，酸洗形式广泛采用浅槽紊流式的酸洗方法，这种酸洗方法具有如下特点：

（1）带钢以高张力平直通过酸洗工艺段时，整个机组的张力高而均匀，保证了拉矫机处于最佳的张力分布，使带钢通过机组的运行状况得以改善。

（2）特殊的槽盖（带有浸渍式的内盖）和有轮廓的酸洗槽形成紊流酸洗通道。在酸洗通道内有较少的酸液（液位约 150mm），有利于酸液的循环和充分利用。同时，发生事故时，仅需 2 ~ 3min 就可以排空酸洗槽内的酸液。

（3）在优化的酸洗条件下，酸洗通道内形成高效率的紊流，可以使酸液很快渗入到铁皮的缝隙中，快速加热带钢和彻底去除带钢表面的氧化铁皮微粒，提高带钢表面的清洁度，缩短酸洗时间。

（4）在相同的酸洗速度下，紊流酸洗槽长度较传统的酸洗槽要短；而对于相同长度的酸洗槽，酸洗速度就会增加；在速度不变的情况下，可以相应地降低酸液的温度。

（5）减少废酸量。在连续深槽或连续浅槽酸洗的实际操作中，废酸中铁离子浓度达到 120g/L 时，需排放到酸再生区进行处理。而在紊流酸洗的操作中，废酸中铁离子的浓度允许达到 125 ~ 165g/L 时，才可排放到酸再生区进行处理，并可保证带钢酸洗质量。这是由于紊流酸洗时，酸液与带钢表面的铁鳞能充分进行化学反应，废酸量的减少意味着所需废酸再生装置能力的减少，既可节约建设投资，也可减少环境污染。

（6）减少槽内带钢跑偏量。由于带钢通过的断面狭窄，带钢在槽内几乎是在液面上平行拖过，所以带钢能以很高的张力（大约 9. 8 ~ 11. 8MPa）在槽内运行，从而可使带钢跑偏量减至 25mm；而在深槽酸洗中由于带钢呈无张力运行，因而跑偏量有时可达 200mm 多。

（7）设备重量轻，紊流酸洗的液面很浅，只有 150mm 左右，整个槽的深度只有 1000mm 左右；而深槽酸洗的酸液面深 1200mm，槽深近 2000mm，同时取消了酸洗槽前、烘干机后的张力辊和专门的张力控制系统，所以设备重量大大减少。

酸洗-冷轧联合机组的酸洗段根据实际生产操作情况，可分为 4 部分：

第一部分：带钢传输操作。带钢传输包括上料、拆卷、矫直工艺操作；拉矫、酸洗入口活套工艺；酸洗出口活套、切边、碎边工艺。带钢传输 2 包括连接活套及拉矫工艺。

第二部分：带钢剪切对焊操作，包括切头、切尾、焊接、光整工艺。

第三部分：酸洗工艺操作，包括酸洗、漂洗、烘干工艺。

第四部分：酸再生操作。

A　工艺参数

机组形式：连续式酸洗机组（无头轧制）

酸洗工艺：盐酸浅槽紊流式酸洗

酸洗带钢材质：热轧低碳钢、超低碳钢、高强度钢

钢卷规格	入　口	轧后出口
带钢厚度	1. 80 ~ 6. 00mm	0. 20 ~ 2. 50mm
带钢宽度	800 ~ 1900mm	800 ~ 1870mm
内　径	ϕ760mm	ϕ610mm
外　径	ϕ1000 ~ 2000mm	最大 ϕ2560mm
质　量	最大 35. 1t	最大 48t
单位质量	18kg/mm	

酸洗工艺速度：最大 250m/min

酸洗介质：HCl(200 ± 20)g/L

年酸洗量：205. 2 万吨

酸洗机组主要单体设备性能如表2-1-4所示。

表2-1-4　某厂冷轧薄板厂连续式酸洗机组主要单体设备性能

设备名称及主要性能							备注
拆捆带方式			手动				
开卷机	台数/台		2	开卷方式		上开卷	
入口剪	形式	液压双切剪	台数/台	1	废料收集方式	废料筐	
焊接机	形式	HSL19	制造厂	德国米巴赫公司	有无月牙剪	有	
入口活套	形式	卧式4层活套	小车台数/台	1	最大活套量/m	654	
拉矫机	形式		四辊从动干式	最大伸长率/%		4	
酸洗槽	槽数/个	3	长×宽×深/m×m×m		27.5×2.4×1.45		
酸浓度/$g\cdot L^{-1}$	No.1	约50	No.2	54~85	No.3	103~133	
温度/℃	No.1	80~85	No.2	80~85	No.3	80~85	
酸浓度控制（手动或自动）			自动				
酸供给方式			酸泵供给				
挤干辊材质			软质橡胶				
加热装置形式			石墨热交换器				
酸洗出口活套	形式	卧式两层活套	小车台数/台	1	最大活套量/m	271.1	
切边剪	形式	双塔式自动液压从动剪	切边量/mm	最大25（+10）	废料处理方式	碎边剪收集筐	
连接活套	形式	卧式两层活套		活套量/m	287.4		

B　酸洗工艺流程

原料准备段（带钢传输1+剪切对焊）→酸洗工艺段→酸洗出口段（带钢传输2）

原料准备段（带钢传输1+剪切对焊）：原料被放到步进梁上→在钢卷小车上进行钢卷直径测量→由磁力引料辊将钢卷放到开卷机上开卷→辊式矫直机矫直→侧导向装置使钢板对中→横切剪剪切头尾→米巴赫焊机焊接前后两卷带钢并对焊口进行光整。

酸洗工艺段：由1号S辊、1号导向辊完成带钢的拉矫和对中→进入入口活套（2号导向辊对中）→带钢再由3号导向辊、2号S辊送到1号、2号、3号酸洗槽中酸洗，其间4号导向辊对中，酸洗液的加热是通过石墨热交换器进行加热的→挤干辊挤干酸液→经三级冲洗段冲洗，冲洗水为冷凝水→挤干及烘干。

酸洗出口段（带钢传输2）：带钢由3号S辊、5号导向辊进入酸洗出口活套→经4号S辊、6号和7号导向辊进入圆盘剪进行带钢切边→由5号S辊进入冷轧机机前连接活套，其间8号导向辊对中→再由9号、10号、11号导向辊，6号S辊从轧前连接活套中拉出带钢，为进入冷连轧机轧制做准备。图2-1-4为典型冷轧厂连续盐酸浅槽紊流式酸洗机组示意图。

工艺流程简述如下

a　带钢传输1工艺（上料、拆卷、矫直）

桥式吊车用夹钳将热轧板卷吊放到板卷运输机上，开动运输机将钢卷送入翻钢机。由翻钢机将钢卷翻转90°成卧式，并置于上料步进梁上。上料步进梁分为1号、2号两段。1

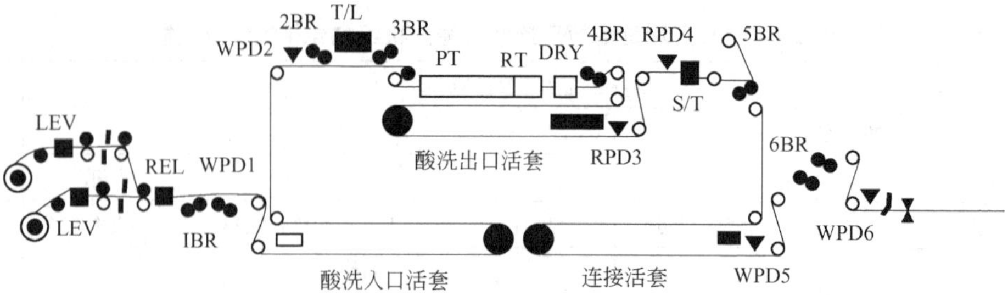

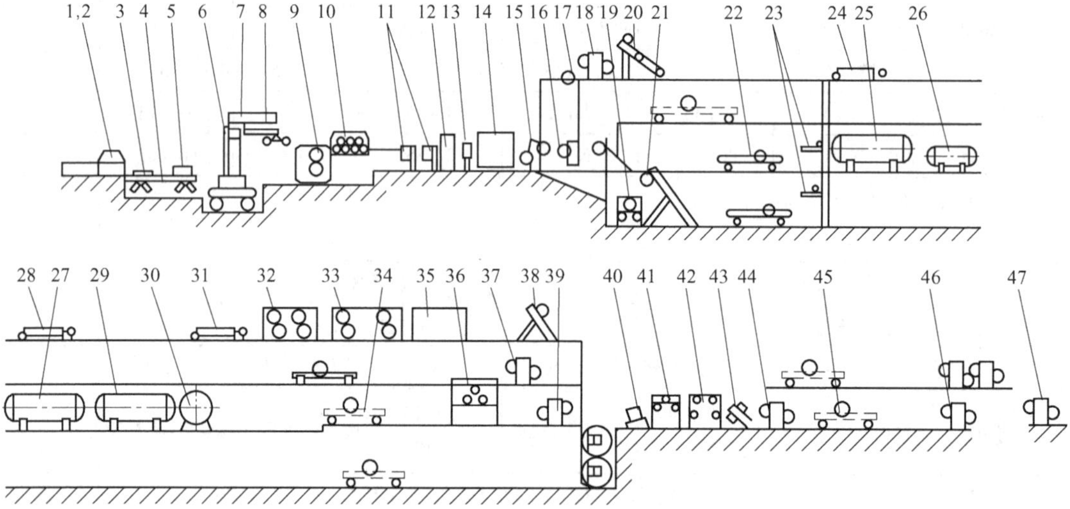

图 2-1-4　连续盐酸浅槽紊流式酸洗机组示意图

1—链式运输机；2—翻钢机；3—对中小车；4—步进梁；5—钢卷准备站；6—钢卷直径测量站；7—钢卷小车；8—磁力引料辊；9—开卷机；10—矫直机；11—1 号侧导向装置；12—1 号横切剪；13—2 号侧导向装置；14—米巴赫焊机；15—1 号 S 辊；16—3 号控制辊；17—导向辊；18—2 号 S 辊；19—1 号控制辊；20—测量辊；21—2 号控制辊；22—酸洗入口活套车；23—左右回转支撑辊；24—1 号加热装置；25—1 号储酸罐；26—冲洗水罐；27—2 号储酸罐；28—2 号加热装置；29—3 号储酸罐；30—冷凝水罐；31—3 号加热装置；32—4 号控制辊；33—挤干辊；34—酸洗出口活套车；35—干燥器；36—6 号控制辊；37—3 号 S 辊；38—5 号控制辊；39—4 号 S 辊；40—中边剪；41—7 号控制辊；42—圆盘剪；43—碎边剪；44—5 号 S 辊；45—连接活套；46—8、9、10 号控制辊；47—6 号 S 辊

号步进梁可放 5 个板卷，2 号步进梁可放 4 个板卷，共放 9 个板卷。在 1 号步进梁的第三个卷位，由光电对中装置，对板卷进行对中控制。在第五个卷位（即 1 号步进梁末端）设有板卷准备站，在此将进行带钢头部矫直、剪切及取样。

经加工准备完的板卷，由步进梁上的旋转托料辊以紧卷的方向旋转，使带头在水平位置上剩下 400 ~ 800mm 为止，随后板卷便由第二段步进梁继续往前运送。当板卷被送到第九卷位（即 2 号步进梁末端）时，将由回波测量装置进行板卷的外径测量，以便为板卷的定位对中和选择机组运行参数提供数据。之后，板卷即被步进梁送到钢卷小车上。

钢卷小车将板卷运送到设定位置后，托住板卷旋转 90°，使板卷与机组作业线保持垂直状态。然后进行板卷定位，通过光电控制装置对板卷的高度进行调整、定位。这时板卷上方的磁力引料辊下降、调整，并吸起带钢头与定位后的钢卷小车同步运行，将钢卷送至拆卷位置。这时上一板卷已开卷完毕并恢复到受料状态。

当板卷完全定位后，开卷机的左右锥头随即插入钢卷内并旋转，将带头送至夹料辊中，夹料辊上辊压下，钢卷小车与磁力辊便可回到原位。为保证带钢能准确对中运行，开卷机在运转前可整体轴向移动 ±150mm。开卷机启动后，带钢经夹送辊而进入矫直机，矫直机设有除尘装置。

b　剪切对焊工艺

经过矫直的带钢由滑动式液压剪剪切带钢的头、尾（切头直接滑入下面的废料箱中，切尾可由输出装置收集在线外侧的专用集料箱中）。为保证剪切带钢端头的垂直度及焊接时带钢中心线与机组作业中心线的对中，在液压横切剪的前后分别设置了两对和一对侧导向装置。当前一卷带钢的尾部和后一卷带钢的头部剪切合格后，再将前后两板卷的头、尾送至米巴赫激光焊接机进行对中调节、定缝和焊接。带钢头、尾焊接之后，再由焊机对焊缝进行光整和冲孔、冲月牙、弯曲加工等。

c　带钢传输2工艺（拉矫、酸洗入口活套）

待焊接、加工完毕，带钢便由1号S辊快速送入酸洗入口活套。酸洗入口活套装有两个活套车（共4层带钢），活套最多可贮存大约654m带钢。两台活套车分别在上下两层轨道上运行，由电动卷扬机拖动。每台活套的上层带钢由若干个摆动门辊支撑，下层带钢由钢轨道上的托辊支撑。在活套车运行时，摆动门辊是通过小车导杆的控制而实现打开和关闭的。为进一步确保带钢在活套中的准确对中运行，在酸洗入口活套内分别设置了1号、2号、3号带钢对中、导向控制装置（一套三辊式和两套单辊式）。带钢按照一定的酸洗速度从酸洗入口活套出来后，经转向辊由2号S辊送到拉伸矫直机。

d　酸洗工艺

带钢矫直后进入酸洗槽酸洗，整个酸洗段设置在5.3m高的平台上。酸洗槽分成1号、2号、3号三段。酸槽内酸液的溢流与带钢运行方向相反。带钢在酸槽中的最短酸洗时间约为31.8s。在酸槽内，带钢通过浓度为18%的HCl酸洗，获得表面光洁，呈银白色的带钢。

酸洗液的加热是通过耐酸管道把酸槽、酸泵、过滤器，石墨热交换器以及酸罐等连接起来而构成7套循环系统进行间接循环加热的。循环加热系统分别布置在每个酸洗槽所对立的加热站中，其中1号槽为4套，2号槽为1套，3号槽为2套。在各循环系统中，分别装有各种自动检测、调节仪表，并通过微处理机的直接控制而实现对酸洗参数的控制。同样，酸洗槽内新酸（3号槽）的供给量和废酸（1号槽）的排放量也通过微处理机进行自动控制。当机组故障停车时，可视需要迅速地把3个酸槽内的酸液排至与之对应的3个贮酸罐中，待事故处理完毕机组重新开车时，再通过酸泵把各贮罐内的酸液送回到各个酸槽内。

酸洗后的带钢经酸槽出口处的4号（两对挤干辊）对中控制辊而进入冲洗段。三级冲洗段每段均设有单独的循环喷淋水系统，采用喷淋方式对带钢的上、下表面进行冲洗。冲洗后的含酸废水排至机组一侧的冲洗水罐内。冲洗水水源则来自于收集和贮存蒸汽加热装置冷凝水和补充去离子水的冷凝水罐。

为避免含酸气体的溢出，所有槽盖都采用水封式密封，并设有抽烟装置以保证槽内呈负压状态。抽出来的酸蒸气经洗涤塔洗涤达到允许的排放标准后即直接排入大气中。机组排放出的废酸，通过耐酸管道送至再生车间进行废酸再生处理。机组排放出的废水，经水处理站处理后，按允许的排放标准排出。

经水洗后的钢板经过一对挤干辊挤干即进入带钢烘干器干燥。此时带钢温度约 60℃，表面水膜厚度约 15 ~ 25μm。干燥器有 8 根吹风管，它们对称地排布在带钢的上、下方。热风经扁缝喷口吹向带钢表面。热风风温为 120℃，是由一台蒸汽加热器将 20℃的冷风加热得到的。

e 带钢传输 2 工艺（酸洗出口活套、切边、碎边、连接活套）

烘干后的带钢经 5 号对中控制辊（单辊导向式）及 3 号 S 辊而进入可贮存约 271m 带钢的出口活套。酸洗出口活套装置设置的目的及其结构与酸洗入口活套相同，并设有 6 号对中装置（三辊式）。

带钢由 4 号 S 辊从酸洗出口活套拉出，并送至冲边机冲去焊缝的边部，以保证在改变带钢宽度时圆盘剪刀头的调节。带钢再经对中控制装置（三辊式）进入无动力回转型圆盘剪切边。圆盘剪剪切下来的侧边（最宽 25mm）用碎边剪切成 150 ~ 200mm 长的小条后，由皮带输送到集料箱中。剪切后的带钢经 5 号 S 辊送至连接入口活套中（两层活套），活套最多可贮存大约 287.4m 带钢。为了确保带钢在活套中的准确对中运行，在连接活套内分别设置了带钢对中、导向控制装置。带钢由对中控制装置对中，再由 6 号 S 辊将带钢从连接活套中拉出，为带钢轧制做好准备。

单元 3 带钢传输操作

学习目标：

能熟练掌握带钢传输中工艺参数的设定；并能使用计算机操作画面对带钢传输 1 中的上料、拆卷、矫直和酸洗入口活套、拉矫、出口活套进行熟练操作；对带钢传输 2 操作中的切边、碎边、连接活套进行熟练操作。同时掌握避免传输中出现带钢的跑偏及拉堆钢的方法。

工作任务：

按工艺要求进行带钢传输中工艺参数的设定；

按工艺要求进行带钢传输 1 操作，即上料、拆卷、矫直工艺和设备操作，酸洗入口活套、拉矫和出口活套工艺和设备操作；

按工艺要求进行带钢传输 2 操作，即切边、碎边、连接活套工艺和设备操作。

1.3.1 矫直原理及活套参数的设定知识学习

1.3.1.1 辊式矫直机及拉伸弯曲矫直机矫直原理

A 辊式矫直机矫直原理

辊式矫直机矫直带钢的过程是：带钢在矫直机中受到与原弯曲方向相反的逐渐减小的

反复弯曲，最后消除原始曲率而变得平直。由于带钢在矫直过程中受到与原始弯曲方向相反的反复弯曲变形，所以，矫直过程实际上也是一个简单的破鳞过程。一般辊式矫直机设置在开卷机机后。图2-1-5为辊式矫直机矫直原理图。

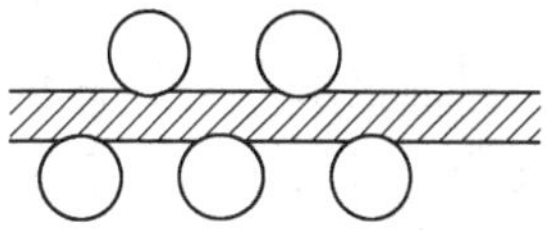

图2-1-5　矫直原理图

在带钢的矫直过程中，应根据带钢的厚度不同，随时调整上、下辊之间的间隙，以保证矫直后的带钢呈平直状态。调整给料辊的上辊和矫直机的上机架，避免带钢镰刀弯较大时跑偏。特别应当指出的是，在机组出现不同步或堆钢时，要严禁突然高速运转，以避免造成过大的拉力和冲击，将矫直辊拉断。

B　拉伸弯曲矫直技术

连续拉伸弯曲矫直技术由于其优异的矫直效果，被广泛应用在冷轧带钢生产中的酸洗机组、连续退火机组、热镀锌机组、电镀锌和电镀锡机组以及精整机组。它具有以下特点：与辊式矫直机相比，其结构简单，维修方便，操作容易，重量轻，而且弯曲辊组和矫平辊组均是从动辊（如图2-1-6所示），与带材同步运动，不会因打滑而擦伤表面；拉伸弯曲矫直机组中带材的张力由两侧S张力辊（如图2-1-6所示两侧辊）的速度差产生的，S辊为主动辊，出口S辊的速度大于入口S辊的速度。带钢的张应力仅为材料屈服极限的1/10～1/3，不会断带，也不会影响带材质量，能耗小；能够矫正带材的波浪弯、瓢曲、镰刀弯等三维形状缺陷。

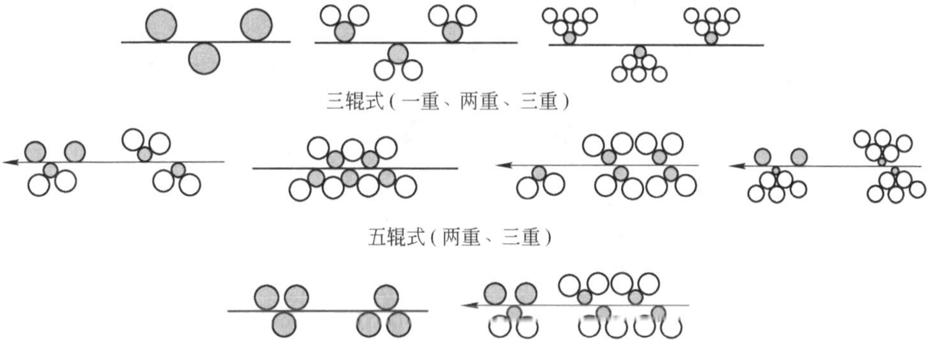

三辊式（一重、两重、三重）

五辊式（两重、三重）

六辊式、七辊式（两重）

图2-1-6　常见弯曲矫直辊系结构

a　拉伸弯曲矫直机结构

拉伸弯曲矫直机一般是与前后张紧辊相配合，才能实现带钢的拉伸弯曲矫直作用。带钢张力通过弯曲矫直机前后张紧辊的速度差来实现。拉伸率与行星齿轮的速度差设置相对应。辊子间的带钢张力通过共用传动系统来完成。拉伸弯曲矫直机组中弯曲辊组至少要由三个弯曲辊组成，其原因是带材通过弯曲辊时，在弯曲应力和拉伸应力的联合作用下使带材整个断面上产生塑性变形而延伸。由于带材在弯曲辊上弯曲耗功使得带材在第二个弯曲辊上所受的外加张力要比第一个弯曲辊上大，导致带材在两个弯曲辊上受到的弯曲虽然方向相反，但不完全相等，带钢在产生延伸的同时还有残余曲率存在，因此需要用第三个弯曲辊（矫正辊）来消除。由此也使得弯曲辊的数量在三辊的基础上成对增加，其布置必须是使正、反弯曲交替出现，最后再配置一个用于消除残余曲率的矫正辊。

目前辊系类型分成单重、两重和三重三种，即单层弯曲辊组成弯曲称作一重，一层弯曲辊和一层支撑辊称作两重，一层弯曲辊和两层支撑辊称作三重。也可以按弯曲矫直辊数划分，有三辊式、五辊式、六辊式、七辊式。常见弯曲矫直辊系结构如图 2-1-6 所示。

弯曲辊的数量以三辊和五辊为主，辊径一般在 25 ~ 100mm 之间，小直径弯曲辊配有多重支撑辊以提高刚度。弯曲辊直径应在满足强度条件下尽量采用小直径的弯曲辊，使其达到大弯曲的拉弯矫直要求。在使用中弯曲辊不驱动，带钢运行动力来源于前后张力辊的张力作用。这样避免了张力辊传动时因传动误差导致的带材与辊子之间的打滑，以及由此造成的带材表面擦伤，可提高成材率。小直径的弯曲辊具有较大的弯曲曲率，因而给予带材的弯曲应力较大，有利于采用较小的矫直张力，减小张力辊驱动电机能耗。

b　拉伸弯曲矫直机的应用

拉伸弯曲矫直机应用于冷轧酸洗生产，一方面可以起到机械破鳞的作用，提高酸洗效率；另一方面，拉伸弯曲矫直机对来料板形的改善不仅有利于提高带钢成品板形的质量，而且可以减少带钢在行进和轧制过程中发生跑偏及断带事故，因而拉伸弯曲矫直机作为热轧、冷轧之间承前启后的一台设备，在除鳞的高速高效化以及对板形的改善方面起到了举足轻重的作用，特别是对近年来发展起来的酸洗-冷轧联机技术的实现上，更是成为一种决定性的因素。酸洗生产常使用的是“两弯一矫”工艺，最多伸长率为 4%。图 2-1-7 为酸洗线的拉伸弯曲矫直机结构原理图，图 2-1-8 为弯曲矫直辊系结构图。

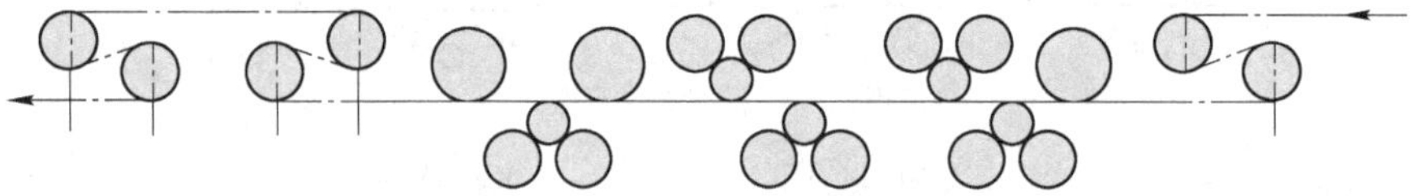

图 2-1-7　某酸洗生产线的拉伸弯曲矫直机组结构原理

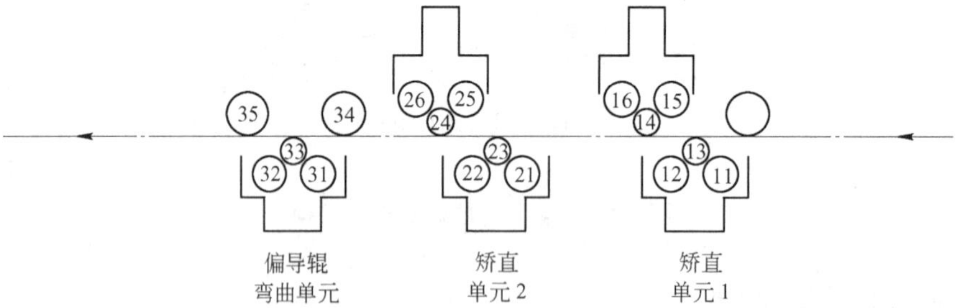

图 2-1-8　弯曲矫直辊系结构图

拉伸弯曲矫直技术应用在连续退火、热镀锌和精整机组上，与用于酸洗线的拉伸弯曲矫直机相比，它的工艺目的只是矫正板形缺陷，而且其所面对的浪形不仅有边浪、中浪等常见的连续局部型浪形，更有 L 翘、C 翘及扭翘等非连续整体型浪形。用于热镀锌机组，可以使锌花更细致，镀层更均匀；带钢退火后经过拉伸弯曲矫直，可减小或消除退火屈服平台，力学性能和板形有了明显改善。为了满足镀锌产品力学性能要求，消除带钢产品材料的屈服平台，则要求光整机和拉伸弯曲矫直机必须提供 1. 2% 的伸长率，在生产薄带钢时伸长率设定应至少为0.5%。为了消除镀锌带钢板形缺陷，拉伸弯曲矫直机工艺参数的设定要能够消除板形缺陷，使得经拉伸弯曲矫直后的成品带钢的传统板形缺陷保持在质量要求的精度范围内。而对于起筋等特殊板形缺陷，拉伸弯曲矫直机则不具备消除这种板形缺陷的设备条件和能力。一般这些生产线上都使用“两弯两矫”式拉伸弯曲矫直机。图2-1-9为精整线拉伸弯曲矫直机的结构原理图。

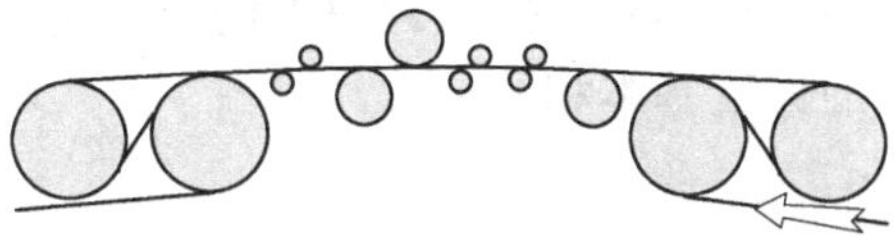

图2-1-9　精整线拉伸弯曲矫直机的结构原理图

对不同材质、厚度、宽度的带钢，要获得较好的破鳞效果和较好的板形，必须考虑带材的伸长率、压下深度等因素。影响带材伸长率的主要因素：带材张力、弯曲辊直径与带材厚度的比值、带材对弯曲辊的包角（弯曲辊的切入深度）等，一般采用大张力、小包角或用小张力、大包角均可得到相同的带材伸长率。为了有利于改善带材的机械性能，采用增大包角的方式来增大伸长率。

$$拉伸矫直机的张力值 = \frac{v_{出} - v_{入}}{v_{出}} \times 100\%$$

式中，$v_{出}$ 为拉伸矫直机出口带钢速度；$v_{入}$ 为拉伸矫直机入口带钢速度。

计算伸长率：由旋转扫描辊测得拉伸矫直机出口板厚度计算。

$$伸长率 = \frac{H_{入} - h_{出}}{H_{入}} \times 100\%$$

式中，$H_{入}$ 为拉伸矫直机入口带钢厚度；$H_{出}$ 为拉伸矫直机出口带钢厚度。

1.3.1.2　活套参数的设计

活套设置的位置如下：

开卷机→剪切对焊机→入口活套→拉伸矫直机→酸洗机组→纠偏辊→出口活套→纠偏导向辊→连接活套→冷轧机组。

活套的主要作用是为了储存带钢和释放带钢，以保持酸-轧生产的连续性。在酸洗-冷轧联合生产线上，设置了三个活套，酸洗入口活套带钢储存量最大，可达654m以上。酸洗出口活套可储存带钢271.1m，酸洗和冷轧机之间的连接活套可储存带钢287.4m。

在剪切对焊工序中完成上一卷带尾和下一卷带头的剪切与焊接，带钢需要停留一定的时间，这一期间，酸洗机组从酸洗入口活套中拉出带钢，入口活套中的带钢从最多变为最少，带钢减少的量等于剪切对焊停留的时间乘带钢在入口活套的输出速度；剪切对焊完成后，入口活套进入快速充料阶段，如此往复过程。活套参数设计中，要求带钢在活套的输入速度远远大于带钢在活套的输出速度，输入速度小于等于活套中带钢的最大储存长度除以剪切对焊的停留时间。

出口活套和连接活套是酸洗机组和轧制机组连续运行的双保险。在正常操作时，出口活套和连接活套的活套车均处于活套的中间位置。这样，酸洗机组或连轧机在非计划停机时，机组其他部分仍可在一定的时间内继续操作而不停机。

如果在酸洗段出现断带，酸洗机组之后的纠偏辊的速度检测系统可及时检测出，这时纠偏辊制动器制动，带钢可被停止在出口活套之前。

在轧机工作辊更换之前，出口活套和连接活套中的带钢都排空，同时降低酸洗段速度。这样，在换辊时，机组不停机。

从活套的位置看出：在出口活套和连接活套中带钢输入速度大于输出速度，而输入速度和输出速度与之相邻工序的速度基本相等。

储存量计算：

$$L_c \geqslant t \cdot V_{max}$$

式中 L_c——活套储存带钢的最小有效长度，m；

V_{max}——带钢的最大轧制速度，m/s；

t——在酸洗入口活套中指带钢对接时间，s，包括对齐、剪切、对焊的总时间。

1.3.2 带钢传输 1 操作

1.3.2.1 上料、拆卷、矫直操作

A 带钢传输 1 工艺参数设定

酸洗生产线工艺参数的设定条件如下（表 2-1-5 为典型产品的化学成分）：

原料：热轧低碳钢 DC01

带钢厚度：3.5mm

带钢宽度：1280mm

钢卷内径：ϕ760mm

表 2-1-5 化学成分 （%）

钢 种	化学成分							
	C	Si	Mn	P	S	Al	N	Ti
DC01（max）	0.1000	0.05	0.5	0.03	0.04			
SPCC（max）	0.12	0.1	0.5	0.035	0.025			

带钢在进入酸洗机组之前需要对原料检查验收，检验方法采用肉眼观察和使用测量工具对钢卷外观进行判断，这样可以避免有重大质量缺陷的钢卷进入生产线而对设备及质量造成损害。检验标准如下：

（1）热轧钢卷的规格及尺寸偏差：

热轧原料的厚度偏差：小于公称厚度的 ±5%（厚度的测量应该在距边部不小于 40mm 的带钢中间板面上进行）

宽度偏差：0 ~ +15mm（宽度变化率小于 2mm/m）

（2）热轧带钢的断面形状要求：

带钢凸度：30μm≤凸度≤60μm（带钢中部厚度与距带钢两边 40mm 处平均厚度的差值）

带钢每米最大凸度偏差：±0.1% 的公称厚度

整卷凸度最大变化范围：≤ ±20μm

带钢楔形：<30μm

带钢镰刀弯：≤5mm/2m（在除去头尾6m长度以外的热轧带钢）

（3）钢卷上机温度限制在小于65℃。

（4）主要检查项目及检查周期。

边部裂边：对每卷端部进行目视检查。对于需要切边的来料，允许长度小于6mm的裂边。对于非切边来料不允许存在裂边。

亮带：对每卷表面进行目视检查和用手触摸检查。

厚度超差：使用千分尺对带钢尾部进行5点差检测。厚度的测量应该在距边部不小于40mm的带钢中间板面上进行。厚度偏差小于公称厚度的±5%。

夹杂及氧化铁皮压入：对每卷表面进行目视检查。不允许来料存在夹杂及氧化铁皮。

边部或中部肋浪：对每卷进行板形目视检查。

扁卷（见图2-1-10）：对每卷进行工具检测，要求扁卷不大于±20mm。

塔形（见图2-1-11）：对每卷进行工具检测。要求塔形小于50mm。

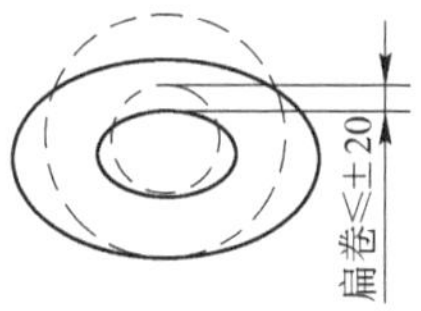

图2-1-10　扁卷定义

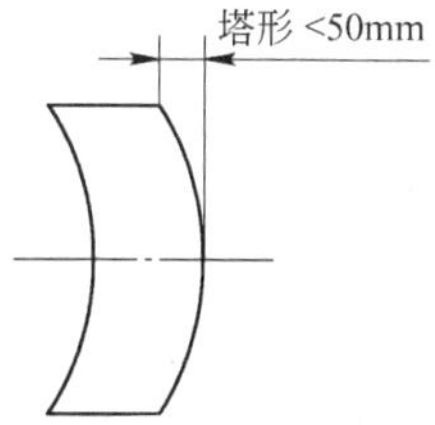

图2-1-11　塔形定义

折叠：对每卷进行目视检查，不允许来料存在折叠。

成品：成品厚度为1.00mm。

最大酸洗速度：220m/min。

轧机出口速度：1212m/min。

轧机形式：五架全六辊UCM轧机。

在新卷带钢进入生产线时，首先输入或选择（根据程序设置）下列参数：原料的宽度、厚度、钢种和成品的宽度、厚度。根据原料和成品的规格、钢种，自动选择操作程序，确定开卷机的运行速度。在输送钢卷的步进梁上测量卷重、卷宽、卷长和卷对中情况，将自动进入操作程序中，显示在操作屏幕上。

当选择自动操作时，带钢传输操作中显示的主要参数如表2-1-6所示。

表2-1-6　酸轧工艺参数

钢种	规格		酸轧工艺参数								
	厚度/mm	宽度/mm	拉矫机伸长率/%	最大酸洗速度/$m \cdot min^{-1}$	横切剪间隙/mm	防皱辊压力/MPa	开卷机张力/kN	活套张力/t			最大轧制速度/$m \cdot min^{-1}$
DC01	3.5	1280	2	220	0.3	4	15.95	4.429	4.472	4.77	1212
SPCC	3.5	1030	2	220	0.3	4	15.95	4.429	4.472	4.77	1224

B 上料、拆卷、矫直工艺和设备操作步骤

图 2-1-12 所示为入口步进梁跟踪画面，图 2-1-13 为酸洗入口部分操作界面。

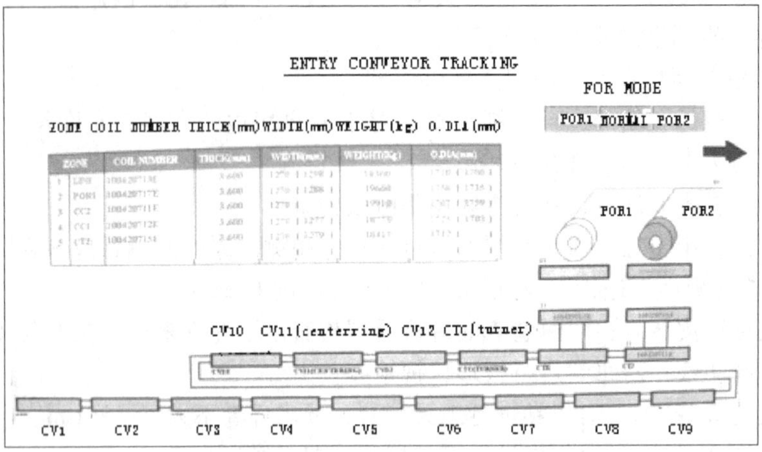

图 2-1-12 入口步进梁跟踪画面

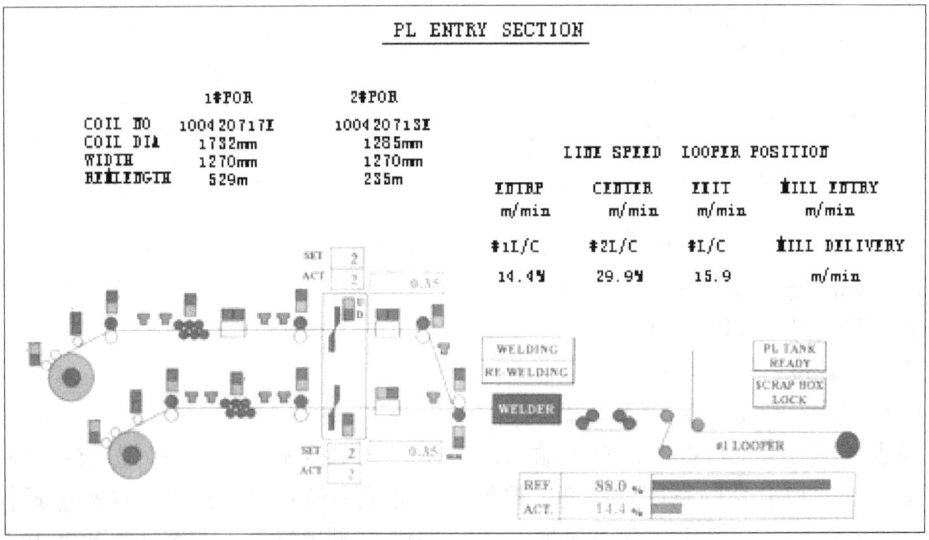

图 2-1-13 酸洗入口部分

第一步：操作准备

工作前需要保证设备运行正常，确定台面控制和显示正常。开卷时，开卷机上的带钢中心线控制在轧制线中心位置 ±5mm，开卷机中心线与轧制线中心位置重合 ±5mm，发现带钢有裂边或孔洞等缺陷时，视其严重程度及时作出处理。

然后按计划单顺序及时输入正确的钢卷号码（如 1 号钢卷号 100420717E，2 号钢卷号 100420713E），钢卷数据要与步进梁卷位相对应。正确选择操作方式。

前一块板带的运行过程称作上部通道，后一块板带的运行过程称作下部通道。

第二步：钢卷运输

指挥吊车将钢卷放到1号步进梁，确认钢卷号及相关信息。1号步进梁长度方向和酸轧的中心线方向平行，该步进梁有9个卷位。

1号步进梁将钢卷运到2号步进梁上。2号步进梁的长度方向也平行于酸轧的中心线，共有6个卷位，并与1号步进梁相连。2号步进梁的3号卷位设有钢卷测宽测径装置，并具有钢卷对中功能。测宽测径的目的，第一是用测得的数据来使钢卷高度自动匹配开卷机的高度；第二用来对中钢卷。1号步进梁运行，将钢卷逐位向前移动。

然后钢卷被运到配有开卷器的地辊上。该地辊位于2号步进梁的4号卷位上。在这儿，手动解除钢卷绑带。然后带钢头部进行预处理，其目的是为了便于带钢穿带。

接着，旋转台从2号步进梁接收过来钢卷。旋转台可以90°旋转钢卷，使其卷眼垂直于酸轧线，并将钢卷运到1号或2号钢卷小车上。

在上通道中，1号钢卷小车接收钢卷，并运行到等待位置，钢卷进行高度对中及进行宽度、内径检测。然后将钢卷送到1号开卷机芯轴上后，芯轴扩张，启动外支撑。1号钢卷小车下降，并运行到等待位置。

在下通道中，2号钢卷小车接收钢卷，并运行到等待位置，钢卷进行高度对中及进行宽度、内径检测。2号钢卷小车将钢卷插入到2号开卷机芯轴上后，芯轴扩张，启动外支撑。2号钢卷小车鞍座落下，并运行到等待位置。

第三步：开卷和矫直

1号、2号开卷机交替开卷，操作步骤基本相同。当钢卷被放到1号（或2号）开卷机芯轴上后，完成下列动作：

1号（或2号）开卷器框架提升，刮刀打开，向钢卷靠拢，压辊关闭投入使用；

1号（或2号）开卷机向后转动，调整带头位置；

1号（或2号）开卷器夹钳打开，开卷机按速度30m/min向前转动，将带头引入夹钳，夹钳关闭；

1号（或2号）开卷器框架向后移动，开卷机以30m/min速度向前运行，带头穿过1号（或2号）处理器夹送辊，夹送辊压下，开卷器夹钳装置打开，开卷器压辊打开，带头穿过1号（或2号）处理器和辊矫直机，当穿过横切剪时将自动给出信号。

在收到焊机焊接完成信号后，1号（或2号）开卷机防皱辊落下；处理器夹送辊打开；侧导板打开；横切剪夹送辊打开；1号转向夹送辊打开，2号转向夹送辊打开，带钢可以加速运行，当活套充满时，入口段速度与工艺段速度同步。

在放料结束时带钢降速至60m/min，横切剪夹送辊关闭；1号转向夹送辊关闭；2号转向夹送辊关闭；1号张力辊四个压辊关闭，2.0s后上部通道带钢张力释放。

剩余带钢长度小于15000mm（或8000mm），开卷机防皱辊打开。

带尾运行至剪切位置停止。

前一个带钢在甩尾前，其入口段开卷机开始减速。减速到甩尾速度时，直头机辊、1号纠偏辊以及1号张力辊的压辊启用。一旦带钢尾端离开开卷机，芯轴收缩。同时，夹送辊和直头机打开。这时可以对下一个钢卷穿带，穿带程序与上一个钢卷相同。

1.3.2.2　酸洗入口活套、拉矫和出口活套工艺操作

A　酸洗入口活套、拉矫和出口活套工艺参数设定

酸洗槽前的拉矫机，其作用主要有两个：一是通过弯曲拉伸变形来改善板形；二是通过弯曲拉伸变形使带钢表面氧化铁皮破裂或破碎，提高酸洗速度和酸洗效果。带钢酸洗-拉矫操作界面见图 2-1-14 ~ 图 2-1-16。

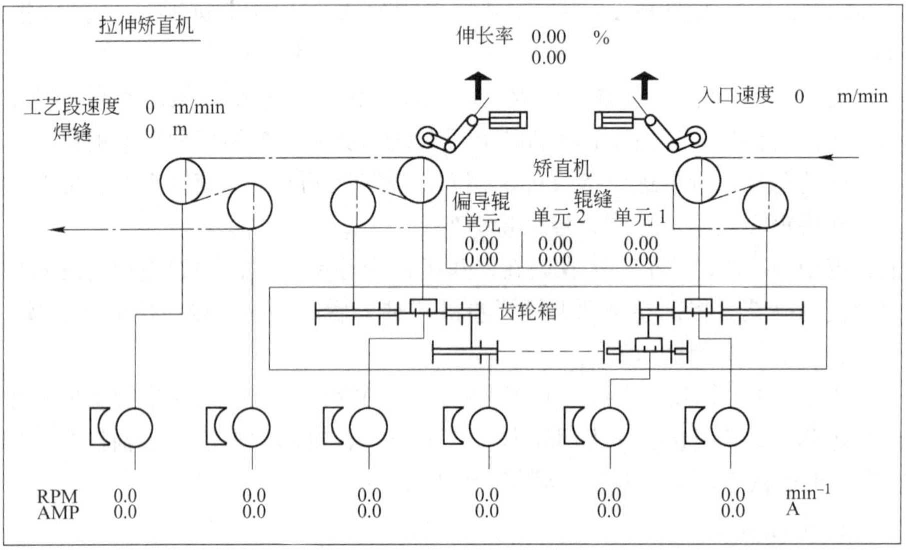

图 2-1-14　带钢酸洗-拉矫 1 操作界面

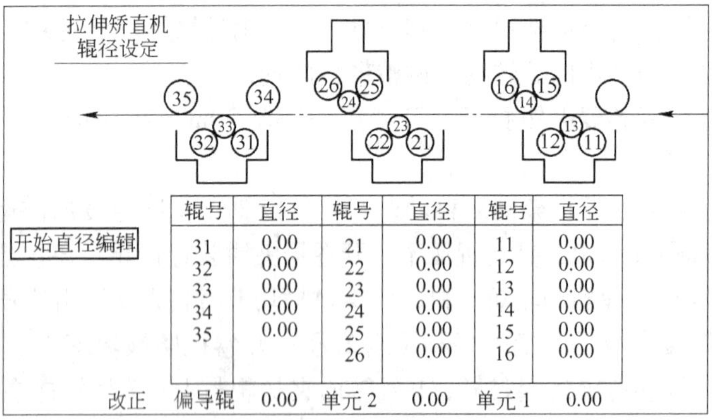

图 2-1-15　带钢酸洗-拉矫 2 操作界面

主要技术参数：

伸长率：最大 4.0%，一般取 0.5% ~1.5%；

工作辊直径：ϕ76 ~80mm。

根据酸洗入口活套输出速度、拉伸矫直机的输入速度、拉伸矫直机的张力值和卷宽、卷厚，带钢的屈服极限值，按照金属体积不变的原则，控制程序自动计算出拉伸机各辊的输出速度；拉矫后伸长率和长度值；拉伸矫直机的各矫直辊的辊缝值或称切入深度；酸洗

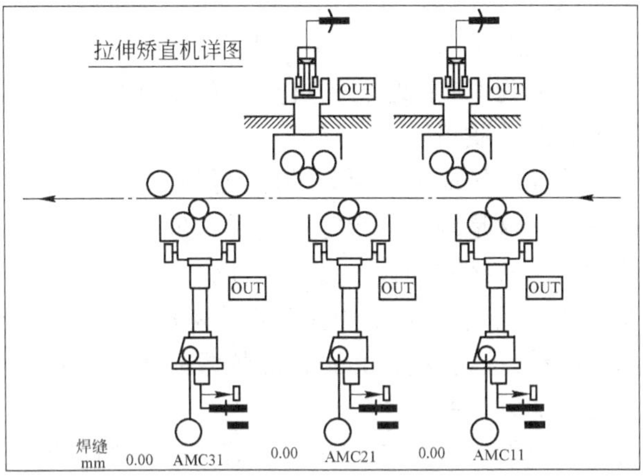

图 2-1-16　带钢酸洗-拉矫3操作界面

入口活套中带钢储存长度。并将自动进入操作程序中，显示在操作屏幕上。

B　酸洗入口活套、拉矫工艺操作步骤

第一步：操作准备

选择手动或自动操作方式，生产中一般采用自动方式。自动操作过程中，参数（如伸长率、辊缝）可由终端直接读出并选定，当设定效果不佳时，可采用手动方式，由“伸长率增大减少”按钮做出适当调整。

确认伸长率控制方式，根据钢种及规格进行预设定伸长率及压下量，对于不同厚度、宽度适当调整带钢伸长率。

根据钢种及规格进行预设定张力，保证破鳞效果。2号、3号张力辊压辊打开。打开空气吹扫。

设定所有工作单元的辊缝值，确定拉矫机工作辊原始辊缝。拉矫机的穿带速度控制在30m/min，在穿带过程中特别注意压辊转动和带钢运行。

当由于氧化铁皮粉末黏在拉矫机辊上出现黏辊时，造成对拉矫辊表面损伤。此时必须及时更换拉矫辊，并及时检查压缩空气吹扫系统，除尘系统。

第二步：酸洗入口活套

带钢经剪切对焊机焊接，焊机内的带钢就被释放开，在焊接对中活套后，入口段加速，然后带钢经1号S张力辊，可控制的三辊式纠偏装置，带钢被稳定地对中进入酸洗入口活套。入口活套装有两个活套车（共4层带钢），两台活套车分别在上下两层轨道上运行，由电动卷扬机拖动。上层带钢由若干个摆动门辊支撑，下层带钢由钢轨道上的托辊支撑。活套中和活套出口分别设置了可控制的单辊式带钢对中和转向装置，使得带钢被稳定地对中并进入拉伸弯曲矫直机。

该转向辊可补偿带钢加、减速时的张力波动，保证进入拉矫机的带钢有恒定的张力。1号纠偏辊的作用：使带钢以对中的方式通过1号张力辊进入入口活套。入口活套中带钢的对中靠2号纠偏辊。入口活套的出口处带钢靠3号纠偏辊对中。然后带钢通过转向辊运动到拉伸弯曲矫直机。

第三步：拉伸弯曲矫直机

拉矫机位于酸洗工艺段入口前部，其作用为带钢在拉伸矫直机的弯曲辊的作用下产生弯曲变形来改善板形；相应地产生弯曲应力与拉伸应力的叠加使带钢产生弹塑性变形，达到一定的伸长率，最大伸长率为4%；通过弯曲拉伸变形碎裂带钢表面氧化铁皮，以加快化学反应，提高酸洗速度和酸洗质量。

在拉伸矫直中对带材施加的拉应力与材料的屈服强度有关，一般为$(0.1\sim0.3)R_e$。对薄带，一般拉应力要高一些，这是因为当辊径一定时，带材厚度越薄，其外层纤维上的弯曲应力越小，要产生塑性变形就必须加大张力。此外，加大张力还有助于提高带材在弯曲辊上的包角，并增加伸长率。但过高的张力会使带材在张力辊之间产生较大的弹性延伸，引起带材与张力辊之间的滑动，这会使张力辊覆层的磨损加快，对带材的力学性能和表面质量也有一定的影响，必须加以控制。

目前的拉伸矫直机基本上都是采用控制入出口张力辊组的速度来达到所需的伸长率。当入口张力辊组的速度为V_1，出口张力辊组的速度为V_2时，则带材所获得的伸长率$\varepsilon=(V_2-V_1)/V_1$。这样，在生产操作中，只需根据工艺要求设定好入口张力辊组的速度V_1，并使其保持不变，通过改变出口张力辊组的速度V_2，就可获得矫直所需的伸长率。典型产品生产工艺中拉伸矫直机的伸长率设定为2%。

由于消除带材板形缺陷所需的伸长率一般都在1%以内，因此，要想精确地控制伸长率，必须要有能保证前后张力辊组的速度差连续可调、并保持伸长率恒定的传动系统。目前张力辊组常用的传动系统主要有集中传动与单独传动两大类。

带钢通过在直径较小的辊子上弯曲以获得拉弯应力，带钢张力通过弯曲矫直机前后张紧辊的速度差来实现。布置合理的辊子在两个方向上弯曲带钢，使带钢获得最终变形。伸长率与行星齿轮的速差设置相对应。辊子间的带钢张力通过共享传动系统来完成。这里的带钢张力须和张紧辊前后的外部张力相匹配。弯曲矫直机前设置有压头（传感器）对弯曲矫直机区的张力进行监测。正常操作条件下，当焊缝通过弯曲矫直机时，不需要更改带钢张力或者辊缝间隙的预设定值。在有些情况下，例如，当焊缝处的前后带钢厚度差太大时，可以适当释放带钢张力或者打开弯曲矫直机工作辊组，以使焊缝通过。

整个弯曲矫直辊单元与除尘系统相连，氧化铁皮灰尘可以从底部排出。另外防皱辊和直头机也都与除尘系统相连。除尘装置可以除掉处理器和弯曲矫直机产生的氧化铁皮灰尘，从而降低跨内空气的含尘量。拉伸弯曲矫直机操作如下：

（1）焊缝过拉矫机时有三种控制方式：矫直辊关闭、矫直辊打开、伸长率控制。

（2）拉伸矫直机换辊步骤：分成更换下工作辊、更换上工作辊、更换中间转向辊、更换防瓢辊、更换入口和出口辊。

例如更换下工作辊时：

操作方式选择“manual”，张力释放选择“on”，空气吹扫关闭，防尘罩打开，电机调节丝杠使下工作辊下降，入、出口辊压下，左右侧下工作辊夹紧装置手动打开，下辊单元拉出工作侧，轨道制动销插入，用天车更换新的工作辊，轨道制动销撤掉，插入下工作辊单元，左右侧夹紧装置手动关闭，入、出口辊提升（轧制线恢复），电机调节丝杠使下工作辊抬起，灰尘罩关闭，空气吹扫打开，张力释放“off”，切换操作方式到“自动”。

（3）拉矫机辊缝零点调整步骤（使用专用工具，停机检修期间用此方法）为：

将拉矫机各单元辊箱抽出，拉矫机工作辊工作方式选择手动“manual”，拉矫机张力释放“relief”（轧制线停机），空气吹扫关闭，拉矫机下工作辊箱落下，拉矫机上工作辊箱抬起，拉矫机入口、出口辊落下。手动将拉矫机辊箱锁紧销打开，换辊小车开至拉矫机辊箱，插入换辊小车与拉矫机辊箱的连接螺栓。辊箱抽出（上下辊箱可同时抽出也可单独抽出），换辊小车插入安全销，更换拉矫机工作辊（更换拉矫机上工作辊时，将上辊箱旋转180°，使上工作辊位于支持辊上部）。

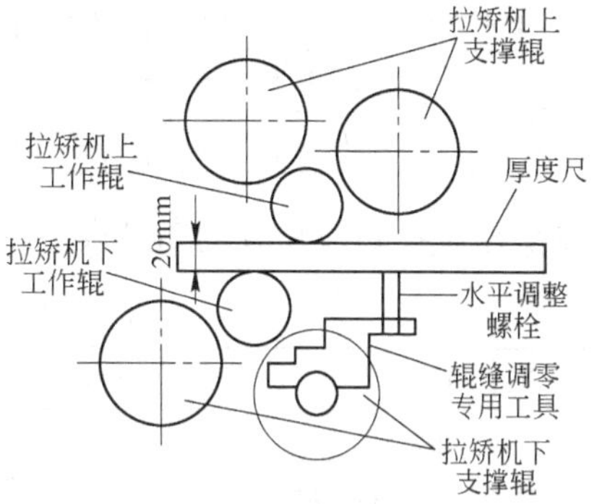

图 2-1-17 拉矫机辊缝零点调整的结构原理图

如图2-1-17所示安装辊缝调零专用工具，调整水平螺栓使厚度尺处于水平状态。

将各单元辊箱插入拉矫机内。打开换辊小车安全销。将拉矫机各单元插入拉矫机中。辊箱锁紧销锁紧。打开换辊小车与拉矫机辊箱的连接螺栓。换辊小车开至原位。

提升拉矫机下工作辊，在厚度尺距离上拉矫机工作辊2～3mm时，选择低速提升拉矫机下工作辊，目视厚度尺轻微接触上工作辊为止。此时拉矫机工作辊辊缝为-20mm。

在HMI一级操作画面“PL APC ZEROING”中“ZEROING”输入此时拉矫机辊缝-20mm，然后进行清零操作。拉矫机辊缝清零操作完毕，将拉矫机各单元辊箱抽出（步骤同上），卸下辊缝调零专用工具重新将拉矫机各单元辊箱插入（步骤同上）。拉矫机各个单元辊缝清零操作步骤相同，可同时进行辊缝清零操作。在HMI二级操作画面“PL ROLL INFORMATION”中输入更换后的拉矫机工作辊、支持辊直径。

1.3.3 带钢传输2操作——切边、碎边、连接活套工艺操作

1.3.3.1 酸洗出口活套、切边、碎边、连接活套工艺参数设定

圆盘剪的作用是剪切带钢边部达到预设定宽度，并通过圆盘剪后部的去毛刺机对IF钢等软钢进行边部去毛刺处理。

主要技术参数：

剪切废边宽度：	每边最大40mm	
剪切能力：	屈服强度700MPa≥R_m>600MPa	厚度最大4.0mm
	屈服强度600MPa≥R_m>490MPa	厚度最大4.5mm
	屈服强度440MPa≥R_m	厚度最大6.0mm

不同宽度连接时宽度允许相差：最大150mm/每边

去毛刺辊：直径160mm

圆盘剪剪刃侧间隙值见表2-1-7。圆盘剪剪刃重合量见表2-1-8。

表2-1-7 圆盘剪剪刃侧间隙值

厚度/mm		2.0	2.5	3.0	3.5	4.0	4.5	5.0	5.5	6.0
侧间隙/mm	低碳钢	10	10	10	15	15	20	20	22	24
	超低碳钢	15	18	22	26	30	34	38	42	45

表 2-1-8　圆盘剪剪刃重合量

厚度/mm		2.0	2.5	3.0	3.5	4.0	4.5	5.0	5.5	6.0
侧间隙/mm	低碳钢	-50	-50	-50	-50	-50	-50	-50	-50	-50
	超低碳钢	-40	-40	-30	-25	-15	-5	5	15	25

主要检查项目及检查周期见表 2-1-9。

表 2-1-9　主要检查项目及检查周期

检查项目	检查周期	检查项目	检查周期
剪切质量 （不允许有连刀及毛刺现象）	需要切边的每卷钢卷	剪切宽度 （要达到要求的宽度）	每卷检查

1.3.3.2　酸洗出口活套、切边、碎边、连接活套工艺操作步骤

图 2-1-18 为带钢传输 2 的操作界面（酸洗出口部分操作界面）。

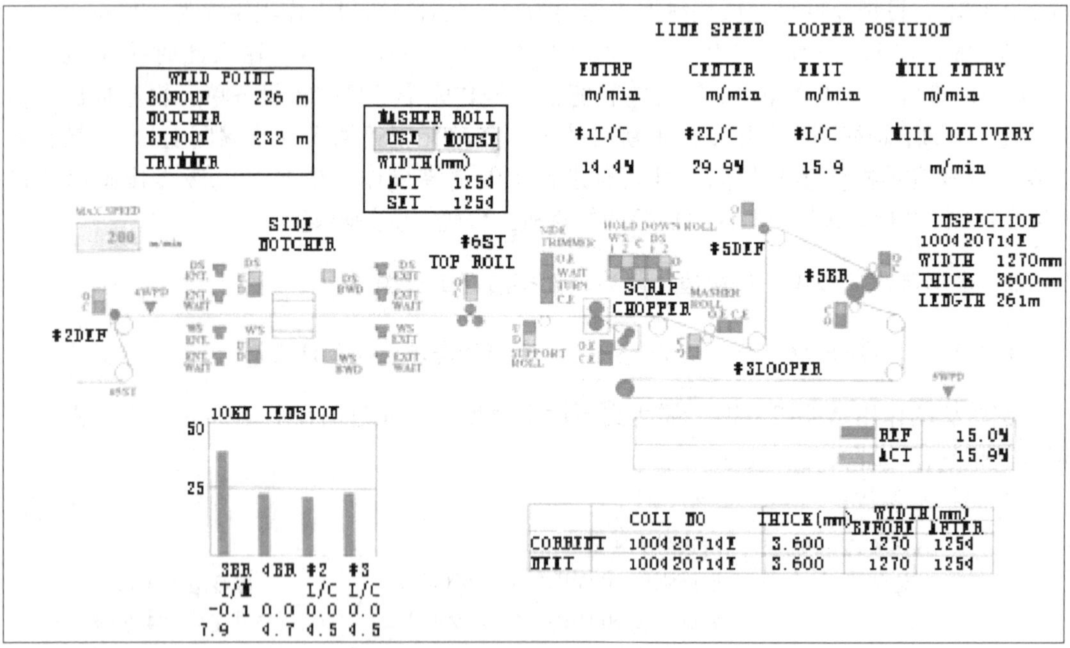

图 2-1-18　带钢传输 2 的操作界面

第一步：操作准备

首先与入口、出口、主操作联系确认生产计划编排情况及选择圆盘剪、碎边剪的操作方式（自动/手动）。然后检查圆盘剪、碎边剪是否在初始位置及初始位置校准，剪刃的零位校准及废料输送系统是否完好、正常。

根据计划单的要求，确定切边或非切边操作。带钢改为非切边或带钢剪切规格变化时，进行侧冲切边。圆盘剪、碎边剪可选择自动或手动进行剪刃间隙调整。圆盘剪、碎边剪定期进行剪刃更换。

操作中注意：监视运行生产线上带钢，防止废边丝带入轧机。发现来料存在严重缺陷时，根据缺陷情况作出处理。剪切带钢边部严禁出现锯齿边。

第二步：月牙剪和切边剪操作

带钢离开1号出口活套后，经过5号和6号纠偏辊进入切边剪。如果有带钢变宽时，冲孔探测装置和自动停动装置将把带钢停止，使焊缝停在月牙剪区，开始冲边操作。

然后，带钢往前送到正在工作的切边剪剪刃处，带钢宽度从切边剪开始变化。切边剪设计成双回转台式，即，配置有两个回转台，每个回转台上有两套无传动的切边剪剪刃以及两套完整的废料碎断装置：一套切边剪剪刃和一套废料碎断装置处于工作位置，而另外一套切边剪剪刃和一套废料碎断装置处于180°的离线（备用）位置。因此，无论在何种故障情况下，这种切边剪都可以实现在“安全”操作状态下的快速换剪刃操作。

切边废料和月牙废料的移除由废料移除系统来完成。月牙剪处废料通过1号传输带传送至跨外。切边废料滑到2号废料传输带上，再到3号传输带上，最后传输到1号传输带上。三个废料箱装在小车上，当一个废料箱满时，它可以移到一侧，使另一个废料箱投入使用，废料箱可以由卡车运走。换废料箱时，剪切废料自动存储在一个收集盘。切边剪后面设置一个检查台对带钢进行肉眼检查。具体操作如下：

（1）自动状态下的剪切操作：

选择侧冲剪、圆盘剪、碎边剪换碎边剪为自动状态，并按下“启动（START）”按钮。

焊缝到达冲切机自动定位，冲切机在带钢边部冲切，冲切完毕后冲切机自动回到原始位置。

冲切口自动定位圆盘剪，圆盘剪自动进行宽度、间隙量、重叠量调节。

碎边剪自动进行宽度、重叠量调节。

圆盘剪、碎边剪调节完毕，圆盘剪段运行准备信号灯指示开启。按下启动按钮，启动圆盘剪段。

（2）手动方式下的切边操作。预选冲边剪、圆盘剪、碎边剪为手动操作模式。

带钢焊缝离开2号活套，自动定位冲边剪。在冲边剪近机面板上将冲边剪预选为“近机状态”。

按下冲边剪“前进”操作手柄、按下“冲切下降”按钮至冲切就绪、按下“冲切上升”按钮、按下冲边剪“返回”操作手柄至信号灯指示开启。

点动切边段使冲切口达到圆盘剪，按下“冲切口达到圆盘剪”的确认按钮至信号灯指示开启。

根据带钢厚度、材质在圆盘剪机旁操作面板上手动进行剪刃间隙和重叠量调节。在机旁操作面板上把圆盘剪宽度调节锁紧缸打开，压辊压下。手动调节圆盘剪宽度直至调节到设定宽度，关闭锁紧液压缸。

手动调节碎边剪宽度直至调节到设定宽度。按下废边输送系统按钮至信号灯指示开启。点动切边段一段距离，确认剪切宽度和剪切质量。剪边准备就绪信号灯指示开启，按下启动按钮。

（3）切边结束时的不切边方式。焊缝自动停在冲切剪处冲切完毕后，冲切剪退回初始位置。冲切口自动达到圆盘剪定位。圆盘剪退出作业线。碎边剪退出作业线。确认切边段运行信号灯指示开启，启动切边段。

(4) 剪切过程中换刀片操作。将冲边剪、圆盘剪、碎边剪切换到自动状态。在"STRIP TRACK PROCESS"画面上打开"SIDE TRIMMER"嵌入画面，将此画面上的"KNIFE CHANG"软键接通。

焊缝达到自动定位冲边剪，焊缝自动冲边，冲切口自动定位圆盘剪，圆盘剪自动开出到"旋转位置"。

圆盘剪机架自动旋转，将新刀片转到工作侧。圆盘剪自动进行宽度、重叠量、间隙调节。圆盘剪调节结束，圆盘剪段运行准备信号灯指示开启。

启动圆盘剪段，将旧刀片拆下，换上新刀片。

第三步：酸洗出口活套和连接活套操作

焊缝从切边剪出来后，经 4 号张紧辊和转向辊进入连接活套。连接活套为双层活套。活套入口转向辊的轴承下面安装有张力测量装置。

连接活套内的带钢跑偏通过 7 号纠偏辊进行补偿。

酸洗出口活套设置在酸洗出口处，主要用来储存因圆盘剪处带钢宽度变化引起的带钢量，以保证酸洗段的连续生产。连接活套储存一定量的带钢，当带钢在圆盘剪处的速度为"0"时，保证后面的轧机工作连续。

正常生产中，两组活套的活套车位于活套的中间。

除了正常生产中，两组活套的上述功能外，它们还用在连轧机换辊的时候。换辊前，两组活套将处于空套状态。换辊时，酸洗线可以降低速度，不用停车。这时，为了防止过酸洗的产生，喷嘴的压力将降至最小。

带钢离开连接活套后，通过 7 号纠偏辊及一转向辊来到连轧机前的 5 号张力辊处。该 5 号张力辊保持第一机架所需的预张力，并消除带钢在加速减速过程中产生的张力波动。

带钢离开连接活套后，经 7 号纠偏辊进入 5 号张紧辊。

5 号张紧辊为轧机第一个机架提供所要求的预张力，同时补偿加减速时造成的张力波动。

1.3.4　传输的跑偏及拉堆钢问题

在传输过程中最易造成带钢质量问题和设备故障的是带钢的跑偏和带钢的拉钢过大引起断带的问题。跑偏的原因是带钢两侧运行速度不同，或由于带钢边部波浪引起两侧长度不等造成的。

带钢传输操作中，共设置了 8 个单辊式、1 个双辊式、3 个三辊式纠偏导向辊，分布在设备的各个入口和出口位置及活套内部。主要对带钢中心线定位，CPC 控制系统检测其中心线的偏移量，并自动进行纠正，使带钢精确地进入和输出设备。纠偏精度为 ±10mm。

在纠偏辊上部设有缓冲压辊，目的是带钢在工艺段发生断带时，压辊下降，由人工进行操作，使其反向运转，将带钢两端拉在一起焊接好，再进行生产。带钢在酸洗槽或活套内发生断带时的处理方法如下：

(1) 带钢在酸槽断带的处理方法

当带钢在酸槽内发生断带事故时，中间段会自动出现急停信号，酸槽内无张力的现象。此时的操作步骤如下：

1）入口段、出口段停止运行。中间段所有的酸泵、水泵、蒸汽停止。

2）酸洗槽放酸并冲洗后打开槽盖，打开全部挤干辊，找到断带位置。

3）入口活套和出口活套张力消失，减小拉矫机张力。

4）根据断带实际位置将带钢头拉到带尾处或将带钢尾拉到带头处：

将带头拉到带尾处时，先将带头用水焊割成弧形，并在带头处割一小孔，穿入引带，如图 2-1-19a 所示。在入口活套卷扬处安排一名人员，点动入口活套卷扬，使活套小车向“空套”位置运行，保证在酸洗槽穿带时，入口活套的带钢处于适当的松弛状态。在拉矫机处安排一名人员，点动拉矫机单元（包括：1 号转向夹送辊、2 号张力辊、3 号张力辊），使带钢向前进方向运行，保证在酸洗槽穿带过程中，3 号张力辊出口处的带钢处于适当的松弛状态。组织人员牵引引带，沿带钢运行方向将带头拉至带尾处。

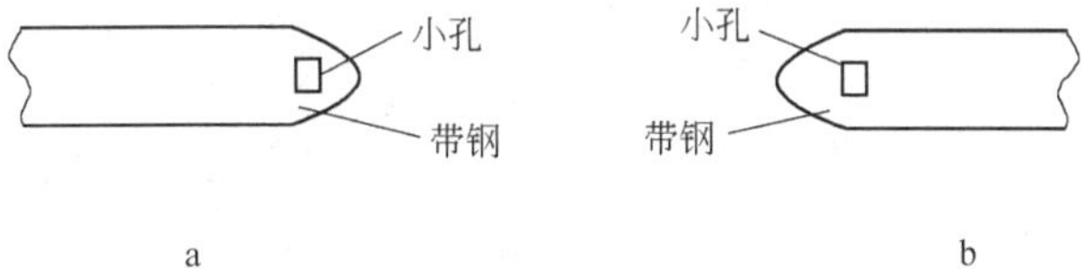

图 2-1-19　断带时带头切孔穿带示意图
a—将带头拉到带尾处时；b—将带尾拉到带头处时

当将带尾拉到带头处时，先将带尾用水焊割成弧形，并在带尾处割一小孔，穿入引带，如图 2-1-19b 所示。在出口活套卷扬处安排一名人员，点动出口活套卷扬，使活套小车向“空套”位置运行，保证在酸洗槽穿带过程中，出口活套的带钢处于适当的松弛状态。在 4 号张力辊处安排一名人员，点动 4 号张力辊，使带钢向后退方向运行，保证在酸洗槽穿带过程中，4 号张力辊入口处的带钢处于适当的松弛状态。组织人员牵引引带，沿带钢运行方向逆向将带尾拉至带头处。

5）将带头压在带尾上焊牢。检查焊缝质量。确认焊缝牢固后，各段恢复正常状态，准备生产（焊接处不能切边和轧制）。

（2）带钢在活套内断带处理方法

当带钢在活套内发生断带事故时（以 1 号活套为例），入口段和中间段会自动出现急停信号，指示 1 号活套内无张力。此时的操作步骤如下：

1）停止中间段所有的酸泵、水泵、蒸汽。

2）酸洗槽放酸，减小张力。

3）拉矫机工作辊打开。

4）将断带处的带钢头尾拉在一起。

其他如前所述。

单元 4　带钢剪切对焊操作

1.4.1　焊接机功能及工作原理

焊机的功能就是把两带钢头尾焊接起来以保证带钢在机组中连续通过（如图 2-1-20 焊接机焊接带钢头尾示意图）。焊机在酸洗连轧机组是关键设备，它直接影响着机组的生产效率和产量。对于特殊钢种（如 TRIP 钢等），焊接后由于焊缝处的力学性能较差，容易引起轧制过程中断带，因此在焊接之后需要对焊缝进行后退火处理。连续酸洗机组采用的焊机有激光焊机或闪光焊机。

激光焊接机的工作原理是激光束聚焦获得的高功率光斑投射工件，熔化金属焊接。激光束被聚焦到工件的表面或表面以下位置，它与焊件的作用产生小孔，激光在小孔内的反复折射有利于熔池对激光能量的吸收。连续辐射的激光相对工件进行移动，则小孔也随之移动，激光束始终与熔池前沿相互作用，熔化金属的气化使得小孔得以维持，并造成熔池金属的流动，形成一个深宽比很大的连续焊缝，如图 2-1-21 激光焊接时焊缝、热影响区和母材的三层结构图。

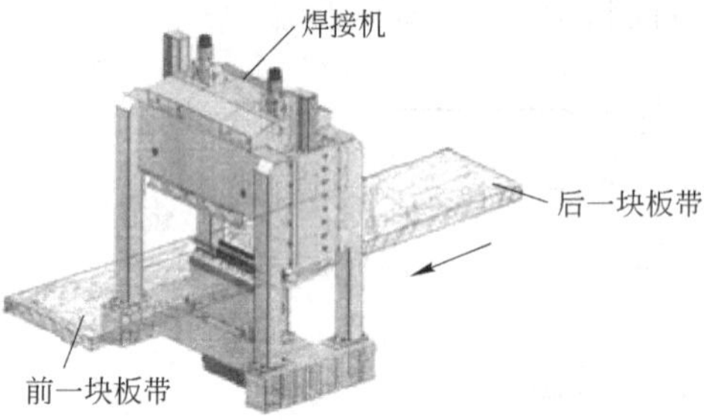

图 2-1-20 焊接机焊接带钢头尾示意图

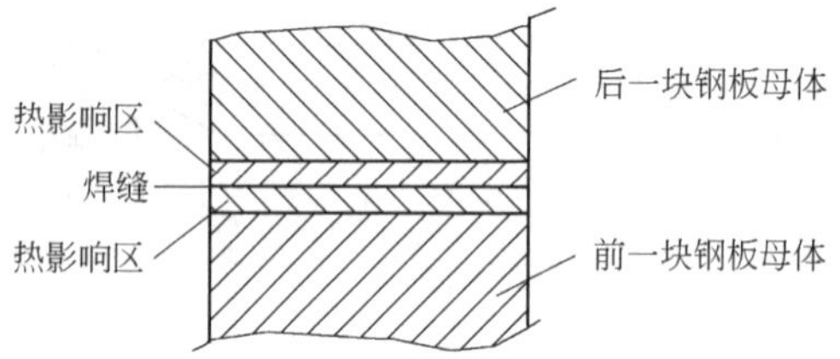

图 2-1-21 激光焊接时焊缝、热影响区和母材的三层结构

闪光焊接机的工作原理是利用带钢本身的固有电阻及带钢断面的接触电阻，当通以电流时引起金属加热和熔化，接触面熔化时发出强烈的火花。然后中断电流给予强大的顶锻力，使带钢两端在高压下被锻接在一起，从而达到对接的目的。闪光焊接机焊接基本过程：第一步：焊接准备；第二步：定缝刀的回收；第三步：焊接周期，可分为四个阶段：初始闪光、持续闪光、顶锻阶段持续加热和夹持时间；第四步：光整冲孔及冲月牙弯。

激光焊接机与闪光焊机焊接的焊缝质量相比，对于大功率的激光深熔焊由于在焊缝熔池处的熔化金属，材料的瞬时汽化而形成深穿型的圆孔空腔，随着激光束与工件的相对运动使小孔周边金属不断熔化、流动、封闭、凝固而形成连续焊缝，其焊缝形状深而窄，即具有较大的熔深熔宽比。所以激光焊机焊接的焊缝具有如下特点：

（1）激光焊焊缝窄、穿透深、焊缝两边平行、热影响区小；

（2）激光焊熔透能力好；

（3）激光焊焊缝窄且热影响区小，因而变形最小；

（4）激光焊接加热速度快，焊接熔池迅速冷却，与普通的常规焊接在金相组织上有着很大的区别，使得焊缝和热影响区区域极窄，其硬度远远高于母材，因此，该区域的塑性相对较低。为了降低焊缝区域的硬度，应采取焊接前预热和焊后回火等相应的工艺措施。

1.4.2 剪切对焊工艺操作

1.4.2.1 剪切对焊机工艺参数设定

剪切、激光对焊参数设定见表 2-1-10。

表 2-1-10　剪切、激光对焊参数设定表

入口带钢数据		焊 接 参 数		
钢卷标记号	100420717E	名　称	实际值1	实际值2
原料编号	1	焊接速度	55/%	8.3/m·mim
原料厚度/mm	2.5	激光功率	95/%	11.4/kW
原料宽度/mm	1234	激光头焦距	-1.5/mm	
出口带钢数据		激光头压力	40/%	16/kN
钢卷标记号	100420713E	操作侧导板台间隙	0.14/mm	
原料编号	1	传动侧导板台间隙	0.14/mm	
原料厚度/mm	3.0	重新焊接间隙	0/mm	
原料宽度/mm	1357	碾压轮压力	40/%	20/kN
实际焊接参数设定信息		前加热功率	40/%	
焊接厚度设定范围/mm	2.9~3.19	后加热功率	0/%	
参数设定日期及时间	—	两次剪切（重焊时）	0.3/mm	

焊机采用米巴赫 HSL19 型激光焊机，主要技术参数：

带钢原料尺寸：带钢厚度　1.2~6.0mm；

带钢宽度　800~1900mm。

焊接条件：

前后带钢厚度差：保证值 H1≤1.28H2，且 H1-H2≤1.0mm；

焊接能力 H1-H2≤1.5mm。

前后带钢宽度差：≤每侧 150mm。

焊接参数控制范围：焊接速度　最大 15m/min；

激光功率　最大 12kW；

激光偏差　-5~+5mm；

激光头压力　最大 40kN；

前加热能量　最大 40kW。

激光剪切对焊机操作界面见图 2-1-22。

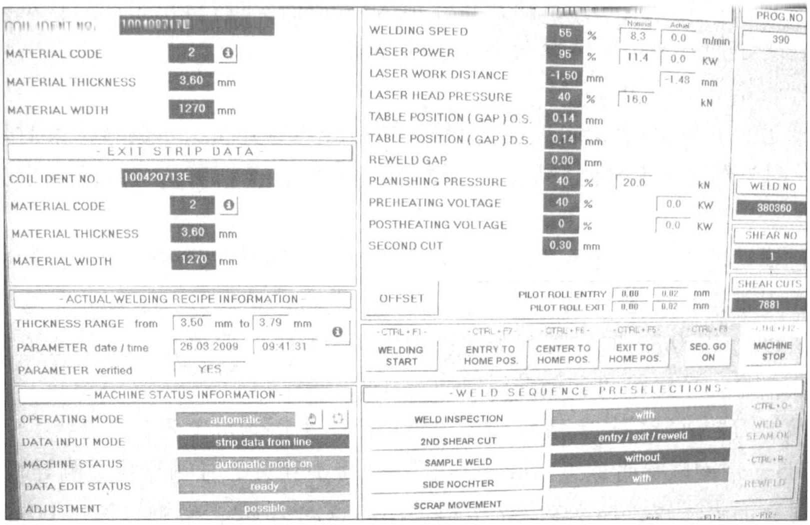

图 2-1-22　剪切对焊操作界面

1. 4. 2. 2　剪切对焊工艺操作

激光剪切对焊过程：

出口夹送辊启动，带尾降速，起套，停止→出口夹钳夹紧，出口侧导板及辅助辊打开→入口夹送辊关闭，带头降速，起套，带头停止→入口夹钳夹紧，入口侧导板及辅助辊打开→剪切→入口夹钳前移、对中→焊接→焊缝检查→剪月牙弯→出口夹送辊打开，带钢运行。

激光剪切对焊过程示意图见图 2-1-23。

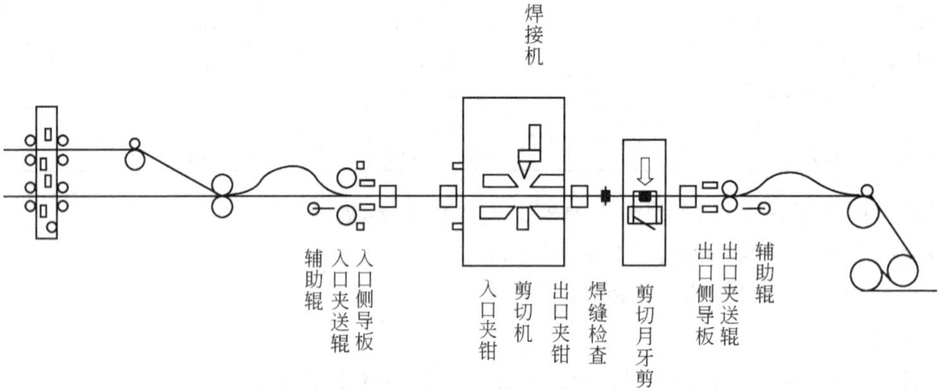

图 2-1-23　激光剪切对焊过程示意图

A　剪切带钢头尾操作

第一步：操作准备

首先做好带钢头尾剪切的上部信道及下部信道工作。然后根据带钢的板形质量设定带钢的头尾剪切刀数，带头、带尾剪切长度。剪口处带钢 1m 内不能有缺陷，带尾剩余长度不能超过 1300mm。剪切带钢时主运输机工作、辅助运输机也必须工作。

当检查和更换剪刃时，为了防止剪刃移动造成伤害，剪切装置在焊机小车出口安装有一个安全锁，首先将剪刃抬起，扳动安全杆到水平位置，然后将拉手向后拉动到位，使剪刃横梁锁紧；为了使安全锁固定重新将安全杆扳回。

第二步：带钢头部剪切

在上部通道，开卷机继续旋转，把带钢头端向分切剪方向送。放料结束时带钢降速至 60m/min，带钢头部穿过 1 号侧导板，侧导板快速关闭；横切剪入口检测到带头信号，带头穿带停止。

带头穿过横切剪入口夹送辊，在入口夹送辊处，传感器探测带头位置，脉冲发生器测量带钢长度，对带钢头端进行对中后，横切剪入口夹送辊关闭。如果带头剪切长度大于零，当剪切长度为 1000mm 时，带钢头部过横切剪 1000mm 后停止，上部通道横切剪自动给出剪切带头信号。主运输机和辅助运输机工作。

带头按剪切刀数进行剪切，废料闸板摆臂关闭，主运输机关闭。

点动 E-U3，带钢以穿带速度 60m/min 运行。带头穿过 2 号侧导板，侧导板快速关闭。带头穿过 1 号转向夹送辊，1 号转向夹送辊关闭。点动 E-U2，带钢以速度 60m/min 运行，2 号转向夹送辊关闭，带钢在 2 号转向夹送辊前等待。带头穿过焊机入口 1500mm，点动

E-U2 带钢以速度 30m/min 运行，带头到达焊机中心位置 0 ~ −30mm，带钢停止运行。

这时下部通道运行，即可以对下一个钢卷穿带，穿带程序与上一个钢卷基本相同。

第三步：带钢尾部剪切

对上部通道的带钢，释放带尾张力，关闭 1 号、2 号侧导板。带尾到达横切剪剪切位置，横切剪剪切带钢。

点动 E-U9 带钢以速度 60m/min 运行，带尾到达焊机并自动给出信号。焊机入口检测到带钢，带钢运行停止。带尾穿过 2 号侧导板，2 号侧导板快速打开。带尾穿过 1 号转向夹送辊，1 号转向夹送辊提升；带尾穿过 2 号转向夹送辊，2 号转向夹送辊打开。

带尾穿过焊机入口 1500mm 时，下部通道带头到达焊机自动给出开始焊接信号。点动 E-U9 带钢以速度 30m/min 运行，带头到达焊机中心位置 0 ~ 30mm；点动 E-U9 带钢停止运行。

焊机、挖边操作自动给出信号。带尾运行 500mm 后，出口导板台打开、主运输机运行、辅助运输机运行。对剩余带尾进行剪切直至小于 1000mm。横切剪夹送辊抬起，并以 60m/min 转动，横切剪夹送辊关闭。1 号侧导板打开。1s 后入口剪夹送辊停止、抬起。

位于分切剪前面的带尾被切成废料。剪切过程中，计算机会根据预设的总切割长度数据来计算带尾剩余长度，把最后一块废钢的最小长度限制在一定范围之内。

在切头尾剪剪切过程中，剪子前后的废料夹送辊装置的上辊下降，把废钢送到废钢推料台上。推料台把废钢推到边上，由辊道把废钢送到废料溜槽内，废钢通过废料溜槽落到废料皮带机上，然后进入废料斗。

B　带钢头尾激光焊接操作

第一步：操作准备

(1) 根据来料规格正确选择焊机程序。操作模式有三种：

手动操作模式：当手动开关打开或在入口控制面板按下手动按钮手动操作将可以进行。

自动操作模式：如果允许进入自动模式后，自动操作按钮将闪亮。在按下闪亮按钮后，自动操作方式打开。自动操作显示灯将持续亮起。

点动操作模式：点动模式可以通过“调节界面”画面进行激活。

操作中可以选择自动操作模式或手动操作模式。

(2) 打开焊机控制、辅助控制驱动箱上的所有能源开关、电机保护器开关、测量循环断路器。打开和启动质量控制数据系统。打开激光器及激光器用气体，启动液压系统在主泵启动前需要启动循环泵。检查设备急停和停机按钮。

(3) 在 HMI 上“设备选择画面”的画面选择“焊机小车速度”，能够设定“固定速度”，否则设定值将是“0”，小车不能移动。如果选择“焊接速度”，必须从焊接参数表格中选择入口焊接速度（设定值大于 0）。

(4) 焊接中特别注意事项：

带钢在剪切区域的位置需要目视进行检查，带头和带尾需要平铺在剪切区域至少 15mm，或最大 70mm（剪刃宽度的一半）。

检查焊缝质量并根据情况冲月牙弯；宽带钢在前、窄带钢在后可不冲边，反之必需冲边；手动定位必须冲孔。

第二步：自动操作焊接过程

（1）出口自动（exit automatic）：

出口段自动开始由启动信号“L 带尾接近”，和通过信号“W 带尾接近确认”，这时确定了出口自动操作。

在把带钢头尾焊接起来之前，需要把它们在焊机内进行对中并夹紧。为了进行带钢对中，焊机前后必须分别建立一段对中活套。出口自动是对带钢尾部进行对中并夹紧。

首先焊机小车移动到操作侧，通过生产线控制带钢带尾运行至焊机中，带尾被定位在剪刃部位，带钢依靠焊机出口夹送辊起活套。当收到“L 带尾速度≤ 30m/min”信号时，出口夹送辊将运转移动带钢。当带尾抵达并起焊机入口活套时，线速度必须降到30m/min。

如果已经选择“对中”，当接收到“L 带尾固定”信号和“L 带尾停止”信号后，带尾被夹紧并开始对中。当选择“对中”之后，夹钳装置打开到短行程（横辊夹紧），带钢通过对中装置进行对中。对中后，出口夹钳装置再次夹紧。带尾准备完毕，对中装置回到原位。

（2）入口段自动：

入口段自动开始由启动信号“带头接近”，和通过信号“W 带头接近确认”，这时确定了入口自动操作。入口自动是对带钢头部进行对中并夹紧。

类似出口控制，下一卷带钢头部首先被固定在焊机剪刃处。

（3）中间段自动：

带钢头尾在入口导板台和出口导板台定位夹紧后，开始焊接过程。在这之后，如果没有选择挖边剪，焊机移回原位。

（4）挖边剪自动：

如果选择挖边，在焊接的过程中入口、出口夹送辊关闭。焊接之后夹钳装置打开，焊缝通过生产线，被定位在挖边剪的位置，进行挖边。在焊机处进行的带钢挖边尺寸必须要足够大，要能够允许切边剪处的变宽操作。信号控制程序：

“W 焊缝到达剪切位置”；

“L 焊缝进入到挖边剪位置”；

“W 焊缝在挖边剪位置”。

之后，焊机移回原位。

第三步：手动操作焊接过程

（1）正常情况：

首先带钢头尾在入口、出口导板被夹紧，剪切带钢。然后导板在“释放位置”下切剪松开剪刃，上部剪刃和下部剪刃再次落下。

两个导板在“焊接位置”，激光焊头和碾压轮落下，预加热和后加热抬起，焊接开始。之后激光焊头和碾压轮抬起，预加热和后加热落下。当在手动操作模式下需重新焊接时，进行第二次剪切使带钢头尾符合焊接要求。

入口、出口导板松开，入口、出口导板在剪刃位置，焊机小车运行至传动侧。

（2）特殊情况：

如果通过急停终止焊接过程，阀门的电磁铁将关闭，并将需要打开下列设备功能：冲孔器抬起；上部剪刃抬起；下部剪刃落下；预热器落下；后加热器落下；激光焊头抬起；碾压轮抬起。

第四步：剪切月牙弯和打孔

焊接完后，要用月牙剪在焊缝处剪出月牙弯和打孔。剪出月牙弯的目的是当两个不同宽度的带钢焊接在一起时，通过剪出月牙弯实现圆滑过渡，并达到防止损伤辊子。打孔的目的是便于后面的焊缝检测。

然后，焊机松开带钢，对中活套消除后，入口段开始操作。

在把带钢头尾焊接起来之前，需要把它们在焊机内进行对中并夹紧。为了进行带钢对中，焊机前后必须分别建立一段对中活套。带钢头尾在焊机内定位好以后就可以开始焊接。

完成上述动作后，焊机内的带钢就被释放开，在消除对中活套后，入口段就准备好执行下一步的操作。

焊机废料收集在一个单独的废料箱内，废料箱通过跨内吊车运走。

1.4.3　激光焊接主要工艺参数对焊接质量的影响

影响激光焊接的主要工艺参数包括：入射光束功率、光斑直径、吸收率和焊接速度等，其他诸如焊接设计、保护气体、工件对接间隙以及焦点与工件位置影响也很大。

（1）激光输出功率对焊接质量的影响。激光焊熔深与激光输出功率密度直接有关，并且是入射光束和光斑直径的函数。一般来说，对一定光斑直径的熔深随光束功率提高而增加，两者几乎呈线性关系。

特定厚度材进行激光焊接，相应有个必须达到的最小功率，实际熔深取决于传输到工件表面的功率，由于导光系统的反射，它一般总小于输出功率，所以焊接时应测量照射到工件上的实际功率。

（2）焊接速度。深熔焊接时焊接熔深几乎与焊接速度成反比，一定功率可以焊接一定厚度范围的材料，焊接速度范围（即为保证焊接质量所允许的最大到最小焊速区间）随着板厚的增加而减少。在此范围以外，不能进行深熔焊。速度过高会导致焊不透，而过低的焊接速度则会使材料过度熔化、烧损和焊穿。所以确定焊速的上限是为了防止金属未熔透和速度过快，以致不能流动和熔合，否则，熔化金属会趋向于仅沿着被焊工件顶端形成焊珠。

在同样功率下，薄板的焊接速度极快，它更能体现激光高速焊的优点。

（3）光斑尺寸。这是个非常重要的工艺参数，因为在一定的输出功率下，它决定光束功率密度，而功率密度是激光焊接的关键因素，但对于高功率光束来说，它又是难以测量的，这部分是由于光束直径的本性引起的。

（4）焦点位置。对相对于工件焦点最佳位置的研究结果指出，当焦点位于工件较深位置时会形成V形焊缝，而焦点在工件以上较高的距离时又会形成“钉头”状焊缝，且熔深减小。只有焦点位于工件表面下1mm左右处，所得焊缝几乎成平行断面并可获得最大熔深，因此最为理想。当然，焦点的位置也与板厚及所用的功率有关，一般以表面下1～2mm为佳。

焦点在最佳位置上、下偏移，对待焊工件的准直度要求可予放宽，但会引起焊缝变宽，熔深减小的后果。而偏移量不能太大，甚至因功率密度不足而引起光束起始的不良吸收而导致焊接失败。

（5）保护气体。深熔焊接时，保护气体主要有两个作用：一是保护工件表面免受氧化；二是为了把大功率激光深熔焊过程中产生的对激光束有吸收和散射作用的等离子去除。保护气体的成分和流速都影响熔深。

（6）工件对接间隙。装配间隙直接与焊接工件的熔深和缝宽有关。由于激光束要聚集为几百微米直径的光斑，因此，接头装配，对接间隙的准直度也要求达到这个数量级。

为了获得狭长而平滑、精细的焊缝，装配间隙越小，效果越佳。如果间隙超过光斑尺寸，焊接将不能进行。接头装配间隙对薄板焊接尤为重要，间隙超公差极易焊穿。但控制间隙过小，有时在工艺上会造成对接钢板重叠，熔合困难的不良后果。慢的焊接速度可弥补一些因间隙较大而带来的焊缝缺陷，而高速焊接使焊缝变窄，对装配要求就更严格。图 2-1-24a 为两种 DC03-DC03 钢、两种厚度为 4.5mm 和 4.0mm 的钢板焊接后焊缝金相图、杯突试验图和宏观图。图中看出焊缝质量非常好。图 2-1-24b 为两种 DC01-DC51D + Z 钢、两种厚度为 2.5mm 和 3.1mm 的钢板焊后焊缝金相图、杯突试验图和宏观图。从图中可以看出焊缝质量一般。

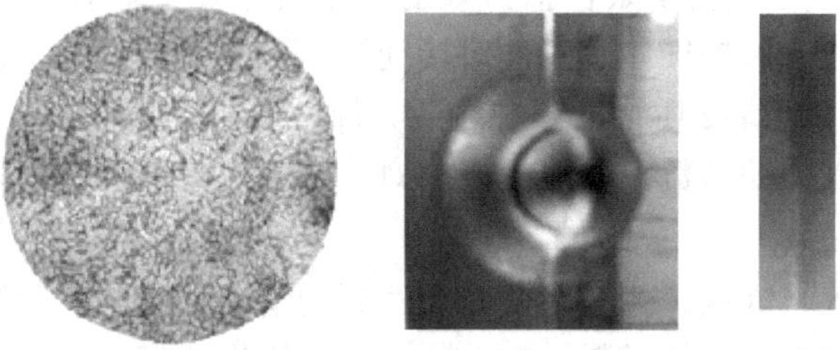

a

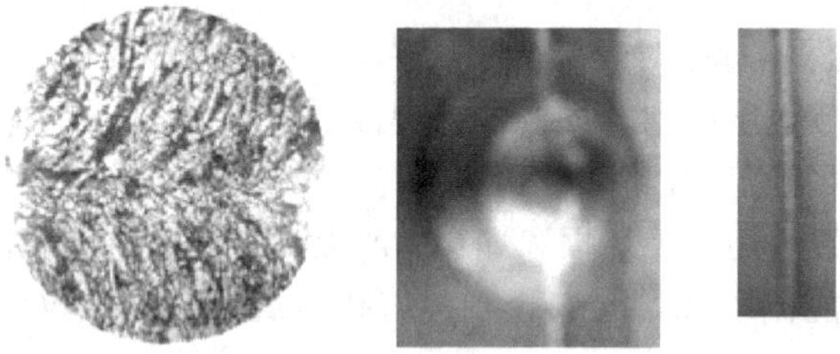

b

图 2-1-24　焊缝金相图、杯突试验图和宏观图

a—DC03-DC03 厚度为 4.5、4.0mm；b—DC01-DC51D + Z 厚度为 2.5、3.1mm

1.4.4　激光焊接产品缺陷及预防措施

带钢头尾焊接工序是冷轧生产中继开卷后的第二道主要工序，其作用是为实现冷轧带钢轧制过程的无头轧制，将工序中前卷带钢的尾部和后卷带钢的头部进行剪切、对焊。而来料带钢的板形情况，焊后焊口组织和性能的优劣，焊缝的充填程度等直接影响焊口质量，生产中常因焊口质量问题引起断带，造成整条生产线停机、轧辊划伤、产生废品和重新穿带等，由此引起生产效率下降，成材率减少，造成很大的经济损失。主要检查项目及

检查周期见表2-1-11。

表2-1-11　主要检查项目及检查周期

检查项目	检查周期
目视检查带钢位置（带头和带尾要平铺在剪切区域至少15mm或最大70mm）	带头和带尾定位时每卷检查
焊缝检验（杯突试验）	换钢种及焊缝质量不好的情况下进行试验

异常事故/缺陷的原因及处理方法：产生错牙时，表现为具有相同尺寸的带钢头尾的中心线不在一条直线上。原因主要是带钢头尾没有对齐；剪切断口与带钢中心线不垂直；带钢头尾超差。对于错牙大的焊缝要切掉重焊。

1.4.4.1　激光焊接缺陷

激光焊接易产生焊缝填不满；焊缝高度差过大；焊缝穿透率不均等缺陷。这些缺陷都将导致断带。

根据生产经验，最终将断带的主要原因归为三类：特殊钢种与规格导致的断带；焊接参数导致的断带；设备状态不佳引起的断带。详细分析如下：

（1）高强钢。高强钢断带是焊机的主要问题。绝大部分断带的都是高强钢的焊缝。

（2）宽料较容易出现带尾上翘或带头下扣的现象而形成高度差，会造成边部焊缝质量差可能引起断带。

（3）钢种跳跃。在分析焊接参数曲线时曾发现在钢种差异大的几次断带中焊接曲线正常，入口出口钢种跳跃度大而引起断带是主要原因。

（4）焊机剪刃不良引起，当剪刃不良时，造成被剪切带钢的断口形状不规范，在激光熔化焊接时形成异常区域从而影响焊缝质量。

（5）一些断带为焊机在更换完剪刃后，对剪刃间隙补偿值调节不良，造成焊接质量不好。

（6）极少数为激光束反射通道内反射镜由于运行时间较长表面污染造成焊接质量不好。

1.4.4.2　采取的措施

（1）焊缝填不满，即焊缝存在一定程度的凹陷，减小了焊接接头工作截面造成应力集中。经过重焊后未填满缺陷的确有所改善，但是，重焊后对接间隙在传动侧明显偏大。主要原因是重焊时剪刀带应力剪切，使得间隙成坡度增大，造成间隙过大。

（2）高度差主要反映的是来料板形情况。虽然来料从开卷机过来经横剪切除了部分带钢头尾，但是带钢头尾处板形波动以及厚度不均的情况还无法从焊机位得以解决，说明板形的波动对焊接质量的稳定性有着重要影响。这种情况往往无法通过重焊或修改焊接参数来改善焊接质量，可以通过在横剪切处增加头尾剪切量来适当控制板形。

（3）焊缝表面形貌指焊缝的加强高及未填满部分，即焊缝存在堆高和下凹，这是我们最为关注的两大焊缝质量缺陷。通常生产中以这两条曲线为重要的判断依据来考察焊缝质量，根据不同的钢种规格均设置了一定值，在系统提示超出值的状况下（系统未提示）以重焊来改善焊接质量以避免断带。

（4）焊缝头尾未填满，造成焊缝熔合不佳，降低了此处焊接接头强度，在焊缝中部加强高的值偏大，另外，激光穿透率有较大幅度波动，焊缝驱动侧穿透率偏低，说明焊缝的整体质量不佳导致断带。

1.4.5　闪光焊接产品缺陷及预防措施

闪光焊接产品易产生的缺陷主要有：

表面毛刺、裂纹、搭接、孔洞；焊接区夹杂的缺陷。

采取的措施为：

（1）薄料时闪光距离相对减少，可以保证带头带尾熔化时不被氧化。

焊接电流要相对减少，因为超薄带钢的横截面积很小，电流过大，容易把带钢头尾焊接区域熔化掉，没有足够的塑性金属区难以保证焊缝质量。

（2）薄料时顶锻距离要相对减少，以防塑性金属区域在顶锻时被顶掉过多，使带头带尾没有充分加热的部分接触在一起，俗称“生焊缝”，同时也可避免因顶锻量过大产生“搭接焊缝”，一般顶锻行程近似于带钢的厚度，最小的顶锻量为0.8～1.5倍带钢板厚。

（3）薄料时吹扫的风量相对减少，焊接时，随着爆破火花的产生，在焊缝周围产生CO_2等惰性气体，使焊缝与外界空气中的氧隔绝，避免焊缝进一步氧化，风量的减少是为了避免因风量过大而破坏这层保护性气体造成焊缝氧化，降低焊缝质量，另外由于风量减少，也可以使焊缝冷却速度降低，更有利于薄料的焊缝在高温状态下进行光整，以取得好的光整效果。风量一般减小为正常风量的1/3。

（4）薄料时持续闪光加热程度降低，工艺参数有闪光留量，次级空载电压等，其中次级空载电压有高低电压之分，初始闪光阶段由于带头温度低，所以需要较大电压进行加热，以便顺利起弧光（闪光），待闪光持续顺利进行，就将高电压转化为低电压，以免焊缝被氧化，根据经验，应该把持续闪光加热程度降低10%。表2-1-12为闪光焊机工艺参数优化表。

表2-1-12　闪光焊机工艺参数优化表

料厚度/mm	1.2～1.4	1.6～2.0	2.0～2.4	2.4～3.0	3.0～3.4	3.4～4.0	4.0～4.5	4.5～5.0	5.0～5.5
定缝刀位置	2(29mm)	2(29mm)	2(29mm)	2(29mm)	3(42mm)	3(42mm)	4(58mm)	4(58mm)	4(58mm)
变压器抽头数/个	3	3	3	3	4	4	4	5	5
初始闪光结束/mm	26	26	27.4	27.4	37	37	53	53	53
连续闪光结束/mm	16	16.5	16.5	16.5	23.5	23.5	33.5	33.5	34.5
顶锻结束位置/mm	14.7	14.7	14.5	14.3	20.5	19.5	29.5	29	28.5
加热时间/s	10	10	10	10	15	20	20	25	25
灵敏度	10	10	10	15	15	20	20	30	30
电流/A	180	210	240	300	450	600	675	750	1000

单元5　酸洗工艺操作

学习目标：

（1）能知道带钢表面氧化铁皮的结构、酸洗和漂洗原理及影响酸洗的因素；

（2）能熟练陈述酸洗工艺模型、酸洗段控制、漂洗段控制、带钢烘干控制、酸雾排放系统和酸洗线张力控制的工艺流程及操作要点；

（3）能对酸洗缺陷进行判断、处理及预防。

工作任务：

（1）知识学习中了解带钢表面氧化铁皮、酸洗及漂洗原理及影响酸洗的因素；

（2）酸洗工艺操作；

（3）酸洗线张力操作；

（4）酸洗缺陷及预防。

1.5.1　带钢表面氧化铁皮

1.5.1.1　氧化铁皮的形成

氧化铁皮是金属在加热、热处理或在热状态进行加工时形成的一层附着在金属表面上的金属氧化物。由于热轧带钢的化学成分、轧制温度、轧制后的冷却速度及卷取温度的不同，所以带钢表面上所生成的氧化铁皮的结构、厚度性质亦有所不同。具体地分析、研究这些特征，便于有效地清除氧化铁皮，有效地控制氧化铁皮向有利于清除的形式生成。氧化时间长，则形成的氧化铁皮厚度就越大。

钢材的轧制及钢铁制品的加工多半都是在较高的温度下进行的，因此加快了钢材的氧化速度，促进了钢材表面氧化铁皮的形成。轧件经粗轧后沿辊道向热连轧轧机运行时，温度为1000℃左右，这时在轧件表面上已生成了一层薄的氧化铁皮，而轧前高压水除鳞机可将它们清除掉。当轧件在连轧机上轧制时，板坯在各机架轧机间暴露的时间极短，而且大的压下阻碍了带钢表面上形成厚的氧化铁皮，而所形成的氧化薄膜立即被破坏并受到水的冲洗，因此，可以说刚刚从精轧末机架出来的带钢虽然温度有780～850℃的较高温度，但带钢表面的氧化铁皮是极薄的。带钢从精轧末机架出来后，进入喷水装置，而后卷成带钢卷并缓慢冷却，就是在这段时间里，带钢表面被氧化而生成氧化铁皮。

在从精轧末机架出来的带钢表面上，铁原子首先与空气中的氧原子结合形成第一层氧化物，这层氧化物可能是致密的 Fe_3O_4，或者是疏松的 FeO。在这种情况下氧化铁皮进一步增长过程可能只靠氧和铁的离子扩散来进行的；在第二种情况下，空气中的氧可自由地通过多孔、疏松的氧化铁皮，而使氧化铁皮加厚和致密化。无论上述哪种情况，最终结果就是形成了我们通常所看到的带钢表面的氧化铁皮。带钢表面生成一层氧化铁皮以后，氧和铁的离子扩散也受到一定的阻碍，而且，氧化铁皮越厚，离子扩散受到的阻碍就越大，生成氧化铁皮的速度也越慢，因此，氧化铁皮的长大速度是不均的，即开始时氧化铁皮的厚度增加得快，之后氧化铁皮厚度的增加随着氧化铁皮厚度增大而越来越慢。事实上，在高温情况下氧化铁皮的形成特别强烈，当温度低于 600℃时氧化铁皮的形成已减弱。

1.5.1.2　氧化铁皮的组成

氧化铁皮结构通常有三层，如表 2-1-13 所示。这些氧化层之间没有明显的分界线，而是互相渗透，几乎没有纯净的 Fe_2O_3。图 2-1-25 为在各种条件下生成的氧化铁皮结构图。图 2-1-25a 图红色氧化表面，生成温度 570 ~ 1100℃；图 2-1-25b 图同图 2-1-25a，但从 570℃开始缓冷；图 2-1-25c 图蓝灰色氧化铁皮表面，生成温度大于 1100℃。

表 2-1-13　氧化铁皮构成

化学成分	名　称	通常离基体的位置	特　性
FeO 氧化亚铁	维氏体层	附着在基体上	含氧最少
Fe_3O_4 磁性氧化铁	四氧化三铁层	中间层	含氧量居中
Fe_2O_3 氧化铁	三氧化二铁层	最远的外层	含氧最多

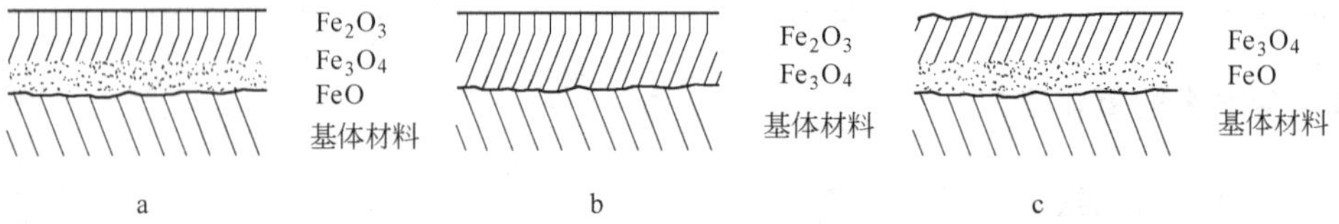

图 2-1-25　在各种条件下生成的氧化铁皮结构

氧化铁皮的构成主要取决于热轧条件。轧制温度高，轧制时间长和冷却温度低，会产生厚的氧化铁皮层。热轧带钢在长度上也会出现厚度不同的氧化铁皮。热轧后不同的带钢温度，在冷却时间相同的情况下将产生不同厚度的氧化铁皮层。在热轧带钢机组的水冷却段中，不均匀冷却同样会产生不均匀的氧化铁皮。当温度高于 570℃时，由于铁的再扩散作用，使 Fe_3O_4 转变为 FeO，而低于此温度时产生相反的变化，即 FeO 不稳定而分解成为 Fe_3O_4 和铁，其反应式为：

$$4FeO = Fe_3O_4 + Fe$$

为了得到易于酸洗的氧化铁皮层，建议在尽可能低的温度下轧制最终道次；带钢尽可能快地冷却到低于 300℃。

根据氧化铁皮形成机理和生产试验结果，可以认为，经过一般的热轧后，氧化铁皮主要由 FeO（即 FeO 相）组成，Fe_2O_3 层仅为氧化铁皮层的 4% ~ 18%，在特殊情况下根本没有 Fe_2O_3。氧化铁皮通常不是分层形成的。在铁皮氧化的同时，体积增大使氧化层出现裂缝和起皮，从而使生成的氧化铁相互渗透而且是不规则的。由于氧化铁皮较深地渗透到基体金属的晶界中，使得氧化铁皮牢固地黏附在热轧带钢的表面上，以致难以除鳞和使表面脱碳。如果退火气体的氧气压力高并且钢的含碳量高，当钢表面生成氧化铁皮时，也会出现表面脱碳现象。

带钢表面的氧化铁皮，由于钢的化学成分、轧制时带钢表面温度、轧制时的加热及终轧温度、冷却制度、周围介质的含氧量的不同，因此氧化铁皮的组成和结构也因之而异。

铁氧系的热力学分析证明，铁的氧化过程是 Fe→FeO（含氧量 23.26%）→Fe_3O_4（含氧量 27.64%）→Fe_2O_3（含氧量 30.04%）。热力分析同样证明在氧化过程中可能产生许多独立的相。这些相分别为铁内氧化物固溶体、富氏体（接近 FeO 的相）、Fe_3O_4、Fe_2O_3 及氧化物固溶体。

钢的伴生元素和合金元素的含量，对氧化铁皮的成分和结构也有很大影响。对于低合金钢的合金元素，在氧化铁皮中按元素分层聚集或均匀分布；高合金钢的氧化，仅含有与氧具有高亲和力的那些元素的氧化物，如铬和铝。在这些氧化覆层中（有的只有一层），氧化铁所占的百分比较低。

1.5.2　酸洗原理和紊流酸洗

1.5.2.1　酸洗原理

带钢表面上形成的氧化铁皮（FeO、Fe_3O_4、Fe_2O_3）是不溶于水的，而当把它们浸泡在酸液里或在其表面上喷洒酸液时，它们就会与酸发生一系列的化学反应。由于碳素结构钢或低合金钢钢材表面上的氧化铁皮具有疏松、多孔和裂纹的性质，加之氧化铁皮在酸洗机组上随同带钢一起经过矫直、拉矫、传送的反复弯曲，使这些孔隙裂缝进一步增加和扩大，所以，酸溶液在与氧化铁皮起化学反应的同时，亦通过裂缝和孔隙而与钢铁的基体铁起反应。也就是说，在酸洗一开始就同时进行着所有 3 种氧化铁皮和金属铁与酸溶液之间的化学反应，所以，酸洗机理可以概括为以下 4 个方面。

A　溶解作用

带钢表面氧化铁皮中各种铁的氧化物溶解于酸溶液内，生成可溶解于酸液的正铁及亚铁氯化物或硫酸盐，从而把氧化铁皮从带钢表面除去。这种作用，一般叫溶解作用。其反应为：

在盐酸溶液中酸洗时：

$$Fe_2O_3 + 6HCl = 2FeCl_3 + 3H_2O \qquad (2\text{-}1\text{-}1)$$

$$Fe_3O_4 + 8HCl = 2FeCl_3 + FeCl_2 + 4H_2O \qquad (2\text{-}1\text{-}2)$$

$$FeO + 2HCl = FeCl_2 + H_2O \qquad (2\text{-}1\text{-}3)$$

在酸溶液中反应式（2-1-3）的反应速度最大，反应式（2-1-1）、（2-1-2）次之。假如酸溶液能够很顺利地通过裂缝、孔隙由氧化铁皮的外层进入内层的话，那么内层 FeO 的溶解将对整个酸洗过程起着加速的作用。

Fe_3O_4、Fe_2O_3 在酸溶液中溶解得较慢，特别是在硫酸溶液中很难溶解，在此情况下，氧化铁皮的清除还需要借助于机械剥离作用和还原作用。

B　机械剥离作用

带钢表面氧化铁皮中除铁的各种氧化物之外，还夹杂着部分的金属铁，而且氧化铁皮又具有多孔性，那么酸溶液就可以通过氧化铁皮的孔隙和裂缝与氧化铁皮中的铁或基体铁作用，并相应产生大量的氢气。由这部分氢气产生的膨胀压力，就可以把氧化铁皮从带钢表面上剥离下来。这种通过反应中产生氢气的膨胀压力把氧化铁皮剥离下来的作用，我们把它叫做机械剥离作用。其化学反应为：

$$Fe + 2HCl = FeCl_2 + H_2 \uparrow \qquad (2\text{-}1\text{-}4)$$

金属铁在酸溶液中的溶解速度大于铁的各种氧化物的溶解速度，特别是铁在硫酸中的溶解速度远远大于铁的氧化物的溶解速度，所以机械剥离在酸洗过程中起着很大的作用。据有关资料介绍，盐酸酸洗时，有 33% 的氧化铁皮是由机械剥离作用去除的，而在硫酸酸洗时，竟有高达 78% 的铁皮是靠机械剥离作用去除的。

应当指出，在酸洗过程中，我们不希望酸与基铁发生反应，因为这样将会使酸和基铁的损失过多。同时，反应中产生的一部分氢将扩散到基铁中去而造成氢脆，以致造成酸洗不均匀和质量缺陷。

C　渗透作用

酸液通过氧化铁皮缝隙进入，与 FeO 反应，由于 FeO 较 Fe_2O_3 容易与酸发生反应，从而出现氧化铁皮因下部 FeO 溶解于酸而脱落的现象，这种现象称作渗透作用。

实际生产中，酸洗机组往往在酸洗段入口设一拉伸矫直机，其目的除了矫直带钢外，还有就是为了使带钢表面的鳞皮破裂，促进机械剥离作用和渗透作用以缩短酸洗时间增加酸洗速度。

D　还原作用

金属铁与酸作用时，首先产生氢原子。一部分氢原子相互结合成为氢分子，促使氧化铁皮的剥离。另一部分氢原子靠其化学活泼性及很强的还原能力，将高价铁的氧化物和高价铁盐还原成易溶于酸溶液的低价铁氧化物及低价铁盐。其反应为：

在盐酸酸洗中的反应：

$$Fe_2O_3 + 2[H] \longrightarrow 2FeO + H_2O$$

$$Fe_3O_4 + 2[H] \longrightarrow 3FeO + H_2O$$

$$FeCl_3 + [H] \longrightarrow FeCl_2 + HCl$$

分析使用过的酸洗溶液会发现酸液中只含有极少量的三价铁离子（例如，在盐酸酸洗时，总酸度为 200g/L，废酸中含二价铁离子 120g/L，三价铁离子只有 5 ~ 6g/L）。这是因为酸洗时生成的初生氢使三价铁的化合物还原成亚铁化合物。

综上所述，带钢表面上的氧化铁皮是通过以上 4 种作用而被清除的。

1.5.2.2　紊流酸洗

A　紊流酸洗原理

应用流体力学中紊流的原理，降低带钢表面酸液浓度较低的附着层，加快新酸与附着层之间的交换能力，从而加快化学反应，缩短酸洗时间，提高酸洗速度和酸洗质量。

热轧带钢的表面铁鳞与酸液的化学反应速度受多方面因素的影响，如酸液的浓度和温度、钢板表面温度等不可能无限制的提高。但在实用的范围内，通过提高酸洗速度，达到促进扩散，使钢板表面温度迅速达到酸液的温度，这样就必须加快钢板表面的物质传递，即酸和化学反应物的扩散，改善传导率。其方法就是使酸液在带钢表面形成高速紊流，促进物质传递，达到使钢板表面急速升温的目的，从而大大缩短酸洗时间。

B　紊流酸洗槽的结构

紊流酸洗槽由具有特殊几何形状的水平通道组成。为获得紊流，一般把酸洗槽制成

“扁管”形，管内充满酸液，“管”的高度只有150mm左右，因此内充液量也较少。几个槽子形成一定长度的酸洗槽，应用了浸渍式的内盖，以保证带钢上表面的氧化铁皮能较好地溶解，大大节约了能源和减少酸雾量。在循环泵作用下酸液能快速循环，强化酸液的紊流，从而强化了酸液和带钢之间的传热效率。特别是由于强化了传热，缩短了酸洗时间，从而提高了酸洗速度。图2-1-26为紊流酸洗槽结构简图。紊流酸洗槽里面形成水平沟道的断面是酸液形成紊流的先决条件。沟道的上顶盖即内盖与外盖通过钩头连接。同外盖一样，内盖沿酸槽的长度方向分段串列布置，它可因酸液的紊流程度上下轻微跳动。内盖的作用一方面是使酸液流动的通道狭窄，另一方面可以保证不会出现游离酸的蒸发表面，减少酸雾量。

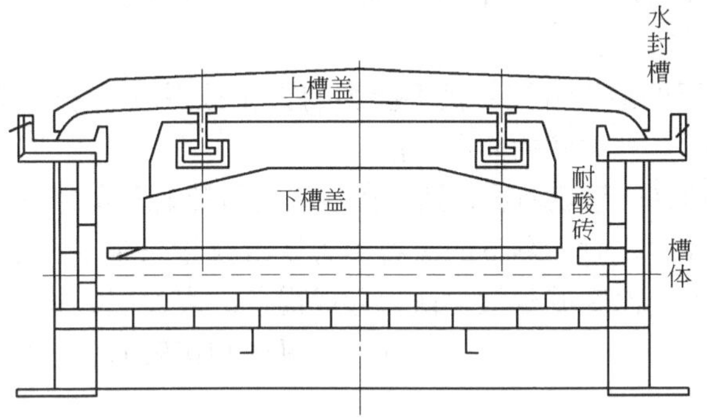

图2-1-26　紊流酸洗槽结构简图

紊流酸洗不同于传统的深槽酸洗系统，其特点是在每个槽的入口和出口各设置一排喷射角度能调整的喷射梁。在带钢通过酸槽时，酸液从入口喷射梁沿带钢的运行方向往带钢上表面喷射，从出口喷射梁沿带钢运行的相反方向往带钢的上表面喷射，槽子的入口处还有侧喷，从而在带钢表面形成强紊流。作用后的酸液在重力作用下自动流回再循环罐中。同时，从酸加热循环系统输出的动能作为产生紊流和密封酸洗通道的能量，这就保证了在酸洗通道内酸液的充分供应以及在通道中部溢流口酸液的回流。另外，在酸槽之间安装了挤干辊，更有效地防止酸液从一个酸槽流入下一个酸槽，保证不同酸槽内的酸液能够很好的隔离。不用考虑带钢的速度，使在不同酸洗槽中获得一个浓度梯度成为可能。

C　紊流酸洗主要特点

在优化的酸洗条件下，酸洗通道内形成高效率的紊流，通过紊流可以快速加热带钢和彻底去除带钢表面的氧化铁皮微粒，提高带钢表面的清洁度。与深槽相比，浅槽紊流酸洗由于酸液在循环系统中具有高的动能，可以使酸液很快渗入到铁皮的缝隙中，加快了酸洗速度，缩短酸洗时间。

特殊的槽盖（带有浸渍式的内盖）和有轮廓的酸洗槽形成紊流酸洗通道，减少槽内带钢跑偏量。

在相同的酸洗速度下，紊流酸洗槽长度较传统的酸洗槽要短；而对于相同长度的酸洗槽，酸洗速度就会增加；在速度不变的情况下，可以相应地降低酸液的温度。

在酸洗通道内有较少的酸液（液位约150mm），有利于酸液的循环和充分利用。同时，发生事故时，仅需2～3min就可以排空酸洗槽内的酸液。

减少废酸量，同时设备重量轻。因为紊流酸洗的液面很浅，只有 150mm 左右，整个槽的深度只有 1000mm 左右；而深槽酸洗的酸液面深 1200mm，槽深近 2000mm。

1.5.3 漂洗原理

1.5.3.1 漂洗的作用

带钢酸洗后表面上残存的酸液，在酸槽出口处被两对挤干辊挤干之后，带钢表面上仍留有约 10 ~ 50mL/m^2 的残酸液膜（液膜取决于挤干辊的状态、挤干力及带钢表面平直度）。这层液膜的成分相同于最后一个酸槽的酸液，一般酸总值 200g/L，铁离子 50g/L，游离酸 135g/L 左右，即有较高含量的游离酸和较少的铁离子。这些残留的酸液，如不进行处理，将会造成以下影响：

（1）带钢表面残留的酸液带到轧机里会影响乳化液系统的 pH 值，较多 Cl^- 会造成乳化液系统破乳现象，影响乳化液的润滑性能。

（2）残留酸液膜留在带钢表面上，则游离酸就要与带钢表面的铁发生反应，腐蚀基铁。

当液膜的水或盐酸蒸发时，剩下的液膜中含铁量就越来越多，以至有铁析出，即浅绿色的氯化亚铁水解，氧化而变成氢氧化铁，形成褐色的表面层，这种带钢既不好看又不利于进一步加工。另外，带钢在与空气中的湿气、氧气相接触时，表面的氯离子不断腐蚀金属基体，造成严重的锈蚀。

带钢表面有时即使酸洗后看起来很干燥，也能产生水锈。这主要是因为空气的湿度为反应提供了足够的水。轧制前带钢表面的水锈对轧制过程极其有害并且会严重影响冷轧产品的表面质量，因此，要减少带钢表面残留的酸液。实验表明：Cl^- 含量越高，水锈产生得越多；空气湿度越大，水锈产生得越多。实践证明，当带钢表面残留液体中 Cl^- 浓度小于 20mg/L 时，反应发生很微弱；当液体中的 Cl^- 浓度大于 30mg/L 时，水锈就会出现。

为了防止带钢酸洗后的氧化锈蚀，必须很仔细地冲洗带钢表面上的残酸，使残留在带钢表面的酸液得到稀释，保证带钢表面残留液体中含 Cl^- 小于 20mg/L，含铁离子量小于 5mg/L，这就是所谓的漂洗工艺。漂洗工艺是冷轧生产过程中很重要的一个环节。

1.5.3.2 漂洗原理

漂洗过程通常采用反向流动法，即漂洗水的方向与带钢的运动方向相反，如图 2-1-27 所示。图中为四段式漂洗，C1、C2、C3、C4 为漂洗槽中 Cl^- 的浓度，F1、F2、F3、F4 为各段间漂洗水的流量，q1、q2、q3、q4 为带钢表面液体的带出量。带出量是漂洗过程中的一个重要概念，它的大小取次于带钢的厚度、宽度和板形；带钢的速度；挤干辊的数量、挤干辊衬胶的弹性和挤干辊两侧的气缸的压力。

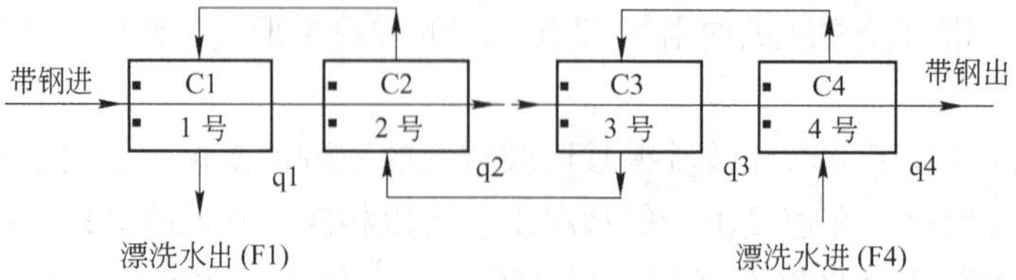

图 2-1-27　四段式漂洗工艺原理图

很明显，带出量越小漂洗效果越好。生产过程中，带出量是可以测定的，一般为10～40mL/m^2。在上述条件相同的情况下，各段的带出量相等，用$q_{平}$表示。漂洗段数量越多，漂洗水的用量越少。当然，也应该同时考虑到，随着漂洗段数量的增多，投资和维修费用也随之增加，一般选择三段或四段漂洗比较合适。

1.5.3.3　漂洗水的选择

漂洗水的选用，通常采用脱盐水和冷凝水，而不采用普通用水，主要原因在于：使用普通水，水中的各种溶解物质会最终残留在带钢表面上而形成水印。而且水中的氯离子也会增加末段漂洗槽中氯离子的含量，从而更容易产生水锈。

漂洗段排出的漂洗水中，因为含有少量盐酸，不能直接排放掉，一般作盐酸再生过程的吸收水。如果使用普通水，再生酸中的杂质含量会增加，导致废酸中杂质含量增高，最终导致氧化铁粉中杂质含量增高，影响氧化铁粉的质量。

1.5.4　影响酸洗的因素

1.5.4.1　硫酸酸洗和盐酸酸洗的特点

带钢在使用硫酸或盐酸这两种酸溶液进行酸洗时，有以下几个方面的不同：

（1）在浓度较高时，盐酸酸洗主要靠溶解作用除去氧化铁皮，硫酸酸洗则主要靠机械剥离作用除去氧化铁皮。如硫酸酸洗时，有78%的铁皮是靠机械剥离作用除去的，而盐酸酸洗时，只有33%的铁皮是靠机械剥离作用除去的。

（2）铁的各种氧化物，特别是Fe_2O_3、Fe_3O_4在盐酸溶液中的溶解速度远远大于在硫酸中的溶解速度，因此带钢在盐酸溶液中的酸洗速度较在硫酸溶液中快得多。例如在60℃时用15%的H_2SO_4溶液酸洗时间为150s，而用15%的盐酸溶液酸洗时间为55s。在80℃时相应的酸洗时间为70s和30s。

（3）在硫酸或盐酸溶液中，提高温度或浓度均能提高酸洗速度。在盐酸溶液中，提高浓度比提高温度效果要好，但在硫酸溶液中，提高酸洗温度效果更为显著。因此在酸洗时，硫酸主要是提高温度来达到高的酸洗速度，而盐酸主要是靠提高浓度。

（4）盐酸酸洗的带钢表面质量比用硫酸酸洗的要好，带钢表面甚至无压入铁皮及未被洗净的氧化铁皮（包括大块铁皮及黑边），酸洗后表面光洁。据美国大湖钢厂资料介绍，卷取温度在700℃左右时，带钢不经破磷仍可以用280m/min的速度（酸洗时间为28s）进行盐酸酸洗。

（5）盐酸对基铁的溶解能力低于对氧化铁皮的溶解能力，而硫酸酸洗则相反，因此盐酸酸洗时铁的损失（铁损）较低。据奥地利鲁兹纳公司资料介绍，盐酸酸洗铁损量为酸洗带钢量的0.4%～0.5%，硫酸酸洗铁损量为0.5%～0.7%，这样，年产90万吨带钢的酸洗车间，用盐酸酸洗，每年就可少损失1800t钢板。

1.5.4.2　影响带钢盐酸酸洗的因素

A　氧化铁皮厚度及结构的影响

酸洗就是去掉带钢表面氧化铁皮的过程，因此，氧化铁皮的结构和厚度直接影响酸洗时间。当终轧温度大约为 850℃而卷取温度在 550 ~ 590℃时，带钢上氧化铁皮层最薄，其中富氏体层较厚，富氏体转化最少，出现 Fe_2O_3 的可能性最小，因而这种氧化铁皮最容易酸洗。氧化铁皮厚度与不同成分氧化铁皮酸洗时间的关系如图 2-1-28 所示，终轧温度与酸洗时间的关系如图 2-1-29 所示。

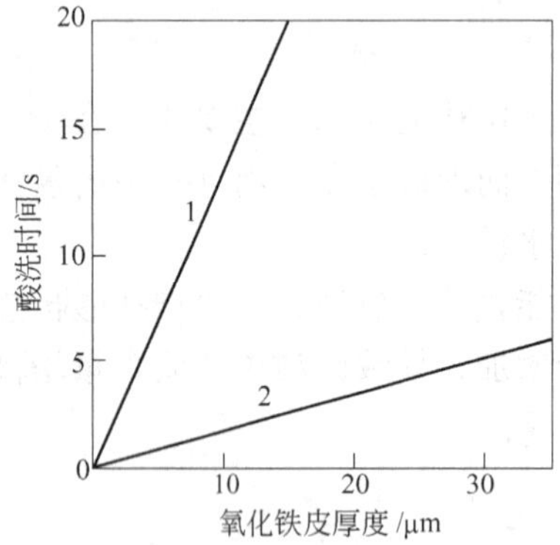

图 2-1-28　氧化铁皮厚度与不同成分氧化铁皮酸洗时间的关系

1—95% Fe_3O_4，5% Fe_2O_3；

2—90% FeO，8% Fe_3O_4，2% Fe_2O_3

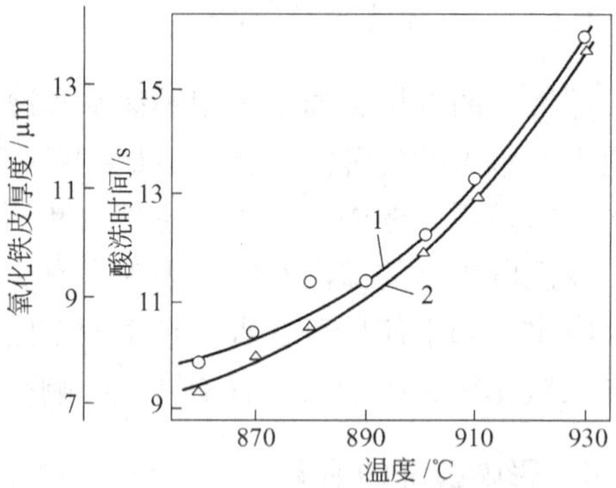

图 2-1-29　终轧温度与酸洗时间的关系

1—95% Fe_3O_4，5% Fe_2O_3；

2—90% FeO，8% Fe_3O_4，2% Fe_2O_3

B　酸溶液浓度和温度的影响

在盐酸酸洗中，提高酸液的浓度和温度也同样能够增加酸洗速度。浓度对酸洗速度的影响大于温度对酸洗速度的影响。例如，当酸浓度从 2% 增大至 25% 时，盐酸酸洗的速度增加约 10 倍。当温度自 18℃升高至 60℃时，盐酸酸洗速度提高 9 ~ 10 倍。

C　酸溶液中铁盐含量的影响

在盐酸酸洗中，生成的氯化亚铁对盐酸酸洗影响如图 2-1-30 所示。

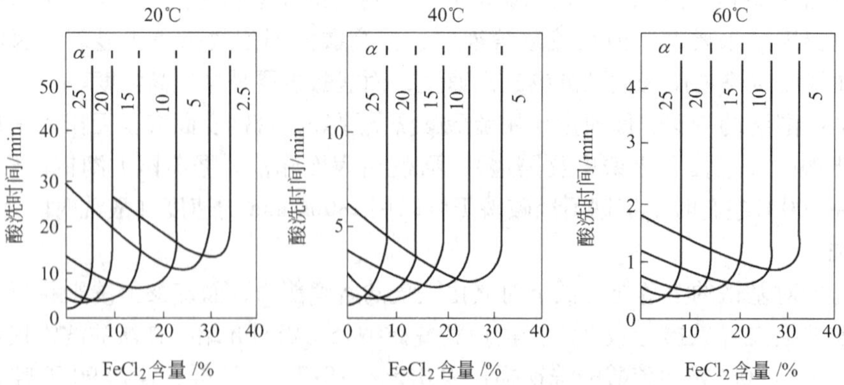

图 2-1-30　酸洗时间与盐酸中 $FeCl_2$ 含量和温度的关系

从图 2-1-30 可以看出，当酸含量增加和温度升高时酸洗时间可减少，且随着 $FeCl_2$ 含量的增加，酸洗时间急剧减少到最小，此时 $FeCl_2$ 浓度比饱和浓度低 4% ~ 8%。以后，酸洗时间又急剧增加，一直到 $FeCl_2$ 达到饱和，酸洗时间最长。酸洗温度越低，酸洗时间的最小值也就越明显。从图 2-1-30 还可以看出，温度升高，酸洗时间减少，温度为 20℃、

40℃、60℃的酸洗时间比为12.5∶3∶1。

酸洗时间和酸溶液成分（HCl和$FeCl_2$）的关系如图2-1-31所示，酸洗时间曲线非常接近饱和线，它表示在这个区域内略微改变一下溶液的成分，酸洗时间就发生了明显变化。实际上准确地控制溶液的成分是比较困难的，因此在酸洗生产中不采用$FeCl_2$的浓度接近饱和状态的酸溶液，而大多采用浓度不超过20%的盐酸。

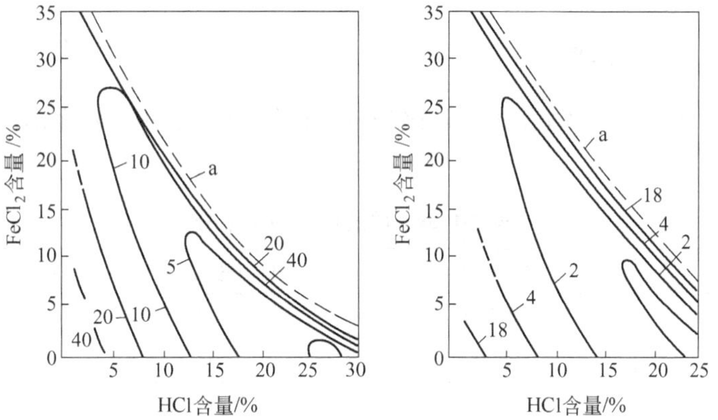

图2-1-31　在20℃、40℃时酸洗时间和酸洗浓度的关系
（曲线上数字为时间，min；a为饱和线）

此外，酸液内$FeCl_2$含量的增加，使得盐酸挥发加速，因此酸洗时，一般希望将$FeCl_2$的含量控制在比较低的范围内。

D　钢铁成分的影响

钢铁中除了铁原子之外，还含有其他元素的原子。在这些元素中有些会使氧化铁皮变得很疏松（如钙），酸溶液很容易渗入到氧化铁皮内部与富氏体的氧化铁或基体铁接触，因此，酸洗变得比较容易。还有些元素会使氧化铁皮变得比较致密，酸洗变得比较困难。含铝的钢，由于生成的铝的氧化物能溶解于酸中，因此含铝的钢是比较容易酸洗的。钢中的含碳量，随着含碳量的增加，氧化铁皮有着向薄的方面生成的趋势，因此酸洗速度加快。

E　带钢拉矫的影响

带钢经铁皮破碎机或拉伸矫直机反复弯曲变形后，氧化铁皮将会不同程度地从带钢表面上剥落下来或产生裂缝，提高了酸洗速度。实验指出，用硫酸酸洗时，采用破鳞机可减少10%～50%的酸洗时间。

对于一些含碳量较高强度较大的中、高碳钢，在酸洗之前都要进行退火处理（初退火）。这些经过初退火的带钢，长时间（大约24h）在高温（约780℃）下加热，使得钢板表面的氧化膜加厚，加之钢中的硅、铬等元素的原子在高温下较多地从钢板内部向外扩散并与钢板表面的氧原子结成难溶的氧化物，从而增加了酸洗的困难。为了除去这些初退火后带钢表面生成的氧化铁皮，就必须增加酸的浓度、延长酸洗时间或采用混合酸酸洗（如硫酸、酸洗时加入食盐，形成硫酸和盐酸的混合酸）。

F　酸溶液搅拌的影响

在连续酸洗机组中，酸槽内的酸溶液不仅受酸槽结构和喷头压力的影响，还受到在酸溶液中运动的带钢和酸洗时生成的氢气所搅动。因此，凝聚在带钢表面上的蒸汽及附着在表面上的氢气泡会被及时除掉，也会使钢材附近的酸溶液不断更新，酸液成分保持均匀，同时也能更好地让酸与带钢表面接触，这样可以使酸洗过程进行得更快更好，从而提高了酸洗速度。所以，酸溶液的搅拌是有利于酸洗的。

1.5.5 酸洗工艺操作

1.5.5.1 酸洗工艺操作

酸洗段的作用是清洗带钢表面的氧化铁皮，使酸洗后的钢板表面洁净。酸液成分见表 2-1-14。

表 2-1-14 酸洗槽中酸液成分

项目	总酸/g · L^{-1}	自由酸/g · L^{-1}	铁离子/g · L^{-1}
1 号酸洗槽	约 200	40	120
2 号酸洗槽	约 200	100	80
3 号酸洗槽	约 200	160	30

A 酸洗主要技术参数

酸洗速度：最大 250m/min。酸洗速度过低，带钢容易出现过酸洗缺陷。酸洗速度过高容易出现欠酸洗缺陷。应合理地控制酸洗速度。

酸洗液浓度：ΣHCl：190 ~ 210g/L。

带钢酸洗前温度：最低 0℃。

酸液温度：70 ~ 90℃。要保证酸洗的温度在设定范围 80 ~ 85℃ 内。

酸损失：0.4%(Fe)(估计)。

酸消耗：正常操作情况下工艺段及酸再生区新酸的吨钢消耗 1.0 ~ 1.5kg HCl（33% 的盐酸）。

漂洗段介质：冷凝水/脱盐水。

漂洗段漂洗完后带钢表面氯离子残余：最大 $2mg/m^2$ 带钢表面。

漂洗水：最大流量：约 $10.3m^3/h$；温度：最大 80℃。

浓度：约 15g HCl/L（总酸）；最大 12g HCl/L（自由酸）；最大 5g Fe/L，不考虑漂洗水中的铁含量。

漂洗段冷凝水/脱盐水的要求：电导率：< 10μs/cm；pH 值：6.5 ~ 7.5；硬度：< 1° dH（18mg $CaCO_3$/L）；固体颗粒：< 1mg/L；氯离子含量：（Cl^-）0.1mg/L。

主要检查项目及检查周期见表 2-1-15。

表 2-1-15 主要检查项目及检查周期

检查项目	检查周期	检查项目	检查周期
酸液浓度	2 次/班	带钢表面质量	每卷

B 酸洗段操作

第一步：酸洗准备

（1）首先认真检查压缩空气、冷凝水、饮用水、蒸汽等是否具备条件；检查排雾风机是否正常运转。发现电导率报警及时取样化验查出原因并及时停止使用漏酸的石墨换热器。

（2）脱盐水箱必须保持充满状态。正常生产期间再生酸的换酸量控制在 196L/min，并及时向酸再生站送冲洗水、使再生站冲洗水罐的液位大于 80%。

第二步：酸洗操作（酸洗中心操作界面如图 2-1-32 所示）

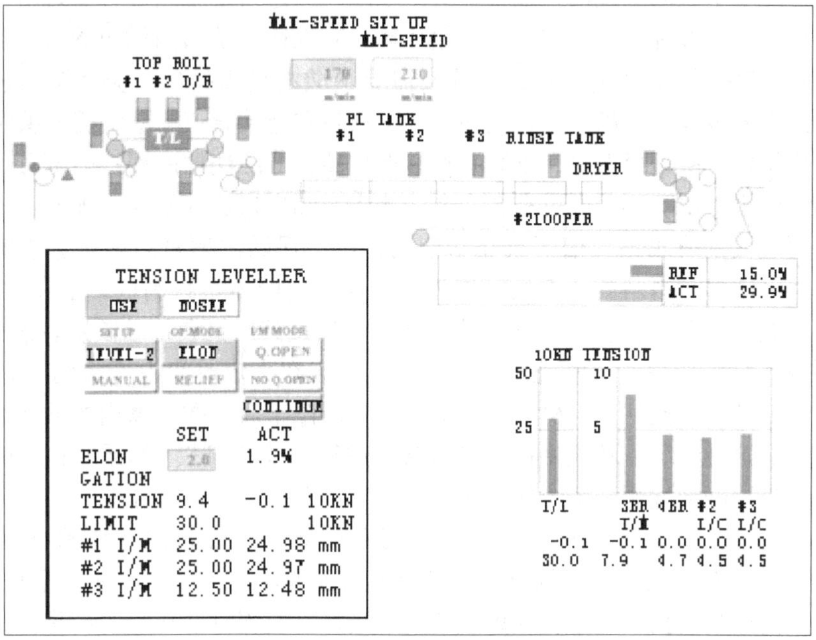

图 2-1-32　酸洗中心操作界面

（1）正常酸洗（酸洗段工艺流程图如图 2-1-33 所示）。三个酸槽温度设定在 80 ~

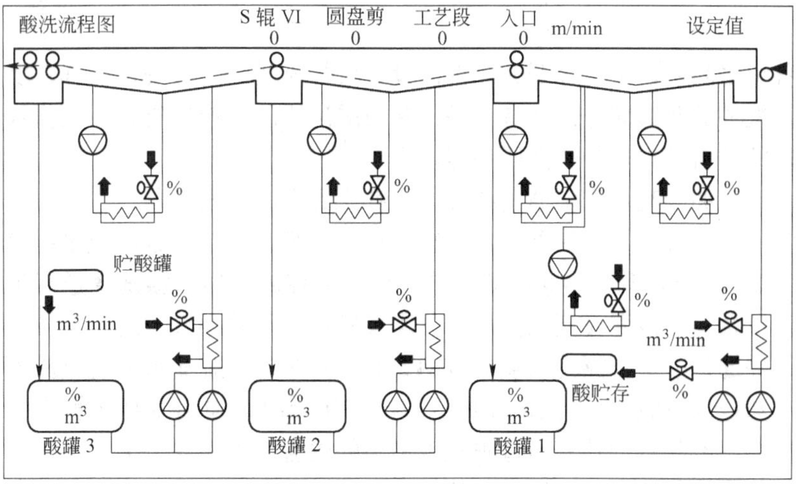

图 2-1-33　酸洗段工艺流程图

85℃，酸洗液的温度可以自动控制。正常酸洗过程中每小时检查一次泵，阀门、管道等状态是否正常，是否有泄漏。正常生产过程中每班酸液化验二次，并根据化验结果及时调整酸液浓度检测仪表数值，保证1号酸槽铁离子浓度应小于120g/L。根据化验结果计算1号酸槽中酸洗液总值。

1号循环罐里酸液浓度靠 Fe^{2+} 含量在线自动测量来获得，而各个循环罐的酸含量及 Fe^{2+} 含量靠酸液梯流来达到平衡，废酸则自动打入酸再生站。

酸洗段由几个单独的酸洗槽组成。各酸洗槽之间通过挤干辊组分开。每对挤干辊与一个排放槽相连。每个酸洗槽都对应有一个循环罐，确保往酸洗槽内供应酸液。循环罐同时还用做酸液收集罐。如果带钢静止，酸洗液需要从酸洗槽内排出。循环罐内进行酸液梯流。循环回路中安装有卧式离心泵，它通过热交换器和连接管道往酸洗槽内供应酸液。

酸洗槽用特殊镀层钢板做成，安装有耐酸保护砖衬。酸洗槽的回流酸部分通过酸洗槽中部两侧的溢流板流出，部分通过布置在酸洗槽入口和出口侧的排放槽排出。

酸洗槽两边设计有水槽，槽盖放在水槽内，以确保酸洗槽密封良好。槽盖为双层设计，上面一层由塑料材料制成，下面一层为沉浸层，由固体塑料制成，坐在耐酸内衬上。槽盖（包括带密封的顶盖及浸入酸洗槽的沉浸盖）通过液压缸和特殊铰接装置驱动。

（2）酸洗线的机组停车。酸洗线停车后，电机会在一定时间内（大约2min）保持全部张力。然后打开制动抱闸，电机关闭。酸洗工艺段停车后，酸洗槽内的酸液会在几分钟内迅速被放空。这种情况下酸液将在加热回路内进行“小循环”。如果要在短时间内降低机组速度，则需要降低酸循环系统的泵压力。

（3）酸洗备用泵。液压、润滑系统的备用泵需要经常在机组正常操作时运行一下（可在机组开车之前选择运行），以避免长时间不用备用泵出现故障，确保正常工作泵出现故障时备用泵能够自动投入使用。在事故情况下最好不使用自动功能，而是首先检查一下泵出现故障的原因（查出故障原因），然后再手动启动备用泵。

第三步：漂洗段操作

漂洗系统的梯流以及氯离子的浓度通过电导率控制系统进行控制。热水温度为60～80℃，按预设定控制各槽水温及各槽流量。每周检查1次pH值。带钢漂洗段流程图如图2-1-34所示。

漂洗段各级之间用挤干辊分开，漂洗段设计成梯流式。与酸洗槽一样，漂洗槽也是钢衬胶材料。漂洗槽的两边同样设计有水槽，并与酸洗槽的水槽保持在一条直线上。除无内盖外，漂洗段的顶盖基本上与酸洗段一样。

从冷凝水罐来的冷凝水靠泵通过两种方式补充到漂洗槽第5段，一种方式是靠第5段的喷头直接喷到带钢表面，另一种方式是直接补充到第5段。后者的流量靠第1段的液位检测、第4段的pH值检测和第5段的电导率检测来控制。然后漂洗水逆着带钢方向向前梯流，再从漂洗槽第1段回流到漂洗水罐。漂洗槽每一段的漂洗水通过漂洗水自重、泵来完成自循环，并通过喷头将漂洗水喷到带钢表面。停车时，脱盐水通过喷头喷到预漂洗段及1～4段。冷凝水的加热靠蒸汽来完成。生产汽车板时，须用冷凝水管道上的板式换热器将冷凝水冷却。冷凝水的补充通过脱盐水罐中的脱盐水来完成。

循环水的收集罐集成在漂洗槽内。这些回路同样配有卧式离心泵。

酸洗线上产生的冷凝水及脱盐水用做漂洗水，并向漂洗段最后一个漂洗槽供水。

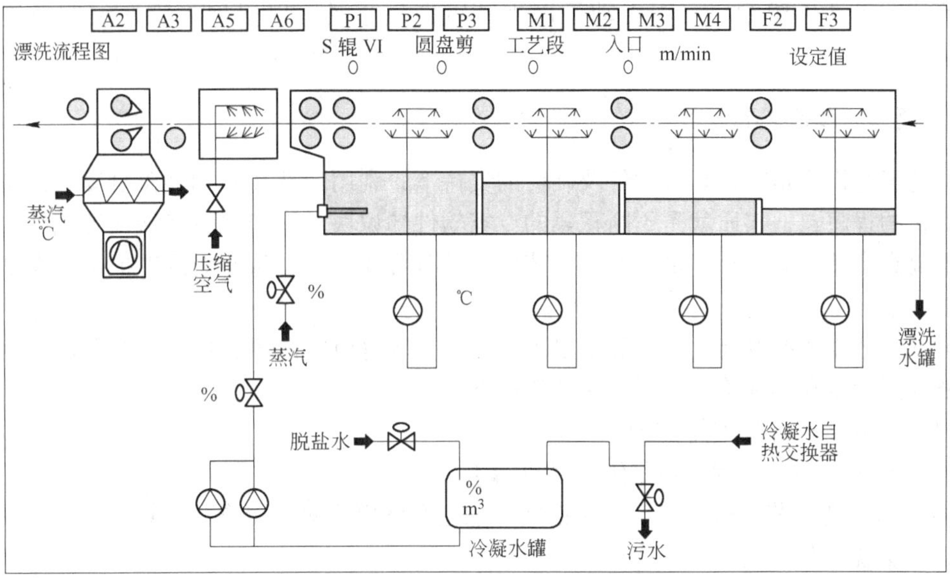

图 2-1-34 带钢漂洗段流程图

为了最大程度地减少机组停机时造成的带钢表面锈蚀及变色，漂洗段内还另外设计安装了一套特殊的漂洗功能。这个特殊漂洗系统工作时，带钢会来回运动（前进和/或后退 1 ~2m），目的是保证挤干辊区域也保持在湿润状态。

漂洗排水由漂洗水罐收集，然后进入酸再生系统。

第四步：挤干辊、干燥、酸雾操作

各酸洗槽之间和漂洗段各级之间设有挤干辊，挤干辊两端安装在一个框架内。上辊的位置通过汽缸控制。辊子支撑在标准结构的自对中滚珠轴承和轴承座上。

酸洗槽和漂洗槽上设置有凹孔，挤干辊的辊颈通过凹孔伸向外面。这些开孔使用塑料材质的双滑动门封闭。

漂洗段下游的带钢干燥器包括两段，即，高压段和低压段，通过风机供气。低压段设有热风循环系统。

高温下在酸洗槽、漂洗槽和酸循环罐产生的酸雾需要抽走，以防止气体凝聚在酸洗线附近。含 HCl（盐酸）的气体在排放之前需要在洗涤塔内进行洗涤，处理成无毒无害气体，即，要按照工厂所在地政府有关气体排放的要求对它们进行净化。

第五步：酸洗线出口段操作

带钢穿过化学段后，经过双纠偏辊进入酸洗出口活套，双纠偏辊的上辊上配有一个带制动器的压辊。压辊传动平时断开，它只能手动启动。提供监测装置对双纠偏辊处的带钢速度进行监测。

如果断带发生在工艺段，供酸泵会停止，酸洗槽被放空，槽盖通过液压方式打开，使用吊车或者缆绳把带钢端部拉在一起。

如果酸洗段内出现断带，拉矫机和双纠偏辊之间的带钢速度就会发生变化。这种情况下压力就被往前送到压辊处，纠偏辊的制动器开始动作，在带钢被拉进酸洗出口活套之前把带钢停止（制动）。

等手动启动压辊后，压辊传动可以把带钢向后移动，以便把带钢两端重新连接起来。

1.5.5.2　酸洗工艺模型

酸洗工艺模型是在计算机软件及硬件的支持下，利用酸洗技术和经验自动对酸洗工艺进行优化的程序包，实质就是不断积累的专家软件知识块。该知识块能保证工艺线最优化前提下提高产品的柔度和产量，使得工艺本身具有可复制性，从而更好地把操作者从生产中释放出来。

酸洗工艺模型的发展大致经过了以下阶段：实验室研究阶段、理论研究阶段、软件打包离线检测阶段和实际检测阶段。它具有以下功能：

（1）接收生产计划安排和钢卷数据。

（2）在整个酸洗过程中对带钢产品进行跟踪。

（3）对酸洗工艺参数进行可视化设定，通过酸洗模型对设定进行计算。

（4）数据存储和管理。

（5）通信，即三级机信息通过二级机传到工艺模型计算机，一级机的设定点和数据传输也通过二级机传给工艺模型计算机。

因此酸洗工艺模型具有如下特点：

（1）防止带钢欠酸洗，减少过酸洗，从而提高带钢表面酸洗质量。

（2）提高与高温酸直接接触的工作部件的寿命，减少维护费用。

（3）优化热能消耗和酸消耗。

A　酸洗工艺模型原理

影响酸洗的因素可分为两类，一类因素是带钢物理性能，一类因素是工艺参数。带钢物理性能包括：带钢的钢种、宽度、厚度及热轧卷取温度。工艺参数包括：带钢速度、酸液浓度、酸液温度及喷射压力。

控制策略是：对于已知的带钢（钢种、宽度、厚度及卷取温度），根据预设带钢速度，输入喷射压力，模型会从酸洗数据表中得出最优酸液温度，反之亦然，从而获得最佳酸洗效果。酸洗数据表来源于实验基础或理论基础。两者的目的都是用来描述紊流酸洗线的工艺过程的，酸洗工艺模型原理图见 2-1-35。

B　酸洗线化学工艺段设计思路简述

如何将热轧带钢卷表面复杂的氧化铁皮洗干净，使钢板表面光洁，无酸洗缺陷。酸洗工艺主要需考虑以下几点。

（1）酸洗时如何选取酸洗介质，采取何种酸洗方式，并如何优化酸洗工艺。

（2）由于进入漂洗后带钢表面带有酸液，如何将这些酸液清洗掉。

（3）带钢进入烘干后处于湿态，如何将带钢烘干。

（4）酸洗及漂洗过程中，存在酸雾排放问题，如何将这些酸雾有效的处理及排放。

（5）整个酸洗、漂洗、烘干及排雾工艺当中，存在着介质的供给、排放、有效处理及管线如何布置等问题，须考虑这些辅助设施。图 2-1-36 为酸洗段整体设计思路图。

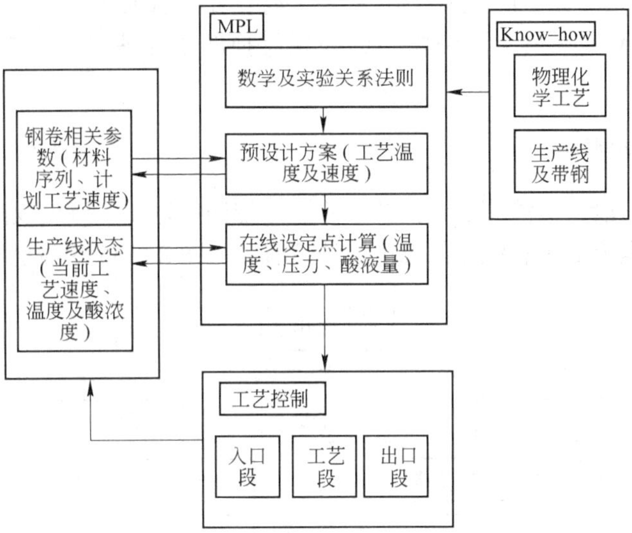

图 2-1-35　酸洗工艺模型原理图

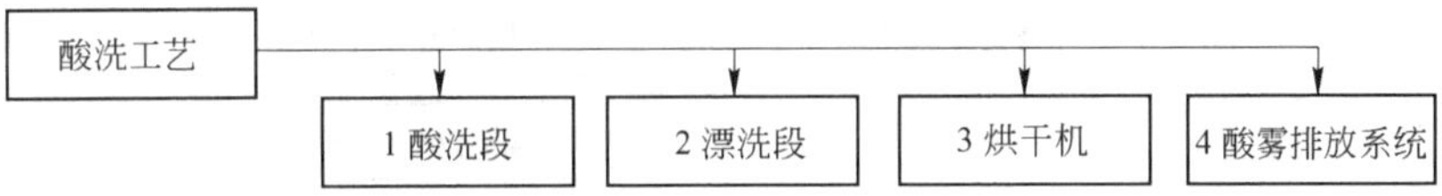

图 2-1-36　酸洗段整体设计思路图

C　酸洗工艺辅助系统简述

酸洗工艺辅助系统见图 2-1-37 示意。地坑用于收集各个罐子的液体溢流、排放等作用。为了方便更换挤干辊，设了换辊装置，用于酸洗段和漂洗段换辊。换辊有换辊平台、

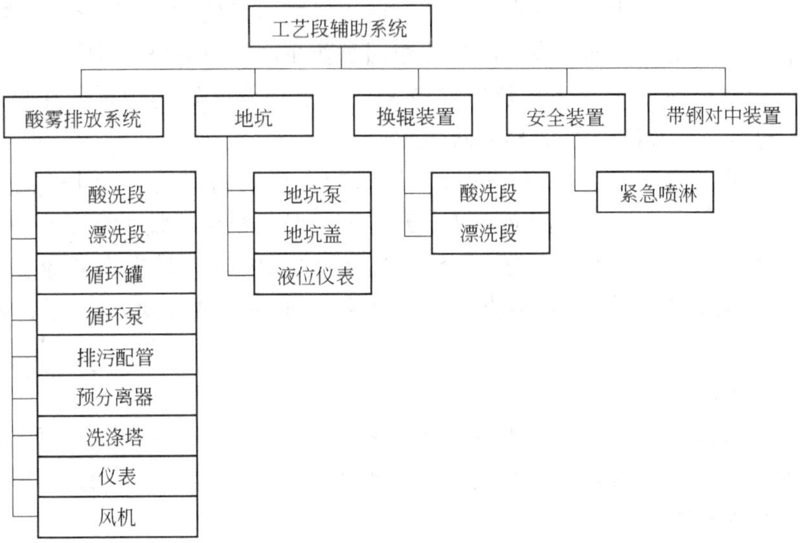

图 2-1-37　工艺段辅助系统

酸洗槽和漂洗槽。1 号、2 号酸洗槽共享一个换辊装置，靠天车来吊。3 号酸洗槽和漂洗段共享 1 个，也靠天车来吊。漂洗段间的换辊靠换辊小车来完成。安全装置用于紧急喷淋。

1.5.5.3 酸洗段控制

带钢采用盐酸三段式酸洗。酸洗的效果除了与带钢的宽度、厚度及热轧卷取温度等有关外，还与酸洗的紊流效果和酸液的温度、浓度有关。图 2-1-38 为酸洗段组成图。

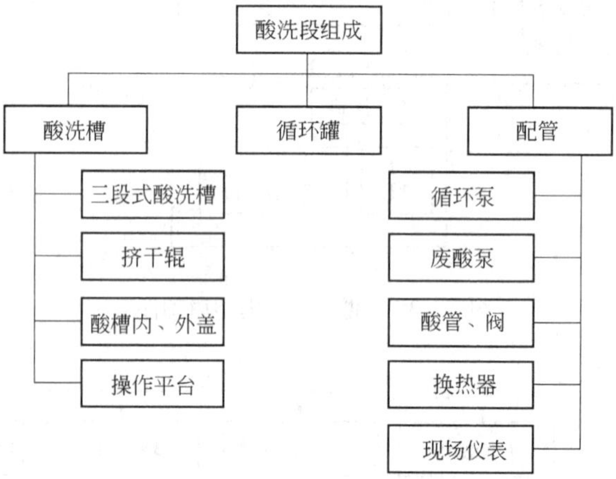

图 2-1-38 酸洗段组成图

A 紊流酸洗效果控制

紊流酸洗效果的产生与酸液喷头压力和酸槽结构有关。喷嘴的喷射压力是主要的影响因素。

酸液的喷梁是这样设计的：在每一段酸槽的入口和出口处均设有一排喷梁，并且只吹扫带钢的上表面。不吹扫带钢下表面的主要原因是防止产生过酸洗。增加热传导直接影响到带钢表面的层流层的化学变化和热传导效率。为了获得良好的效果，在喷射梁上使用 250 ~ 300kPa 的压力，液位设置在 150mm 左右。

带钢以一定的工艺速度运行时，酸液从酸槽的入口到出口处会产生一种液面梯流现象：即沿着入口处到出口处，酸液面逐渐上升。为了保证酸洗时整个槽子充满酸液，则设计上在每段槽入口处的两侧共增加了三个侧喷。侧喷嘴的设计是根据紊流度的需要设计的。这三个侧喷与带钢运行方向垂直、交错布置，加强了酸洗紊流效果，避免了酸液层流。

B 酸浓度控制

在浓度测量和控制思想方面，选用电导率仪，使得比重和温度测量准确。控制 1 号循环罐的 Fe^{2+} 浓度，达到废酸排放标准就外排到酸再生处理区，再生酸的补充靠液位控制，新酸被打到 3 号循环罐。

在酸洗过程中带钢运行方向：先进 1 号酸洗槽，再进 2 号和 3 号酸洗槽酸洗，在每段槽子的出口处设计了一套挤干辊，挤干辊所在的区域叫排酸室，酸液依靠自身重力回到对应的循环罐中。

按照1号槽Fe含量和1号~3号酸洗槽液位水平来调节串级流量。Fe含量控制在110~130g/L范围内。来自于酸再生处理区的新酸被打到3号循环罐中，酸液通过3个循环罐间的管道自然梯流原理，再依次靠液体压力差传到2号循环罐中，再到1号循环罐，此所谓自然级进。当1号循环罐中酸液的浓度达到120g/L时，或者1号循环罐的Fe^{2+}浓度废酸达到130g/L左右时废酸泵就自动打开，向酸再生处理区传送。这样1号循环罐中的酸液位降低，引起新酸向3号循环罐中打。这样便形成了一个酸液补充循环，如图2-1-33所示。循环罐之间通过管道相互连接来补偿液位差，这种管道被称为串级系统。

从1号循环罐出来的酸液管道上配有手动开关阀，然后通过泵将酸打到石墨换热器，盐酸的温度靠调节蒸汽量来实现。这里产生的冷凝水经电导率检测合格后至冷凝水罐，否则排至地坑。从换热器出来后，盐酸被打至1号酸洗槽的入口及出口处喷梁，喷头的压力通过泵来调节。酸槽的盐酸通过两头的排酸槽和槽子中央回流到循环罐。2号、3号循环区的功能类似于1号循环区。

C　温度控制

在酸洗工艺段有工艺控制模型，在调整过渡阶段通过调节紊流度来补偿温度，防止产生过酸洗和欠酸洗现象，同时可在保证酸洗质量的前提下，将酸液温度降低到最低，节约能源。

每个酸槽都配有循环罐，并通过塑料管连接到属于自己的罐上。从1号循环罐出来的酸液通过泵打到石墨换热器进行加热达到所需温度，调节蒸汽量实现盐酸温度的调节。应用离心泵将酸液打至喷嘴，喷到带钢表面。在重力的作用下，酸槽中的酸液经收集槽流到循环罐。1号循环罐区有3个换热器，其中第2个用来作为酸液的预加热，并在正常生产时作为小循环。

每个酸洗槽均配备一个带有热交换器的循环回路，其作用是：正常工作时向酸洗槽输送一定浓度和温度的酸液，酸液通过酸液循环泵不断循环流动并经过石墨热交换器加热，使之保持在工艺要求温度范围内。在机组因事故停机时，可通过旁路加热循环作“小循环”，用来加热循环罐中的酸液，以保持酸液的设计温度。

1.5.5.4　漂洗段控制

漂洗水循环系统设在酸洗机组工艺段传动侧，漂洗段的主要作用是清洗带钢表面酸洗后留下的残余物。漂洗槽的水为一定温度的冷凝水和脱盐水。

漂洗效果受以下几个因素的影响：漂洗系统用水、喷淋系统及其状态、挤干辊状态、泵和过滤系统状态、pH值及电导率检测装置。图2-1-39所示为漂洗段设计组成。

漂洗水逆着带钢方向从漂洗槽第5段流入，经过第4段、第3段、第1段回流到漂洗水罐。从冷凝水罐来的冷凝水靠泵通过两种方式补充到漂洗槽第5段，一种方式是靠第5段的喷头直接喷到带钢表面，另一种方式是直接补充到第5段。后者的流量靠第1段的液位检测、第4段的pH值检测和第5段的电导率检测来控制。漂洗槽每一段的漂洗水通过漂洗水自重、泵来完成自循环，并通过喷头将漂洗水喷到带钢表面。停车时，脱盐水通过喷头喷到预漂洗段及1~4段。冷凝水的加热靠蒸汽来完成。生产汽车板时，须用冷凝水管道上的板式换热器将冷凝水冷却。冷凝水的补充通过脱盐水罐中的脱盐水来完成。

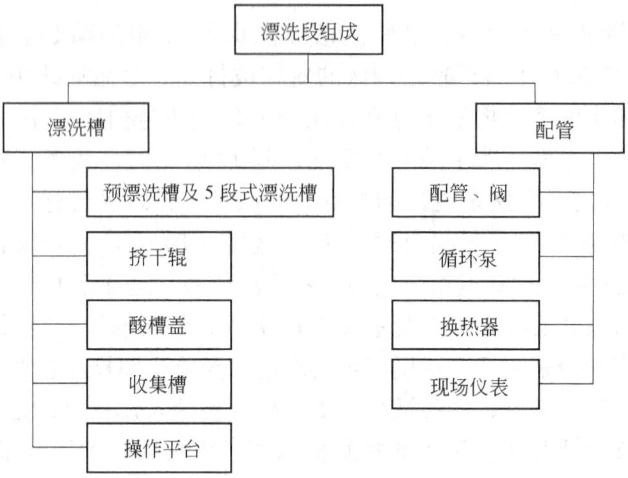

图 2-1-39　漂洗段设计组成

（1）pH 值及电导率的控制。生产过程中末段漂洗槽中 Cl^- 浓度必须得到严格的控制。要严格地测出 Cl^- 浓度是不容易的，通常采用的方法是在线检测电导率来反映漂洗水中 Cl^- 的含量。准确地控制电导率在与某一温度对应的范围内，是漂洗段生产的关键之一。操作者根据电导率的值来判断挤干辊的工作状态，以调整漂洗水的流量，因此生产中电导率的检测值应十分准确。

系统在 5 号漂洗槽设有电导率检测，4 号漂洗槽设有 pH 检测，1 号漂洗槽及各贮存罐设有液位检测设备，脱盐水处设有加热温度检测，各泵出口有压力检测设施。冷凝水流量通过第 1 段的液位测量、第 4 段的 pH 值来共同控制。喷脱盐水流量通过安装在漂洗槽 5 段管路处的导电率测量设备控制。

（2）漂洗系统用水。采用脱盐水和冷凝水。冷凝水来自酸洗槽的石墨换热器、脱盐水板式热交换器烘干机的换热器。由于冷凝水水质受加热器的状态影响很大，为防止石墨换热器漏酸而污染漂洗系统，采用电导率监控以控制冷凝水的去向。若其电导率小于 10μS/cm，则注入冷凝水罐，否则排入废水坑。冷凝水的加热通过蒸汽来直接加热，生产某些汽车板时用冷却换热器来冷却。脱盐水靠板式换热器来完成。

（3）温度的控制。温度的控制是漂洗段生产的另一个关键，准确地控制温度是电导率检测准确的保证。因为提高漂洗水的温度可以降低水的黏度，提高离子在水中的活动（扩散）能力，使漂洗更加有效，同时还可以提高带钢自身的温度，有利于带钢漂洗后的烘干。一般带钢自身的温度控制在 60 ~ 80℃。

（4）喷淋系统状态。冷凝水从漂洗槽第 5 段注入漂洗系统，其流量通过第 1 段的液位测量、第 4 段的 pH 值及第 5 段的导电率来共同控制。漂洗水中氯离子的浓度从漂洗槽 1 段到漂洗槽 5 段依次降低，停止喷淋时只有预漂洗段、1 段到 4 段喷脱盐水。

（5）挤干辊状态。为保证漂洗第 5 段的电导率达到要求，在预漂洗槽安装了两套挤干辊，防止 3 号酸洗槽的酸液带入漂洗槽。挤干辊不得有机械损伤及过量磨损，其压力应大小适当。

（6）泵和过滤系统状态。泵状态会影响漂洗水喷嘴的压力及流量而影响喷洗效果，过滤系统状态不好，会导致漂洗液中颗粒度大的杂质增加，以致堵塞喷嘴。

1.5.5.5　带钢烘干控制

带钢干燥器安装在漂洗段的末端，带钢经干燥器水平运动，在干燥器入口处安装挤干辊，这些挤干辊可有效地减少带钢表面的液体薄膜。

然后带钢进入到二级干燥系统，第一阶段即预吹风阶段，利用高速的空气流将带钢表面的水分带走，第二阶段，利用热交换器将空气流加热到约120℃进行干燥带钢。

在预干燥段带钢上下表面的残余物达到一定程度时将被吹掉，以确保后续干燥器顺利干燥带钢。与预干燥段合成一体的有噪声隔离盖，它可以控制气流的扩张，同样起到干燥带钢的作用。

干燥段风机气流量的大小可以从干燥器内部或外部有选择地吸入，气流的大小通过手动节流阀调节。在干燥段的循环气流通过热交换器加热的饱和蒸汽供应，气流大小由喷嘴调节。干燥器的设计满足气流可循环流动，在带钢上下面的喷嘴气流分别通过高性能辐射状风机供应。

1.5.5.6　酸雾排放系统

酸洗机组工艺段的酸洗槽及清洗槽等在运行时产生大量的含酸气体，为了保护工作环境及设备，设置一套废气排放系统，酸洗槽抽出的含酸气体先经预清洗器清洗后再经酸雾净化塔清洗，漂洗槽抽出的含酸废气（含酸浓度较低）直接进酸雾净化塔，净化后废气通过风机和烟囱排至室外，排出的气体含酸浓度符合国家排放标准的要求。酸雾排放系统工艺流程及酸雾排放系统组成如图2-1-40和图2-1-41所示。

酸雾排放系统中，出于管线的布局和满足工艺的考虑，从酸洗槽和循环罐来的酸雾先

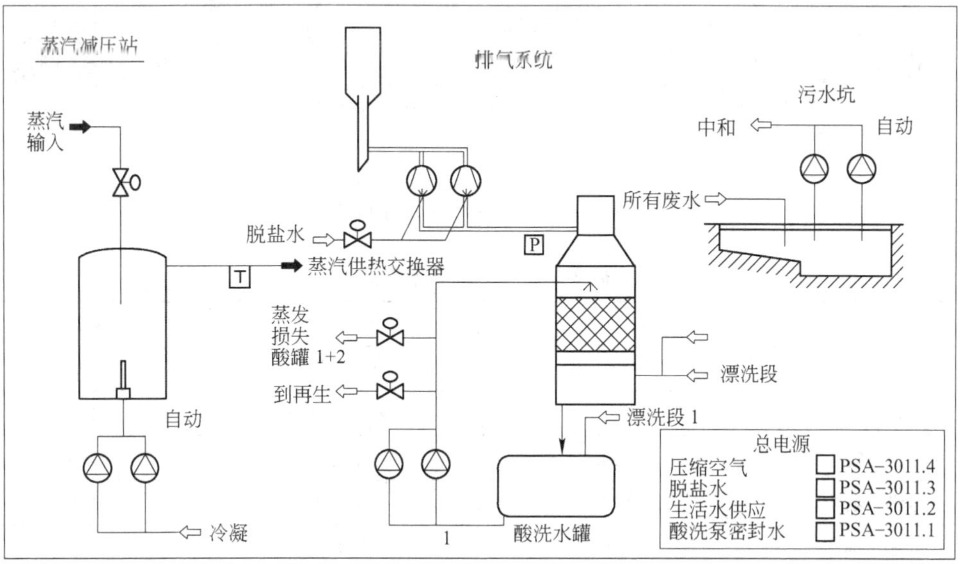

图2-1-40　酸雾排放系统工艺流程

经过预分离器。预分离器来的酸雾和漂洗段的酸雾以及漂洗水罐、脱盐水冷凝水的雾通向洗涤塔去处理。

预分离器用水来自于洗涤塔中的自循环水。洗涤塔用水初始是脱盐水，然后自身循环，其浓度靠电导率来检测。这样节约了脱盐水用量，实现了分级用水的思想。

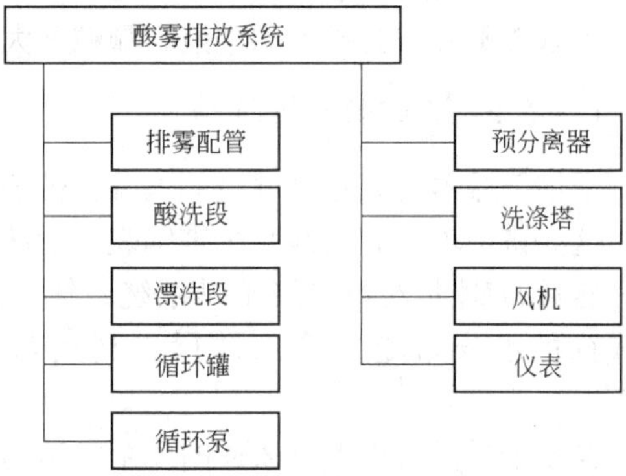

图 2-1-41　酸雾排放系统组成图

1.5.6　酸洗线张力控制

带钢传输操作中，共设置了 8 个单辊式、1 个双辊式、3 个三辊式纠偏导向辊，分布在设备的各个入口和出口位置及活套内部。主要对带钢中心线定位，CPC 控制系统检测其中心线的偏移量，并自动进行纠正，使带钢精确地进入和输出设备。纠偏精度为 ±10mm。

从张力图 2-1-42 和图 2-1-43 可以看出，酸洗线共有五套张力辊：入口活套前为 1 号张力辊，拉矫机前后各有一套 2 号、3 号张力辊，切边剪后为一套 4 号张力辊，轧机前为 5 号张力辊。1 号张力辊为入口活套提供必要的张力，满足其充套和放套要求。2 号、3 号张力辊不仅为拉矫机矫直带钢提供高张力，而且可以保证带钢以高张力通过后面的紊流酸槽，实现酸洗的高速要求。4 号张力辊为圆盘式切边剪提供必要的张力，实现切边剪的无驱动功能。5 号张力辊保持第一机架所需的预张力，保证带钢顺利穿入轧机。表 2-1-16 为主要技术参数。

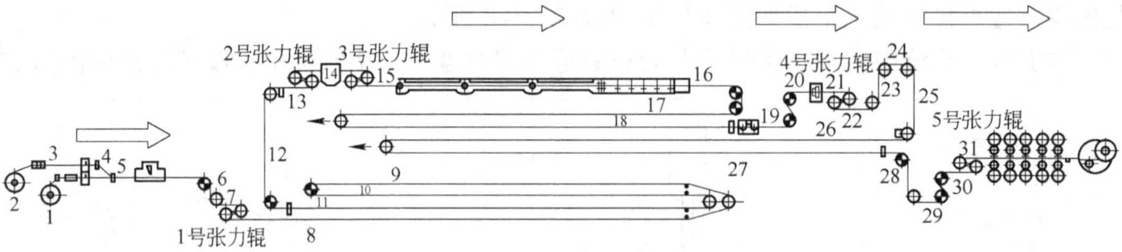

图 2-1-42　酸洗线张力分布图

表 2-1-16　主要技术参数

位　置	最大单位张力/kg · mm^{-2}	位　置	最大单位张力/kg · mm^{-2}
开卷机	0.50	3 号张力辊后	1.23
1 号张力辊前	1.17	4 号张力辊前	2.53
1 号张力辊后	2.16	4 号张力辊后	2.74
2 号张力辊前	2.32	5 号张力辊前	3.15
拉矫机前	7.85	5 号张力辊后	2.74
拉矫机后	9.98		

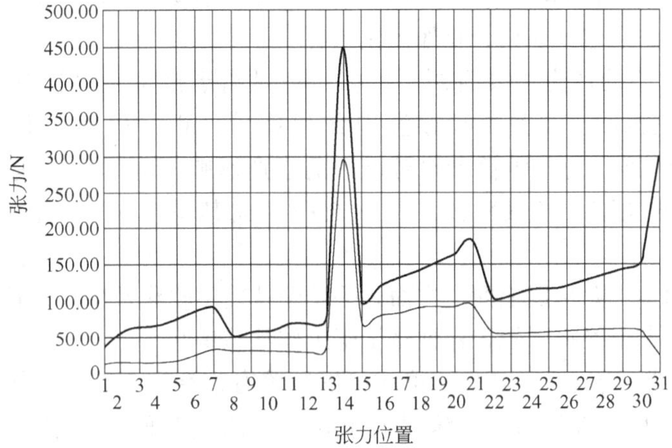

图2-1-43　酸洗线张力分布及数值

1.5.7　酸洗缺陷及预防

经盐酸酸洗后的带钢，可能会出现过酸洗、欠酸洗、停车斑、水印、“蚀孔”或“麻点”、氧化铁皮压入、酸洗气泡、酸洗脆性、划伤等缺陷，下面分别对各种缺陷产生的原因及预防措施进行分析。

（1）过酸洗。酸洗时在带钢表面上出现由伴生元素（如铜、锡和砷）组成的黑斑。这些元素首先从钢中溶解出来，然后又沉积到带钢表面。含硫高的钢也会产生硫化铁黑斑。“过酸洗”导致酸的强烈侵蚀，使钢中所含的碳移到钢表面，所以在酸洗件上也会产生黑色覆盖层。

防止过酸洗发生，主要要注意减少工艺段的停车，并注意工艺段停车时要及时放酸，以及合理地控制各活套中的充套量。现在普遍的方法是采用向酸液中加入缓蚀剂，实践中均取得了较满意的效果。

（2）欠酸洗。由于酸洗未充分完成而产生，目视观察带钢表面较黑，偶尔会发现带钢表面有氧化铁皮残留现象，它是酸洗生产过程中最常见的缺陷。

实际生产中出现欠酸洗现象主要有以下几个方面的原因：酸液中铁离子浓度过高（往往此时 HCl 含量较低），或酸温度较低产生的，有时拉伸矫直机未正常投入时也会造成欠酸洗缺陷。为了防止产生欠酸洗现象，应保证酸液温度，尤其冬季时应保证蒸汽压力。

（3）停车斑。指带钢在漂洗水中停留时间过长而在带钢表面形成的铁锈。产生的原因有两个部分：一是酸洗残留物，它由氧化铁皮、钢和酸洗用酸之间的反应形成的铁盐以及部分不溶于酸的钢的伴生元素（如碳、磷，硫、铜、镍和砷）组成的；二是带钢表面还从酸洗槽带出含铁的酸洗液，这种酸洗液很快与表面发生反应，如果不立即对带钢表面进行水冲洗，则首先生成二价铁盐，而且很快就生成三价铁盐。停车斑对以后的生产以及板面质量影响都很大。

目前最好的解决办法还是最大程度地减少工艺段停车避免停车斑产生。个别厂家在漂洗水中加入脱氧剂，但效果并不理想。如果出现停车斑，只有用稀释的酸才能除掉这些铁盐，也可以除了擦除和在流动的水中进行刷洗外，最近还使用特殊的碱洗液。这种清洗液除了含有润湿剂外，还包括铁铬合物如氰化钠。

(4) 水印。水印的产生主要有两个原因：一是由于挤干辊破损造成局部漂洗水残留，烘干之后形成水印。二是由于漂洗中含有 Ca^{2+}、Mg^{2+} 等离子而最终在带钢表面形成轻微氢氧化铁而形成。尽管水印对以后的生产影响不大，但它是酸洗过程中常见但又容易被忽视的缺陷，尤其对高质量冷轧板（尤其是汽车板）的表面质量影响是不可忽视的。

防止水印产生也主要从以上两个方面入手。坚持使用软化水生产，检查漂洗段出口挤干辊挤干效果，定期更换挤干辊，保证挤干辊工作状态良好。

(5)“蚀孔”或“麻点”。其他严重的酸洗缺陷有带钢表面粗糙、轻微腐蚀和酸洗蚀孔。当大小和深度不同的孔和坑，深度大于孔或坑的横断面尺寸时，就以“蚀孔”或“麻点”表示这种酸洗的缺陷。

带钢酸洗后表面残留少许的酸溶液、带钢清洗后没有达到完全干燥或在高温的清洗水中停留时间过长，酸洗液在局部进行腐蚀，使局部电流密度增大，从而使局部位置的溶解速度加快，这是产生这种缺陷的原因。如果局部极小面积的金属表面已暴露在酸中，而其周围金属表面上的氧化铁皮还没有被溶解，则该处的蚀孔最深。

出现该缺陷要及时通知轧机主控，降速轧制防止断带。

(6) 氧化铁皮压入。产生的原因是由于热轧生产过程中，轧件在进入粗轧机前、精轧机前，表面氧化铁皮没有除净，轧制过程中鳞皮破碎压入带钢表面而形成。冷轧酸洗过程中氧化铁皮压入很难除去，即使除去，其留下的凹坑易聚积一些黑色颗粒物，是生产中常见且对以后的生产及产品质量影响较大的缺陷。

目前冷轧厂只能加强原料检查，防止带有此类缺陷的原料进入冷轧生产过程。

(7) 酸洗气泡。氢在晶格畸变区、缩孔或非金属夹杂物中再组成分子形式，而这些地方紧靠金属表面，于是形成酸洗气泡。酸洗气泡的体积小如针头，大如手掌，最常出现在钢锭头的那段带钢上。这些气泡常常不是在酸洗时立即形成，而是在加热以后才形成。因镇静钢中的伴生元素分布均匀和夹杂少，因此沸腾钢的气泡比镇静钢的多。

(8) 酸洗脆性。铁晶格由于吸收氢而扩大，并由此使钢中产生应力而改变钢的机械性能，这时就产生另一种酸洗缺陷，称为酸洗脆性。酸洗脆性主要表面在明显地降低钢的可塑性、韧性和抗裂能力。特别是由于冷加工变形而产生内应力的带钢，更容易产生酸洗脆性。

(9) 划伤。该缺陷主要是由于机组中与带钢接触的各种辊表面出现质硬异物，或带钢的浪形过大造成带钢与导板接触，使表面划出伤痕。

防止划伤的措施是经常检查机组的滚动部件和导板，维护好设备。发现该缺陷后应及时对机组设备进行检查。

为了防止酸洗缺陷，应注意以下几点：(1) 当轧制过程出现异常状态而造成低速运转或停机，应及时放酸，防止带钢出现过酸洗缺陷；(2) 使用化学纯度合格的酸及添加剂，酸洗液应成分准确；(3) 及时更新酸洗液，以防杂质和铁盐的含量过高。

单元6　酸再生操作

学习目标：

能掌握盐酸再生的工作原理及采用喷雾焙烧法的盐酸再生工艺，同时了解盐酸再生工艺。

工作任务：

按工艺要求进行喷雾焙烧法的盐酸再生工艺操作；

按工艺要求进行酸浓度配制。

1.6.1　盐酸再生的工作原理

带钢经过酸洗之后，产生废酸，为了节省能源和减少环境污染，需要对废酸进行回收利用，酸再生机组就是用来回收酸洗线产生的废酸的机组。

20 世纪 30 年代，德国的鲁奇（Lurgi）公司提出了鲁奇法（即流化床法）回收盐酸。1959 年奥地利某公司首创了 Ruthner 法盐酸再生工艺，即喷雾焙烧工艺，解决了盐酸的再生难题。进入 70 年代以后，世界各国新建的冷轧车间普遍采用盐酸酸洗，盐酸酸洗技术得到更广泛的运用。

废酸液的回收主要包括硫酸废液的回收和盐酸废液的回收。下面重点讲述盐酸废液的回收。

带钢酸洗时，表面的氧化铁皮与酸洗槽内的盐酸溶液接触而发生一系列的化学反应，随着反应的进行，酸溶液中的酸浓度逐渐降低，反应生成的氯化亚铁（$FeCl_2$）的浓度逐渐升高。当酸溶液溢流到 1 号酸槽时，酸浓度将降低到约 43g/L，而氯化亚铁（$FeCl_2$）的浓度升高到约为 272g/L，这时的酸液排放到酸再生工厂进行再生，这就是所说的盐酸废液或者废酸。盐酸溶液中铁和酸可以通过图2-1-44 和图 2-1-45 进行计算。

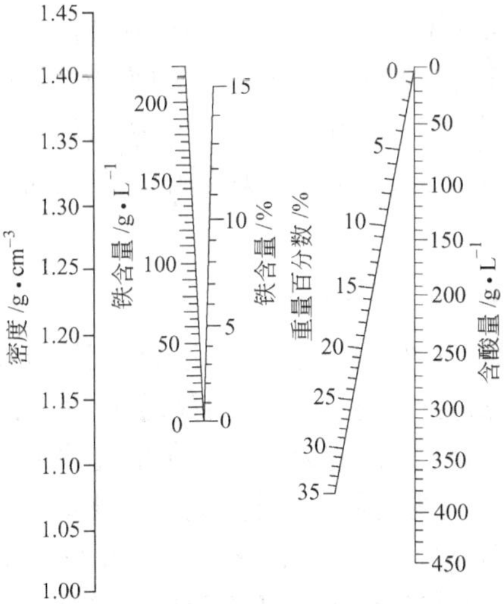

图 2-1-44　盐酸的百分含量和 g/L 及密度对应图

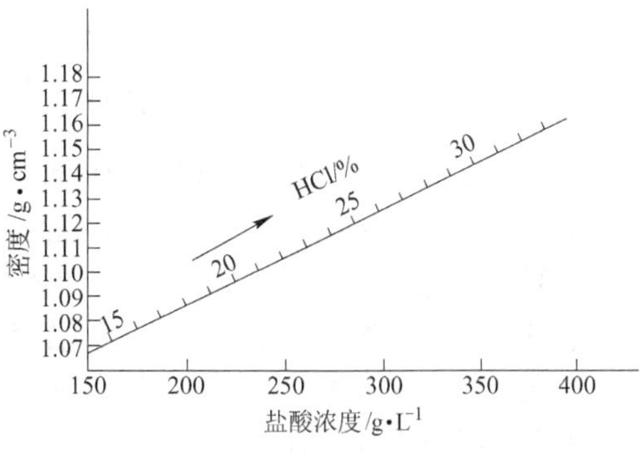

图 2-1-45　酸洗溶液的浓度与密度的关系（盐酸溶液的温度大约为 80℃）

盐酸再生的工作原理可用下面的方程式表示出来。

$$FeO + 2HCl \underset{再生}{\overset{酸洗}{\rightleftharpoons}} FeCl_2 + H_2O$$

此方程式从左向右的反应为酸洗过程，从右向左的过程则是再生过程，因此也可以说再生过程是酸洗过程的逆反应。

1.6.2　盐酸再生工艺简介

1.6.2.1　鲁兹纳法

带钢表面的氧化铁皮除含有铁元素之外，还含有其他元素（如硅、镁、碳等），在酸洗时铁元素及其他元素都溶解在酸洗液中。废酸溶液再生时，这些杂质元素可能富集在氧化铁粉中，因此，为得到质量好的氧化铁粉，在喷雾焙烧之前必须先分离出其中的杂质元素，特别是其中的硅元素，即除硅。

鲁兹纳法回收盐酸的工艺过程：

从酸洗线来的废酸被收集在废酸罐中，并用废酸泵将其送入被铁屑堆满的浸溶塔内，废酸通过与浸溶内的废铁屑反应提高溶液的 pH 值。废酸从浸溶塔溢流到底部鼓入空气的反应罐中（带搅拌装置），反应罐内 Fe^{2+} 被氧化为 Fe^{3+}，反应式为：

$$Fe(OH)_2 + H_2O + O_2 \longrightarrow Fe(OH)_3$$

形成 $Fe(OH)_3$ 絮状沉淀，再溢流到沉淀罐内，加入约 0.05% 左右的絮凝剂到沉淀罐内并迅速搅拌。在沉淀罐内，$Fe(OH)_3$ 和被 $Fe(OH)_3$ 包覆的废酸溶液中的 SiO_2 一起沉降到沉淀罐底部，然后定期打开连接沉淀罐底部的阀门，用活塞隔膜泵或螺杆泵将带有 $Fe(OH)_3$ 和 SiO_2 的液体送入过滤挤压机，进行过滤、挤压。滤液与沉淀罐上方溢流下来的清液一起流入收集罐内，过滤挤压之后的滤饼作为废物送至垃圾场。流入收集罐的清液用泵送到处理酸罐供盐酸再生生产使用。

酸再生装置的流程为：用废酸泵将酸储罐中的废酸抽到酸液过滤器，将固体颗粒和不溶的滤渣从废酸液中分离，过滤后的废酸液进入酸再生部分，通过能自动控制液位的气动阀进入预浓缩器底部。废酸液通过预浓缩器泵进行循环，与从焙烧炉出来的焙烧气体进行热交换，废酸中的一部分水分被蒸发，使废酸液得到浓缩。预浓缩后的废酸由焙烧炉的供料泵定量地送入焙烧炉的喷枪，以微小液滴的形式被喷入焙烧炉反应器中，发生如下的反应：

$$2FeCl_2 + 2H_2O + \frac{1}{2}O_2 = Fe_2O_3 + 4HCl\uparrow$$

反应产生盐酸气体及氧化铁粉固体颗粒，在焙烧炉内生成大部分氧化铁粉固体颗粒落入炉子底部，并通过破碎机和旋转阀被排出炉外，输送到氧化铁粉站进行包装处理。

少部分氧化物粉尘与焙烧气体（燃烧煤气、水蒸气及氯化氢）一起从焙烧炉顶部逸出，通过旋风除尘器后除去约 50% 氧化物粉尘，分离出的氧化物粉尘返送到焙烧炉内。

焙烧气体进入预浓缩器，在预浓缩器内通过与循环酸直接接触，被冷却、清洗后的焙烧气体进入吸收塔与塔顶喷下的漂洗水相遇，而在吸收塔底形成浓度约 18% 的盐酸。吸收后的剩余废气通过烟雾洗涤器将气体中的灰尘及氯化氢成分降到规定范围，通过烟囱排到大气中。

1.6.2.2　鲁奇法

鲁奇法再生盐酸一般通称为流化床法，工艺流程为：废酸首先用泵送到预收罐，再用另一台泵将废酸打到作为预蒸发器的文丘里设备中，在文丘里中一部分废酸液被灼热气体汽化。经过预蒸发器而剩下的那部分酸液，其体积减小并富集了氯化铁，它们从这个循环中分流出来，通过一个配料装置导入反应器（焙烧炉）中的流化床中，在那里水被蒸发，氯化铁热分解为氧化铁和氯化氢。流化床的氧化物颗粒越来越大，越来越多，这样流化床的高度不断增大，从而使由鼓风机吹入的空气所造成的阻力也增强，阻力的大小通过压力计显示出来。通过一个叶轮闸门把多余的氧化铁排除，排除的过程进行到流化床下部的旋流空气的压力又下降到所希望的值为止。

较细的氧化铁被废气带出焙烧炉而进入旋风分离器中，然后分离出来的细小氧化铁粉回到流化床中，被酸液湿润并逐渐变大。净化后的气体从旋风分离器出来之后进入预蒸发器并在那里放出热量，与酸液进行热交换。

焙烧后含有氯化氢的气体，经过预蒸发器进入吸收塔，与从塔顶喷洒下来的冲洗水接触，氯化氢被水吸收即形成再生酸。吸收后的废气主要是氮气、二氧化碳等。

1.6.3　采用喷雾焙烧法盐酸再生工艺简介

1.6.3.1　机组的主要技术参数

废酸成分：

HCl（总酸）：约200g/L；

Fe：小于120g/L；

温度最大值：90℃；

流量最大值：$20m^3/h$。

需要处理的废酸量计算如下（理论上）：

$$\text{需要处理的废酸量(L/年)} = \frac{\text{产钢(t/年)} \times \text{平均铁损(\%)}}{\text{废酸中需要除去的铁含量(g/L)}}$$

其中：平均铁损大约为0.40%；

废酸中需要除去的铁含量大约115g/L。

酸再生机组根据废酸来料的成分，特别是依据废酸中硅的含量以及对副产品氧化铁粉质量的要求不同，整个酸再生机组包括预脱硅部分、脱硅部分、酸再生部分。

1.6.3.2　脱硅工艺流程

脱硅工艺过程中包括废酸加热、浸溶溶解、废酸冷却、氧化、沉淀、压滤六个部分。基本原理是在废酸中调节废酸的pH值生成氢氧化铁，由于氢氧化铁和二氧化硅的极性的不同，氧化硅SiO_2颗粒就吸附在胶状的氢氧化铁的三相结构中而沉淀下来，将沉淀分离，达到降低硅含量的目的。脱硅流程示意图如2-1-46所示。

（1）废酸加热：为了保证废酸在浸溶塔中与铁屑充分反应，在废酸进入浸溶塔之前，首先将废酸加热到80～90℃。废酸加热采用蒸汽间接加热的方式。在冷凝水的回路上配置

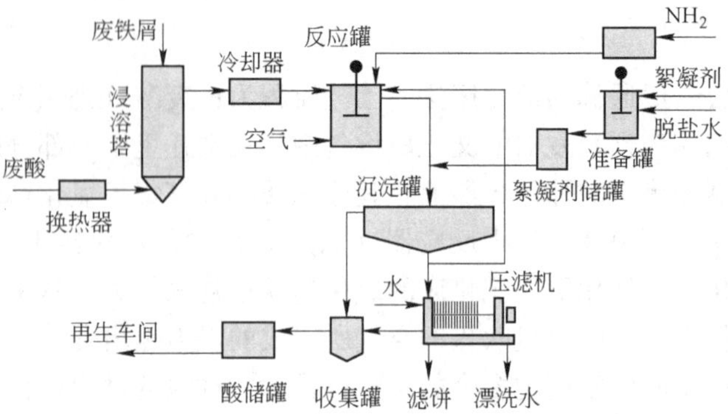

图 2-1-46　脱硅流程示意图

有 pH 值测量计，用于监控废酸的泄漏。

（2）浸溶溶解：从浸溶塔的底部进入到浸溶塔中的热废酸与游离盐酸和废铁屑充分反应，产生氢气和氯化铁。废铁屑来自冷轧生产线废料，最好是含硅量较低的废铁。废铁屑的高度应该保持始终高于废酸的液位，并应保证废酸在浸溶塔中的滞留时间，保证反应的充分进行。

塔顶部排放的气体通过洗涤塔洗涤后排放。

（3）废酸冷却：从浸溶塔上部溢流出的废酸温度约为 80～85℃，经过石墨换热器冷却到 45℃。废酸冷却的目的主要有两个：一是温度高使得氨水的挥发量也将增大，增大氨水的耗量；二是废酸的温度高，在其后的氧化过程中生成的沉淀小，不易沉积下来。冷却水回路上配置有 pH 值测量计，用于监控废酸的泄漏。

（4）氧化：进入氧化反应罐的废酸在搅拌器搅拌下与加入的氨水混合，同时从反应罐底部吹入压缩空气，废酸中的一部分 Fe^{2+} 将氧化生成氢氧化铁絮状沉淀。

氨水根据进入浸溶塔的废酸量通过计量泵控制添加量。

废酸的 pH 值一般控制在 4.0～4.5 之间。pH 值偏低，影响除硅的效果，不能有效降低废酸中硅的含量；pH 值过高，意味着氨水和絮凝剂的用量增大，会使更多的 Fe^{2+} 沉淀下来，氧化铁粉的产量减少。

（5）沉淀及沉淀压滤：从反应罐上部溢流进入沉淀罐的溶液与沉淀罐中的絮凝剂反应，使胶状析出物连接形成一种大聚状物，并快速沉淀。

1.6.3.3　酸再生工艺过程

酸再生工艺过程包括两个流程：

一是以废酸经过处理路线的流程：废酸从处理酸罐→泵入预浓缩器→循环→通过焙烧炉供料泵→送入焙烧炉→燃烧反应。

二是以焙烧炉内经燃烧产生的混合气体净化过程为路线的流程：焙烧炉→产生的炉气依次经过双旋风分离器→预浓缩器→吸收塔→洗涤塔→烟囱→然后排空。

酸再生工艺过程包括预浓缩、焙烧、双旋风除尘、吸收、废气净化、装袋、氧化、铁粉六个部分。酸再生机组工艺框图和酸再生工艺流程示意图如图 2-1-47 和图 2-1-48 所示。

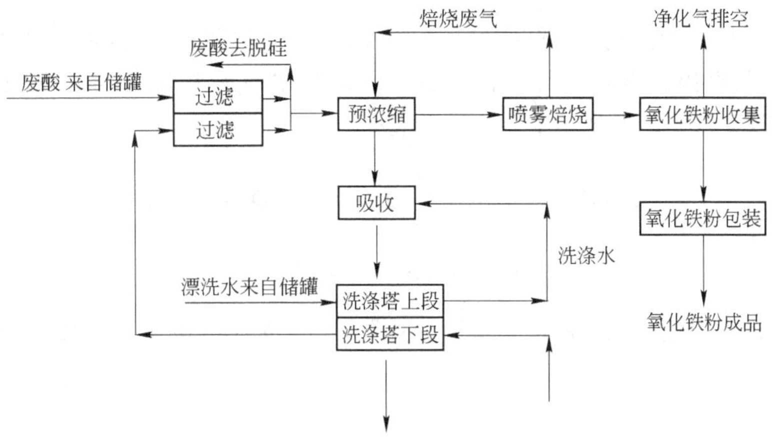

图 2-1-47　酸再生机组工艺框图

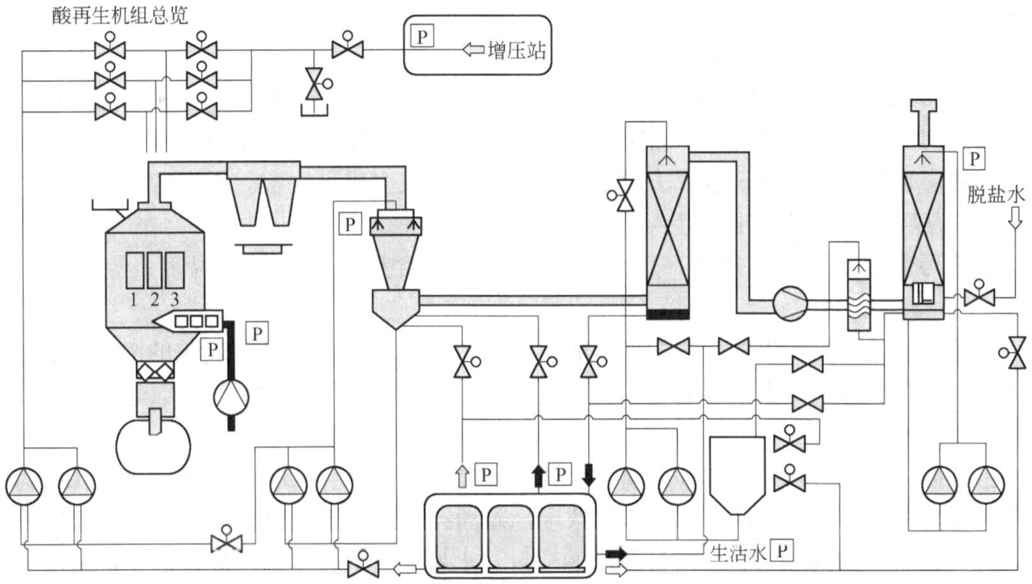

图 2-1-48　酸再生工艺流程示意图

A　预浓缩

脱硅后的废酸在废酸过滤器过滤中，将剩余的固体颗粒和少量残渣滤出，进入预浓缩器循环。废酸的浓缩是通过循环泵从预浓缩器顶部喷枪喷下，与从焙烧炉内出来的高温焙烧气体直接接触进行热交换，废酸吸收燃气中的 HCl 而被加热，部分水分蒸发而浓缩，同时废酸温度升高。因为预浓缩器内出来的气体将进入吸收塔，吸收塔的材质不能承受高温，所以需要将高温焙烧气体进行冷却，达到操作许可范围内，保证其后的吸收过程顺利进行。然后对焙烧气体进行清洗，降低气体中的 Fe_2O_3 的含量减至许可范围。在预浓缩器中，炉中的氧化铁和废酸中的盐酸发生如下反应：

$$Fe_2O_3 + 6HCl \xlongequal{} 2FeCl_3 + 3H_2O$$

B　焙烧

焙烧炉通过燃气加热到约 700℃左右，焙烧炉的供料泵将预浓缩的废酸液 $FeCl_2$ 从焙烧炉炉顶的喷嘴喷出，雾化成细微的液滴，与高温炉气相接触发生化学反应，分解为 Fe_2O_3 颗粒和 HCl 气体。发生的主要化学反应：

$$2FeCl_2 + 2H_2O + \frac{1}{2}O_2 = Fe_2O_3 + 4HCl$$

$$2FeCl_3 + 3H_2O = Fe_2O_3 + 6HCl$$

燃烧后的烟气温度约为 400℃，成分主要是 HCl、水蒸气的混合气体，最后通过炉顶部管道排出。

C　双旋风除尘

焙烧炉燃烧产生的氯化氢（HCl）气体、水蒸气和燃烧废气及大量粉尘（如 Fe_2O_3），从炉顶部管道排出后经过双旋风分离器，在离心力的作用下粉尘 Fe_2O_3 将部分被分离出来。

D　吸收

400℃高温的焙烧气体在预浓缩器中直接与循环酸接触，气体经冷却和清洗之后，温度降为约 90℃，此时的剩余气体中还残留了少量的氧化物。然后气体 HCl 进入到吸收塔，与从吸收塔顶部喷下的漂洗水或去离子水充分接触吸收生成再生酸。再生酸达到设计的浓度之后，从吸收塔底部排出，存入再生酸储罐，供酸洗线使用。

影响再生酸浓度的因素有：焙烧炉中盐酸气体含量；焙烧气体温度；漂洗水的喷流量。

由于酸再生机组产生的废酸浓度一般为 18% 左右，从市场购买的新酸的浓度一般约为 32%，因此在实际生产中常常需要对酸进行浓度的调配，以满足酸洗线补充酸的浓度的要求。

酸浓度的调配可以采取体积计算法。外购的新酸的浓度为 33%，约为 385g/L，为了将这种浓度的新酸配置成酸洗线所需的浓度的新酸，可以采用混合交叉法（或叫十字配酸法）计算出所要加的水量，并按计算出的酸量与水量相互混合，即可配置成预定浓度的酸洗液，方法如下：

例如，用 385g/L HCl 的浓酸液和 180g/L 稀酸液配制成所需要的 200g/L 的浓度的酸洗液，计算出加入多少份 385g/L 的浓酸液和加入多少份 180g/L 的稀酸液，可获得多少份浓度为 200g/L 的酸液。

（稀释的酸液浓度值）180g/L　　　385g/L（浓盐酸的浓度值）

200g/L（十字中心）

185 份（加入 180g/L 的份数 = 385 − 200）　　　20 份（加入 385g/L 的份数 = 200 − 180）

可获得浓度为 200g/L 的酸液的份数 = 185 + 20 = 205 份，其中 385g/L HCl 的浓酸液的份数为 20 份，180g/L 稀酸液份数为 185 份。15℃时盐酸密度与浓度的关系如表 2-1-17 所示。

表 2-1-17　15℃时盐酸密度与浓度的关系

密度/g·cm^{-3}	酸含量		密度/g·cm^{-3}	酸含量	
	(质量分数)%	g/L		(质量分数)%	g/L
1.000	0.16	1.6	1.100	20.01	220.1
1.020	4.13	42.1	1.120	23.0	266.8
1.040	8.16	84.9	1.140	27.66	315.4
1.060	12.19	129.2	1.160	31.52	365.6
1.080	16.15	174.4	1.180	35.38	417.5

E　废气净化

剩余气体经吸收塔后进入洗涤塔洗涤，通过循环洗涤达到环保指标后，通过烟囱排空。废气的洗涤方式通常有三种：水洗、碱洗、酸洗。

F　氧化铁粉脱氯

在焙烧炉的底部设置一脱氯装置，其目的是通过加热氧化铁粉，进一步降低铁粉中氯的含量，提高氧化铁粉的品质，产生的废气返回焙烧炉，该过程又称为二次脱氯。二次脱氯的方法除了燃气加热法以外，实践中还有采用蒸汽加热以及水洗的方式。

G　装袋及氧化铁粉

废盐酸再生同时产生一种高附加值的副产品氧化铁粉，氧化铁粉可以作为磁性材料广泛用于电子产业，还可用于生产颜料、粉末冶金等。焙烧炉生产的氧化物由一气动输送系统输送（在轻微的负压状态下工作以防止粉尘泄漏到大气中）到氧化物料仓，并通过装袋机装袋。

单元7　酸洗线主要机械设备

酸洗线主要机械设备如图 2-1-49 所示。

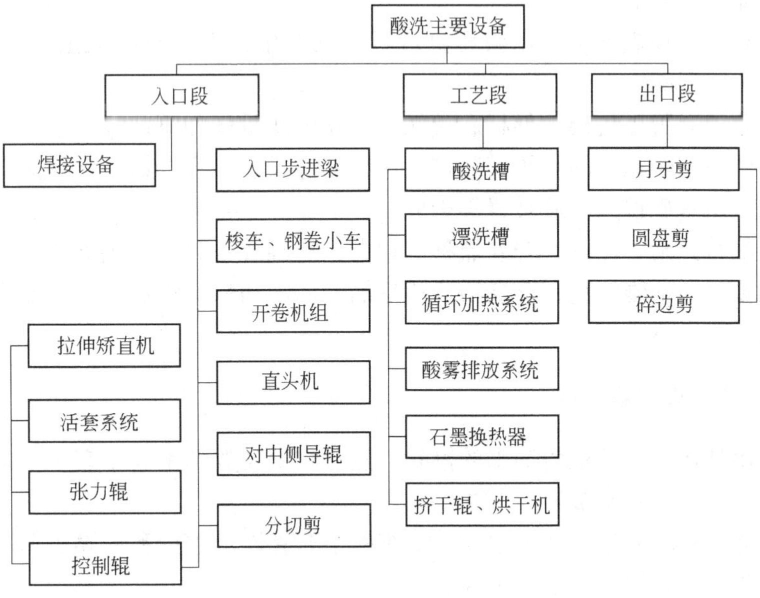

图 2-1-49　酸洗线主要设备框图

1.7.1　酸洗入口段设备

1.7.1.1　入口步进梁

入口步进梁由步进梁、对中装置、测宽测径装置、开卷器和地辊装置组成。步进梁的作用是传送钢卷；测宽测径装置的作用是对带钢的宽度和直径进行在线测量，并将所测量的数据进行处理和记录，然后传输到控制系统中；地辊的作用是便于钢卷在拆捆带及开卷器开卷时自前和自后转动。

鞍形步进梁运输机采用液压操作，钢卷卧式放置，具有工作平稳可靠、结构简单和承载能力大等特点，广泛用于冷轧各机组的进出料运输和过跨运输，如图2-1-50所示。

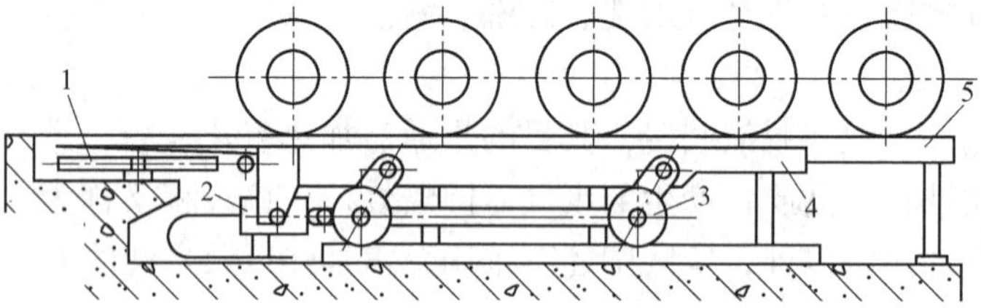

图2-1-50　鞍形步进梁运输机

1—移动缸；2—升降缸；3—平行四连杆机构；4—活动梁；5—固定梁

步进梁的运动方式共分为两种：行走和提升，两个动作均是靠提升液压缸和行走液压缸动作来实现的。当带钢卷以钢卷卷心方向平行于步进梁的运行方向放入固定梁接收位之后，提升液压缸及活动梁将钢卷抬起，再由移动液压缸及小车将带钢卷水平移送向前，提升液压缸及活动梁落下，钢卷落到固定梁上的下一位，移动液压缸返回，各机构回到原位，如此往返输送钢卷。

对中框架安装在步进梁上，由液压缸进行驱动对中框架。对中范围一般为 ±150mm，对中精度一般为 ±5mm。

带钢测宽测径装置由机架、导杆、接触板、宽度测量臂和驱动装置组成。

地辊站是由两个带驱动的辊子安装在步进梁的定梁上。开卷器位于步进梁的旁边，驱动地辊的前面。由基础框架、旋转臂等构成。

当钢卷头旋转到某一位置，开卷器移至钢卷，地辊转动时打开钢卷头，当钢卷头部到开卷器弯辊位置时，地辊停止，开卷器往相反的方向转动来弯钢和开卷。然后钢带再重卷到某一位置。

1.7.1.2　梭车及钢卷小车

梭车的作用是接收步进梁传输来的钢卷，然后将钢卷放到钢卷小车上。梭车设置在步进梁出口后，同时梭车具有旋转90°的功能。

梭车由车体、旋转台架、轨道组成。梭车的平台允许步进梁和钢卷小车各自以下降和上升位置依次进去，来存放和取出钢卷。

钢卷小车的作用是将钢卷从梭车鞍座上运送到开卷机卷筒上。

钢卷小车由三部分组成：轨道，车体，提升机构。提升驱动采用液压提升装置，机构顶部是V形鞍座，鞍座上包着聚氨酯，防止划伤带钢表面。钢卷小车的自动上卷功能是通过自动测径和测宽装置传送过来的数据实现的。

1.7.1.3　开卷机机组

开卷机的作用是支撑钢卷，同时引出钢卷带头，按生产速度要求开卷并提供足够的开卷张力。

开卷机结构形式常见有双锥头式、双柱头式和悬臂式3种。双锥头式、双柱头式开卷机用来对轧制线上运送的钢卷进行开卷。双锥头结构有刚性和胀缩式两种，刚性锥头开卷机已很少使用；胀缩式开卷机常用于轧机或平整机。双柱头式开卷机开卷速度较高，张力大，工作平稳。悬臂式开卷机可以承重大重量钢卷，形成较大的开卷张力并容易实现自动操作，因此是现代轧制生产中常采用的一种开卷形式。悬臂式开卷机如图2-1-51所示。

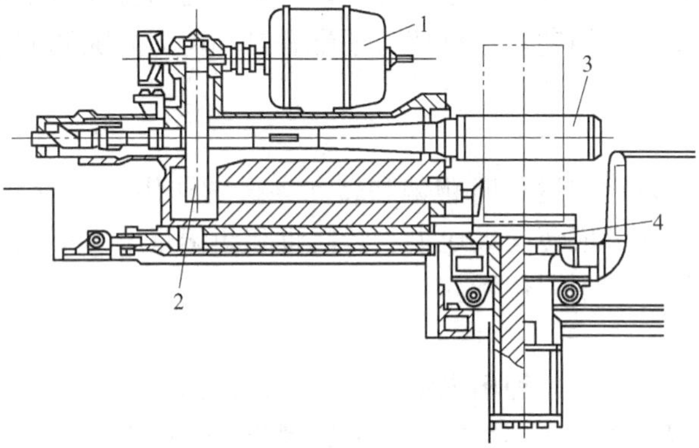

图2-1-51　悬臂式开卷机
1—电机；2—减速机；3—卷筒；4—钢卷小车

开卷机由轴架，开卷机构组成。与开卷机配套使用的还有外支撑、压辊、防皱辊。悬臂式开卷机构由电机、硬齿轮装置、胀缩卷筒组成。卷筒用调速电机驱动。硬齿轮装置配有蜗轮蜗杆、滚动轴承和压力油供油系统。卷筒通常为斜楔胀缩式，由液压驱动芯轴来带动斜楔和套筒做轴向移动，使卷筒胀缩，有的在卷筒悬臂端设置活动的外支撑架，使悬臂式开卷机可以承受更大的卷重。

在连续轧制生产线上，一般设置两台开卷机，以满足轧机连续生产的要求。

在带头与上卷带尾焊接之后，通过一个张力计反馈张力，开卷机提供张力，以保证带钢平稳地进入工艺生产线。同时开卷机的对中装置将带钢与工艺中心线对齐。

外支撑机构由液压控制动作，在开卷时防止由钢卷重量引起的芯轴弯曲。外支撑由基架、支撑轴承、曲柄系统组成。

压辊安装在钢卷后面的移动架上，其定位是由与架子相连的液压缸来实现的。当钢卷装到开卷机芯轴上后，压辊压上，并同开卷机芯轴一起转动，使带钢头部穿过直头机。钢卷尾端从1号开卷机上甩尾后，压辊接着转动直到带钢从直头机穿带完成。

防皱辊位于开卷机后面低一些的位置上。在开卷过程中，钢卷外径在不断减小，因此，防皱辊避免以恒定的距离跟踪钢卷的外径。该过程是通过叠加反馈信号实现的。

1.7.1.4　直头机及对中侧导辊

直头机作用是矫直带钢头部和尾部，提高焊接质量。只在穿带模式时使用直头矫直带钢，矫直的程度取决于带钢的厚度和钢种。直头机由基架、移动框架、矫直辊系、电机及减速机组成。

为保证带钢与轧机中心线对中运行，通过装在液压缸上的位置传感器，根据2级机传来的数据可以自动调整与带钢相对应的宽度。通过液压装置自动进行横向浮动，对带钢进行引导和对中。

1.7.1.5　分切剪

两个入口剪通常都是采用液压驱动的下切式分切剪，用于剪去破损的或超差的来料端部，便于焊接，同时也可以分卷和切去带尾。该分切剪的布置使得上剪刃在液压缸的一个行程下就可以完成一个剪切周期。该分切剪还配有自动剪刃间隙调节系统。

1.7.1.6　控制辊

控制辊主要起防止带钢在运行时跑偏和转向夹送的作用。一般有三种形式：单辊式、双辊式、三辊式。按用途分成转向夹送辊、转向辊和纠偏辊三种形式。根据生产的需要选择形式，布置在轧制线上的不同位置。

A　转向夹送辊

转向夹送辊有两种形式，一种用来将上轧制线的带钢头端转到下轧制线上；另一种接收从上轧制线来的带钢头端并将其转向送到下轧制线。转向夹送辊由机架、夹送辊、驱动装置组成。

1号转向夹送辊位于酸洗线的上轧制线，在入口分切剪和焊机之间，与转向辊一样用来将上轧制线的带钢头端转到下轧制线上。包括两个辊，上驱动辊的提升与下降由液压缸完成，下辊是随辊起转向作用。启动上辊便是夹送辊作用，用来穿带。运行时，上辊抽出，下辊用来作转向辊，将带钢从上轧制线转到下轧制线上。初次穿带时，上辊抽出。穿带时，若检测到带钢头，上辊应用，若检测到带钢尾端离开夹送辊，上辊再次抽出。

2号转向夹送辊位于下轧制线的入口处，下轧制线过料台和焊机之间。它接收从上轧制线来的带钢头端并将其转向送到下轧制线。它还可以充当夹送辊的作用，将带钢送到焊机处。

B　转向辊用来将带钢导向到所需要的方向

有的转向辊带有压紧辊，用来帮助喂料。转向辊一般由转向辊子、支架、压辊组成（缓冲压辊调节机构简图见图2-1-52）。

C　纠偏辊

纠偏辊有单辊式（其结构图参见图2-1-53）、双辊式（其结构图参见图2-1-54）和三辊式（其结构图参见图2-1-55）。

纠偏辊由支撑框架、摆动驱动器、铰接架、带钢对中装置（CPC）和纠偏辊组成。其中带钢对中装置带有扫描、晶体管放大器、伺服阀和双过滤器。纠偏辊为钢结构焊辊，由

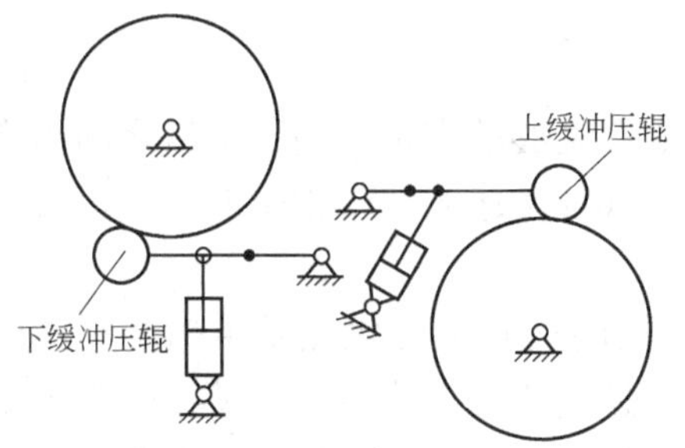

图 2-1-52　缓冲压辊调节机构简图

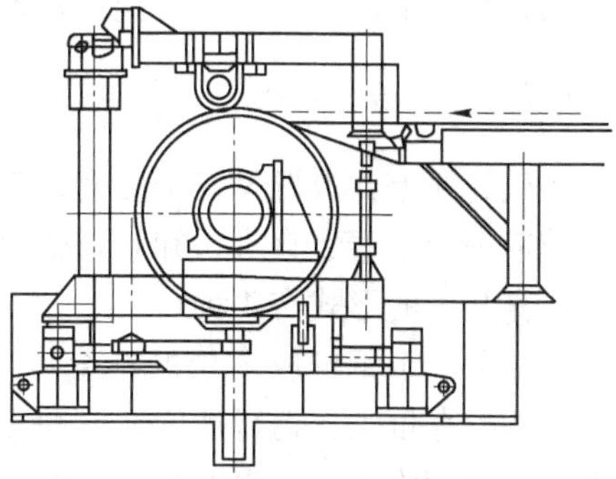

图 2-1-53　单辊式纠偏辊

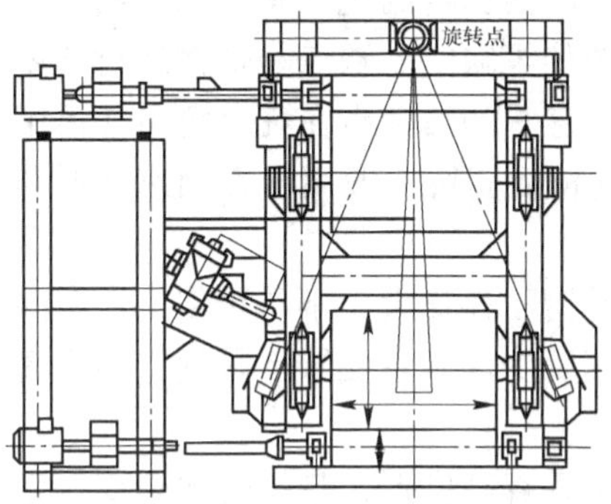

图 2-1-54　两辊式纠偏辊

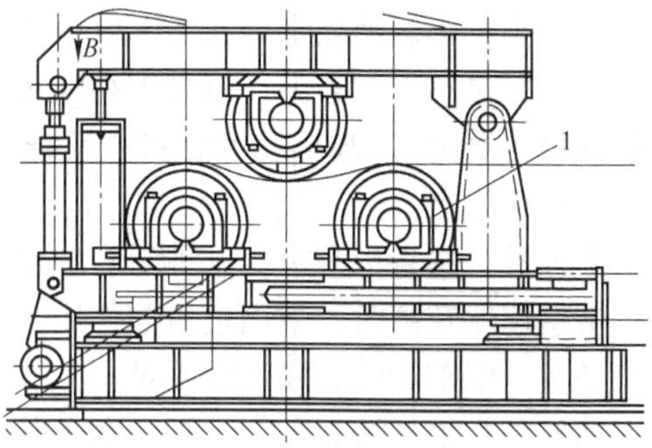

图 2-1-55　三辊式纠偏辊
1—纠偏辊

滚子轴承支撑，表面带有聚氯酯涂层。

两辊式纠偏辊布置在酸洗工艺段出口及 1 号出口活套之间。在带钢跑偏时，带钢位置检测装置发出信号，通过 CPC 控制装置，使纠偏液压缸快速动作，移动铰点框架，使纠偏辊绕摆动支点作摆动，以达到纠偏的目的。最大摆动角为 ±2.8°，纠偏精度为 ±10mm。在纠偏辊上部设有缓冲压辊，目的是带钢在工艺段发生断带时，压辊下降，由人工进行操作，使其反向运转，将带钢两端拉在一起焊接好，再进行生产。

三辊纠偏装置用于高精度的带钢纠偏，使夹在 3 个辊子之间带钢沿着中心线移动，将移动的中心线定位到带钢进入方向。这种带钢控制是一种中心导向式纠偏辊，辊面有衬胶层，以降低噪声和增大摩擦系数。纠偏精度为 ±1mm。

1.7.1.7　张力辊

张力辊装置是实现张力调节的一种设备。在酸轧联合机组，带钢根据各个工艺段区间工艺要求的不同，选择张力值的大小和位置。其原理为：带钢包绕在张力辊上，在其包绕接触处（即包角处）产生摩擦力，使出口张力与入口张力按某种规律变化，借此改变张力值，对机组实现张力控制。

辊子表面的材料为聚氨酯，这种材料有良好的无印痕特性，硬度高，抗磨性好，降低噪声获得高摩擦系数。

张力辊一般由基架、张力辊、驱动装置、压辊等组成。

1.7.1.8　活套系统

在酸轧线上共设置了三个活套，其主要作用是贮存足够的带钢，使各机组之间出现故障和带钢进行上卷、直头、卸卷及带钢头尾剪切、对焊等工序时，带钢仍能连续运行。目前，活套装置的形式有 4 种。

第一种：带钢堆成多层的活套坑。带钢堆成多层的活套坑的优点是结构简单，成本低，带钢贮存量大，运行速度快。缺点是带钢从坑中拉出速度太快时，容易擦伤和折痕带钢表面。长度为 12m、深度为 4m 的活套坑可贮存带钢长度达 280m。这种活套装置一般用于厚带钢机组。

第二种：带钢自由悬垂的活套坑。带钢自由悬垂的活套坑的优点是带钢导向简单，占车间面积小，可以消除带钢在活套坑中产生折痕和擦伤等缺陷。缺点是带钢运行速度不能太高，贮存量不大。因为，当带钢高速运行时，自由悬垂的活套易在坑内摆动（薄带钢摆动情况更为严重），甚至发生活套“反身”现象。这种活套坑一般用于带钢速度低和贮存量不大的机组上。

第三种：垂直活套塔。这种活套装置的优点是带钢贮存量大，不易跑偏，占车间面积小；带钢速度较高时，带钢边口擦伤比自由悬垂活套要少。其主要缺点是垂直高度高、机械设备贵、带钢断带后穿带较困难。

第四种：水平活套车。水平活套车其主要优点是垂直高度低，带钢转向辊少，张力容易保持恒定，最大移动速度为 120～135m/min；但设备复杂，造价高。这种形式已广泛应用在卧式酸洗机组、退火机组上。

活套装置由活套车、传动装置、摆动门、底部带钢支撑辊、穿带装置和换辊装置组成。图 2-1-56 是水平活套装置的总体结构简图。

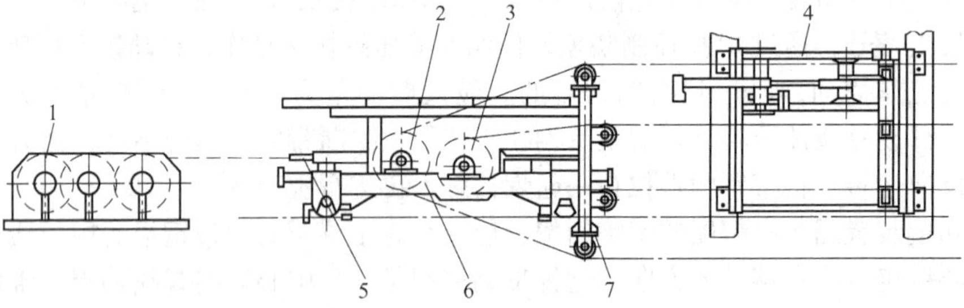

图 2-1-56　水平活套装置总体结构简图

1—传动装置；2—2 号带钢转向辊；3—1 号带钢转向辊；4—摆动门装置；5—钢丝绳转向辊；6—活套车；7—带钢托辊

活套车的两端一端为保持端，另一端为张力端，两端通过一根钢丝绳控制。保持端的张力为带钢张力和较低的钢丝绳张力的合力，张力端具有较高的钢丝绳张力。在保持端与张力端之间有 3 个独立的电机驱动，钢丝绳缠绕在驱动滑轮上，这样通过驱动滑轮，活套车就可以前后移动。

钢丝绳的一端固定，另一端则与一个位置固定的液压缸相连。液压缸的作用是给钢丝绳预张力，从而使钢丝绳张紧而不至于从滑轮上掉落。

当活套车运动时，其控制凸轮带动转子杠杆转动，摆门开始摆动，刚开始摆门速度很小，然后速度逐渐增大，摆门达到最大速度，此时摆门摆过45°。随后，摆门速度逐渐降低，当转子杠杆离开控制凸轮，摆门速度变得很小了。

由于水平活套车水平移动距离长，为了防止活套车上面的带钢下垂到下面的带钢上，一般都装有带钢分离器，使上、下两层带钢相互不接触。

A　活套车

活套有单层活套车和双层活套车等多种形式。活套车由框架、转向辊、支撑辊、控制凸轮和钢丝绳转向滑轮组成。

活套车在活套轨道上往复行走，可以达到储存带钢和释放带钢的目的。活套车利用钢丝绳通过滑轮来牵引。小车在轨道上行走。4个车轮均不带轮缘，但每个车轮的两边都有导向辊轮，而且，在车轮的行走方向上，还装有导向挡板。通过导向轮和导向挡板的作用，使车轮可以在轨道上正确行走。又由于导向轮和导向挡板的双重导向限位作用，使小车在行走过程中不易发生跑偏。这样既可保证摆动门正常工作，又可防止带钢跑偏或由此而引起的断带等。小车上还对称布置了两根水平导槽，用于控制摆动门的开闭。

B　活套车驱动系统

活套车传动系统是用于驱动活套车的行走。小车的行走，是利用钢丝绳通过无驱动的滑轮及驱动的转向滑轮来完成对活套车的驱动。

活套车驱动系统由卷筒驱动单元、基架、驱动装置、预张力单元、钢丝绳转向滑轮、转向滑轮小车、支持钢丝绳用滑轮、轨道组成，见图2-1-57活套小车驱动装置示意图。

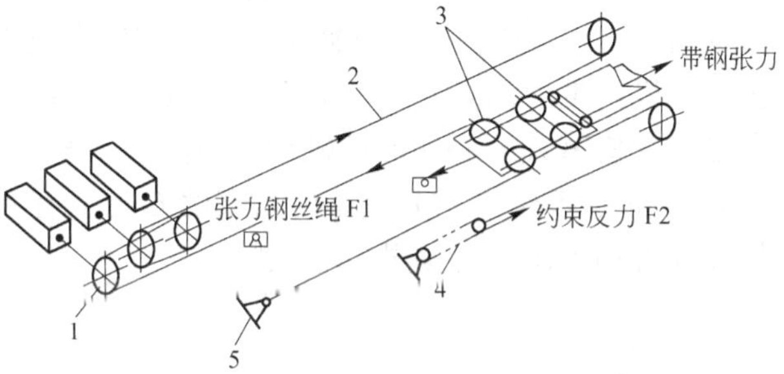

图2-1-57　水平活套小车驱动装置示意图

1—卷扬装置；2—张力钢丝绳；3—钢丝绳转向辊；
4—张紧液压缸；5—钢丝绳固定段（带有张力测量）

在小车的前、后面分别设有两个钢丝绳轮。小车的行走，是通过钢丝绳实现的。驱动装置的钢丝绳形成一个闭式循环。活套车的移动就是通过传动装置带动整个钢丝绳循环动作而实现的。

由于活套车两端受钢丝绳控制，所以活套车两端在没有带钢的情况下也能移动，在断带的情况下能有效控制小车的运动。当带钢张力发生波动时也不会造成活套车显著运动，进而避免使张力波动加剧。同时钢丝绳的适当导向能进一步抑制张力的波动。

C 摆动门

摆动门的目的是在活套中支撑带钢，同时，又不影响活套中带钢储量变化时的小车行走。为此整个活套中设有七组摆动门装置，摆动装置中设有摆动机构、带钢支撑辊及架子。

每对摆动门由铰轴框架、带钢支撑辊、铰轴驱动、基架和活套站监测装置组成（其结构图参见图2-1-58）。

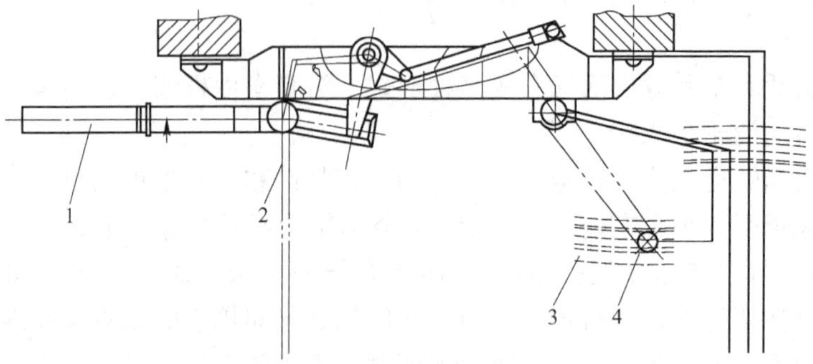

图2-1-58 摆动门结构图

1—摆动门打开位；2—摆动门闭合位；3—导槽；4—导辊

摆动门安装在活套车行进方向的两边，通过杠杆由活套车来完成进出摆动。摆动门在末端位置有自锁功能，通过一个弹簧轮和一个凸轮来实现自锁。在摆动门机构中，还有一个由定位槽轮、压辊和弹簧组成的定位装置，当摆动门在打开位或闭合位时，均使压辊落入定位槽轮的槽中，并有压力弹簧压住，使摆动门位置稳定、准确。

入口活套的每个摆动门上有3个支撑辊，支撑辊及架子安装在竖立的转轴上，同时辊架与摆动机构相连，由摆动机构带动，使支撑辊架绕转轴做90°转动，完成开启和闭合摆动门的动作。摆动机构是一套机械式的曲柄连杆机构，当活套小车在活套中往返行走时，小车上的导槽将摆动门的导辊导入槽中，由于导槽在宽度方向上有684mm的落差变化，带动了导辊及整个曲柄连杆机构动作，实现摆动门的摆动。

1.7.1.9 拉伸弯曲矫直机

连续拉伸弯曲矫直机布置在酸洗工艺段的入口处，是在两组拉伸单元（张力辊即S辊）之间分布一组弯曲矫直单元（由两组弯曲辊及一组矫平辊组成）。在张力辊组施加的张力作用下带材被拉伸，在上下布置的多组小直径辊的交替弯曲作用下带材产生弹塑性变形，这不仅矫正了带材原有的波浪和翘曲等板形缺陷，改善了带材的平直度，而且使热轧带钢表面的氧化铁皮脱落或疏松。由于拉伸矫直机所需的矫直张力小、具有矫直效果好、残存应力小、操作简便等优点，在现代化的板带材生产企业中已得到了广泛的应用。

A 拉伸弯曲矫直机结构

拉伸弯曲矫直机包括两个拉伸单元和一个弯曲矫直单元（其结构图参见图2-1-59）。两个拉伸单元由四个张力辊组、张力辊传动齿轮装置、换辊装置及拉矫机前后各设置一个测张力装置组成。弯曲矫直单元由弯曲矫直机架、两组弯曲辊组（四个弯曲辊箱）和一组

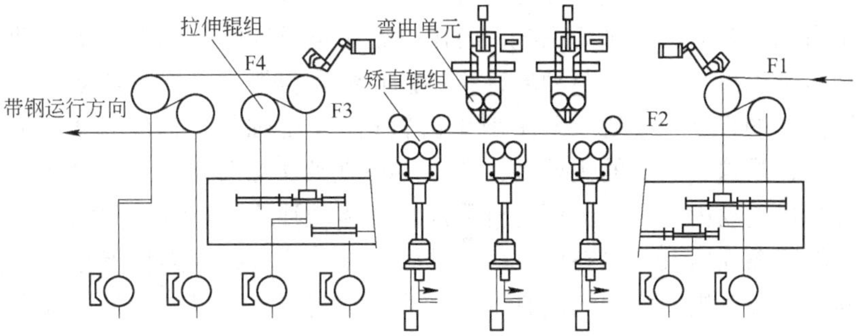

图 2-1-59　拉伸弯曲矫直机结构示意图

矫平辊（一个矫直辊箱）、压辊及支撑辊组成。

弯曲矫直机架为框架结构，机件之间是通过铰接方式来连接在一起的，适当的铰接位置可使辊子间的间隙发生变化时，弯曲辊间的距离几乎没有什么变化。

弯曲辊组设计为两套（4 个组装箱），使带钢在张力作用下，经过剧烈的反复弯曲变形，达到工艺要求的伸长率。每个弯曲单元包括两个直径为 80mm 的弯辊，布置在带钢的上下两面。弯辊嵌入在直径为 120mm 的支撑辊里。上部组装箱支撑在支座内，并被准确地导向对中，可以整体更换，也可以单独更换辊子。下部组装箱通过定位液压缸被牢固地支撑在带钢下表面，并准确地导向对中，通过换辊装置可以整体更换，也可以单独更换辊子。

矫直辊组是将带材在两次弯曲中产生的横向翘曲矫平。其下部同下部弯曲辊组装箱一样，通过定位液压缸支撑在带钢下表面，并准确地导向、对中。通过换辊装置可以整体更换，也可单独更换辊子。下部组装箱由一个直径为 80mm 工作辊及两组直径为 160mm 的支撑辊组成，其上部由两个直径为 250mm 的辊子组成。

为了保证适当的切入深度，弯曲辊和矫直辊通过齿轮马达和螺杆提升器来改变位置。马达旋转数由装在提升器操作侧的编码器来计数。旋转数和螺杆行程相对应，螺杆行程与辊的切入深度相对应，两个极限开关可用来限制螺杆提升器的位置。在切入深度改变时有快速和慢速两种方式进行调节，若行程大于 5mm 时，用齿轮马达的快速调节，精调时（行程小于 5mm）用慢速调节。调节速度分别为 1.625mm/s 和 0.404mm/s。

为了保证带钢在过焊缝时不产生撕裂，对焊缝处不进行弯曲矫直，故设计了快速打开装置，即在每个框架上设计了两个快速打开液压缸。框架和辊子箱体可以 100mm/s 速度快速打开，焊缝通过机体后，框架快速下降，进行对带材的弯曲矫直。此快开控制是由拉矫机前 30m 处的焊缝检测器发出信号来进行的。

B　张力辊组及其传动系统的结构与特点

张力辊组常采用入口和出口辊组由四个张力辊组成的四辊式，又称四辊式“S”辊组，4 个张力辊直径为 1250mm。这种布置形式使得带材与张力辊之间接触摩擦的总包角是最大的，可以使带材产生最大的制动力和拉力。为了使带材与辊面之间摩擦力增加，同时又不伤害带材表面，张力辊的辊面使用聚氯酯橡胶材料。

在 1 号和 4 号张力辊的上方和 2 号及 3 号张力辊的下方，各设置了一个 ϕ300mm × 600mm 面衬聚氨酯的缓冲压辊，主要用于将新带钢穿绕在张力辊外表上或者在入口张力及出口张力失去时，压住带钢。其执行是通过液压缸来实现的。

采用低张力和高张力两套张力系统，各由一台主电机和一台辅助电机驱动。拉矫机张力辊组主传动是通过齿轮装置来驱动的，这些齿轮装置包括一个主减速箱、一个叠加齿轮箱、两个补偿传动的行星轮装置、两个斜正齿轮箱、4 个轴装正齿轮箱等。3 号辊是直接由主传动驱动的，是这个系统的主要辊，图 2-1-60 为张力辊传动系统示意图。其他辊子由辅助马达通过行星差动齿轮和主传动进行叠加。主传动补偿拉矫系统中相应的损失，弯曲矫直损失，齿轮摩擦损失及入口与出口的外部张力差。这种结构的特点是每个张力辊的速度均不同，同时在拉矫机的前后均设有张力检测和控制系统，以减少外部张力的波动，使矫直辊与带钢同步运转，不致打滑。

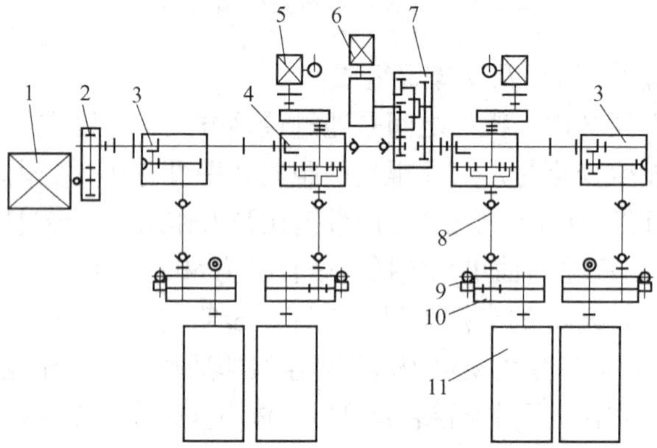

图 2-1-60　张力辊传动系统示意图

1—主马达；2—主减速箱；3—斜正齿轮箱；4—补偿传动行星齿轮箱；
5—补偿传动马达；6—叠加传动马达；7—叠加传动行星齿轮箱；
8—万向接轴；9—承载螺栓；10—轴装正齿轮箱；11—张力辊

目前的拉伸矫直机基本上都是采用设定好入口张力辊组的速度 v_1 并保持不变，通过改变出口张力辊组的速度，就可获得矫直所需的伸长率。由于消除带材板形缺陷所需的伸长率一般都在 1% 以内，因此传动系统要保证前后张力辊组的速度差连续可调、伸长率精确和恒定。目前张力辊组常用的传动系统主要有集中传动与单独传动两大类。

在集中传动方式中，通过齿轮箱、行星齿轮差动机构，各个张力辊由一台主传动电机集体驱动，并由差动调速装置产生带材矫直所需的伸长率。它具有电气系统相对简单，带材伸长率调节方便、能耗小、工作平衡性好等特点，但机械结构较复杂。

在单独传动方式中，每个张力辊都由直流电机或交流电机单独传动。随着全数字传动系统和各种检测系统、自动控制技术在拉伸矫直机中的广泛采用，使张力控制、速度检测及控制的精度大幅度提高。伸长率的控制由电气传动系统通过调节前后张力辊组的速差来实现。这种传动方式每个辊子的力矩大小可调，机械系统比较简单，前后张力辊组的速度保持同步，减小了钢板与辊之间的相对滑动。

1.7.2　焊机设备

连续酸洗机组一般采用闪光对焊机和激光焊接机两种形式。

1.7.2.1　闪光焊接机

20世纪70年代德国米巴赫焊机制造厂生产的SB63/250/16H型米巴赫闪光焊机，采用较为先进的制造工艺，焊接工艺过程采用数字程序自动控制。主要动力是液压传动，焊接电源选用可控硅控制，焊接功率在焊接过程中是变电压的。附有光整机，光整高度可随意调整为正或负公差，还有参数测试仪和退火装置，焊缝质量可以达到较先进的水平。

带钢的闪光焊接工艺包括两个基本阶段：烧化和顶锻，如图2-1-61所示。被焊接的带钢头夹于焊机的电极之中，活动电极4装在可沿机座7的导轨移动的活动牌坊6上。第二对电极（固定电极）2装在固定牌坊5上。两个牌坊、导轨和机座在电气上都是相互绝缘的。装于机座内的焊接用变压器8的二次线圈用软电缆与牌坊连接，变压器的一次线圈经开关9与交流电路相连。

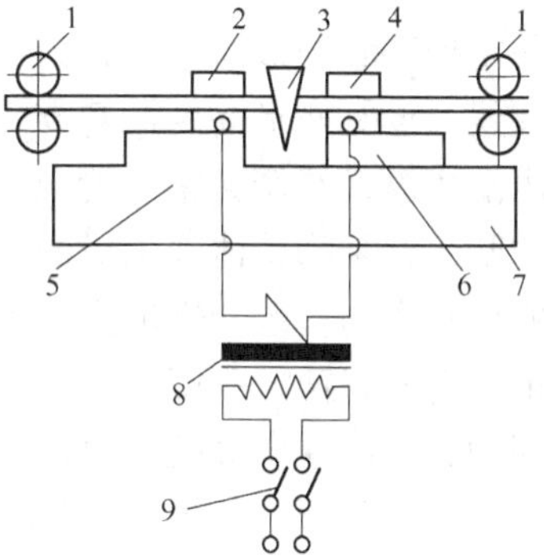

图2-1-61　闪光对焊机原理简图
1—调整辊；2—固定电极；3—定缝刀；4—活动电极；5—固定牌坊；6—活动牌坊；7—机座；8—变压器；9—开关

用调整辊1推动带钢的端头，使它们被定缝刀3顶住为止，然后压紧带钢头，抬起定缝刀，并通过变压器送电。与此同时活动牌坊带动带钢互相靠近，形成一点或几点电接触。

在焊接开始时焊件彼此并无多大的压力，因此这些接触点的电阻很大。在很大的电功率作用下，这些接触点通过的电流密度非常大，从而这些接触点附近的金属很快就被加热熔化，并在两焊件间形成一个或几个液体金属的过梁。这种过梁在进一步加热中即爆炸而被破坏。在过梁破坏的同时，熔化的金属小颗粒从牌坊的缝隙中以火花的形式射出，焊接件也略微缩短。带钢头在活动牌坊带动下，不断相互接近，新的过梁也不断形成，而形成过梁时热量也就迅速把带钢头部加热。当带钢两端头到达一定长度又被充分地加热之后，即进行顶锻，并同时将电流断开，整个焊接过程结束。

由于焊接过程中带钢头逐渐接触而连续的爆炸并放出火花，因此通常将这个过程叫做闪光，也叫烧化过程。

一台米巴赫闪光焊机由焊机、加工装置、电气设备3大部分组成，如图2-1-62所示。焊机主要包括主框架、夹紧用液压缸、固定框架和顶锻滑座上的夹紧装置、电极的清扫装

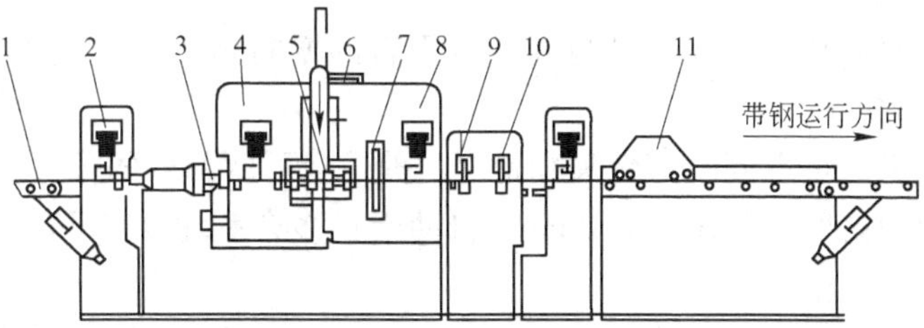

图2-1-62　米巴赫焊机简图
1—活套辊；2—定心正直装置；3—挡块；4—顶锻机架；5—电极；6—规杆；7—光整机；8—固定机架；9—切刀机；10—冲孔装置；11—夹紧传递小车

置、液压升降的定缝刀、对中矫正装置、进出口活套和牵引装置组成。加工装置包括焊缝光整机和冲月牙弯和冲孔装置组成。

由牵引小车自动地把带钢送到光整刀处，和送到冲月牙弯处。为了便于带钢的对中，在焊机的进口侧和出口侧各装有一套液压操纵的活套装置，形成一个小的活套，可避免带钢被拉紧。主框架内设有焊接变压器；底座上方装有出口端的框架，用螺栓固定并与底座绝缘；入口端的顶锻滑座安有辊子，可在主框架的轨道上移动，用顶锻液压缸驱动，并用程序盘控制。夹紧装置共两套，由一个夹紧桥、一个上电极、一个下电极组成，分别固定在固定框架和顶锻滑座上；为精确地调整焊接平面，装在顶锻滑座上的夹紧装置的下支撑座装置，设有楔形高度调整器，可使电极上升、下降 ±1.25mm。上电极的支撑装置均由液压缸操纵，每套夹紧装置选用4个液压缸，在工作时必须同步。清扫刷上有两对垂直布置的刮刀，是为了清理电极的4个垂直的内表面而配备的。定缝刀是用来控制带钢在电极处伸出长度的；改变锥形定缝刀的升降量，可改变带钢在夹紧处伸出的长度；对于越厚的带钢，定缝刀插入深度越小，带钢头伸出越多，闪光加热时间也就越长。对中矫正装置使带钢的头、尾在定缝处绝对对齐，以保证焊缝质量。

在加工装置中，焊缝光整机是为了清理闪光焊接的毛刺而设置的刨刀式光整机，刀架通过液压缸沿带钢横向移动，根据不同的板厚自动调整上下刀的位置。在带钢焊缝的两端用冲月牙弯和冲孔装置自动冲出两个月牙弯的缺口。另外在离月牙弯中心310mm处还装有一个直径为 ϕ15mm 的冲头，在带钢上冲一个孔，以保证带钢在机组尾部得到信号后减速，以及带钢焊缝通过轧机时，轧机减速。

1.7.2.2 激光焊接设备

近几年，大功率的激光焊接系统被广泛应用于酸洗-冷轧联合机组上，可以生产包括电工钢在内的各种规格和品种的冷轧板，取代了常规的闪光对焊机，大大提高了焊缝的质量，降低了生产成本。当激光束聚焦并照射到金属材料表面后，由于它具有巨大的功率密度，通常可以达到 $10^6 \sim 10^9 W/cm^2$，大大超过了闪光对焊的能量密度 $10^3 \sim 10^5 W/cm^2$，激光能使金属表面熔化并激烈汽化，由金属汽化产生的蒸汽压力使金属表面产生小孔效应，从而使金属熔透，并在激光束移动过程中，熔透金属迅速冷却，形成致密的焊缝组织。

激光焊接设备由剪切小车、冲孔设备、入口出口夹钳、带钢对中装置、光束传输和聚焦装置、激光发生器、控制操作及监视设备、后处理退火单元等组成。

A 剪切和冲孔设备

小车上装有一套双切鳄鱼剪，沿与轧制线垂直的方向移动，由主基架上的导轨支撑。小车速度为1~15m/min。

焊机装有双切剪，可以同时剪带头和带尾。剪子上下两部分的位置关系通过导向销来正确定位。两个剪刃之间的距离为350mm。自动废料移除系统装在下剪刃支架上。废料被带出焊机驱动侧并自然落下。

冲孔机内置于剪切小车，冲孔在焊缝的出口附近，主要用于焊缝跟踪。

B 夹钳和对中装置

在主基架的入口侧和出口侧均设有梁式夹钳。两个夹钳把带钢固定在剪切位置上和焊接位置上，使带钢剪切整齐，同样使带钢焊缝质量良好。

入口夹钳具有高度调节功能、两带钢间隙控制功能和横移调整功能。高度调节的目的是调整带尾的厚度中心到带头的厚度中心；该控制是基于正常带钢厚度来完成的；高度调节的行程为±1mm，高度调节的控制精度为±0.1mm，如图2-1-63所示。根据带钢的厚度、材质和剪切位置对两带钢间隙做轻微的调整。当带头带尾上有些横弯时，仅靠边部导向装置对齐是不可能的，会出现带头带尾两边错开，导致焊后边切剪的损坏；此时利用横移调整就可避免此类事故的发生。

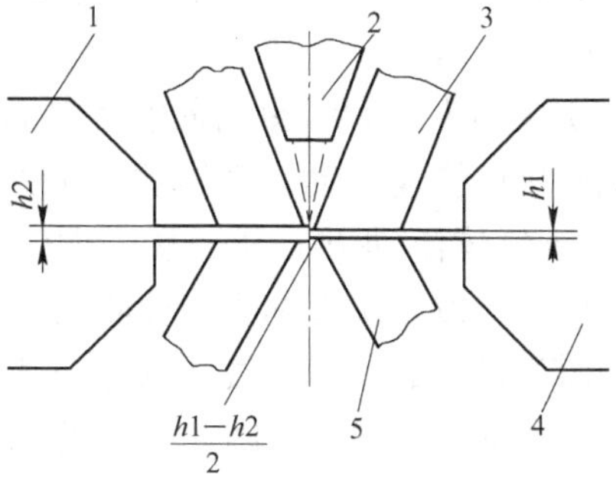

图2-1-63 不同厚度带钢动态对中示意简图

1—出口夹板；2—激光焊头；3—上导向轮；4—入口夹板；5—下导向轮

出口夹钳架固定在公共基座上，激光工作头的导轨安装在出口夹钳架上，因此焊接激光工作头的位置能够保持高精度以得到良好的焊接质量。工作头和剪切小车沿与轧制线垂直的方向移动，工作头驱动机构安装在出口夹钳上的高精度的导向轨上，与剪切小车的交流伺服电机共用。

带钢对中由入口和出口边部导向装置及入口夹钳横移调整装置来完成。两侧导板对中分别由左、右旋丝杆、螺母带动，液压马达驱动。中心夹紧移动对中由两个带轴承端头的液压缸完成，移动C形小车由液压马达带动齿轮齿条完成。入口对中与出口对中都是同时由两台对中装置进行中心线对中，通过偏差测量与位移传感器保证带钢中心线的准确对中。图2-1-64所示为带钢对中机构。

C 激光发生器及光束传输和聚焦装置

激光发生器发出的激光束通过光束传输管道、弧形反射镜传输到装在出口夹钳上的光束聚焦单元上。为了使传输损失降到最低，沿着光束传输所使用的光学元件的数量最少，

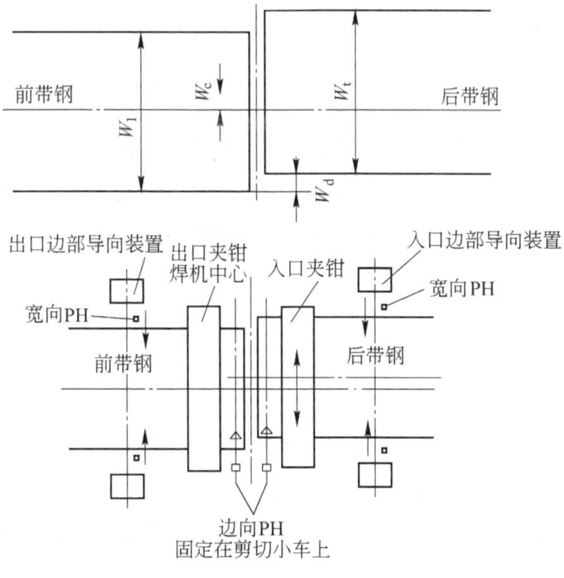

图2-1-64 带钢对中机构

如图 2-1-65 所示。焊丝喂入装置靠近工作头，焊接时喂入焊丝。

快速轴流式 CO_2 激光发生器中工作气体沿放电管轴向快速流动，气体的流速大于 100m/s，由于气体流动方向和电场方向，激光谐振腔方向相一致，所以称为快速轴流型。这种结构的激光发生器，工作气体的流速快，冷却效果好，冷却的效率高，因此输出的功率大，并且输出功率的稳定性好，是目前大功率的 CO_2 激光发生器通常采用的一种结构。

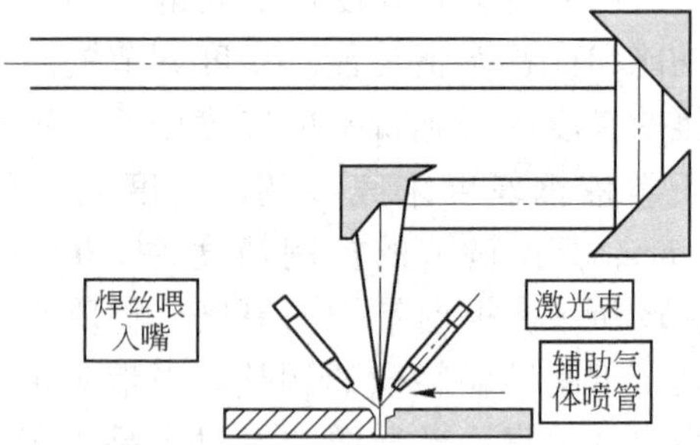

图 2-1-65　激光传输及聚焦

激光气体为 He、N_2、CO_2，由一气体混合器按比例数据混合，另有焊接保护气体 Ar。例如，HSL19 焊机：

激光气体：	CO_2	He	N_2
纯度（%）：	99.995	99.996	99.999
耗量（L/h）：	2	48	10
焊接保护气体：	He（99.996%）		

D　控制操作及监视设备

激光焊机配有监视设备为了检查焊接部分。监视项目有：焊缝宽（上表面和下表面）；焊缝高（上表面和下表面）；焊接间隔（上表面和下表面）。

E　后处理退火单元等

后处理退火感应器装在工作头和后碾压轮之间。后处理退火用于焊接位置的焊接区。激光自动冷却水循环系统冷却激光气体和其他部分。冷却单元和焊后退火冷却单元需要定期补水。

1.7.3　酸洗工艺段设备

酸洗工艺段主要有酸洗槽及其循环系统、漂洗槽及其循环系统、循环加热系统、酸雾排放系统、石墨换热系统、带钢干燥系统等组成。酸洗时带钢运行方向为：Ⅰ号酸洗槽→Ⅱ号酸洗槽→Ⅲ号酸洗槽→漂洗水槽→带钢干燥装置→出口活套。

1.7.3.1　酸洗槽及其循环系统

A　酸洗循环系统

酸循环有如下三条线路：

再生酸：酸再生（再生酸泵）→Ⅲ号中间贮罐（溢流）→Ⅱ号中间贮罐（溢流）→Ⅰ号中间贮罐（废酸泵）→废酸罐。

酸加热或非正常工作状态时小循环：中间贮罐（酸循环泵）→酸加热器（回流）→中间贮罐。

正常工作状态下酸洗状态：中间贮罐（酸循环泵）→酸加热器→酸洗槽（回流）→

中间贮罐。

酸洗槽分成 3 段，焊接钢结构式，每段长 30m，还有一个 2. 5m 长的预漂洗槽。

B　酸槽设备功能及维护

Ⅰ号、Ⅱ号和Ⅲ号酸洗槽结构基本相同，酸槽设备包括酸槽和中间贮罐。酸槽由上槽盖、下槽盖、水封槽和槽体组成。下面只介绍Ⅰ号槽情况。

酸洗槽设有酸液注入口、酸液回流口及排空口。正常生产时，酸液从酸洗槽两端及入口槽壁两侧喷入，对带钢进行全方位喷洗，使酸液在酸洗槽内形成很强的紊流，强化了酸洗效果。酸洗槽还设有酸雾排放口，以防止酸雾逸散。排放槽位于两个不同的酸槽之间和每个酸槽的中部。这些排放槽收集带钢带出来的酸液，并将酸液排到循环罐中。

槽体材质为碳钢衬胶，最里面还衬有耐酸砖，槽体下表面除砌有耐酸砖外，在耐酸砖上另有规律的安放耐磨石。槽体上安装有各种所必需的底座供连接酸雾抽出、酸液排出及酸加热循环等管道。在每段酸槽之间设有排放室。它收集由带钢带出的酸液并将其排至酸液中间贮罐。在排放室内安装有挤干辊组，挤除带钢表面酸液。酸槽结构及酸洗段循环流程图如图 2-1-66 和 2-1-67 所示。

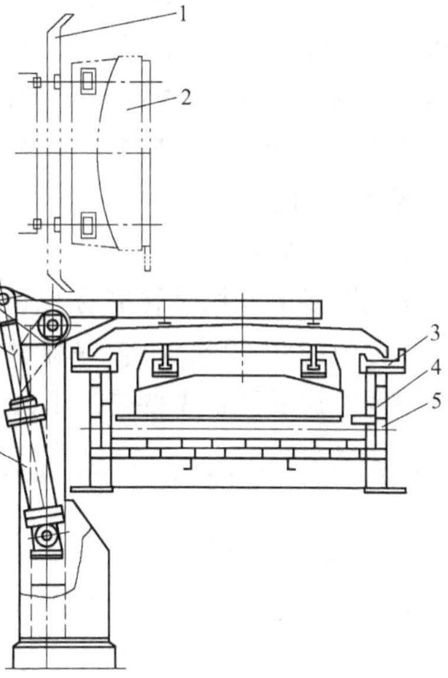

图 2-1-66　酸槽结构

1—上槽盖；2—下槽盖；3—水封槽；4—耐酸砖；5—槽体；6—活塞杆；7—汽缸

槽盖由内盖和外盖组成，浸在酸液里形成酸洗槽的内盖，内盖材质是塑料（PPH）铰接结构，不是固定在外盖上。外盖可以密封酸洗系统，并能收集所有的酸雾，外盖是塑料结构。配有必要的提升框架，液压缸和阀台，阀台柔性连接到液压缸上。水封槽的内部存有一定高度的工业用水，这样当上槽盖边缘插入水中时，利用酸蒸汽易溶于水的特点起到

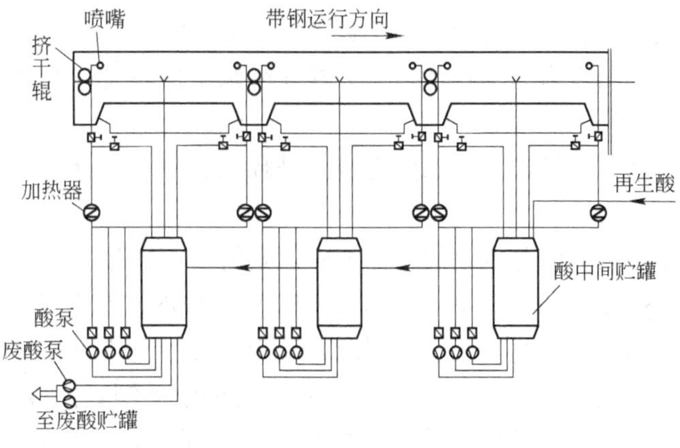

图 2-1-67　酸洗段循环流程图

一个防止蒸汽外溢的密封作用。水封槽由两部分组成，即碳钢外衬耐酸橡胶和耐酸 U 形砖构成。这种水封槽的使用寿命较长。

挤干辊安装在排放槽上边，使带钢带出来的酸液达到最少。

槽体的维护主要有耐酸砖的腐蚀、破损，槽体接管法兰发生泄漏，这种情况发生时应立即修复；槽体本身发生泄漏，这种情况一般不会发生。水封槽的点检主要是定期查看耐酸砖的破损情况。其他无需太多维护。槽盖点检时注意其密封性能，在定修时打开槽盖，观察槽盖内衬玻璃纤维情况，如发生破损，应敲掉破损处多余部分，用带角度的砂轮倒角。清理修整的区域（清理，烘干）后涂胶水、粘贴玻璃纤维后再涂上胶水即可。

C　中间贮罐

中间贮罐的作用是暂时存贮循环酸液。共有 3 个，每个容积均约为 20m^3。贮罐材质为碳钢内衬耐酸橡胶，外包保温材料。

中间贮罐的维护主要是以下几点：接口管道、法兰的泄漏；内衬橡胶老化剥落。

1.7.3.2　漂洗槽及其循环系统

A　漂洗循环系统

漂洗系统主要有以下三个流程：

漂洗段：漂洗水槽→漂洗水泵→漂洗水槽；

冷凝水加入：冷凝水罐→冷凝水泵→漂洗水槽；

干燥系统：风机→空气加热器→干燥装置。

漂洗段的主要功能是洗掉从酸洗槽出来的带钢表面的残留酸液。结构与酸洗槽相似，只是没有浸渍式内盖，在冲洗槽两侧的上部有水密封槽，并和酸槽的水密封槽形成一条直线。

漂洗段设计成 5 级冲洗，即漂洗槽的 5 个喷淋段，每段设有两组喷淋管，一组喷淋管为正常生产时向钢板喷射的漂洗水，另一组喷淋管为事故时向钢板喷射脱盐水。漂洗槽还设有酸雾排放口，以防止酸雾逸散。用于漂洗的冷凝水加到最后一个（5 号）漂洗槽，用串级方式逆着带钢运行方向流向 1 号漂洗槽。

系统在漂洗槽及各贮存罐设有液位检测设备，冷凝水罐上及冷凝水泵出口管上还设有温度检测设施，各泵出口设有压力检测设施，在 5 号漂洗槽还设有电导率检测设施。

B　漂洗设备功能及维护

漂洗设备主要包括漂洗槽、漂洗水贮存罐及循环泵、凝水贮存罐及水泵、脱盐水贮存罐及水泵、喷管。

喷管包括漂洗水喷管及脱盐水喷管过滤器管道及管件、膨胀节、阀门等。

漂洗槽设备包括焊接钢槽体，槽盖是塑料（PP）制成的，带有必要的提升框架；4mm 厚的防酸衬保护内表面，防酸衬是用合成树脂黏结剂黏结陶瓷砖而成的，厚度为 70mm（1 层）；外表面用耐酸漆保护，在槽子和活套车顶板之间的活动钢结构有弹性轴承。

漂洗槽维护主要包括：定期清洗喷嘴；接管法兰泄漏与否，发生泄漏，可更换垫片，或紧紧螺栓等；定期查看槽盖腐蚀情况。

1.7.3.3　酸洗循环加热系统及换热器

在正常工作时，酸液循环系统向酸洗槽供送一定浓度和温度的酸液，酸液通过酸液循环泵不断循环流动并经过石墨热交换器加热，使之保持在设计温度范围内。在机组因事故停机时，可通过旁路加热循环作“小循环”，用来加热循环罐中的酸液，以保持酸液的设计温度。各循环罐间自然的阶梯形成酸液的串级流动，循环系统不需要单独的压力泵。

循环加热系统设备由喷头、侧喷管（每个槽3个）、石墨热交换器、水平离心泵、管道、手动阀、酸循环罐、废酸泵等组成。

酸溶液加热是通过蒸汽热交换间接进行的。酸溶液自酸洗槽一端流出，经过滤器过滤，送入石墨热交换器加热，由酸洗槽另一端输入。

石墨热交换器通常采用圆块孔式和乳头列管式两种。乳头列管式石墨热交换器的性能比圆块孔式石墨热交换器差，检修麻烦，但价格较便宜。乳头列管式石墨热交换器常出现传热管与管板接合的胶接缝渗漏、管子损坏等故障。圆块孔式石墨热交换器导热系数较大，检修方便，但价格较高。圆块孔式石墨热交换器常出现的故障是热圈老化和不严密，酸液通孔被铁盐堵塞。垫圈不严时，只要适当拧紧固定杆弹簧即可。垫圈老化时，要及时拆除更换。酸液通孔堵塞时，用60℃左右的热水将铁盐溶解使其消除堵塞。

1.7.3.4　酸雾排放系统

酸洗机组工艺段的酸洗槽及清洗槽等在运行时液面上产生大量的含酸气体，为了避免这些蒸气外逸，保护工作环境及设备，设置一套废气排放系统，系统设计排风量为$14000m^3/h$。酸雾排放系统工艺为：

酸洗槽抽出的含酸气体→预清洗器清洗→酸雾净化塔清洗→废气用风机从烟囱排至室外。

漂洗槽抽出的含酸废气（含酸浓度较低）→酸雾净化塔净化→废气用风机从烟囱排至室外。

该系统主要设备包括预清洗器、酸雾净化塔、防腐离心风机、循环水泵、排酸雾管道及管件、补偿器、阀门等。

1.7.3.5　挤干辊及干燥系统

在每一个酸洗槽的排放室和每一个漂洗段出口处都设置了挤干辊，它的作用是减少带钢运行所带走的酸液量。挤干辊是钢结构，辊面有橡胶涂层。挤干辊的辊颈安装在酸洗槽和漂洗槽的凹孔上，由橡胶双滑行门来密封这些孔。

挤干辊设备组成：由橡胶衬、轴承座，包括滚动轴承、挤干辊辊颈和槽子间的滑动门、挤干辊机架、压缩空气气缸、带管线的气缸阀台等组成。

带钢经干燥器入口处的挤干辊，进入安装在漂洗段末端的干燥器。它的系统流程为：风机→空气加热器→干燥装置。

在预干燥段带钢上下表面的残余物达到一定程度时将被吹掉，以确保后续干燥器顺利干燥带钢。干燥段风机气流量的大小可以从干燥器内部或外部有选择地吸入，气流的大小通过手动节流阀调节。在干燥段的循环气流通过热交换器加热的饱和蒸汽供应，气流大小由喷嘴调节，喷嘴流量通过安装在流道侧的活叶控制。

1.7.4　酸洗出口段设备

酸洗出口设备包括月牙剪（图2-1-68）、圆盘剪（图2-1-69）和碎断剪（图2-1-70）。

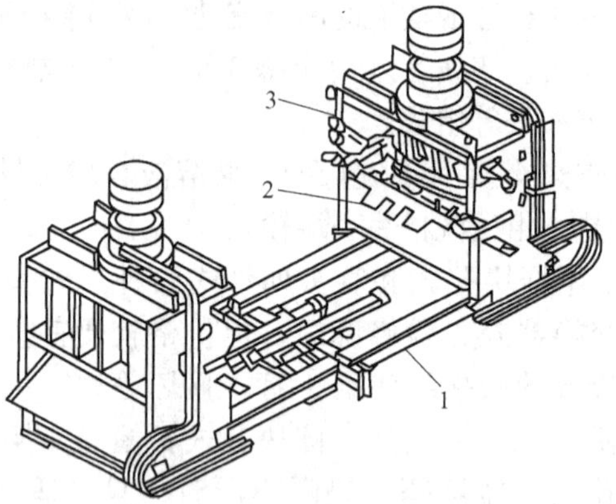

图2-1-68　月牙剪

1—基座；2—冲模单元；3—机架

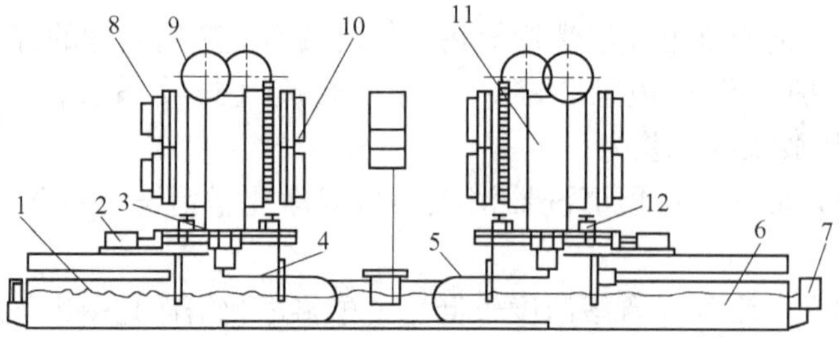

图2-1-69　圆盘剪

1—丝杆；2—液压缸；3，7—液压马达；4—左右卡紧台；5—能源链；6—导台；8—剪间隙调整机构；9—剪重合量调整机构；10—剪刃；11—机架；12—齿盘

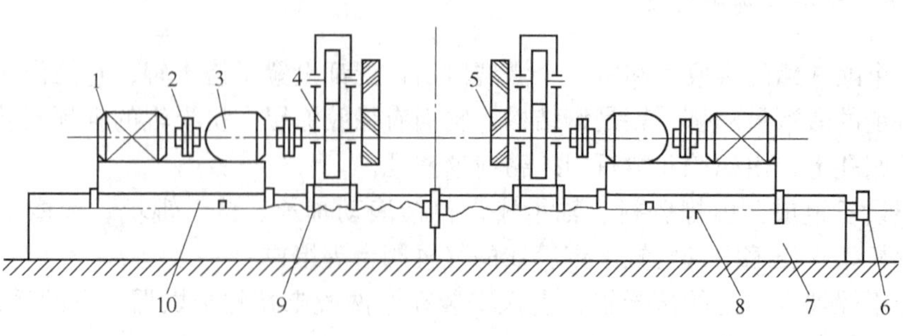

图2-1-70　碎断剪

1—电机；2—联轴器；3—减速机；4—传动装置；5—刀盘；6—液压马达；7—滑座；8—极限；9—卡紧装置及液压缸；10—传动丝杆

1.7.4.1　月牙剪

月牙剪位于带钢轧制线的两侧，用于在带钢宽度变化时剪切带钢边沿，以利于圆盘剪圆形刀片的进出。

月牙剪由基座、机架和冲模单元组成。安装在机架上的剪切工具和油缸可以在导轨上滑动，剪切废料落入在剪切单元末端的溜槽内，最后进入废料箱里。冲模单元为工具钢结构，固定在机架上，剪架通过光栅来调节高度以适应带钢检测。

1.7.4.2　圆盘剪和碎断剪

圆盘剪和碎断剪作为一个整体，放置于同一个回转台上。回转式圆盘剪主要功能是剪切带钢的毛边，其切边质量直接影响着冷轧带钢产品的质量。

A　圆盘剪

圆盘剪主要由底座、左右卡紧台和左右机架组成。左右机架分别装在左右卡紧台上，并可在液压马达的驱动下旋转180°。左右卡紧台可在液压马达作用下通过左右丝杆分开或合拢。当圆盘剪开口度调整好后，卡爪在卡紧油缸作用下夹住底座。回转架位置确定后，定位油缸将插销插入机架下部的开口，使其固定不动。

两根剪轴平行装在机架内，通过滚动轴承装在机内偏心套中，下轴轴向不能窜动，上剪轴可通过调整螺母轴向移动，用来调整上下剪刃的侧间隙。扳动手轮即可调整上下剪刃的重合度。圆盘剪具有自动调节刀刃间隙、自动调节重叠量、在生产线上快速回转更换刀具等功能；装有四套刀刃间隙调整机构和四套刀盘重叠调整机构，在剪切时可根据来料钢板厚度的变化，通过控制系统自动准确地调整刀刃间隙和刀盘重叠量。

B　碎断剪

碎断剪装置由焊接钢结构的框架、装在滚动轴承上的轴、使剪刃头保持同步的齿轮轴、用来固定剪刃和带边部夹具的剪刃头、剪刃、用来磨削废料剪的整套垫片组、调节剪刃间距的电动装置、可移动式废料导轨、废料导槽、废料溜槽、联轴器等组成。

碎断剪的作用是将圆盘剪剪切下来的带钢毛边剪切成碎块以便收集装箱和运输。碎断剪（与圆盘剪一起）分别安装在两个独立的底座上，布置在带钢的两侧，通过万向轴、预紧旋转丝杠和滚动轴承调节其宽度。传动箱内装有两根带刀盘的轴，下轴上装有一个齿轮，轴向不能移动。上轴中间也装有齿轮，这个齿轮由正副齿轮组成。

思 考 题

2-1-1　紊流酸洗与深槽酸洗、浅槽酸洗相比有何优点？

2-1-2　试述酸洗的基本原理及影响酸洗的主要因素。

2-1-3　一卷带钢中什么部位最难酸洗？

2-1-4　酸液在工艺段的3个循环过程是什么？

2-1-5　为什么采用多级冲洗？

2-1-6　试写下酸洗工艺的基本组成。

2-1-7　归纳和总结冷轧酸洗生产线的工艺参数。

2-1-8　从本环节的学习中，你对酸洗工艺的学习有何收获?

2-1-9　简述酸洗后可能会产生哪些缺陷?

2-1-10　试述激光焊接的原理、特点。

2-1-11　试述哪些工艺参数对焊缝质量有重要影响?

2-1-12　思考焊接工艺过程。

2-1-13　拉伸矫直机结构特点，工作原理。

2-1-14　简述酸洗线上设置张力的位置及作用。

2-1-15　简述冷轧酸洗中入口、出口活套及连接活套的工作方式。

2-1-16　简单叙述脱硅和酸再生的原理。

学习情境2　冷轧工艺及设备

单元1　冷轧板带钢的轧制工艺特点

学习目标：

知道板带冷轧时的工艺特点，掌握金属的加工硬化现象、工艺冷润及张力轧制的作用。

工作任务：

认知冷轧板带钢生产的轧制工艺特点。

2.1.1　金属的加工硬化

冷轧是在金属再结晶温度以下进行的轧制。由于加工温度低，金属的晶粒被破碎且不能产生再结晶回复，因此，在轧制中将产生不同程度的加工硬化。由于加工硬化，使轧制过程中金属变形抗力增大，轧制压力提高，同时还使金属塑性降低，容易产生脆裂，当钢种一定时，加工硬化的剧烈程度与冷轧变形程度有关，变形程度越大，加工硬化越严重。

由于加工硬化，成品冷轧板带材在出厂之前一般都需要进行一定的热处理，例如最通常的再结晶退火或固溶处理，以使金属软化，全面提高冷轧产品的综合性能，或获得所需的特殊组织和性能。

2.1.2　冷轧中采用工艺冷却和润滑（工艺冷润）

2.1.2.1　工艺冷却

冷轧过程中由于轧制变形产生的剧烈变形热和摩擦热使轧件和轧辊温度升高，故必须采用有效的人工冷却。轧制速度越高，压下量越大，轧件和轧辊温度亦愈高，工艺冷却问题愈显得重要。

水是比较理想的冷却剂，因其比热容大，吸热率高且成本低。油的冷却能力则比水差很多。水的比热容比油的大1倍，热传导率为油的3.75倍，挥发潜热大10倍以上。由于水具有如此优越的吸热性能，因此大多数轧机皆采用水或以水为主要成分的冷却剂。

实际测温资料表明，即使在采用有效的工艺冷润的条件下，冷轧板卷在卸卷后的温度有时仍达130～140℃，甚至更高。由此可见在轧制变形区中的料温一定比这还要高。辊温过高以及辊温分布规律的反常或突变均可导致正常辊形条件的破坏，直接有害于板形与轧制精度。同时，辊温过高也会使工艺润滑剂失效（油膜破裂），使冷轧不能顺利进行。

2.1.2.2 工艺润滑

冷轧采用工艺润滑的主要作用是减少金属的变形抗力、降低能耗、提高轧辊的寿命、改善带钢及钢板厚度的均匀性和表面状态。这不但有助于保证在已有的设备能力条件下实现更大的压下，而且可使轧机能够经济可行的生产厚度更小的产品。此外，采用有效的工艺润滑也直接对冷轧过程的发热率以及轧辊的温升起到良好的影响；在轧制某些品种时，采用工艺润滑还可以起到防止金属粘辊的作用。生产与试验表明，采用天然油脂作为冷轧的工艺润滑剂在润滑效果上优于矿物油。润滑效果的优劣是衡量工艺润滑剂的重要指标，但是一种真正有经济实用价值的工艺润滑剂还应具有来源广、成本低、化学稳定、便于保存，并且易于轧后的板面去除，不留影响质量的残渍等特点。

矿物油的化学性质稳定，不像动植物油容易酸败，而且来源丰富，成本低廉。因此，生产中采用润滑剂（或称为轧制油）的一般都是矿物油，只是在矿物油中加入了一些添加剂来提高其润滑效果。

实际生产中的工艺冷润是采用乳化剂把少量的轧制油与大量的水混合起来，制成乳状的冷润液（简称乳化液），可兼顾润滑和冷却作用。在这种情况下，水是作为冷却剂与载油剂而起作用的。对这种乳化液的要求是：当以一定的流量喷到板面和辊面时，它既能有效地吸收热量，又能保证轧制油以较快的速度均匀的从乳化液中离析并黏附在板面与辊面上，这样才能及时形成均匀、厚度适中的油膜。

2.1.3 冷轧中采用张力轧制

所谓“张力轧制”，就是轧件在轧辊中的变形是在一定值的前张力和后张力的作用下实现的。

采用张力轧制的作用主要有：

（1）防止带钢在轧制过程中跑偏。轧制带钢时在张力作用下，若轧件出现不均匀延伸，则沿轧件宽向上的张力分布将会发生相应的变化，延伸较大的一侧张力减小，而延伸较小的一侧张力增大，结果便自动地起到纠偏的作用，这种纠偏的作用是瞬时反应的，同步性好，但张力分布的改变不能超过一定限度，否则会造成裂边，甚至断带。

（2）使所轧带钢保持平直（在轧制过程中保持板形平直和轧后板形良好）。由于轧件的不均匀延伸将会改变沿带材宽度方向上的张力分布，这种改变后的张力分布反过来又会促进延伸的均匀化，从而有利于保证良好的板形，不均匀延伸将使轧件内部出现残余应力，采用张力轧制可以使其大大削减，减轻了轧制中板面出现浪皱的可能，保证冷轧的正常进行。

（3）降低金属变形抗力，有利于便于轧制更薄的产品，起适当调整冷轧机主电机负荷的作用。

由于张力的变化，会引起前滑与轧辊速度的一定程度的反向改变，所以在连轧过程中，有一定的自调稳定化作用。

单元2　冷轧轧制工艺

学习目标：

（1）能够熟练掌握冷轧板带时轧制制度的制定方法；

（2）掌握冷轧板带各种缺陷，分析各种缺陷的形成原因，并能够采取措施消除缺陷。

工作任务：

（1）制定板带钢冷轧生产时的轧制制度，包括压下制度、张力制度、速度制度、辊型制度等；

（2）认知板带冷轧钢生产时产生的轧制缺陷及其消除措施。

2.2.1　冷轧板带钢轧制制度的制定

板带钢轧制制度主要包括压下制度、张力制度、速度制度、辊型制度及润滑制度等，其中主要是压下制度和辊型制度，它们决定着实际辊缝的大小和形状。主要就是根据产品的技术要求、原料条件及生产设备的情况，运用数学公式（模型）或图表进行计算，决定各道次的实际压下量、轧制速度等，并根据产品特点确定轧制温度及辊型制度，以便在安全操作条件下达到优质、高产和低消耗的目的。

2.2.1.1　压下制度

板带钢轧制压下规程是板带轧制制度（规程）最基本的核心内容，直接关系着轧机的产量和产品的质量。压下规程的中心内容就是要确定由一定的板坯轧成所要求的板带成品的变形制度，亦即要确定所需采用的轧制方法、轧制道次及每道次的压下量大小；在操作上就是要确定各道次压下螺丝的升降位置，即辊缝的开度。与此相关联的，还要涉及各道轧制速度、轧制温度及前后张力制度的确定及原料尺寸的合理选择，因而广义地说来，压下规程的制订也应当包括这些内容。

A　制订压下规程的方法

制订压下规程的方法也很多，一般可概括为理论方法和经验方法两大类。

（1）理论方法。理论方法就是从充分满足前述制定轧制规程的原则要求出发，按预设的条件通过理论（数学模型）计算或图表方法，以求最佳的轧制规程。这当然是理想的和科学的方法。但是，实际生产中由于变化的因素太多，特别是温度条件的变化很难预测和控制，所以虽事先按理想条件经理论计算确定了压下规程，而实际上往往并不可能实现。因而在人工操作时就只能按照实际变化的具体情况，凭操作人员的经验随机应变地处理。这就是说，在人工操作的条件下，即使花费很大力气把合理压下规程制定出来了，却也不可能按理想的条件得到实现。只有在全面计算机控制的现代化轧机上，才有可能根据具体变化的情况，从上述原则和要求出发，对压下规程进行在线理论计算和控制。

（2）经验方法。由于在人工操作的条件下，理论计算方法比较复杂而用处又不大，故生产中往往参照现有类似轧机行之有效的实际压下规程，即根据经验资料进行压下分配及校核计算，这就是所谓的经验方法。这种方法虽然不十分科学，但较为稳妥可靠，且可通过不断校核和修正而达到合理化。因此，这种方法不仅在人工操作的轧机上用得广泛，而且在现代计算机控制的轧机上也经常采用。例如，常用的压下量或压下率分配法、能耗负荷分配法等基本上都是经验方法。应该指出，即使是按经验方法制定出来的压下规程，也会由于生产条件的变化和人工控制的误差，很难在实际操作中实现原定规程。

B　生产实际上压下规程的制定

基于上述情况，生产中通常采用原则性与灵活性相结合的方法来处理压下规程问题。

（1）根据原料、产品和设备条件，采用理论或经验的方法制定出一个原则指导性的初步压下规程，或者只从保证设备安全出发，通过计算规定出最大压下率的限制范围，有了这个初步规程或限制范围，就基本上保持了原则性与合理性。

（2）在实际操作中，以此规程或范围为基础，根据当时的实际情况具体灵活掌握，这样就有了适应具体情况的灵活性。没有一个从实际条件出发并根据科学计算而定出的原则性规程或范围，就难以合理地充分发挥设备能力；而没有实际操作中的随机应变，便无法适应生产条件的变化，保证生产的顺利进行。这两方面相辅相成，体现为原则性与灵活性的结合。

在计算机控制的现代化轧机上，自然要便于根据具体情况，从理论原则和要求出发，进行合理轧制规程的在线计算和控制。这就更好地体现了原则性与灵活性的结合。事实上，在计算机控制的情况下也不可能在生产中完全按照初设定的压下规程进行轧制，而必须根据随时变化的实测参数，对原压下规程进行再整定计算和自适应计算，及时加以修订，这样才能轧制出高精度质量的产品。

通常在板带生产中制订压下规程的方法和步骤为：

（1）在咬入能力允许的条件下，按经验分配各道次压下量，这包括直接分配各道次绝对压下量或压下率；

（2）制定速度制度，计算轧制时间并确定各道次轧制温度；

（3）计算轧制压力、轧制力矩及总传动力矩；

（4）校验轧辊等部件的强度和电机功率；

（5）进行必要的修正和改进。

C　压下规程的操作

某1850mm冷轧厂，五机架冷连轧机原料厚度为1.6～6.0mm，轧机出口厚度为0.2～2.5mm，其变形量如表2-2-1所示。

表2-2-1　某冷轧厂典型产品轧制变形表

序　号	带钢宽度/mm	入口厚度/mm	出口厚度/mm	变形量/%
1	1220～970	2.0	0.30～0.375	81～85
2	1220～970	2.3	0.35～0.70	69.5～84
3	1420～970	2.6	0.50～0.90	65.4～80
4	1705～970	3.0	0.60～1.30	56.7～80
5	1705～970	4.0	0.8～2.05	48.8～80
6	1705～970	4.5	1.0～2.05	54.4～78.9
7	1705～970	4.8	1.0～2.5	47.9～79.2
8	1705～970	6.0	2.05～2.5	58.3～65.8

各机架压下量的分配通过过程计算机进行预设定计算，预设定计算有三种方式：

（1）自动方式。轧机操作工在操作室的 HMI 操作画面上选择自动轧制方式后，过程自动化计算机会根据钢卷数据，利用模型自动计算出各种预设定值。

（2）标准方式。标准轧制规程是以材料和尺寸的方式存储在过程计算机里。生产时由操作工输入原料厚度、出口厚度、宽度等数据，计算机就可以从数据库中自动选择相应的轧制规程。

在调试阶段，标准轧制规程可以根据客户的要求进行优化，也可以在调试后由工艺工程师维护。如果没有标准轧制规程，就用自动轧制指导。

（3）手动方式。在手动下，操作工可以自己编写指令，对各种数据如压下量、轧制速度、轧制张力等进行预设定。

当为比较特殊带钢的选择预设定方式时，手动方式具有最高优先级，如果没有操作工输入，则用标准方式，再没有标准方式，就用自动方式进行。

2.2.1.2 张力制度

A 张力制度的制定

张力是由于线速度差产生的拉力。采用张力轧制是冷轧带钢轧制的主要工艺特点之一。如前所述“张力轧制”就是轧件的轧制变形是在一定的前张力和后张力作用下实现的。

在轧制过程中，张力的作用直接影响到成品的厚度精度、板形和表面质量，为了使轧机能正常地轧制出质量良好的带钢，必须对张力进行控制和利用。

张力控制基本上可以分为直接张力控制和间接张力控制两大类。前者是用张力计直接检测出张力的实际值，经张力控制器送入系统中进行闭环控制；后者则是控制一些与张力有关的电气量来达到控制张力的目的。

张力调节方式有两种，一种是调节轧辊的速度，即所谓调速调张法；另一种是通过调节压下来调节带钢张力，而压下量的控制又可分为轧制力控制和辊缝位置控制两种方式。通过调节来保持冷连轧机的张力恒定。

生产中张力的选择主要指平均单位张力 $\sigma_{平}$。从理论上讲 $\sigma_{平}$ 似乎应当尽量选高一些，但不应超过带材的屈服极限 R_e，即 $\sigma_{平} < R_e$。不同的轧机、不同的轧制道次、不同的品种规格，甚至不同的原料，均需有不同的 $\sigma_{平}$ 与之相适应。当轧钢工人的操作技术水平较高时，可选用 $\sigma_{平}$ 大些；当带钢硬脆、边部不理想或者工人操作不熟练时，$\sigma_{平}$ 可取得小些。根据以往的轧制经验，应在 $\sigma_z = (0.1 \sim 0.6) R_e$ 的范围内进行选取。

B 张力制度的应用

五机架连轧机组各段带钢使用的单位张力由计算机自动设定，操作人员根据现场条件的变化在表 2-2-2 范围内作手动调整，如果调整值需要超出以下范围时，则必须到现场对带钢运行的稳定性进行确认。

五机架冷轧机组的入口张力是由 1 号机架前的 5 号张力辊产生，并通过电液伺服阀控制的跳动辊开保持张力恒定，以满足厚度高精度轧制的要求。

表 2-2-2 五机架连轧机组各段带钢单位张力的适用范围

序 号	区 域	单位张力的使用范围/N · mm^{-2}
1	开卷机	2.5 ~ 19.6
2	入口活套	7.8 ~ 60
3	工艺段	10 ~ 20
4	No.1 和 No.2 出口活套	15 ~ 25
5	1 架前	30 ~ 65
6	轧机各架之间	60 ~ 200
7	卷取张力	≤60

五机架连轧机组在1号机架前、各机架间和五机架后都有测张力装置，并通过ATC张力自动控制系统来调节机架间的张力，使实际张力值与设定值相符合。

1850mm 冷轧生产线，生产 CQ 级别的带钢时，各机架入口张力如表 2-2-3 所示。

2.2.1.3 速度制度

A 速度制度的制定

轧制速度决定着轧机的生产能力，也标志着连轧的技术水平。提高轧制速度可以缩短轧制周期，有效地提高生产率。

计算机在确定各机架压下分配后，计算出轧制力、轧制力矩和前滑等轧制参数。各机架轧制速度值是以工艺规定的第五机架最大轧制速度为依据，按秒流量相等原理，反向求出各架速度。

B 速度制度的应用

轧机入口最大速度：500m/min。

1850mm 冷轧生产线，生产 CQ 级别的带钢时，轧机出口最大可能的轧制速度如表2-2-3所示。

表 2-2-3 生产 CQ 时轧机出口最大可能轧制速度及机架入口张力设定值

序 号	入口带钢厚度/mm	出口带钢厚度/mm	带钢宽度/mm	轧机出口可能最大的轧制速度/m · min^{-1}	机架入口张力设定值/N · mm^{-2}				
					1	2	3	4	5
1	2.00	0.30	970	1300	60	120	145	150	150
2	2.00	0.30	1220	1300	60	120	145	150	150
3	2.30	0.35	970	1300	60	120	145	150	150
4	2.30	0.35	1220	1300	60	120	145	150	150
5	3.00	0.70	970	1102	60	110	140	145	145
6	3.00	0.70	1220	1102	60	110	140	145	145
7	3.00	0.70	1420	1102	60	110	140	145	145
8	3.00	0.70	1705	1000	58	110	140	145	145
9	3.50	0.90	970	890	60	105	140	145	140
10	3.50	0.90	1220	879	60	105	140	145	140

续表 2-2-3

序　号	入口带钢厚度/mm	出口带钢厚度/mm	带钢宽度/mm	轧机出口可能最大的轧制速度/m·min^{-1}	机架入口张力设定值/N·mm^{-2}				
					1	2	3	4	5
11	3.50	0.90	1420	868	60	105	140	145	140
12	3.50	0.90	1705	852	50	105	140	145	140
13	4.30	1.30	970	616	60	100	135	140	140
14	4.30	1.30	1220	615	57	100	135	140	140
15	4.30	1.30	1420	607	49	100	135	140	140
16	4.30	1.30	1705	596	41	100	135	140	140
17	5.50	2.05	970	377	56	95	130	135	135
18	5.50	2.05	1220	377	45	95	130	135	135
19	5.50	2.05	1420	376	38	95	130	135	135
20	5.50	2.05	1705	369	32	95	130	135	135

2.2.1.4　辊型制度

A　辊型制度的制定

辊型制度是轧机工艺规程的重要组成部分，正确合理的辊型制度可以提高产品质量、产量并大大减少轧辊消耗。

轧制中实际辊缝的形状决定了板带横向厚度差和板形，所以辊型制度的制定要综合考虑影响辊缝形状的因素：

（1）轧辊的热膨胀：轧制时轧件变形而产生的热量，轧件与轧辊的摩擦而产生的热量使轧辊受热，乳化液使轧辊冷却。由于辊身长度上其受热和冷却不一致，在各种因素下，轧辊中部比两端热膨胀大，使轧辊产生热凸度，影响辊缝形状。

（2）轧辊的磨损：轧件与工作辊之间及支持辊与工作辊之间的相互摩擦都会使轧辊磨损不均匀，影响辊缝形状。影响磨损的因素很多，如轧辊与轧件的材质、轧制压力、速度、前滑、后滑等。

（3）弹性变形：主要包括轧件的弹性弯曲和轧件的弹性压扁。弹性弯曲使轧辊产生弯曲挠度是影响辊缝的主要因素。轧制时由于轧制压力作用，带钢与轧辊，相邻轧辊之间均会产生弹性压扁，这种弹性压扁会不均匀的引起辊缝形状变化。

为了补偿上述因素造成的辊缝形状变化，需要赋予轧辊辊面一定的原始形状，使轧辊在受力和受热轧制时，仍能保持平直的辊缝，这就是原始辊凸度设计，通过设计轧辊的原始凸度来弥补轧辊热膨胀和轧辊的弹性变形，轧辊磨损要靠换辊、合理安排轧制计划、设定合理压下规程等方式来补偿。

B　辊型制度的应用

五机架冷轧机组轧辊的工作辊磨有一定的凸度（50μm），中间辊和支撑辊带 CVC 曲线，并且按照轧辊使用周期定期更换。

为了提高轧辊的耐磨性，最好对工作辊表面进行镀铬处理。

在生产中还要采用以下方法来调节辊型：

（1）预热制度。当轧机停机时间超过 4h 后，重新开始轧制时，前 3 卷轧制速度应低于 300m/min。当出口厚度不大于 0.7mm，轧机停机时间超过 2h 后，重新启动轧制，先采用比标准变形率降低一级，3 卷后过渡到要求轧制厚度上来。

（2）乳化液流量调节。在轧制时根据生产工艺和操作情况调节乳化液的喷射量来调节热凸度，5 号机架还可以使用分段冷却来控制板形。

（3）弯辊调节法。就是利用液压缸施加压力使轧辊产生附加弯曲，以补偿辊缝形状的变化，保证生产出高精度的产品。五机架冷轧机组的工作辊和中间辊都带有正负弯辊。

图 2-2-1 为某 1850mm 冷轧机组轧制制度设定的操作画面。

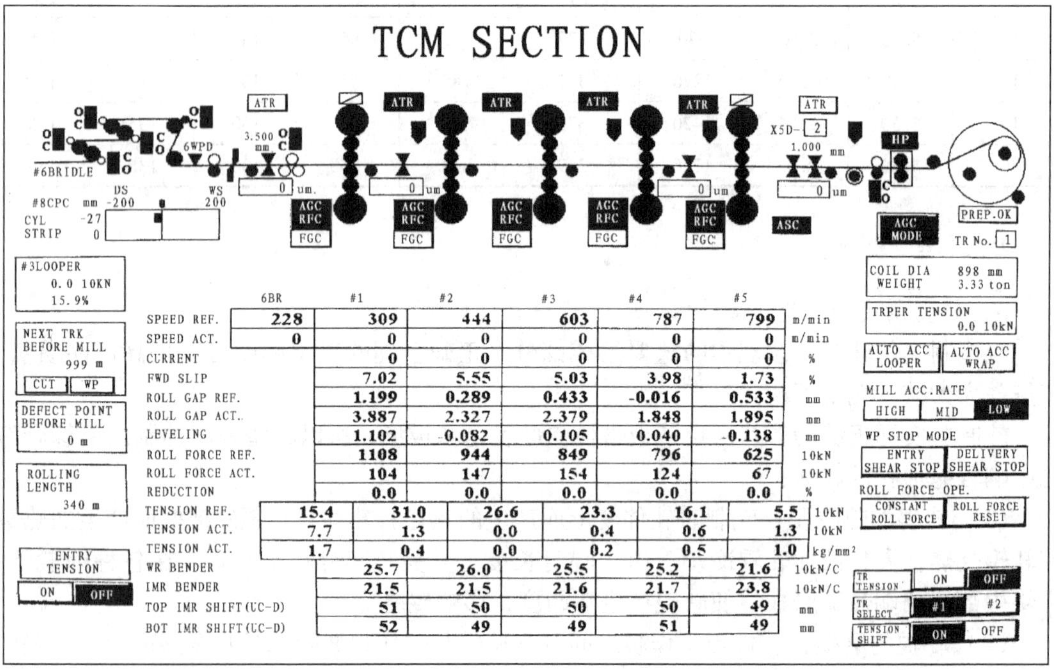

图 2-2-1　轧制制度设定操作画面

规程一：1850mm 五机架冷连轧机组；钢种：DC01；轧机入口带钢厚度：3.5mm；轧机出口带钢厚度：1.0mm；带钢宽度：1280mm，其轧制制度如表 2-2-4 所示。

表 2-2-4　轧制制度表 1

机　架	6BR	1 号	2 号	3 号	4 号	5 号
预设速度/m · min^{-1}	228	309	444	603	787	799
实际速度/m · min^{-1}	226	311	440	605	790	795
实际电流与额定电流比值/%		26.4	29.6	26.6	23.7	1.5
预设辊缝/mm		1.199	0.289	0.433	-0.016	0.533
实际辊缝/mm		2.576	1.814	1.331	1.015	1
预设轧制力/10kN		1108	944	849	796	625
实际轧制力/10kN		1055	943	813	738	628

规程二：1850mm五机架冷连轧机组；钢种：SPCC；轧机入口带钢厚度：3.5mm；轧机出口带钢厚度：1.0mm；带钢宽度：1030mm，其轧制制度如表2-2-5所示。

表2-2-5　轧制制度表2

机　架	1号	2号	3号	4号	5号
实际电流与额定电流比值/%	22.4	31.7	26.5	24.1	2.3
预设辊缝/mm	1.199	0.289	0.433	-0.016	0.533
实际辊缝/mm	2.716	1.855	1.364	1.035	1
实际轧制力/10kN	7200	6800	625	568	503

2.2.2　冷轧板带的轧制缺陷及消除措施

2.2.2.1　浪形

浪形是指沿轧制方向高低起伏呈波浪形弯曲，根据分布部位不同分为中间浪、单侧浪、双侧浪、二肋浪等。

浪形的大小是用单位长度内浪峰的高度来衡量的。浪形发生在钢板边部称为边浪，钢板一侧有浪为单边浪，两侧有浪称为双边浪。浪形发生在钢板中间的叫中间浪，发生在边部与中部之间的位置上称二肋浪。如果波形周期性出现则称为周期浪。

各种浪形缺陷的形态、产生原因如表2-2-6所示。

表2-2-6　浪形缺陷的比较

分　类	中间浪	单边浪	双边浪	二肋浪	周期浪
产生部位	带钢中间	带钢一侧	带钢两侧	在带钢中部与边部之间	带钢上
形　态	沿轧制方向凹凸不平的连续波浪状态	沿轧制方向凹凸不平的连续波浪状弯曲	沿轧制方向凹凸不平的连续波浪状弯曲	沿轧制方向出现的波浪弯曲	周期性出现的波浪状弯曲
产生原因	带钢中间延伸大于边部延伸，导致边部受拉应力，中间受压应力，易产生裂边	带钢有浪一边的延伸大于中间和另一边的延伸所致	带钢两边的延伸率大于中间的延伸率，导致边部受压应力，中间受拉应力	出现二肋浪的带钢部位上，乳化液流量不足	工作辊曲线不准，不均匀过渡，局部膨胀等原因所致

浪形的改善或消除方法：

（1）严格把好原料关，保证来料板形。

（2）按轧制周期定期换辊。

（3）合理调节弯曲与倾斜，分段冷却：

1）通过合理调节轧辊倾斜，改善或消除单边浪。

2）对于双边浪，合理增大弯辊力改善或消除。

3）合理减小弯辊力改善或消除中间浪。

4）根据二肋浪产生部位正确选择分段冷却来改善或消除。

2.2.2.2　瓢曲

瓢曲是指带钢中间呈凸形向上或向下鼓起，切成钢板时，四角向上翘起。

（1）产生原因：

1）工作辊凸度太大，或在轧制时轧辊中间温度太高，使带钢中间延伸大于两边。

2）由于某种原因压下量变小，产生中心延伸大于两边。

3）原料瓢曲大，轧后不易消除。

4）板形调节不当。

（2）改善或消除措施：

1）合理分配辊形，正确分配压下量。

2）精心操作，勤观察板形。

3）原料横向厚度公差应尽量小。

2.2.2.3　辊印

辊印是一种常见的缺陷，各工序都能产生。一般由辊面凸凹缺陷引起，缺陷的部位确定并有周期性。酸洗辊辊印主要是金属碎块粘在张力辊表面上，又压在带钢表面上产生，压印有规律性。

轧制辊印种类比较多，但其特点是周期出现，印坑形状大小相同。

（1）辊印的形式。按缺陷特点辊印可分为 4 种形式：

1）粘辊辊印。它是由于轧辊表面粘有金属，从而在轧制时，在带钢表面形成压印。其形状与粘有金属形式一致，多呈点状、条状或块状。当原料有破边、折叠等缺陷进入轧机，或者穿带、甩尾时，辊缝不大，带钢与轧辊接触并相对滑动，造成金属粘于轧辊表面上，称作粘辊，如不磨除干净，就在轧制时造成辊印。

2）勒辊辊印。由于压下操作不当、原料板形不良、焊缝质量差等原因，引起带钢在辊缝中出现横向窜动，带钢出现浪形并向轧机某一侧游动，甚至形成折叠，习惯上叫做“轧游”。此时，把轧辊勒出深印，甚至粘辊。当勒辊出现后，带钢表面上留下印痕，即为勒辊辊印。

3）由于轧辊掉皮或轧辊裂纹引起的，带钢表面上留下凸包和裂纹压印。

4）硌辊辊印。由于带钢尾部、破边轧入使焊缝处太厚，使工作辊局部承受很大的压下量，辊面产生低于一般辊面的硌坑。留在带钢表面上是与硌坑相应大小及形状的凸起亮印。

（2）防止这些缺陷的措施：

1）首先要保护好轧辊表面，精心操作，防止各种事故发生。

2）要特别注意热轧带钢坯料的质量，有否破边、折叠，焊缝缝是否良好，以防造成粘辊、勒辊、硌辊等事故。

3）要定时进行钢板表面质量检查，以便及早发现和及时处理。

2.2.2.4 裂边

裂边是常发生的缺陷，在大张力和无宽展的条件下，边部金属要强迫延伸，故容易产生边部裂口。塑性越差的金属，越易发生裂边。酸洗机组圆盘剪剪刃间隙调整不当，或剪刀磨损严重，剪边后有毛刺，轧后为锯齿边。更严重的是裂边容易造成断带，带来操作事故。裂边还减少了钢板有效宽度，降低了成材率。可用肉眼判定不易混淆。

消除措施：

（1）提高热轧带钢边缘质量。

（2）提高操作水平合理调整圆盘剪刃间隙，严格按周期更换剪刃。

2.2.2.5 乳化液斑

乳化液斑是由残留在带钢表面的乳化液形成的。它们随机地分布在带钢表面，形状不规则，颜色发暗。

（1）产生原因：

1）轧机出口乳化液吹扫装置吹扫效果不良。

2）乳化液含杂油量过多。

3）压缩空气质量不高。

（2）消除措施：

1）定期检查轧机出口吹扫装置，保证良好吹扫效果，保证压缩空气质量。

2）减少乳化液含杂油量。

2.2.2.6 横向波纹

横向波纹是可以贯穿带钢横向的不均匀波纹，有波浪的外形，与轧线垂直。发生横向波浪时，带钢厚度通常比波幅小。发生原因多数是因为轧机发生颤动，也可能因为轧辊加工精度差。横向波纹很容易用肉眼判定。

消除措施：

（1）严格按轧制周期更换支撑辊。

（2）提高轧辊磨削精度。

（3）严格控制来料厚度公差。

2.2.2.7 厚度不均

钢板在纵、横断面上实际厚度超出标准中规定的允许偏差值，可分为横向厚度不均和纵向厚度不均。

（1）产生原因：

1）轧机测厚仪失准，使测量误差偏大。

2）轧机压下设定及张力不合适，厚度调控不当。

（2）消除措施：

1）保证各机架测厚正常投入运行，按规定日期及时校对。

2）正确选择压下量、张力，经常抽查轧制后的钢板厚度尺寸。

2.2.2.8　塔形

钢卷的端面卷取不齐，一圈比一圈高，连续不断，形似小塔。
（1）产生原因：
1）卷取机对中装置失灵带钢跑偏。
2）带钢有较大镰刀弯。
3）板形不良，出现大边浪。
4）卷取张力设定不合适。
（2）消除措施：
1）保证对中装置正常，防止跑偏。
2）加大切头尾量减少镰刀弯，控制好板形减少浪形。
3）合理设定卷取张力。
4）出现塔形立即停机、分卷、重新卷取。

2.2.2.9　溢出边

带钢卷取时，端面有一圈或几圈突出。
（1）产生原因：
1）对中装置失灵。
2）板形不良、有边浪、镰刀弯等。
3）压下调整不当，变形不匀。
（2）消除措施：
维护好对中装置，保证良好工作状态，精心操作保证板形良好。

单元 3　轧制过程工艺润滑

学习目标：
（1）知道冷轧工艺润滑剂的基本要求；
（2）掌握冷轧润滑剂的分类；
（3）熟练掌握对乳化液的各种评价指标。
工作任务：
认知板带钢冷轧时工艺润滑剂的应用。

由于高速轧制能够使得轧机的轧制周期大为缩短，生产率大为提高，因此，带钢轧制的高速化已经成为现代化冷连轧机生产的一大趋势；另外，随着大变形量钢种的出现对轧机生产能力带来了新的挑战。轧机在轧制过程中能否发挥出最大能力，取决于轧制规程和工艺润滑等参数给定是否合理。当轧制速度较高或变形量大而工艺润滑能力不足时，带钢表面将会由于润滑的局部破坏而产生表面缺陷，从而也限制了轧制速度的提高。因此，工艺润滑是保证冷轧生产顺利进行不可或缺的条件之一。

冷轧工艺润滑剂的基本要求是：

(1) 适当的油性，即在极大的轧制压力下，仍能形成边界油膜，以降低摩擦阻力和金属变形抗力；减少轧辊的磨损，延长轧辊使用寿命；增加压下量，减少轧制道次，节约能量消耗。但是不定期要考虑到轧辊与钢材之间必须要有一定摩擦力，才能使钢材咬入轧辊，摩擦系数过低，将会打滑，所以润滑性能必须适当；

(2) 良好的冷却能力，即能最大限度地吸收轧制过程中产生的热量，达到恒温轧制，以保持轧辊具有稳定的辊形，使带钢厚度保持均匀；

(3) 对轧辊和带钢表面有良好的冲洗清洁作用。以去除外界混入的杂质、污物，提高钢材的表面质量；

(4) 良好的理化稳定性。在轧制过程中，不与金属起化学反应，不影响金属的物理性能；

(5) 退火性能好。现代冷轧带钢生产，为了简化工艺，提高劳动生产率，降低成本，在需要进行中间退火时，采用了不经脱脂清洗而直接退火的生产工艺。这就要求润滑剂不因其残留在钢材表面而发生退火腐蚀现象（即在钢材表面产生斑点）；

(6) 过滤性能好。为了提高钢材表面质量，某些轧机采用高精度的过滤装置（如硅藻土）来最大限度地去除油中的杂质。此时，要避免油中的添加剂被吸附掉或被过滤掉，以保持油品质量；

(7) 抗氧化安定性好，使用寿命长；

(8) 防锈性好。对工序间的短期存放，能起到良好的防锈作用；

(9) 不应含有损害人体健康的物质和带刺激性的气味；

(10) 油源广泛，易于获得，成本低。

2.3.1　冷轧润滑剂的分类

2.3.1.1　油基润滑剂

油基润滑剂通常由基础油和添加剂组成，其中基础油为主要组成部分，所占比例达到80%，甚至95%。润滑剂的基础油可以是矿物油、动植物油或合成油。

(1) 矿物油。矿物油由于其来源广泛、成本低廉，因而得到普遍应用。与动植物油相比，矿物油大多由非极性分子组成，具有良好的氧化安定性，使用过程润滑性能稳定，使用周期长，对金属腐蚀性较弱，退火时对金属表面的油斑污染也较少。但是由于矿物油极性较弱，对金属表面的吸附能力较差，使用时通常要加入添加剂。冷轧中采用的矿物油通常有：变压器油、12号和20号机油、11号汽缸油、24号汽缸油、28号轧制机油等。

(2) 动植物油。动植物油主要由各种脂肪酸组成，其中以硬脂酸、油酸和棕榈酸为主。油酸为不饱和酸，在常温下是液体，故使用起来较为方便，其余的饱和脂肪酸在常温下均为固体。由于动植物油在分子结构上为极性化合物，氧化安定性较差。高温下游离的有机酸对金属的腐蚀性强，尤其是在金属轧后退火时在金属表面形成的油斑较严重。然而，动植物油具有良好的润滑性能，油膜强度高，摩擦系数小，如蓖麻油在轧制过程中甚至可以出现负前滑。一般在对轧后表面要求不高的场合，特别是在润滑剂非循环使用的条件下，如热轧工艺润滑、小型轧机冷轧润滑等生产中使用。但目前多数情况，动植物油都用作矿物油的添加剂。作为工艺润滑油的动植物油中用途最广的是：棕榈油、蓖麻油、棉籽油、葵花籽油、动物脂肪等。

（3）合成油。合成油是为了获得某些性能人工合成的具有特殊分子结构的化学物质。由于合成油的分子结构是人为设计的，因此可以根据需要获得合成油的理化性质和一些矿物油和动植物油无法满足的特殊性能。如聚丁烯，可以精确控制其链长和黏度，在保证其润滑性能的同时，又不会在退火时在金属表面形成油斑。目前合成油受到广泛关注，其应用领域也越来越广泛。

2.3.1.2　乳化液

A　乳化液的组成

所谓乳化液，就是一种液相以细小液滴的形式分布于另一种液相中，形成两种液相组成的足够稳定的系统，将其称之为乳化液。形成液滴的液体称为分散相。乳化液的其余部分称为分散（连续）介质。在冷轧生产过程中，通常将少量的油和大量的水混合成乳化液使用，油起润滑剂的作用，水起冷却剂和润滑油溶剂的作用。

乳化液主要由基础油、乳化剂、添加剂和水组成。基础油可以是矿物油、动植物油或合成油。乳化剂具有独特的分子结构，其分子一端为亲油基，另一端为亲水基，通过乳化剂的作用，把油和水结合起来形成稳定的油水平衡体系。常用钠皂和钾皂（脂肪酸和环己烷酸形成的盐）作为乳化剂。乳化液中的添加剂主要有乳化稳定剂、抗氧剂、油性剂、极压剂、防锈剂、防腐剂、消泡剂等，其中油性剂和极压剂主要用于提高乳化液的润滑性能，尤其是极压剂。由于乳化液中90%以上是水，故基础油中必须加入极压剂。

冷轧用乳化液应满足以下要求：

（1）高温、高压条件下，具有良好的润滑特性和冷却效果。

（2）脱脂性能良好，润滑剂轧后易于清除，保证成品带钢表面光洁。

（3）具有良好的化学稳定性，带钢不易生锈，不易腐蚀。

（4）具有良好的乳化性能，使用方便。

（5）成本低，废液易处理，无环境污染。

B　对乳化液的评价指标

对乳化液的评价指标主要有如下几种：

（1）浓度。表示乳化液中油的总浓度。经验表明，乳化液浓度的高低与轧机运转速度有一定的关系。运转速度越低要求乳化液浓度越高。从传热的角度说，浓度越低，传热性能越好，但与此同时，油膜的厚度越小，润滑效果越差。因此，为了保证一定的润滑能力，需要维持乳化液一定的浓度，从而，在生产过程中随着乳化液浓度的降低，需要随时补入新油，以保持浓度稳定。但是，乳化液浓度并非越高越好，若浓度过高，不仅可能会引起轧制过程的不稳定，而且在轧后带钢退火时表面污染严重。因此，合理确定乳化液浓度，对于确保轧制润滑效果，降低乳化液成本都有极其重要意义。其确定乳化液浓度的基本原则是保证乳化液浓度维持在一定水平，而且控制并减少杂油含量。一般系统中杂油含量应控制在10%以内。

（2）皂化值。皂化是指用碱使油脂水解成脂肪酸和甘油的反应。皂化值是指皂化1g试样油所需氢氧化钾的毫克数。皂化值是乳化液分析的一个关键指标，不同的基油其皂化值亦不同。根据皂化值可判断轧制油中的油脂或合成脂等油剂的含量。皂化值高，同样工作条件下乳化液的润滑效果好，反之，润滑效果差。

（3）酸值。酸值是指中和1g油中酸性物质所需的氢氧化钾的毫克数。轧制油在轧制过程中逐渐氧化，生成过氧化物后转化成有机酸，因此酸值过大是轧制油老化的标志。游离脂肪酸指的是油性剂中含有的游离的脂肪酸成分，也可用酸值来表示，即游离脂肪酸% ×2 = 酸值。测定游离脂肪酸可以判断乳化液中油的分解量。游离脂肪酸有利于乳化液的润滑作用，其含量不宜太低，也不宜太高，太高则可能造成在轧制镀锡板时给脱脂带来困难。

（4）pH值。pH值影响乳化液的稳定性。$pH < 5$，乳化液颗粒度增大，乳化液不稳定。$pH > 8$ 或在9.5时颗粒度变小，引起冷轧时润滑困难。pH值与电导率突然发生变化，表明有酸、盐类或碱侵入乳化液。如果电导率一定而pH值下降可能表现为细菌的繁殖而腐败。此时，乳化液会有一种特殊的气味。

（5）铁含量。乳化液中铁含量主要来源于它所接触的金属铁粉，铁在乳化液中以下列几种形式存在：Fe、Fe_3O_4、FeO、Fe_2O_3 和铁皂。如果乳化液中铁含量过高时，表明乳化液润滑作用不够。铁含量高主要在油浓度较低时产生，由于润滑作用不够，辊缝处就有铁粉被磨出来。油浓度低是指乳化液中活性油的浓度低。有时杂油的泄漏及铁皂的产生，使得总油浓度不低。在氯含量过高时，对带材产生的锈蚀而使乳化液中铁含量增高。

（6）氯化物含量。乳化液中氯含量太高，可使带钢退火后产生锈点，在储存时间长，钢板太湿的情况下加剧带钢的生锈，并且氯还影响乳化液的稳定性，所以氯含量超过一定值时，就要更换乳化液。氯含量主要来源于酸洗槽中氯含量过高，以及冲洗不净。乳化液中补充水也有可能引起氯含量偏高。氯含量过高电导率上升较快。

（7）灰分含量。乳化液中的灰分主要来自于无机盐类或铁粉，随着轧制时间的增加，灰分含量逐渐增加。一般乳化液的灰分含量不要超过1000mg/L，轧制时乳化液的灰分含量越低越好。因为灰分较多，则增加机械磨损，降低了乳化液的润滑性，同时也影响了退火后板面的清洁度。

（8）电导率。通过电导率的变化能反映乳化液质量的变化。正常是pH值保持不变，电导率随轧制周期延长而缓慢上升。一般是pH值在5.5到8.0之间，电导率上升速度为10～20μS/cm左右。这是因为不断补充水和油，使乳化液中的盐含量不断增加。值得注意的是pH值保持不变而电导率上升很快，这可能是中性盐侵入乳化液，一般多从酸洗喷槽带来。另一种是pH值和电导率突然同时上升，这表明含碱物质及其盐类进入乳化液。如是pH值突然下降而电导率上升则可能是无机酸或其盐类进入乳化液。

（9）黏度。黏度是衡量润滑剂流动阻力的参数，有动力黏度与运动黏度两种指数。润滑剂的黏度取决于温度与压力，随着压力的升高，油黏度增大。随着温度的升高，油的黏度急剧下降。

当乳化液的浓度很低（小于10%）时，水-油乳化液的黏度几乎和水的黏度一样。

另外，乳化液的颗粒度也是一个极为重要的指标，它可以直接反映乳化液的性能变化。同时，良好的颗粒度分布是润滑良好的基础。颗粒度过大，则乳化液不稳定，油易析出，给乳化液循环系统带来问题；同时粒径太大，板表面聚油太多会影响油品退火清净性能。颗粒度过小，乳化液过稳定，则离水展着性差，润滑不足。因此，对于乳化液的颗粒度，特别是多次轧制之后的颗粒度是否稳定，也是评判轧制油品性能的重要指标。

2.3.2　冷轧中工艺润滑的目的

在冷轧中应用工艺润滑可达到以下几个目的：

（1）减小变形区接触弧表面上的摩擦系数和摩擦力，使轧制压力和能量消耗降低。轧制时，应用润滑剂可增大道次压下量和减少道次数，同时还可以提高轧制速度。

通过润滑剂在轧辊和带钢表面形成一层油膜，当润滑剂渗入轧辊和带钢接触表面的凸凹部时，可以把带钢与轧辊分隔开，从而降低接触表面的摩擦系数。根据轧钢生产的理论和实践可知，所有轧制运动学参数和力学参数都与外摩擦力有一定的关系。特别重要的是轧制总压力和能量消耗随着摩擦力的减小而降低。而且，变形区接触弧长度和轧件平均厚度之比值愈大，则摩擦力对力能参数的影响也愈大。因此，轧制薄轧件（l/h 很大）时，润滑油对降低轧制压力和能耗的影响最大。

（2）有润滑轧制可减小最小可轧厚度，轧出更薄的带钢。所谓“可轧制厚度极限”，它决定于轧辊的弹性压扁。润滑能减小摩擦系数和轧制总压力，从而能轧制更薄的轧件。

（3）工艺润滑可以减少轧辊的磨损。

（4）可以带走由于剧烈摩擦和变形功而产生的大量的热量，从而防止金属粘在轧辊上。

（5）工艺润滑兼有冷却剂的功能。润滑剂也能起洗涤剂的作用，它能保证从辊面和金属表面冲洗掉金属颗粒和其他污垢。

2.3.3　润滑剂的供给方式

冷轧过程中，乳化液的供给方式主要有循环式和直接式两种。循环式润滑是将乳化液注入油箱中，通过油泵供给冷轧机使用。使用后的乳化液通过集油箱，过滤器等再生循环使用。直接式润滑是将润滑用的纯油或乳化液直接喷洒到轧辊和带钢表面进行润滑。直接式润滑的润滑液消耗能量大、成本高，因此冷连轧机组大多采用循环式润滑。

单元 4　板形控制

学习目标：

（1）掌握板形的基本概念；

（2）掌握板形缺陷的种类和形成原因；

（3）掌握带钢板形的检测与控制方法。

工作任务：

（1）认知板带钢冷轧生产时板形缺陷的形成原因；

（2）认知板带钢冷轧生产时采用的板形控制方法。

除了厚度精度、表面质量、力学性能外，带钢的板形精度是冷轧板带的最重要的质量指标，它直接影响到汽车、家电、仪表等下游行业的生产率、成材率以及产品外观，从而影响到产品的市场竞争力。

板形控制的目的是要轧出横向厚度均匀和外形平直的带钢，但由于对板形概念的定量描述比较困难，影响板形的因素也很复杂，而板形在线检测装置和控制技术也在不断完善和发展中，因此板形自动控制技术在生产中应用比厚度自动控制要晚得多。20 世纪 80 年代以来，随着钢铁工业的不断进步，板形在线检测装置和控制技术的不断完善和发展，以及各种先进板形控制轧机的投入使用，板形自动控制技术渐趋成熟，并获得了巨大的进步，成为现代冷轧带钢生产技术不可缺少的又一重要组成部分。

2.4.1　板形的基本概念

衡量带钢板形通常包括纵向和横向两个方面的指标。就纵向而言，用平直度 Flatness 来表示，俗称浪形，这也是板形的主要外观体现，当平直度不好时，带钢会发生瓢曲，这时就认为带钢的板形不好；在带钢的横向上，衡量板形的指标则是板带的断面形状，包括横截面凸度 Crown（也称为横向厚差 Profile）、边部减薄及局部高点等一系列概念。其中平直度和板凸度是最为常用的板形代表性指标。凸度和平直度之间有着密切的关系，调整凸度会对平直度产生直接影响。在冷轧带钢实际生产控制中，也是通过调整轧机有载辊缝来控制带钢凸度，最终以实现良好的平直度。

2.4.1.1　横截面凸度

带钢横截面凸度 C_W 是指带钢中心处的厚度 h_c 与距带钢操作侧边缘 25mm 处厚度 h_{e2o} 和距传动侧边缘 25mm 处厚度 h_{e2d} 的平均值之差：

$$C_W = h_c - \frac{h_{e2o} + h_{e2d}}{2} \tag{2-2-1}$$

式中　C_W——凸度；

h_c——带钢横截面中心处厚度；

h_{e2o}，h_{e2d}——分别为距带钢操作侧边缘和距传动侧边缘 25mm 处的厚度。

图 2-2-2 为带钢横截面凸度图。

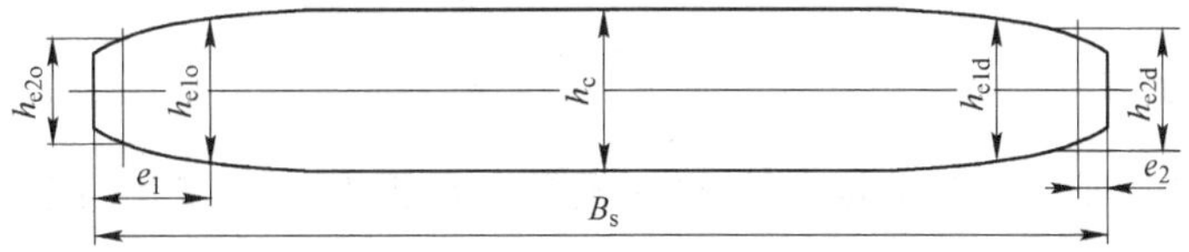

图 2-2-2　带钢横截面凸度图

2.4.1.2　相对凸度

带钢横截面凸度与带钢中心处厚度的比值称为带钢横截面的相对凸度 C_{WR}，也称为比例凸度：

$$C_{WR} = \frac{C_W}{h_c} \tag{2-2-2}$$

2.4.1.3　相对延伸差

带钢经轧制后其厚度变薄的同时会伸长，带钢沿轧制方向的延伸在宽度方向上的分布有可能不一样，如图 2-2-3 所示。带钢任一位置的长度 l_x 与中心位置的长度 l_c 之间会有一个差值，也就是延伸差。延伸差与中心位置的长度比值，定义为相对延伸差 ρ_x：

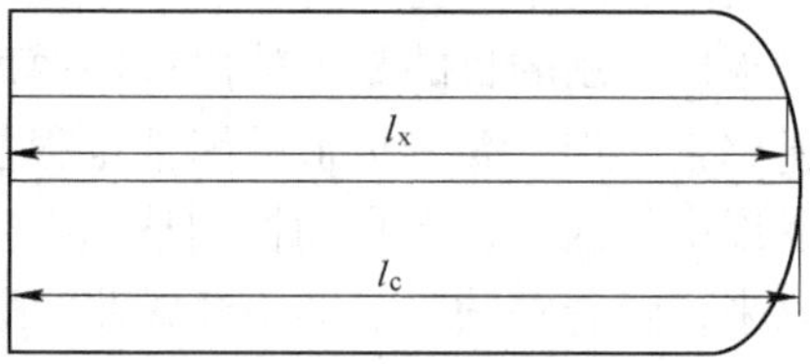

图 2-2-3　带钢轧制方向延伸示意图

$$\rho_x = \frac{\Delta l_x}{l_c} = \frac{l_c - l_x}{l_c} \tag{2-2-3}$$

式中　Δl_x——带钢宽度方向上任一位置长度与中心位置长度差；
　　　l_c——带钢宽度方向中心位置长度；
　　　l_x——带钢宽度方向上任一位置长度。

2.4.1.4　边部减薄

由于轧辊与带钢边缘处应力分布的特殊情况，以及带钢在这个区域的横向流动，导致这个区域的厚度急剧变薄。边部减薄量 h_{edg} 按距带钢操作侧边缘 25mm 处厚度和距带钢操作侧边缘 100mm 处厚度的差值计算：

$$h_{edg} = h_{e1o} - h_{e2o} \tag{2-2-4}$$

式中　h_{e2o}——距带钢操作侧边缘 25mm 处的厚度；
　　　h_{e1o}——距带钢操作侧边缘 100mm 处的厚度。

2.4.1.5　楔形

无论是热轧过程，或是在冷轧过程中，轧辊的调整都有可能发生水平非对称的压下，因此导致带钢操作侧和传动侧的厚度有差异，这种差异在带钢宽度方向上的分布是一次线性的，其计算公式如下：

$$h_W = h_{e2o} - h_{e2d} \tag{2-2-5}$$

2.4.1.6　平直度

平直度一般是指浪形、瓢曲或旁弯的有无及存在程度。平直度的定量表示方法有多种，较为实用的有：

A　波浪度 λ 表示法（急峻度、翘曲度的表示）

取一段带钢放在一个平台上，测量浪高 R 和波长 L，如图 2-2-4 所示，则波浪度 λ 可以表示为：

$$\lambda = \frac{R}{L} \tag{2-2-6}$$

式中　R——波高；
　　　L——波长。

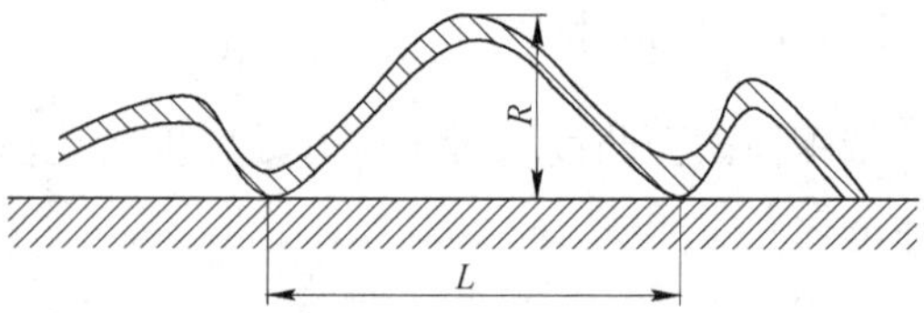

图 2-2-4　波形表示法

这种表示方法比较直观，也便于测量，常作为成品带钢静态平直度检查之用。

B　相对延伸差表示法

在生产上，人们常常使用相对延伸差 ρ_x 对平直度进行描述，相对延伸差的单位可以理解为每米长度的延伸差，按下式表示：

$$\rho_x = \frac{\Delta l_x}{l_c}\left(\frac{\mu m}{m} \times 10^6\right) \quad (2\text{-}2\text{-}7)$$

或者使用 I 单位（I-Unit）来表示：

$$1(\text{I-Unit}) = 10\left(\frac{\mu m}{m}\right) \quad (2\text{-}2\text{-}8)$$

假设带钢波浪可以用正弦曲线表示，则可利用线积分求出曲线部分和直线部分的相对长度差 $\Delta L/L$。这样可得到用波浪度表示法 λ 与用相对延伸差表示法 ρ_x 之间存在如下关系：

$$\rho_x = \left(\frac{\pi R}{2L}\right) = \left(\frac{\pi}{2}\right)^2 \times \lambda^2 \times 10^5(\text{I-Unit}) \quad (2\text{-}2\text{-}9)$$

上式表明带钢波浪度可以作为相对延伸差的代替量。只要测出带钢平直度，就可以求出相对延伸差。用相对延伸差描述带钢平直度的方法，常常用在理论计算与分析中。

C　张力差表示法

带钢在张力作用下，表现的显性板形消失，转化为潜在浪形。在板形不良时，出现的是张力不均匀分布。平直部分受张力大，有浪形部分受张力小，即带钢上单位张力分布与平直度成正比例关系，见图 2-2-5。

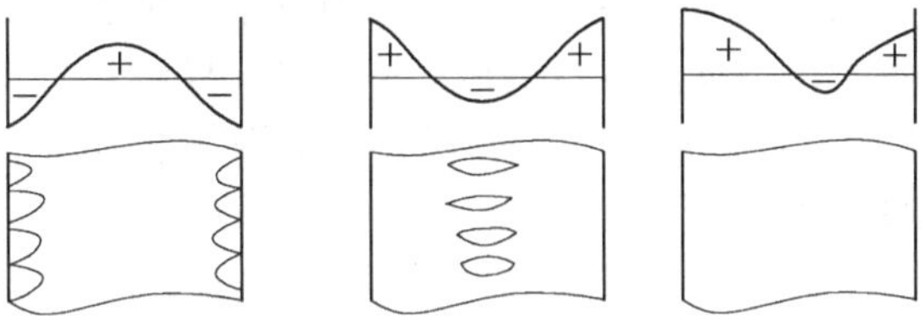

图 2-2-5　单位张力分布与平直度关系

假设作用在标准带钢长度上的单位张力为 T_0，板宽上某一点单位张力 $T(X)$，则张应力差为 $\Delta T(X)$，有如下公式：

$$\Delta T(X) = T_0 - T(X) \quad (2\text{-}2\text{-}10)$$

根据张力差与延伸差之间的关系（胡克定律），有如下关系式：

$$\Delta T(X) = E \cdot \rho(X) \quad (2\text{-}2\text{-}11)$$

式中　E——带钢弹性模量，kN/mm^2。

进而有

$$\rho(X) = \Delta T(X)/E \quad (2\text{-}2\text{-}12)$$

这就表明延伸差的分布引起的形状不良可以用张力差来描述。

2.4.2　板形缺陷的种类和形成原因

2.4.2.1　板形缺陷种类

在冷轧带钢生产当中，常见的板形缺陷有边浪、中浪、1/4 浪、横向浪形、上凸下凹形和其他类型的浪形，如不对称浪、复合浪等，如图 2-2-6 所示。

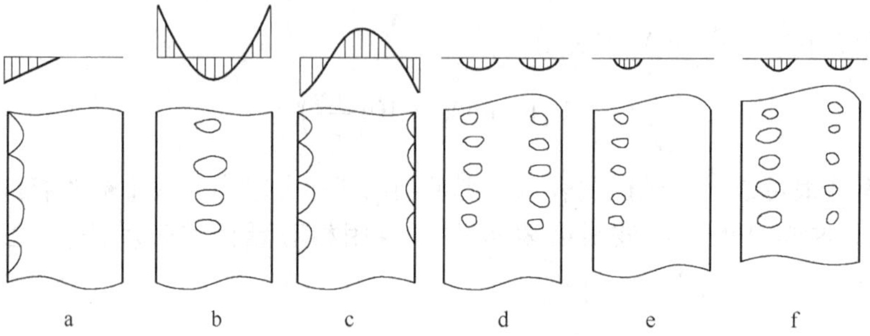

图 2-2-6　板形缺陷的表现形式

a—单边浪；b—中间浪；c—双边浪；d—1/4 浪；e—不对称浪；f—复合浪

2.4.2.2　板形缺陷的基本原因

在冷轧带钢生产当中，造成带钢板形缺陷有各种各样的原因，但归纳起来，可以分为影响平直度的因素和影响板凸度的因素两个方面。

A　影响平直度的因素

影响带钢平直度的因素比较多，主要是在轧制过程中，由于带钢沿其宽度方向上各点的纵向伸长率不均，即沿宽度方向上各点的压下率不等，导致在带钢上出现边部或中部起浪（见图 2-2-7a）；在带钢大张力轧制下，表现为沿带钢宽度方向上张应力分布不匀。板形与张力分布的关系如图 2-2-7c 所示。

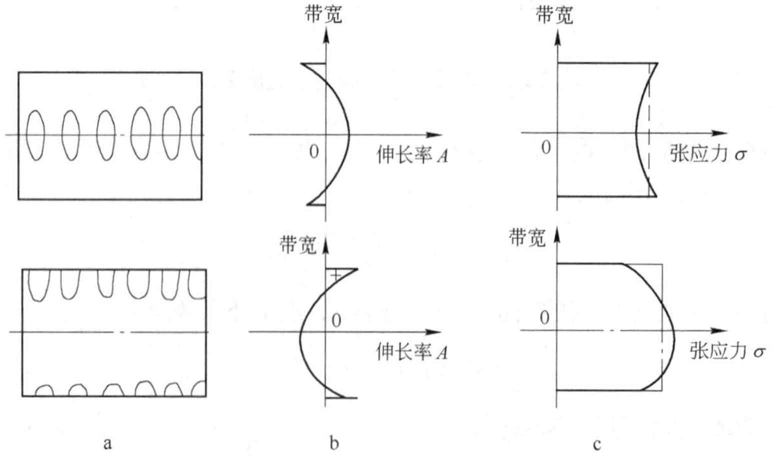

图 2-2-7　带钢板形与伸长率分布、张应力分布的关系

a—板形缺陷；b—伸长率分布；c—张应力分布

为分析方便，假定带钢是由一系列宽度很小的纵向窄条所组成。这样，可将带钢沿宽度方向各点伸长率不均理解为这些纵向窄条的延伸不均。当各窄条互无联系并各自自由延伸时，则所轧出的带钢端部形状与各窄条延伸率不一致的情况相吻合，而实际上带钢的整体是由这些窄条所组成的，它们之间有着紧密地联系。因此，在这些延伸不均的窄条之间便产生拉应力或压应力，即延伸较大部分受压，延伸较小部分受拉（见图2-2-7b）。拉应力虽不会引起板形问题，但当超过材料的强度极限时，可能会使该部分（多出现在边部）发生断带现象，但当压缩应力超过某一临界值时，将使这一部分带钢产生不同形式的波浪（或称瓢曲），如图2-2-7a所示。

B　影响板凸度的因素

影响带钢横向厚差的因素很复杂，但在忽略轧出带钢弹性恢复的条件下，主要以取决于轧机在轧制时的有载辊缝的形状与开口度，即带钢轧出断面形状（凸度）与有载辊缝的形状是一致的。

影响轧机有载辊缝几何形状的主要因素有：

（1）轧辊的原始辊形（凸形、凹形和圆柱形）。如前所述，若忽略带钢轧后的弹性变形，其横断面上的厚度形状则由金属通过轧辊时的实际辊缝（工作辊缝）的形状所决定。当采用平辊形（即初始轧辊凸度为零）轧制，则因为轧辊在轧制力作用下，轧辊产生弹性变形，使轧件通过轧辊时的实际辊缝将呈现中间开度大而两边开度小的凸辊形。因此，由这种辊缝轧出的带钢横断面厚度必然是中间厚、两边薄，即为凸形。

由理论分析与实验研究表明，工作辊在轧制压力作用下所产生的挠度比支撑辊大得多。这主要是因为工作辊与支撑辊之间存在弹性压扁变形，使位于板宽范围之外的那一部分工作辊受到支撑辊的悬臂弯曲作用，导致工作辊本身的挠度大大增加。所轧带钢的宽度愈小，工作辊的挠度愈大。

轧辊原始辊形不同，辊缝的形状也不同。为了改善板形和减小横向厚差，应使轧辊具有某种原始凸度的辊形。

（2）轧辊的热凸度。工作辊热膨胀沿其长度方向的分布称为热辊形。辊身中部与边部热膨胀之差称为热凸度。它们取决于工作辊自身温度场的特性。

在现代高速带钢冷连轧机的轧制过程中，由于轧件的塑性变形热和摩擦热的作用，造成轧辊温度的升高。一般来说轧辊中部的温度较两端的温度高，但有时也会遇到相反的情况。轧辊辊身各部分温度的不均匀分布，将造成辊身各部分热膨胀的不均匀分布，从而破坏了辊缝的平行性。若轧辊中部温度高于两端的温度，则原先平行的辊缝将会变成凹形，对所轧出的带钢断面亦起相应的影响。对此，可通过对热凸度的控制来克服。

（3）轧辊磨损对辊缝的影响。在轧制过程中，工作辊和支撑辊均将渐渐被磨损且前者磨损较多。轧辊的磨损将使辊缝形状逐渐变得不规则。轧辊磨损与所轧品种规格、轧制计划安排、工艺制度、轧辊材质、原始辊形以及轧辊冷却润滑条件等有着密切的关系。轧辊磨损对辊缝的影响主要通过合理选择原始辊形来补偿。

（4）轧制压力对辊缝的影响。轧制压力使轧辊弯曲变形和不均匀的压扁变形，从而影响辊缝的几何形状。

2.4.2.3　常见的几种板形缺陷的形成原因

常见的几种板形缺陷及其形成原因分别如下：

（1）边浪。带钢边部的厚度减薄量大于中部，从而引起带钢边部延伸量大于中部延伸量，出现边浪。边浪又有单边浪、双边浪和不对称双边浪 3 种。主要形成原因是总轧制力过高；投入错误的工作辊正弯辊；负弯辊量过大；工作辊凸度过平或工作辊边部温度高于中部。边浪可以由弯辊和轧辊横移来消除。单边浪由调整单侧压下解决。

（2）中浪。带钢中部的厚度减薄量大于边部，从而引起中部的延伸量大于边部而出现中浪。主要形成原因是总轧制压力过小，工作辊正弯辊力过大；工作辊凸度过大；轧辊中部热膨胀过大。中浪可以由弯辊和轧辊横移来消除。

（3）1/4 浪。带钢浪形出现在中部和边部之间、板宽 1/4 处。主要形成原因是连续轧制时间过长，轧辊中部与边部产生较大温差，同时辊中部又受到大水量冷却，因而在板宽 1/4 处轧辊温度过高，局部热膨胀过大而造成的。1/4 浪可以靠加强对该处的局部冷却进行消除，也可以通过对六辊轧机的合理弯辊设置予以解决。

（4）横向波浪。带钢板面上出现了一个微小的材料横向移动，在板面上出现横向波浪和对角线波浪。主要原因是来料的平直度不良；过高的单位轧制力；错误的弯辊设置等。

（5）上凸下凹。带钢板面出现局部不平度，可见到带钢宽度几厘米处有鼓起的“包”。主要原因是由于局部区域冷却喷嘴阻塞或损坏；轧辊局部冷却不足而膨胀过大，造成局部轧制力过大而形成。

2.4.3　带钢板形的检测与控制

2.4.3.1　带钢板形（平直度）的检测

要实现带钢板形的自动控制，首先要实现带钢板形的检测。在板形检测手段尚未解决以前，板形只能采用开环控制。只有当板形检测仪（如板形计、多段测量辊）在带钢冷连轧机上得到应用以后，才能实现带钢板形在线闭环自动控制。

目前检测冷轧带钢平直度的方法有很多种，按带钢与平直度检测装置之间的接触方式可将其分为两类：与带钢直接接触的平直度检测装置为接触式板形仪；不与带钢接触的为非接触式板形仪。冷轧板形检测目前采用最多的是瑞典 ABB 公司的有滑环分段接触式板形辊。它是通过将测量辊分成若干个测量区域，并在每个区段内安装测量传感器，以测量带钢沿宽度方向上各段的径向力分布，再经数学转化得到相应张应力分布，从而来判断板形缺陷的类型及大小。每个分段的钢环标准宽度为 52mm，称为一个测量段。在带钢边部区域，为有利于精确测量，分段钢环的宽度可选择为标准宽度的一半，即 26mm，测量辊直径一般为 313mm，具体辊身长度根据覆盖最大带钢生产宽度所需的测量段段数而定。分段式接触式板形辊自 20 世纪 70 年代初在冷轧上使用一直沿用至今，其较高的测量精度及稳定的使用效果已得到了世界上众多冷轧生产厂家的认可。

另一种使用较广的是实心整体式采用压电晶体传感器的 BFI 平直度辊。近年来，出于减少测量辊辊面磨损及带钢板面划伤考虑，西门子公司于 20 世纪末又开发出一种采用振动法通过电涡流传感器检测的 SI-FLAT 非接触式板形仪，并已在冷轧机上得到了成功的应用。

2.4.3.2　板形控制方法

板形控制的方法很多，但基本上可以分为两类：一类是实行轧制规程的最优化，其在板形控制技术及其发展中仍占有较重要的地位，因为轧制规程是否合理，将对轧制过程的特性、产品质量、控制精度、自动控制系统的工作状态及其控制效果均有很大的影响。另一类则是通过针对影响辊缝形状变化进行相应的补偿来控制，其具体方法主要有轧辊磨削原始凸度法、冷却流控制法、液压弯辊法、新型轧机控制法。

A　轧辊磨削原始凸度法

早期板形控制的方法采用的是磨削轧辊原始凸度的方法，目前这种方法仍然是很有效的板形控制手段之一。

B　冷却液控制法

冷却液控制法是通过对轧辊热凸度的控制来改善板形的一种传统的控制方法。即将冷却系统沿工作辊轴向分成若干区段，每个区段安装有若干冷却液喷嘴。控制各区段冷却液系统喷嘴打开和关闭，调节沿辊身长度冷却液流量的分布来改变轧辊温度的分布，从而调节热凸度的大小，达到控制板形的目的。

当板形检测仪采用测量辊时，冷却系统区段的划分应与测量辊测量区段的划分相对应，将每一测量区段的检测信号来控制冷却系统相应区段的喷嘴。采用冷却液控制法来调节热凸度可补偿一小部分轧辊的磨损量。但存在调节范围小，功能不稳定，尤其是存在响应速度慢（由于轧辊本身热容量大，温升与温降要有较长的时间）的缺点。因此，仅仅依靠这种缓慢而又不准确的调温控制法，仍不能满足对板形质量的要求。

C　液压弯辊法

液压弯辊法是20世纪60年代发展起来的一种控制带钢板形的有效方法。它是通过液压弯辊系统对工作辊或支撑辊端部附加一可变的弯曲力，使轧辊弯曲来控制凸度以校正带钢的板形（见图2-2-8）。

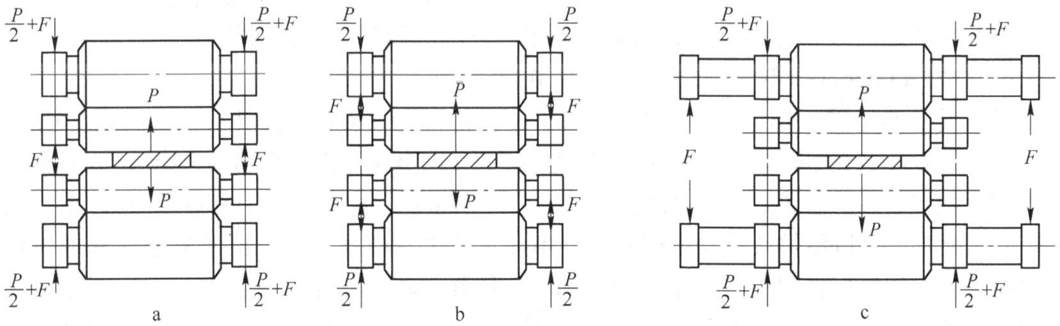

图2-2-8　四辊液压弯辊装置的主要形式

a—正弯工作辊；b—负弯工作辊；c—正弯支撑辊

液压弯辊法可使轧辊瞬时凸度量在一定范围内迅速地变化，且能连续完成调整动作，有利于实现板形调整的自动化，是反应最快、最有效的控制手段。

液压弯辊的投入使用，使得板形控制上升了一个很大的台阶。目前几乎所有的现代带钢冷连轧机上均配置了液压弯辊装置。

采用液压弯辊装置作为一种无滞后的板形控制手段，虽然具有上述的许多优点，但是，它要受到液压油源最大压力的限制，其调整范围难以完全满足实际板形调节的需要，同时，由于需给轧机、轧辊轴承和轧辊本身增加附加载荷，影响了轧机能力的充分发挥。如果单独采用液压弯辊装置来控制带钢板形并不完善，有其局限性，因此，液压弯辊法只有同上述其他的板形控制方式配合使用，才能取得较为满意的效果。

D　新型轧机控制法

这些新型轧机（如 HC 轧机、CVC 轧机、VC 轧辊、FFC 轧机等）属于挠曲补偿型的板形控制技术，具有良好的板形控制能力。它们的出现是板形控制的一个突破，可使液压弯辊系统的可控范围大为扩大，实现在最大弯辊力的允许范围内满足工作辊缝更大幅度变化的要求。

a　HC（High Crown）轧机——日立板形控制技术

日本日立制作所于 20 世纪 70 年代初将六辊轧机的中间辊（IMR）制成可轴向移动的，通常称采用该技术的轧机为 HC 轧机，如图 2-2-9 所示。它可消除四辊轧机轧制板带钢时，在板宽度以外工作辊与支撑辊接触部分的不良影响（或称有害接触区），这种不良接触区会造成工作辊弯曲使轧制带钢的边部减薄。使轧辊间的接触长度随着板宽而变化，即对工作辊轴的弯曲变成可以控制的，这就是 HCM 六辊轧机设计成中间辊可轴向移动的指导思想。

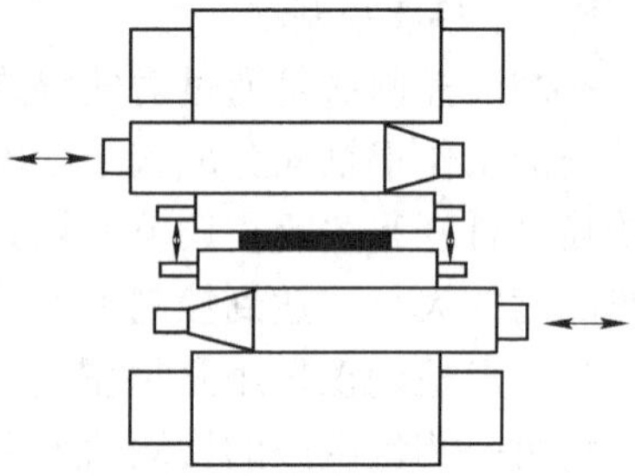

图 2-2-9　HC 轧机简图

HC 系列轧机具有以下特点：

（1）具有良好的板凸度和板形控制能力，由于它的中间辊可以轴向移动，改变了工作辊和支撑辊的接触应力状态，消除了有害的接触应力，使工作辊弯曲减小，由于带材边部减薄量减少，减少了裂边和切边量，轧制成材率可提高 1% ~2%；

（2）可采用小直径工作辊、大压下量，减少轧制道次和连轧机机架数量；

（3）工作辊可不带原始凸度，以减少磨辊、换辊次数及备用辊的数量。

b　CVC（Continuously Variable Crown）轧机

CVC 轧机是德国 SMS 公司于 1982 年提出的，称为连续可变凸度轧机，有两辊（CVC-2）、四辊（CVC-4）和六辊（CVC-6）三种结构形式。CVC 轧机是将工作辊或中间辊的辊面均磨成“S”形表面，大小直径差为 0.4 ~0.7mm，两轧辊大小头在轧机上相互成 180°方向配置，可以沿轴线相反方向移动，形成正负辊缝凸度。上、下两根辊在基准位置为中性凸度，辊缝两侧对应的高度相同，和一般的轧辊相同。当上辊向右移动，下辊对称地向左移动，辊缝中间薄相当于轧辊的正凸度。反之，当上辊向左，下辊向右作对称移动，则辊缝中间厚相当于轧辊的负凸度。因轴向位移是无级变化的，所以便形成了连续变化辊缝凸度的控制效果。图 2-2-10 为 CVC 各种辊缝轧廓形状简图。

通常 CVC 轧机的设计是基于轧辊移动距离等于轧辊辊身支撑长度的 ±5% ~ ±7% 和每一根辊子的凸度设定范围大致为 0.5mm。CVC 轧机可以是二辊式、四辊式或六辊式。

CVC 轧机具有以下一些特点：

（1）CVC 轧机具有良好的带钢板形控制能力和稳定性，可以利用调整弯辊力、工作

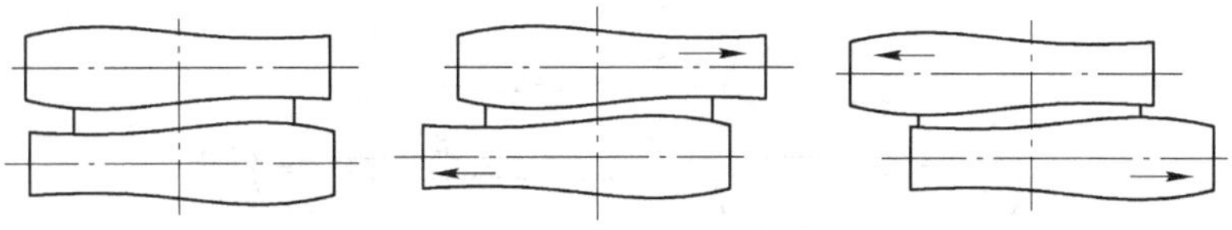

图 2-2-10　CVC 系统各种辊缝轮廓形状
a—零凸度；b—正凸度；c—负凸度

辊或中间辊轴向移动、分区冷轧等几个方面，求得最佳辊缝，得到最佳平直度。

（2）CVC 轧机使弯辊力始终处于比较小的状态，降低了弯辊力，提高轧辊和轴承的使用寿命。

（3）支撑辊和工作辊的磨损基本与普通四辊轧机相同，而且由于工作辊轴向窜动，工作辊带钢边部地区的磨损槽可以均匀化，减少了磨损槽的深度。

c　成对辊交叉 PC（Pair-Crossed Rolls）轧机

轧辊水平交叉轧机，轧辊交叉有三种类型，即支撑辊交叉、工作辊交叉和工作辊、支撑辊成对交叉（如图 2-2-11 所示）。前两种交叉因轧辊间有相对滑动，造成轧辊磨损、能量消耗和引起较大的轴向力。第三种交叉也称 PC（Pair-Crossed Rolls）轧机，避免了上述缺点，当轧辊交叉角度为 1°时，该系统可以产生约为 900μm 的机械凸度，有较好的实用价值。

图 2-2-11　三种轧辊交叉轧机原理
a—支撑辊交叉；b—工作辊交叉；c—成对交叉

这种轧机是新日铁和三菱重工于 1979 年联合研制成功的，开始用于热轧机上，后来推广到冷轧机上。PC 轧机的特点是辊缝凸度调节能力大，但只能获得正凸度的辊缝，而且由于轧机运动方向与轧辊旋转方向有一角度，轧制时会产生一个轴向力。

d　VC（Variable Crown）轧辊

1979 年日本住友金属公司研制成功，首先应用于二辊平整机上，现已广泛用于冷热轧板带轧机上。VC 轧辊称为可变凸度轧辊，即可作为四辊轧机的支撑辊，又可作为二辊轧机的工作辊。它是利用芯轴与套筒之间形成的密封高压油腔，以高压油的压力来改变轧辊凸度，控制板带的平直度。当油压最大为 50MPa 时，轧辊半径方向的凸度可达 270μm，从而控制板带的边浪和中间浪，如再配上工作辊弯曲装置，还可以扩大板带凸度的控制范围，一般为 -50 ~ +50μm。图 2-2-12 为 VC 轧辊示意图。

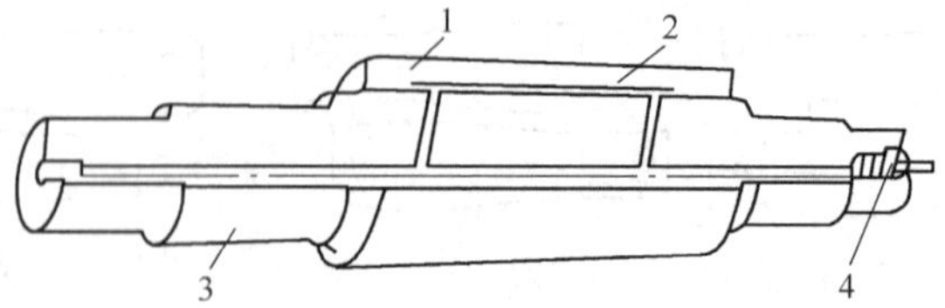

图 2-2-12　VC 轧辊示意图

1—辊套；2—液压腔；3—辊芯；4—高速旋转接头

VC 轧辊具有如下主要特点：

（1）VC 轧辊同小直径工作辊弯辊装置相结合，既可有效地控制带钢的板形，还可适当消除原料板形的缺陷。在同一轧机上，上、下两个支撑辊均采用 VC 轧辊比只使用一个的效果增加一倍。

（2）轧辊使用寿命长，可减少换辊次数。同时用一种类型的工作辊可以进行多品种规格的轧制，从而减少了轧辊备件数量。

（3）利用 VC 轧辊可以组成厚度和凸度综合自动控制系统，定时自动校正磨损和温度变化对工作辊凸度的影响。

（4）对现有轧机的改造，只需要更换轧辊，简单易行。同时，应用压力高达 49MPa（$500kg/cm^2$）的高压油，使旋转接头与油室密封困难，结构复杂。由于 VC 轧辊具有如上所述的优点，因此发展很快。

除以上的技术外还有一些技术如：UPC、DSR 等，但应用不广泛。

单元 5　轧机主要设备操作

学习目标：

掌握轧制区主要设备、轧机入口机械设备和轧机出口段机械设备的作用、安装位置及其各技术参数。

工作任务：

认知轧制区主要设备、轧机入口机械设备和轧机出口段机械设备的构成及使用。

某 1850mm 冷轧厂，有酸洗-冷轧联合机组一条，其中，冷轧机为五机架全 6 辊 UCM 串列式冷轧机。其轧机的主要设备包括：轧机入口设备、连轧机设备、换辊设备、轧机出口设备各 1 套。下面对轧机的各主要设备进行阐述。

2.5.1　轧机区主要设备

2.5.1.1　轧机机架

轧钢机机架是轧钢机中重要的永久性零件。轧辊轴承座及轧辊调整装置等都安装到机架上，机架要承受轧制力，必须有足够的强度和刚度。根据轧机形式和工作要求，轧钢机架分为闭式和开式两种。闭式机架是一个整体铸钢框架，具有较高的强度和刚度，可承受较大的轧制压力，且变形小，故可满足较高的轧制精度，故板带轧机一般采用闭式机架。这样在换辊时，轧辊是沿其轴线方向从机架窗口中抽出或装入，需要专用的换辊装置。1850mm 冷轧机采用的是闭式机架。

用横梁把操作侧和驱动侧的牌坊焊接起来构成 1 个机架。每一个机架有四个支撑辊轴承座推动装置。其作用是在支撑辊换辊后，把上下支撑辊推向轧机的出口侧，从而保证轧制稳定。每一个推动装置包括推板和板簧，推板上装有液压缸，板簧用来弹回推板。在轧制过程中，推动装置处于缩回的位置。轧钢机架的技术参数如下：

数　量：	5 个机架（共 10 片轧机牌坊）；CVC，6 辊设计
材　料：	
轧机牌坊：	Gs45 或 Gs38（铸钢）
耐磨板：	C45N（优质钢）或同等材质
横截面积：	每个牌坊立柱的截面积约为 5110cm^2
轧机牌坊的总高度：	约 11300mm
牌坊重量：	最大 132t（每片）

2.5.1.2　液压辊缝调节系统

所谓液压调整系统就是液压压下装置，由于带钢的轧制速度和产品精度要求日趋严格，新建的冷连轧机组已全部采用液压压下。液压调整系统设置在轧机顶部，在支撑辊轴承座与牌坊上横梁之间。其作用在于调节上轧辊，提供所需的轧制力以及补偿轧辊直径的减小。技术参数如下：

数　量：	5 套（共 10 个辊缝控制液压缸及附件，提供所需要的轧制力）
液压缸类型：	双作用液压缸
有效轧制力：	最大 33000kN
液压缸行程：	约 200mm
位置传感器：	每一个液压缸底座有一个位置传感器
伺服阀：	每个液压缸配有两个，90L/min
压力传感器：	
活塞侧：	每一个缸一套
活塞杆侧：	两个液压缸共用一套
位置：	固定在液压缸缸体上
材　料：	
活塞：	42 CrMo4V（调质钢）
液压缸缸体：	42 CrMo4V（调质钢）
液压缸底座：	42 CrMo4V（调质钢）
球形块：	42 CrMo4V（调质钢）
止推块：	42 CrMo4V（调质钢）

2.5.1.3　中间辊轴向移动系统

CVC 轧机可以通过中间辊的轴向横移获得最佳的辊缝形状。CVC 中间辊轴向移动系统设置在轧机操作侧，用螺栓固定在中间辊弯辊块上。中间辊轴向移动系统在轧制过程中，根据来自二级机的指令而自动动作；在换辊期间，根据来自主控室操作工的命令而动作。当中间辊到达轧机内最终的指定位置后，中间辊轴向移动系统将自动锁住中间辊轴承座。轧制过程中，在承受额定载荷和速度的时候，中间辊可以根据指令做轴向移动。技术参数如下：

数　量：	5套
轴向驱动（每个轧辊）：	2个液压缸（每个液压缸配装有位置传感器）
位置精度：	约±0.5mm
移动行程：	约±200mm
移动速度：	≤30mm/s（辊缝打开）

2.5.1.4　轧辊

轧辊是轧机在工作中直接与轧件接触并使轧件产生塑性变形的重要部件，它是整个轧钢机的中心。轧辊通常有辊身、辊颈及辊头三部分组成。常用的轧辊材料有合金锻钢、合金铸钢和铸铁等。

A　工作辊

冷轧机上直接与带钢接触的轧辊为工作辊。冷轧工作辊在很大的静载荷和动载荷下工作，轧辊表面与轧材之间存在着巨大的摩擦力，使辊面迅速拉毛，加剧了摩擦并出现了疲劳裂纹，同时生产中不可避免的轧钢事故，如跑偏、打滑等。因此，轧辊的质量好与坏对产品的质量、产量和成本有很大的影响。高表面硬度、良好的抗热冲击性、抗剥落性和耐磨性是冷轧辊选材的重要标准。

通常，选用的冷轧工作辊必须具备如下的性能及要求：

（1）具有较高的抗断裂和抗剥落性能；

（2）具有较高的抗热冲击（抗网状裂纹）和抗事故的能力；

（3）具有很高的耐磨性能，从而保证钢板的表面质量；

（4）轧辊应具有较高的硬度（>HS90）和足够的硬化层深度；

（5）轧辊应具有低级别的树枝状结晶组织；

（6）轧辊应由高纯度钢制造，具有较低的夹杂物含量。

1850mm五机架冷连轧机工作辊技术数据如下：

工作辊直径：	ϕ560/480mm
辊身长度：	约1970mm
轧辊全长：	约5255mm
材　质：	合金锻钢，成分（Cr 3%～5%，Mo 0.5%）
粗糙度：	$R_a \leq 1.0\mu m$（1～4机架）
	$R_a = 2.5 \sim 3.0\mu m$（5机架）

B　中间辊

1850mm五机架冷连轧机中间辊技术数据：

中间辊直径：	ϕ650/570mm
辊身长度：	约2370mm
轧辊全长：	约5308mm
辊身形状：	CVC^{+}

材　质：　合金锻钢，成分（Cr 3% ~5%，Mo 0.5%）

粗糙度：　$R_a \leq 1.0\mu m$（1 ~5 机架）

C　支撑辊

支撑辊由于不直接与钢板接触，不需要更高的耐磨性和热强性，而需要更高的韧性、抗剥落性。支撑辊一般采用复合锻钢轧辊。在使用支撑辊时，其最重要的技术要求是：

（1）辊面具有较高的屈服极限和疲劳强度，以抵抗剥落。

（2）足够的辊面硬度以抵抗中间辊对其造成的磨损。

（3）辊面材料应具有一定的抗冲击性能，以避免钢板卷入工作辊与支撑辊之间的意外事故导致辊面严重烧伤。

（4）辊芯具有较高强韧性和较低内应力，避免负荷突然增加引起断辊。

1850mm 五机架冷连轧机支撑辊技术数据：

支撑辊直径：　ϕ1465/1300mm

辊身长度：　约 1970mm

轧辊全长：　约 5630mm

辊身形状：　CVC$^+$补偿曲线

材　质：　合金锻钢，成分(Cr 2% ~6%,Mo 0.2% ~1.2%,Ni 不超过 0.8%)

2.5.1.5　换辊装置

轧辊在使用中由于和轧件的接触，造成轧辊出现了磨损，以及轧辊出现的划伤、粘辊、剥落，甚至轧辊断裂等情况，不能满足产品质量的要求，或不能进一步生产时，必须进行换辊。实际生产中为了提高轧材的表面质量、尺寸、形状精度和更换轧材品种，都需及时更换轧辊。冷连轧机工作辊至少每班更换两次。

换辊时要根据产品质量的要求，可以分别更换工作辊、中间辊和支撑辊。建立合理的换辊制度是保证产品质量的最基本要求之一。实际生产中，轧钢操作人员要经常性地进行换辊操作，换辊装置的可靠性有时成为影响生产率的重要因素，因此掌握换辊装置的性能，并进行熟练操作，就显得比较重要。该装置工作辊和中间辊换辊采用一套机构，支撑辊换辊采用另一套机构。

A　工作辊和中间辊的换辊装置

工作辊和中间辊的换辊装置在轧机操作侧，穿越轧机区域直接到磨辊间。换辊时，先从轧机中抽出需要磨削的轧辊，再侧向移动，然后插入新轧辊。在磨辊间通过车间行车从换辊小车上装卸轧辊。工作辊和中间辊可以单独换也可以一起换，在轧机内有带钢的情况下也可进行换辊。换辊装置由如下几部分构成：

（1）小车：焊钢结构，有四个装有耐磨轴承的车轮，通过两个齿轮电机驱动轮轴运动，通过使用一个安装在轧机上的液压锁定装置，将小车锁定在轧机操作侧的特定位置。

（2）侧移小车：焊钢结构，车轮安装在耐磨轴承上。其横向移动由液压缸驱动。

（3）抽插辊装置：焊接的钳式小车，在耐磨轴承上装有车轮，通过液压马达驱动。通过作用在辊颈上的液压钳，锁住或松开轧辊。工作辊和中间辊夹钳可以单独松开或锁紧。

（4）装卸抽屉：位于侧移小车上，能够把下中间辊从侧移小车上推进与拉出，从而方便吊装下中间辊。通过两个液压缸驱动，并用极限开关进行位置控制。

该换辊装置技术参数如下：

数　量：	5辆
小车移动速度：	约250mm/s
移动距离：	约14000mm
侧移平台移动速度：	约150mm/s
抽插辊装置移动速度：	约200mm/s

B　支撑辊换辊装置

支撑辊换辊装置布置在轧机操作侧，位于地面以下。其作用在于通过支撑辊换辊车，移出或移入支撑辊。在支撑辊换辊时，降低下支撑辊轴承座，将其放入由两个滑架组成的支撑辊换辊车内。下支撑辊通过支撑辊换辊液压缸从轧机内移出。下支撑辊移到位后，将支撑辊换辊鞍座放到下支撑辊上，再将其一同移入轧机。随后，通过液压缸块内的平衡液压缸，降低上支撑辊，将其放到支撑辊鞍座上，然后整套支撑辊从轧机内移出，通过吊车将上支撑辊吊起，放到支撑辊平板车上。移走支撑辊换辊鞍座，吊起下支撑辊，放置在支撑辊平板车上，与上支撑辊一起运至磨辊间。移入新辊的过程，步骤与上述相反。其技术参数如下：

数　量：	5套
每个换辊车的能力：	一整套支撑辊（上、下支撑辊）和支撑辊换辊鞍座
换辊车驱动：	通过一个液压缸驱动
换辊鞍座：	
功　能：	用于上下支撑辊同时换辊
位　置：	换上支撑辊时，通过吊车将换辊鞍座放置在下支撑辊轴承座上
数　量：	2套

2.5.2　轧机入口段机械设备

2.5.2.1　带钢夹紧装置

带钢夹紧装置设置在轧机入口侧的支撑框架上。其作用是：在工作辊和中间辊换辊时，带钢夹紧装置自动动作，夹紧带钢；当发生断带时，带钢夹紧装置通过带钢失张信号激活，快速夹紧带钢。其技术参数如下：

数　量：	1套
打开距离：	轧制时60mm，穿带时185mm
压板垫木材质：	硬质木头

2.5.2.2　横剪

横剪装置设置在连轧机入口侧的支撑框架上（测厚仪之前）。在换支撑辊或发生断带时，用于切断停在轧机中的带钢。

根据工艺要求需要对带钢进行剪切时，横剪的上剪刃通过2个液压缸驱动，向下移动到一定位置不能再移动后，下剪刃将由液压缸自动提升，开始剪切。剪切完成后的动作按相反的程序执行。其中通过齿轮连杆机构保证上下剪刃的同步运动。两个剪刃为菱形结构，每个剪带4个剪切刃，由特殊刀具钢制造。剪刃间隙可以在更换维护时手动调节设置（仅在更换剪刃时需要做这项工作）。其技术参数如下：

数　量：	1套
类　型：	液压驱动横剪
带钢厚度：	最小1.0mm
	最大5.0mm（≥590MPa屈服强度）
	最大6.6mm（其他材料）
横剪驱动：	通过连杆机构和2个液压缸
剪刃材质：	100CrMoV51（或相当的优质合金钢）
剪刃长度：	2200mm
剪刃横截面：	30mm×90mm
下剪刃倾斜角度：	2°
刃缝开口度：	255mm
润滑方式：	人工油脂润滑

2.5.2.3　入口测厚仪

测厚仪的主要作用是检测带钢厚度，为后面的轧制工序提供相应的厚度数据，入口测厚仪安装在入口段横剪后，位于驱动侧。

轧机入口段的测厚仪采用X射线非接触式测厚仪来测量带钢厚度，这种测量方法可以实现连续的实时在线测量，并且可与整个测厚控制系统连接以实现对带钢的厚度控制。通常，测厚仪只测量带钢中间点的厚度值，在配有可伸缩C形架的情况下，可以测量带钢宽度方向上任意位置的厚度。

2.5.3　轧机出口段机械设备

2.5.3.1　滚筒式飞剪

滚筒式飞剪布置在跨式支撑结构上，用螺丝紧固在夹送辊的机座上。其作用在于，当轧机低速轧制时横切带钢。根据工艺要求，飞剪要将轧件剪成定尺长度，并且能剪切成多种定尺长度。通过飞剪，可以将焊缝留在钢卷尾部或者下一卷的头部，这取决于带钢宽度变化。剪切位置在焊缝前后±700mm的距离内。飞剪只在剪切模式下操作。其技术参数如下：

数　量：	1套
剪切能力：	
剪切厚度：	最小0.2mm/最大6.6mm（低碳钢）
	最小0.2mm/最大4.5mm（高强钢）
剪切时带钢速度：	100～300m/min
驱动功率：	235kW
滚筒直径：	460mm
上滚筒剪：	直接由加速电机驱动
下滚筒剪：	经螺旋齿轮传动
剪刃长度：	2170mm

剪刃横截面：	26mm × 70mm（宽度 × 高度）
最大剪切力：	1350kN
安装调整时剪刃重叠量范围：	2.4 ~ 3.89mm
剪刃轴向移动范围：	± 1.00mm
剪刃间隙：	最小 0.03mm，最大 0.45mm（在 2mm 轴向移动范围）
剪切精度：	剪切误差 最大 ± 700mm（在 v = 250m/min 时）
剪刃工作寿命：	剪切约 16 000 次（进行 1 次研磨）
剪刃间隙调节装置：	通过电机驱动的蜗轮调节下滚筒剪的轴向移动
材　质：	滚筒为 42CrMo4（调质钢），轴承座为 St 52-3（结构钢） 螺旋齿轮为 17CrNiMo6（特殊钢），剪刃为特殊刀具钢
上滚筒剪轴承润滑：	人工油脂润滑
下滚筒剪轴承润滑：	
操作侧：	人工油脂润滑
传动侧：	油面润滑
齿轮箱润滑：	油面润滑

2.5.3.2　卡罗塞尔卷取机

冷轧带钢由于产品断面形状的特点，在轧制后要求立即用卷取机将带钢弯曲成卷，从而为增大原料重量、提高轧制速度等提供了有利的条件，提高了产品产量和质量；此外成卷的轧材便于运输，这是各类卷取机的共同作用和特点。

卷取机的结构上要求有一个既便于带钢在卷筒上卷紧又便于卸卷的卷筒。卷筒的驱动装置应能适应在带钢卷径直径增大时的调速要求。因而，其结构主要由卷取装置和传动装置两大部分组成。

卡罗塞尔卷取机布置在连轧机出口侧，是一种双卷筒卷取机。该卷取机使用两个卷筒，转盘带动空置的卷筒平滑转动，连续卷取带钢；上卷取设计；液压缸驱动卷筒扇形块轴向移动，实现卷筒胀缩；传动电机控制带钢张力。卡罗塞尔卷取机既具有了双卷取的功能，又减少了占地面积，结构更为紧凑。按传动形式卡罗塞尔卷取机可分为一轴三联一体式和两轴并联行星齿轮式。

A　技术参数

数　量：	1 套
形式：	卡罗塞尔卷取机，4 个扇形块和填充条（胀开时为圆形），和液压驱动胀缩机构以及外支撑轴承
卷筒驱动：	2 台带抱闸的交流电机，经联轴器、齿轮分配箱、传动轴和卷筒齿轮箱驱动
转盘驱动：	1 个带抱闸的电机通过齿轮箱，小齿轮，环形齿轮驱动
卷　筒：	
直　径（610mm）：	胀开 610mm（ ± 0.3mm） 收缩 586mm
长　度：	2300mm
载荷能力：	最大 38t + 套筒重量

卷取精度：　　　　　±5mm
胀缩位置控制：　　　接近开关和压力监控
材　质：
　　卷筒轴：　　　　42CrMo4V（调质钢）
　　扇形块：　　　　42CrMo4V（调质钢）
　　连　杆：　　　　42CrMo4V（调质钢）
润　滑：
　　主齿轮箱和轴承：稀油润滑
　　卷筒扇形块：　　人工油脂润滑

B　卷取操作工艺

卡罗塞尔卷取机工作时一个卷筒卷取，另一个卷筒做卷取前的准备。当卸卷位置上的带卷将达到预定卷径时，飞剪前的夹送辊压下，助卷器升起抱紧助卷位置上的卷筒。这时卷筒开始启动并到达喂料速度。设在卸卷位置的卷取机压辊压下，滚筒式飞剪启动剪断带材。带材剪断后飞剪停机。带头通过穿带装置进入助卷器，使带材卷在卷筒上。带材在卷筒上缠绕3~4圈后，助卷器、穿带装置降下，飞剪前的下压辊放下，卷取机压辊抬起，卷取机开始升速进入正常工作状态。与此同时卸卷位置上的卷筒开始卸卷，卸卷小车进入卸卷位置并托住带卷，卷取机压辊抬起，活动支撑退回，卷筒缩径装置动作使卷筒缩径。以上动作结束后卷取机推板与卸卷小车同步运行，从卷筒上卸下带卷，并由卸卷小车送到步进梁上。卷取机卸料助推板缩回。

在生产极薄规格带钢时，要先对卡罗塞尔卷取机入口卷筒装上套筒，然后再卷取。这时，上套筒装置开始工作，将套筒上到卷筒上。卷筒缩径机构动作退回，卷筒胀开撑紧套筒，上套筒装置退回原位。此时的卷筒已做完进入旋转阶段的准备工作。顶部压辊开始压紧，锁紧装置的锁定销退回。小圆柱齿轮传动机构开始启动，转动回转本体向出口方向旋转，并继续旋转经过中间位置。当旋转180°位置时，锁紧销伸入回转盘的锁定孔中，使回转体锁紧固定。此时活动支撑伸出，支撑住卷筒头部直至卷取结束。当卸卷位置的带卷将要达到预定的卷径时，又开始按顺序重复上述的动作，从而实现连续卷取。卷曲过程中带钢张力控制由驱动电机控制，采用电动调速方式。

思考题

2-2-1　冷轧板带钢的轧制工艺特点有哪些？
2-2-2　冷轧板带的轧制制度如何确定？
2-2-3　冷轧板带的轧制缺陷及消除措施有哪些？
2-2-4　什么叫乳化液？乳化液的评价指标有哪些？
2-2-5　平直度的表示方法？
2-2-6　在冷轧带钢生产中，常见的板形缺陷有哪些？
2-2-7　板形缺陷的产生原因有哪些？
2-2-8　在冷轧带钢生产中，板形控制的方法有哪些？

学习情境 3 酸洗连轧机组传动系统及自动化简介

单元 1 酸洗连轧机组传动系统

酸洗-轧机联合机组传动系统分为恒速电机传动及调速电机传动两种形式。传动系统包括：主传动系统、卷取机及其他交流传动系统和恒速辅助传动系统三个部分。

3.1.1 轧机主传动系统及电机

轧机的主传动系统包括：轧机主电机及其变频器、配电部分、附属设备。

变频器基本原理是把电压、频率固定的交流电转换成电压频率分别可调的交流电的变换器。从结构上看变频器可以分为交-交变频器和交-直-交变频器。从变频电源的性质上看可以分为电压型变频器和电流型变频器。普通交-直-交电压型变频器由整流部分、滤波电容、逆变部分制动电阻和制动单元构成。

主传动系统电机有同步电机和异步电机。异步电机（感应电机）的工作原理是通过定子的旋转磁场在转子中产生感应电流，产生电磁转矩，转子中并不直接产生磁场。因此转子转速一定小于同步速度，也因此叫做异步电机。同步电机转子本身产生固定方向的磁场（用永磁铁或直流电流产生），定子旋转磁场“拖着”转子磁场转动，因此转子的转速一定等于同步速，也因此叫做同步电机。同步电动机的转速 n 始终为 $n=60f/p$ 不变，式中 f 为设定频率，p 为电机极对数。

五机架轧机主电机采用隐极同步电机，并采用星形连接。

3.1.2 辅助恒速传动

恒速辅助传动指辅助设备非调速电机的传动系统，包括地坑泵、运输泵和其他恒速设备。恒速电机一般工作在额定状态下，没有过载能力的要求，也没有由于加减速而产生过热的问题。恒速传动由 MCC（马达控制中心）控制，实现电机的正反转，启动停车和换级等功能。

3.1.3 普通交流调速系统

普通交流调速系统包括普通交流调速传动（用于驱动与带钢接触的辊子，以及调速风机泵类负载的传动系统等）和恒速辅助传动，如驱动液压泵等。

普通交流调速系统主要用于带钢传输。变频器把固定频率和电压的三相进线电源变为一个频率和电压均可变的三相交流输出，从而实现对电机的调速控制，电机采用异步电机。

3.1.4　典型调速系统

酸洗-连轧机组的典型调速系统包括三个部分：张紧辊控制系统、活套控制系统、开卷机、卷取机控制系统。

3.1.4.1　张紧辊控制系统

张力控制一般有两种方法，直接张力控制和间接张力控制，直接张力控制带张力计，间接张力控制不带张力计。

间接张力控制使用转矩控制传动。转矩控制传动是一种简单放大功能，它同时放大有用的张力和张力变化。由于涡流，漂移量和冷却风扇等的各种未知的电机损耗，造成变频交流传动的转矩测量精度和重复性不超过2.5%。使用转矩控制传动对输入张力变化没有过滤功能，因此有必要对摩擦和带钢下挠变形（对于活套，还要考虑带钢的重量）进行补偿，所有的补偿值是非线性的。

直接张力控制由于采用直接张力测量，可以使直接张力控制达到很高的精度。通过有叠加的张力控制器对张力进行控制，这个控制作为确定下级交流或直流传动的参考速度。张力控制器的输出能够自动适应带钢的实际速度和尺寸的变化，即能够自动适应传动的旋转速度、温度、带钢厚度和宽度，以及带钢在活套的位置。所有传动都是速度控制，精度高，动态响应高。因此，速度控制传动对于输入张力的变化具有滤波作用，与摩擦和带钢下挠变形，以及带钢的重量无关。

对于一个工艺段（比如入口段），采用直接张力控制方式时，首先确定一个张力辊组作为速度主令，另外的张力辊作为调节张力。主令速度张力辊的速度由自动化系统给出。而调节张力辊从张力计取得实际张力值，再与设定工艺张力比较得到速度修正值，速度修正值和速度设定值得出单独张力辊的速度值，通过调节电流内环调节电流值，实现对转矩的控制，最终实现张力的调节。张力辊能够自动的计算和分配张力在各个单独辊子上的分布。张力辊控制示意图如图2-3-1所示。

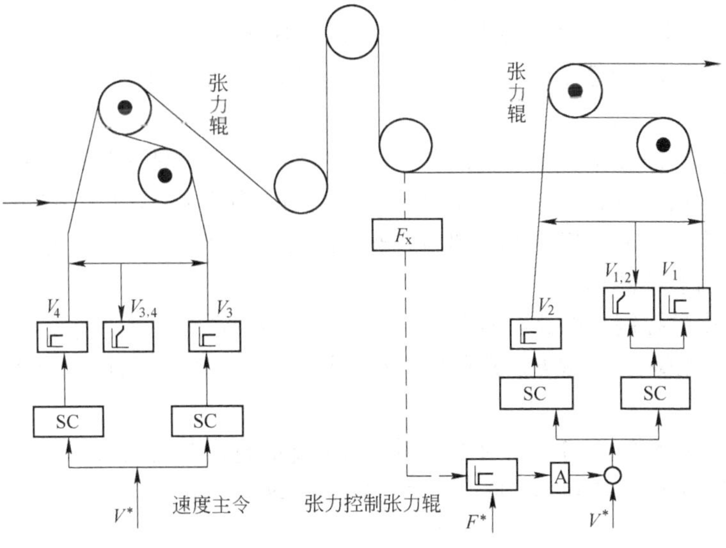

图2-3-1　张力辊控制示意图

3.1.4.2　活套控制系统

活套控制有三个部分组成：位置控制，实现活套内带钢量的控制；速度控制，实现活套入口速度的控制和活套出口速度的控制；张力控制，实现活套中张力的控制。活套控制示意图见图 2-3-2。

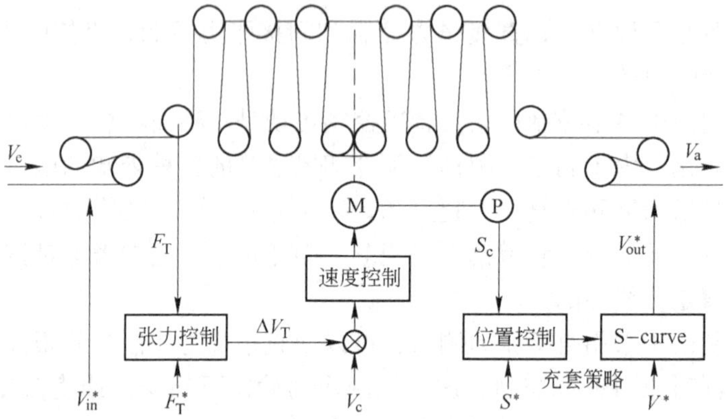

图 2-3-2　活套控制示意图

位置控制：首先是实际活套车位置 SACT 的确定，和用于活套车位置的绝对值编码器的重启控制，从而计算活套内的带钢量。活套的小车一般采用绝对值编码器，通过绝对值编码器采集的信号可以知道小车在活套内的位置，通过计算可以得出活套内带钢的量。但是由于活套不停地上下运动，编码器的变化与活套内的活套小车在运行方向变化时所通过的路径不完全一样，因此随着变化次数的增加，通过编码器计算出的活套量与实际的活套量的误差越来越大。为了避免这种误差，在活套的上下安装了限位开关，当小车碰到开关时，则向 PLC 发出同步信号。由于限位开关位置固定所以活套量固定，这样把修正后的值送给编码器，完成同步，保证活套量计算的精确性。

速度控制：活套的入口速度为 V_e，活套的出口速度为 V_a，则活套速度 $= V_e - V_a$。当 VBSP >0，说明活套处于充套状态，反之处于放套状态。活套的入口速度取决于活套量，而出口速度取决于工艺段。

控制活套的入口速度是为了防止活套过载，当焊接完成后活套以最大速度冲套，如果控制不当，会造成活套过载。为了防止过载，每个活套计算周期内（200ms）计算出活套可充入的带钢长度和当前入口速度降到出口速度的时间，即刹车距离。这样保证了活套不过载，又保证了活套不停车。

活套出口速度的控制是防止和避免活套被拉空和拉断活套内的带钢，避免因断带而造成活套内的设备的损坏。具体方法是周期性地计算出活套内的带钢长度和从出口速度降低到零速度的时间。

张力控制：在活套的入口和出口处采用带张力计的直接张力测量，使活套中带钢的张力测量值 F_T 和张力的设定值 F_T^* 通过张力控制器，转化为活套小车设定速度 V_c（$V_{in}^* - V_{out}^*$）的修正值 ΔV_T。

活套采用间接张力控制。二级过程计算机计算的张力设定值作为速度控制器输出的限幅值，即电流内环的转矩设定值。通过转矩控制带钢张力恒定。

3.1.4.3　开卷机、卷取机控制系统

开卷机的控制思路：从1号张紧辊和开卷机的脉冲发生器取得脉冲信号进行卷径计算。计算出的卷径和速度设定值及速度变化值进行速度计算，通过速度调节器计算出速度值，速度值进入转矩调节器得出转矩值。转矩的限幅值通过张力设定值、卷径、摩擦转矩、加速转矩计算得出。图2-3-3为卷取机控制示意图。

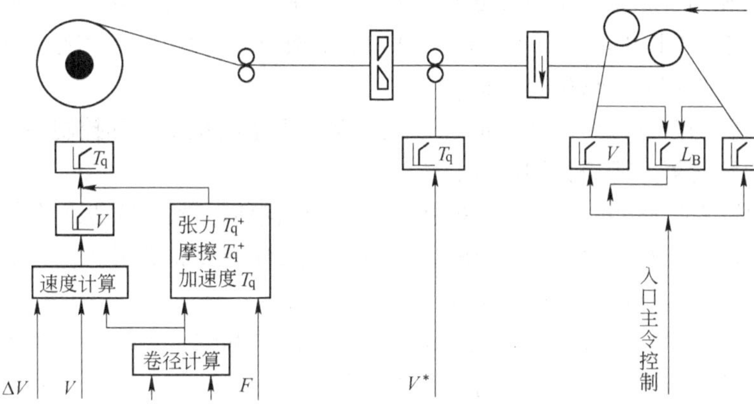

图2-3-3　卷取机控制示意图

单元2　酸洗连轧机组基础自动化

酸洗冷连轧生产线的基础自动化部分使用高速微处理器进行带钢生产的工艺控制和顺序控制。基础自动化部分的功能主要包括：主令控制功能（速度控制，带钢跟踪）、厚度控制、平坦度控制及上述控制所需的顺序控制和辅助控制，确保轧机正常运行。自动化级通过总线互连，实现数据高速传输。

基础自动化控制功能包括以下几种。

（1）一般功能：

1）设定值数据处理（Set-up Data Handler）：接收过程计算机传送的数据并下放数据至各工艺段控制子系统；

2）实际值数据预处理（Actual Data Preprocessing）：收集现场生产数据并进行数据处理后传送至过程计算机系统；

3）主令控制（Master Ramp Generator）：用于控制酸轧联合机组传动系统，主要包括全线各段速度的升降、各段张力的建立以及传动系统转矩的计算；

4）物料跟踪（Material Tracking）：跟踪钢卷从生产线入口段至出口段的全部处理过程，并可以通过HMI（Human Machine Interface）画面显示钢卷ID、带头带尾位置、带钢长度等信息；

5）全线协调器（Line Coordinator）：协调酸轧机组各控制系统如传动控制、工艺控制、机械动作、机架控制、顺序控制、操作模式等。

（2）轧机控制功能：

1）厚度控制（Thickness Control）：包括监视评估控制、秒流量控制、前馈控制和多种补偿控制等；

2）机架间张力控制（Inter Stand Tension Control）：控制联轧机组各机架间带钢张力和带钢入口张力；

3）前滑计算（Slip Acquisition）：计算前滑值用于轧机的自动厚度控制；

4）轧辊偏心补偿（Roll Eccentricity Compensation）：补偿由于轧辊磨辊和安装造成的偏心，保证消除轧制带钢时由于该部分原因带来的带钢厚差，该功能仅第一机架使用；

5）弯辊系统（Roll Bending System）：调节带钢板形并补偿由于弯辊调节对板厚带来的影响，保证出口带钢的板形板厚指标；

6）压下系统（Screw Down System）：控制轧辊压下量的数字闭环控制系统，包括位置控制器、轧制力控制器、倾斜控制器等；

7）窜辊系统(Roll Shifting System)：控制中间辊的轴向传动量，消除板形的高次浪形缺陷；

8）轧机控制管理（Stand Control Management）：执行全部的逻辑功能包括轧机数据收集、人工手动干预、辊缝测量传感器标定等。

仪表控制主要用于控制酸洗生产线上带钢酸洗、漂洗和烘干过程中各类风机，泵，阀的工作状态并将这些数据实时传送至过程计算机系统。

（3）顺序控制：

顺序控制是对除带钢传动外的其他辅助传动系统进行控制。

1）入口钢卷输送：控制酸洗入口钢卷输送的全部过程；

2）酸洗入口带钢输送：酸洗线入口段带钢的所有辅助动作控制；

3）带钢酸洗处理：酸洗线处理段带钢的所有辅助动作控制；

4）酸洗出口段带钢输送：酸洗线出口段带钢的所有辅助动作控制；

5）轧机入口段带钢输送：轧机入口段带钢的所有辅助动作控制；

6）轧机出口段带钢输送：轧机出口段带钢的所有辅助动作控制；

7）出口钢卷输送：控制轧机出口钢卷输送的全部过程；

8）轧机机组换辊及辅助机架运动。

（4）急停系统：

急停系统的作用是在正常生产出现故障的情况下提供安全功能。急停系统主要有三种控制方式包括紧急断电、紧急停车和快速停车。

3.2.1　通用功能

酸洗冷连轧机组基础自动化控制系统中最基本的控制功能包括设定值数据处理、实际值数据预处理、跟踪功能、主令控制和线上协调等。其中主要的控制是跟踪功能、主令控制和线上协调。在带钢的生产过程中，这三部分间进行大量的数据处理和快速的数据传输。

3.2.1.1　跟踪功能

A　跟踪过程

钢卷入口处原始数据处理功能 PDH（Primary Data Handling）对每一待处理卷进行确

认并登记（book in）ID 号。ID 号为钢卷 ID 和带钢订货 ID。

跟踪功能根据线上所有的位置变送器和焊缝检测器检测和判断带钢上特征点的具体位置，形成当前处理带钢的定位数据。定位数据主要包括带头带尾位置，各个工艺段带钢长度等。

HMI 系统根据定位数据形成带钢映象，HMI 画面可以显示当前全线各个工艺段带钢的跟踪情况。

跟踪功能在收集现场数据（带钢 ID 和带钢长度）同时激活实际值数据处理功能 ADH（Actual Data Handling），用于对采集上来的数据进行预处理。

跟踪功能启动原始数据处理功能（PDH），用于对新钢卷进行确认登记并进行设定值计算。定位数据连同带钢 ID 一同传送至过程计算机。

在穿带和甩尾时，跟踪功能还向全线协调功能 LCO（Line Coordinator）传送带头带尾的位置信息。

B 跟踪功能

采用全连续轧制方式进行冷轧带钢的生产，整个轧机区域内往往同时存在多卷带钢。为了协调各功能程序的运行，必须在任何时刻都能知道不同带钢位于轧机中的不同位置或每一卷钢在轧机区域内所处的位置及其状态。这些要求采用物流跟踪功能来实现。跟踪过程的当前状态在操作室的 HMI 画面上显示。冷轧生产机组的跟踪功能包括带钢跟踪、物料跟踪和带钢跟踪同步三个部分。

带钢跟踪：带钢跟踪是基于带钢上的特征点进行跟踪，其主要功能是周期性的显示当前轧线上带钢的运行情况及进行必要的操作切换。所谓特征点是指：带头、带尾、焊缝、楔形段起止位置、缺陷起止位置。带钢特征点跟踪根据带钢的数据（包括焊缝位置，缺陷起止位置等）确定各特征点到各跟踪点的距离（根据每机架压下率、前滑等计算）。带钢特征点的行程距离可用轧机主传动码盘测量或激光测速仪测量。

物料跟踪：物料跟踪以钢卷为基础，通过跟踪钢卷的数据来知道带钢所在的位置，从而启动和协调各个功能的运行。因此需在生产线各段设置跟踪点和数据存储区，跟踪点的位置设置及数量与时序有关。每个跟踪点都配备了一个数据存储区，当带钢在轧机区移动一个位置（跟踪点），跟踪数据区内的数据也随着移动，因此不同跟踪点上的跟踪数据可以反映带钢在轧机区内的实际位置。

带钢跟踪同步：在轧制过程中如果带钢在轧机内发生断带产生新的带头和带尾，操作人员必须通过带钢同步操作使带钢新的带头和数据存储区内存储的带钢数据相一致。这个过程就是跟踪的同步。

3.2.1.2 主令控制

主令斜坡发生器完成全线的主令控制功能。主令控制功能设定全部带钢传动的速度参考值。主要控制功能包括：所有带钢传动速度参考值的计算；同时控制不同的主令速度工艺段；处理至带尾时自动降速和带钢传动的起停。根据线协调功能（LCO）的要求，进行带钢头部和尾部的定位。开卷机和卷取机张力的建立和各个工艺段张力控制。

3.2.1.3 线上协调

酸洗机组中线协调器负责协调的主要顺序控制过程如下：带头到剪机、带头剪切、带头到焊机，带尾剪切、带尾到焊机，月牙剪定位焊缝，切边剪定位焊缝。

连轧机组线协调器负责协调的主要顺序控制过程如下：穿带过程中，带头从入口剪机到张力卷取机；出口飞剪分卷，卷取机上定位带尾以便卸卷；入口剪机剪切后带钢甩尾。

3.2.2 机组运行控制

机组的运行控制由两大部分组成：速度设定控制和运行状态控制。

3.2.2.1 机组速度设定控制

速度设定控制程序根据运行状态控制程序给出的指令，向基础自动化级的速度控制回路输出新的主令速度设定值、相对速度设定值、加速度设定值，将轧机的速度逐步过渡到新的目标设定值上。

3.2.2.2 机组的运行状态控制

机组的运行状态也即轧机的操作模式。主要操作模式包括：穿带、甩尾、升速、降速、恒速、焊缝和缺陷及剪切降速、快停、轧机预热、轧机校正等。

穿带：机组的穿带操作一般发生在停机检修完成前后或生产过程中发生堆钢、断带等异常中断后。穿带过程中，随着带钢头部位置在轧线上的变化，各个控制功能的投入也同时进行。例如，穿带时带钢纠偏装置投入；机架咬钢后，当前轧机由位置控制切换到轧制力控制；短时加速控制以便张力控制投入；机架间张力控制等。穿带操作都是针对单个机架分别控制的，启动该控制采用带钢头部和尾部的实时跟踪功能完成。

升降速、恒速运行：穿带过程结束后，机组需要根据主令速度控制系统的设定值进行升速，降速或恒速运行。速度控制系统分为两大部分：一是速度设定系统，负责轧机主令速度、调速步距、加速度主导值的设定；另一部分是速度调节系统，它是一个包含有电流内环的模拟量负反馈控制系统，控制电机使轧机达到所要求的速度。

停车：机组停车包括正常停车和非正常停车两种。带钢需要正常停车时，轧机机组的速度控制系统根据过程计算机下达的主令速度设定值和加速度设定值进行操作以使带钢速度降为0。非正常停车又分为三种情况：紧急断电、紧急停车和快速停车。

焊缝和缺陷及剪切降速：在连轧生产中，带钢上的焊缝和缺陷在通过机架或带钢需要剪切时，连轧机组控制系统需要执行降速操作，降速的设定下限值以工艺所要求的过焊缝和缺陷及剪切速度为准。对于过焊缝降速来说，如果焊缝前后的带钢规格发生变化，则存在一个动态变规格的问题。

3.2.3 动态变规格轧制

3.2.3.1 焊缝跟踪与同步

带钢在完成焊接冲孔后，开始启动焊缝跟踪功能。焊缝跟踪功能主要是用于带钢头部检测、焊缝同步和带钢全线跟踪。酸洗轧机处理线共设有四个焊缝检测器，布置位置为：酸洗入口活套的出口处、酸洗出口活套的出口处、连接活套的出口处和第一架轧机入口处。

带钢焊缝同步功能就是通过比较各个张紧辊编码器记录的通过带钢的长度和实际工艺

处理线的固定长度，修正后续轧制工艺控制的时序来保证控制精度。

对于动态变规格轧制控制的投入时机，需要更为精确的焊缝同步控制。因此，在连接活套和第一机架入口之间布置了两个焊缝检测器用于焊缝的同步。第一个焊缝检测器距离第一机架较远，用于启动焊缝同步功能和优化自动降速策略，此时轧机保持轧制速度运行。第二个焊缝检测器布置在贴近第一机架辊缝的位置，当焊缝通过该检测器时，轧机已经以剪切速度运行了。此时焊缝的精确位置已经确定，该位置同时作为后续剪切操作的控制基点。

3.2.3.2　动态变规格轧制

动态变规格的难点在于焊缝前后两卷钢的轧制设定值的切换要在动态的轧制过程中进行，必然要存在一个楔形过渡区。这个楔形过渡区的长度最长不能超过两个机架间的距离，否则在两个机架中同时轧制楔形过渡区时，会加大机架张力控制的难度。除了楔形过渡区外，要尽量保证前卷钢带尾的质量（板厚，板形）和后卷钢带头的质量。当两卷钢的规格差别过大，应防止在变动设定值时过渡区内的张力波动过大而导致断带。

为了解决上述问题，在过程控制级中，由过程计算机对各个机架分步实施设定值的变动，基础自动化级中，通过各个机架的厚度、速度、张力等控制系统独立调节过渡过程。通过带钢焊缝跟踪功能确定楔形区起始点，以便使机架动态变规格的控制能从楔形区的起始点开始，并在楔形区终了点结束。动态变规格的首要问题是在第一机架中形成楔形过渡区，其他机架按照秒流量恒定的原则只要逐步改变本机架的轧制速度即可实现楔形过渡。

动态变规格的核心就是在楔形过渡区通过轧机时，厚度、速度、张力是以一定的调节量从前卷钢向后卷钢给定值变化的。以下举例说明动态变规格过程原理。

以第 i 机架为例，我们把第 i 机架楔形过渡区长度 Lwn 分为 10 份，每部分的长度为 Lwn/10，将每段长度的脉冲数装入轧机计数器。该计数器是倒计数的，当计数器计数到零时，发出中断信号，表示可以输出一个新的调节值（厚度、速度、张力等）。同时设置了一个倒计数器，初始值为 10，每输出一个新的调节值（厚度、速度、张力等）计数器的值减 1，当计数值为 0 时表示楔形过渡区已经到达该机架。图 2-3-4 为楔形过渡区动态变规格过程示意图。图中 N 为与相对应的脉冲数，每当 N 值为 0 时倒计数器值减 1。

因此，当楔形过渡区通过轧机辊缝时，各工艺控制量包括：轧机前入口张紧辊和各架轧机转速、第一机架前入口张力和各机架间张力、各机架轧制力、轧辊压下量、工作辊和

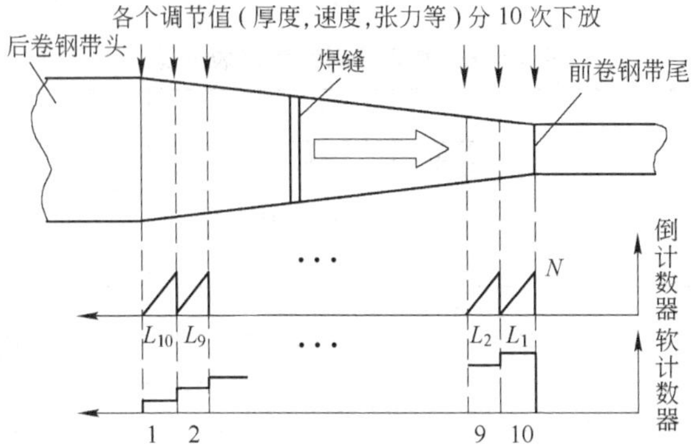

图 2-3-4　动态变规格过程示意图

中间辊弯辊力、中间辊轴向窜动量等都在不断地变化，因此轧机设定值也要从前一卷带钢设定值向后一卷带钢设定值转变。

3.2.4　自动带钢厚度控制

带钢在轧制过程中，为了保证成品钢卷的厚度达到要求精度，必须要采用相应的控制手段对带钢的全长厚度偏差进行控制，带钢全长的厚度精度与动态控制的硬件和软件特性有关。带钢厚度偏差产生原因与生产过程的关系比较复杂，主要原因如表 2-3-1 所示。

表 2-3-1　带钢厚度偏差产生原因

热轧原料	热轧卷在进行酸洗时产生的缺陷；带钢头部为无张力轧制；带头和带尾的轧制温差；冷却系统造成的温差；带钢底部与料板等接触造成的温降；轧辊偏心
冷轧设备	机架弹跳、轧辊热胀、轧辊偏心、轧辊磨损产生的辊缝偏差；轧辊和带钢相对摩擦产生的辊缝偏差；带钢平坦度控制的执行机构在工作时对辊缝的影响；一次检测仪表的测量偏差
冷轧工艺	辊缝位置的修正；带钢张力的调节；轧制速度的改变

分析了带钢厚度偏差产生的原因，明确了轧机的自动厚度控制包括下面几个环节见表 2-3-2 所示。

表 2-3-2　轧机的自动厚度控制环节

目　的	环　节
实现入口张紧辊和第一机架间带钢的张力控制	调节第一机架辊缝
实现板厚的前馈和反馈控制；	调节第一机架辊缝和入口张紧辊转速
实现板厚的前馈控制	调节第二机架辊缝和第一机架转速及张紧辊转速
实现各机架秒流量恒定控制，实现秒流量预估计算（理论计算出口厚差）	调节各个机架和入口张紧辊转速
消除带钢厚度周期性偏差	支撑辊偏心补偿功能

带钢厚度偏差控制方法包括以下几个部分。

3.2.4.1　板厚控制检测仪表

连轧机组配置了下列板形板厚控制检测仪表，如表 2-3-3 所示。

表 2-3-3　厚度控制检测仪表一览

仪　表	布置位置	功　能
X 射线测厚仪	S_1 前、S_1 后、S_5 后	带钢厚度检测
激光测速仪	S_1 后、S_4 后、S_5 后	带钢线速度检测
接触式板形仪	S_5 后	带钢平坦度检测
测张仪	S_1 ~ S_5 前、S_5 后	带钢张力检测
弯辊力测量仪	S_1 ~ S_5	单侧弯辊力检测
轧制力测量仪	S_1 ~ S_5	单侧轧制力检测
辊缝位置测量仪	S_1 ~ S_5	轧辊压下量
窜辊位置测量仪	S_1 ~ S_5	单侧轧辊窜动量

3.2.4.2　带钢厚度控制过程

带钢自动厚度控制简图如图2-3-5所示。

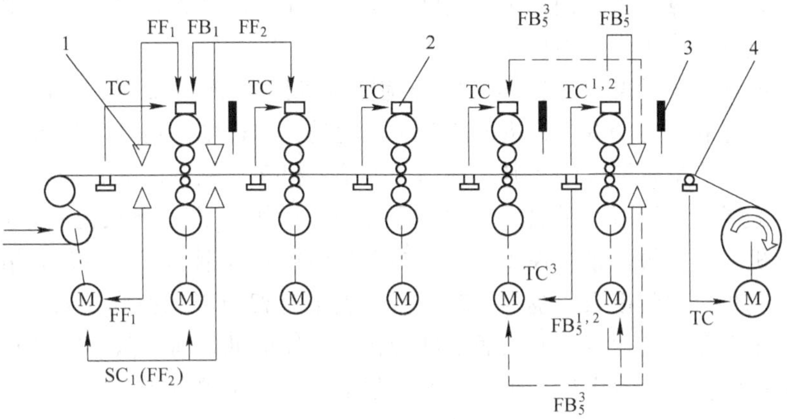

图2-3-5　自动厚度控制简图

1—测厚仪；2—压头；3—激光测速仪；4—张力计

注：FF：前馈控制；FB：反馈控制；TC：张力控制；SC：速度控制；

上标（1，2，3）：轧制模式；下标（1，2，3，4，5）：轧机机架号

（1）第一机架入口厚度控制：第一机架入口测厚仪测量带钢入口厚度偏差 Δh_0，该偏差量通过前馈厚控通道影响第一机架辊缝 ΔS_1 和入口张紧辊转速 Δv_0，保证带钢出口偏差 $\Delta h_1=0$。

（2）第一机架出口厚度控制：由于轧制过程的复杂性和轧机设备本身的缺陷（如轧辊偏心，油膜厚度等），入口的厚度偏差不可能完全通过前馈厚控被消除，所以这里主要采用了反馈控制和速度计数器控制方法。带钢出口厚差 Δh_1 由出口激光测速仪测量，通过反馈厚控通道和速度计数器控制通道影响第一机架辊缝 ΔS_1 和入口张紧辊转速 Δv_0。

反馈控制通道的作用是消除前馈厚控没有完全消除的带钢出口厚度偏差 Δh_1。带钢入口厚度偏差通过前馈厚控和反馈厚控环节被完全消除，因此理论上来讲带钢的出口厚度偏差为零。但是轧机设备本身和工艺控制的影响，带钢的出口厚度可能还会受到影响，所以有必要进行速度计数器控制（秒流量恒定原则）。

速度计数器控制通道（第二机架预控）的主要作用也是消除由于来料厚度，硬度的变化及轧机设备和工艺控制本身所带来的出口板厚偏差。主要是采用调节入口张紧辊转速 v_0 和轧机转速 v_1 来消除出口带钢的额外厚差。

（3）第二机架入口厚度控制：第二机架的前馈厚度控制原理和控制手段与第一机架基本相同，主要是 Δh_1 通过第二机架的前馈通道来影响 ΔS_2 控制厚差，同时上面提到的速度计数器控制也可以看作是第二机架间接的前馈控制。

（4）第五机架的厚度控制模式：该机架有三种厚度控制模式。

模式1（压下模式）：主要适用于轧制材质较软、厚的带钢。该种控制模式基于秒流量原理来修正带钢出口速度。该机架按设定值设置带钢出口厚度值。在进行控制的过程

中，第四机架和第五机架间的张力需要保持恒定。因为秒流量控制的前提条件是在恒张力轧制的情况下进行。第五机架出口带钢厚差测出后经反馈通道影响第五机架的轧制速度和辊缝压下位置，对出口超差带钢进行厚度控制。例如，当带钢入口厚差增大时，根据秒流量的控制原理，控制器增大带钢的出口速度，使得轧制力的增大，最终导致辊缝压下位置减小。这样，有效减小了带钢出口厚差。

模式 2（张力极限模式）：主要适用于轧制材质较硬、薄的带钢。这种带钢在轧制时张力的调节，引起轧制力的变化，进而改变了轧辊的压扁程度。通过对第五机架轧制速度的反馈控制调整完成带钢厚度的控制，即当增大第五机架轧制速度时，使得该机架入口带钢的后张力增大了，从而减小了出口带钢的厚度值。采用“张力极限控制方式”，允许第四机架和第五机架间的带钢张力在 ±15% 范围内变动控制带钢厚度，当张力超过 ±15% 时还须调整压下使张力回到极限范围内，超过张力极限时相当于切换到模式 1。即模式 2 中允许机架间的张力在一定程度上波动而不进行调节。如果机架间的张力超过允许值时出口带钢的厚度还有偏差，此时再投入辊缝厚度控制手段。该模式也具有模式 1 的速度修正环节，根据出口带钢厚差调节第五机架的轧制速度。

模式 3（光整模式）：这种模式中将第四机架作为带钢厚度控制的最后机架，把第五机架作为光整机，没有压下量。所以如果在第五机架出口测量到的厚度偏差信号需要反馈到第四机架。即通过 h_5 来调节第四机架轧制速度 v_4 和第四机架的轧辊辊缝 S_4。机架间的张力控制通过调整第四、第五机架的轧制速度来完成。由于第五机架没有带钢压下的作用，第四机架调整辊缝后对第五机架出口带钢速度的影响由第五机架本身的速度控制来补偿。

（5）机架间张力控制：在轧制过程中由于带钢厚度的改变造成了轧制速度的改变（轧制力改变），进而使得带钢张力发生波动。因此，厚度控制的同时要保证在稳定轧制时机架间带钢张力保持恒定（第五机架工作在模式 2 下除外）。

机架间张力控制采用张力反馈闭环控制方式，张力控制执行器采用辊缝压下系统和主电机转速控制系统完成。连轧机组各个机架出口都布置了张力计，各个机架间的带钢张力由张力计测量并通过控制器调节轧制力（轧机辊缝）保证张力恒定。

模式 1：辊缝压下系统进行张力控制目的是补偿带钢在轧制过程中张力实际值的波动，包括外界环境对轧制过程的干扰和带钢来料厚度偏差及辊缝的影响。

模式 2：主电机转速控制系统进行张力控制目的是在穿带时确定张力条件。即带钢速度从零上升到穿带速度的过程中，张力控制由主电机转速控制系统完成。当带钢速度介于穿带速度和最大轧制速度的范围内时采用辊缝压下系统进行张力控制。

（6）轧辊偏心补偿：带钢的自动厚度控制功能可以消除热轧原料卷中轧辊偏心造成的厚度波动，但是无法消除冷轧本身轧辊偏心对带钢厚度的影响。因此连轧机组的自动厚度控制包括了轧辊的偏心补偿功能。此功能一般设置在连轧机组在第一机架至第四机架。

轧辊偏心补偿功能根据带钢测厚仪或轧制力间接测量带钢厚度，对采集的带钢厚差进行分析从中分离由于轧辊偏心因素造成的厚差，并生成辊缝同步调节补偿信号控制辊缝压下执行器动作。即根据轧辊的偏心同步调节轧辊压下量以保证辊缝位置恒定，这样使得带钢出口厚度不受轧辊偏心的影响。

单元3　酸洗连轧机组过程自动化系统简介

现代冷连轧机的控制系统一般由三级计算机控制系统组成，三级机作为生产管理级，负责生产计划的输入，以及产品数据的管理。在大的企业中生产管理级还可以分为：公司管理级、工厂管理级和车间管理级等。二级机为过程控制级，主要任务有：与上下级的通讯、带钢的跟踪、轧制规程的选择和计算、设定数据的输出、数学模型的自学习、记录与打印报表等。一级机作为基础自动化级，具体负责轧机的速度调节、压下调节、厚度调节、张力调节和弯辊调节等功能。整个计算机控制系统的组成如图 2-3-6 所示。

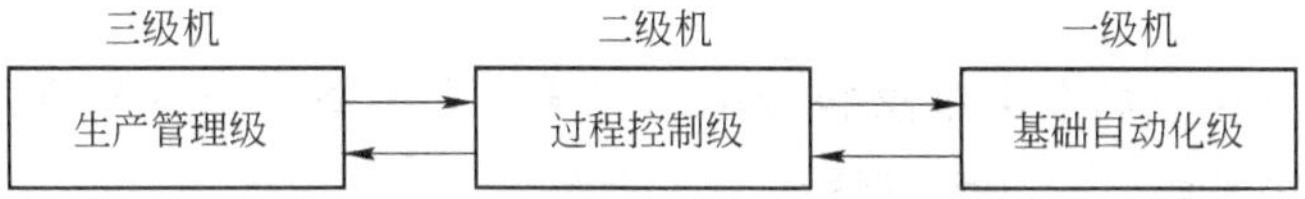

图 2-3-6　冷连轧机计算机控制系统组成

由于对冷轧薄板质量的要求越来越严，因此计算机控制系统已是冷连轧生产不可缺少的组成部分。二级计算机系统在酸洗连轧带钢生产中的作用有：数据管理，包括与三级的数据交换，原料带钢数据、生产计划数据、轧制规程数据的处理以及由一级来的实时测量数据处理、轧辊管理、产品数据和报表；设定值计算，包括速度、张力等数值，轧机段还包括各种模型计算如轧制力、前滑、强度和摩擦等轧制模型，弯辊、温度和磨损等模型。

因此冷连轧过程自动化系统应满足下列两个要求：

（1）二级计算机作为一级基础自动化和三级生产管理系统的桥梁，应满足高速数据处理能力要求。

（2）高速通讯。由于多种控制功能最终都作用到带钢变形区，因此存在较强的功能间耦合，需要相互高速传递信息。

思 考 题

2-3-1　简述张紧辊控制系统。

2-3-2　简述活套控制系统。

2-3-3　简述开卷机、卷取机控制系统。

2-3-4　五机架连轧采用了哪些带钢厚度控制手段？

2-3-5　思考动态变规格原理是什么？

学习情境 4　退火炉工艺及设备

单元 1　冷轧带钢的热处理基本知识

学习目标：

了解冷塑性变形对金属组织和性能的影响；掌握冷轧带钢的再结晶退火；掌握冷轧带钢退火目的，冷轧带钢退火工艺分类。

4.1.1　冷塑性变形对金属组织和性能的影响

不经加热的室温状态的钢，经过锻造、轧制、拉拔、挤压等压力加工，便产生不能自行恢复原形状和尺寸的变化，即钢所受的加工应力大于钢的弹性极限，引起了钢的塑性变形，这一变形过程叫钢的冷塑性变形。

4.1.1.1　冷塑性变形对金属组织结构的影响

A　形成纤维组织

金属在外力作用下发生塑性变形时，随着外形的变化，其内部晶粒的形状也会发生相应的变化，即由原来等轴晶粒变为沿变形方向延伸的晶粒。变形量越大，晶粒伸长的程度也越显著。当变形量很大时，可观察到晶粒被明显地伸长成纤维状。这种纤维状的组织称为冷变形纤维组织，如图 2-4-1 所示。当金属中有夹杂物存在时，塑性杂质沿变形方向被拉长为细条状，脆性夹杂破碎，沿变形方向呈链状分布。

形成纤维组织后，金属会具有明显的方向性，其纵向（沿纤维方向）的力学性能高于横向（垂直纤维的方向）的性能。

B　亚结构细化

金属经冷塑性变形的程度较大时，不仅使晶粒由等轴状变为纤维状，同时晶格严重畸变，在破碎和拉长了的晶粒内部将出现许多极细小的碎块（小晶块），通常称这种结构为亚结构，每个小晶块称为亚晶粒，又叫嵌镶块。在亚晶粒的边界上集聚有大量的位错，如图 2-4-2 所示。

金属晶体在塑性变形过程中由于应力的作用而使位错不断增殖，同时晶粒碎化也将产生大量位错。因此，随着变形量的增加，晶体中的位错密度迅速提高，一般金属经剧烈冷变形后，其位错密度可由变形前的 $10^{10} \sim 10^{12} m^{-2}$（退火态）增加到 $10^{15} \sim 10^{16} m^{-2}$。

可以认为，冷塑性变形后，晶格严重畸变，亚结构细化和位错密度增加是产生加工硬化的主要原因。变形度愈大，加工硬化现象也愈显著。

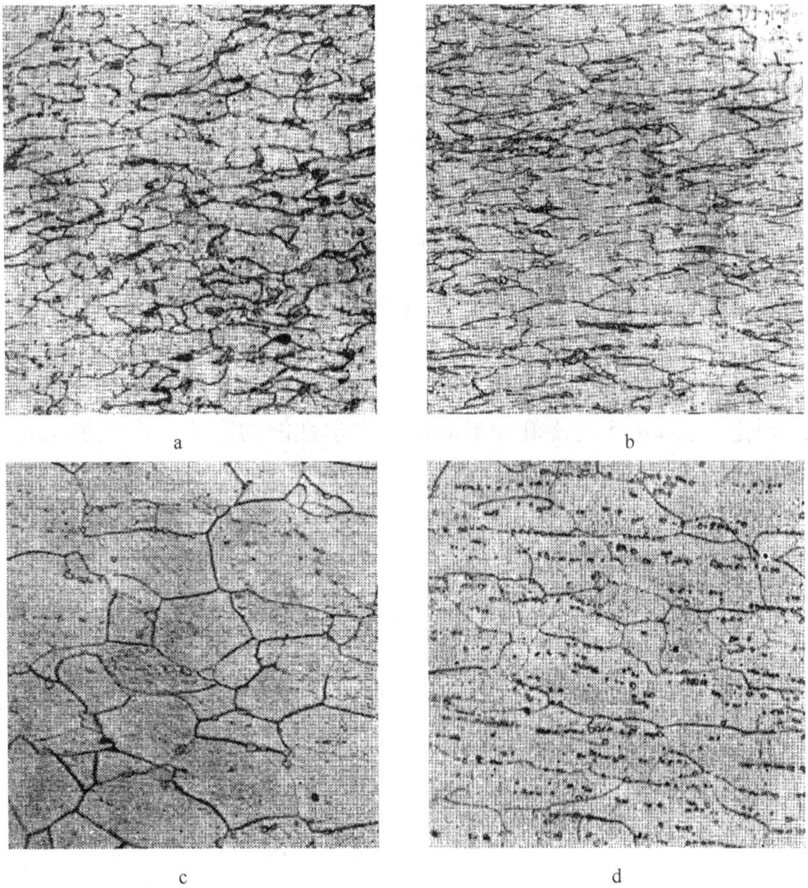

图 2-4-1　工业纯铁冷塑性变形后的组织

a—未变形；b—变形度 20%；c—变形度 50%；d—变形度 70%

C　产生形变织构

在塑性变形过程中，随着变形程度的增加，各个晶粒的滑移面和滑移方向会逐渐向外力方向转动。当变形量很大时，原来位向不同的各个晶粒会取得接近一致的方向（图 2-4-3）。这种现象称为晶粒的择优取向。具有择优取向的结构称为形变织构。

形变织构会使多晶体金属呈明显的各向异性。这在很多情况下是不利的。如在冲击薄

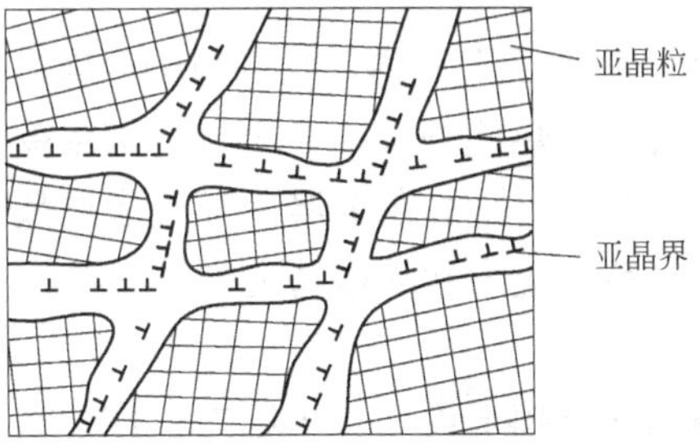

图 2-4-2　变形亚结构示意图

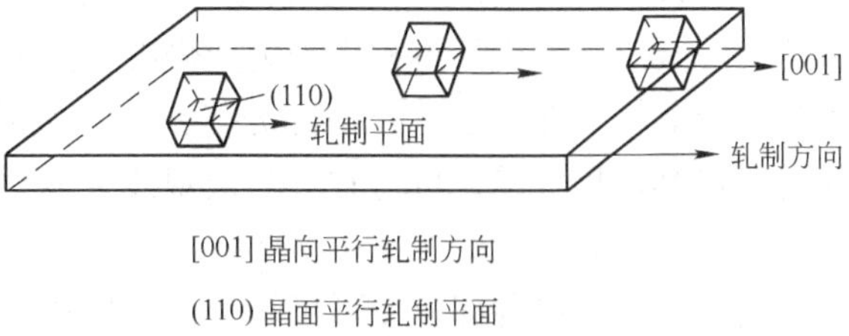

图 2-4-3　形变织构示意图

板零件时，织构会带来不均匀塑性变形，产生“制耳”现象（图 2-4-4）而使冲压件报废。但生产上也可利用织构现象来提高产品性能。例如，制作变压器的电工硅钢片，其晶格为体心立方，沿［001］晶向最易磁化，若采用具有［001］织构（图 2-4-3）的硅钢片制作，并在工作时使［001］晶向平行于磁场方向，则可使变压器铁芯的磁导率明显增加，磁滞损耗降低，从而提高变压器的效率。

4. 1. 1. 2　冷塑性变形对金属性能的影响

在塑性变形过程中，随着金属内部组织的变化，金属的力学性能、物理性能和化学性能均将产生明显的变化。

随着变形程度的增加，金属的强度、硬度显著升高，而塑性、韧性则显著下降，这一现象称为加工硬化。图 2-4-5 为冷轧变形对铜材力学性能的影响。产生加工硬化的原因是变形时金属组织结构变化的结果。

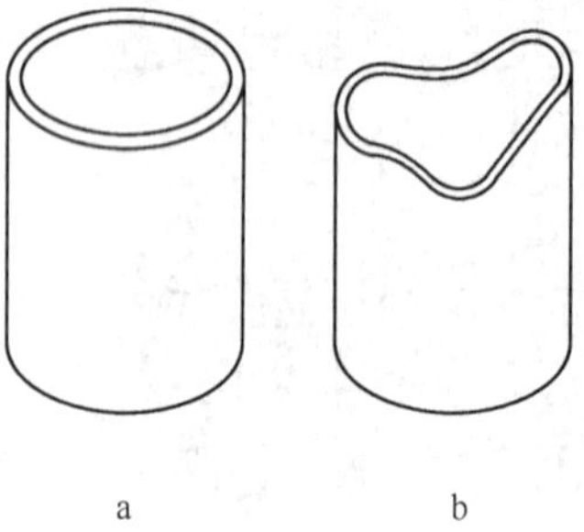

图 2-4-4　形变织构造成的“制耳”
a—无织构；b—有织构

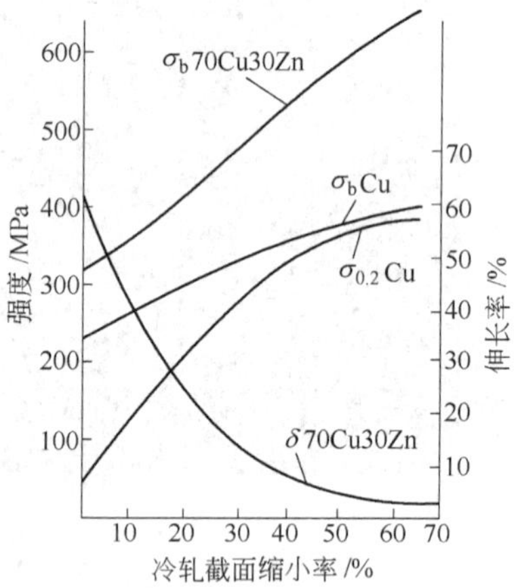

图 2-4-5　冷轧对铜材力学性能的影响

冷塑性变形后，金属的物理性能和化学性能也将发生明显的变化。例如使金属的电阻增加，电阻温度系数下降，导热系数也略有降低。还会使磁导率、磁饱和度下降，而磁滞损耗和矫顽力增加。塑性变形提高金属的内能，使化学活性提高，腐蚀速度加快。塑性变形后由于晶体缺陷（位错和空位）增加，因而扩散激活能减小，原子扩散速度增加。

4. 1. 1. 3　产生残余应力

所谓残余应力（或称内应力）是指外力去除之后，残留于金属内部且平衡于金属内部的应力。金属塑性变形过程中外力所做的功除大部分转化为热能外，由于金属内部的变形不均匀及晶格畸变，还有一小部分（约占总变形功的 10%）保留在金属内部，形成残余应力。按其作用范围，可将它分为宏观残余应力、微观残余应力和晶格畸变应力三类。

A　宏观残余应力（第一类内应力）

由于金属材料各部分变形不均匀而产生的宏观范围内自相平衡的残余应力，称为宏观残余应力。宏观残余应力的弹性能只占整个内应力能量的较少一部分，当变形量较大时也只占 0. 1% 左右。例如，使金属杆产生弯曲塑性变形（图 2-4-6a），则在金属杆中心上层部分的金属被拉长，而下层部分的金属被缩短。由于金属要保持整体性，上层金属的伸长必然会受到下层的牵制，即下层金属对上层金属产生压应力；反之，下层金属的缩短也会受到上层金属的阻碍，即上层金属对下层金属产生拉应力。这种拉应力与压应力存在于金属杆整体范围内，并相互平衡，故属宏观残余应力。图2-4-6b为拉丝时产生的宏观残余应力，这是由于拉丝时外层金属塑性变形较中心部分小，结果使外层受拉应力，心部受压应力。

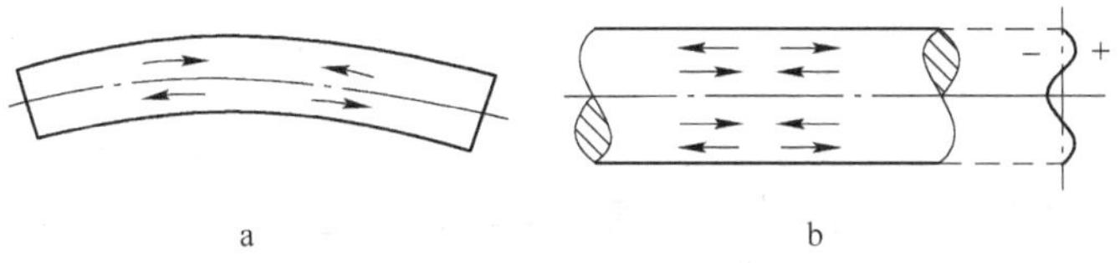

图2-4-6　宏观残余应力

a—弯曲后；b—拉丝后

宏观残余应力虽然占整个内应力的比例不大，但在大多数情况下，会降低金属的强度和承载能力。当工件的工作应力方向与残余应力方向一致时，则相当于在工作应力之上再叠加一个应力，会明显地降低工件的承载能力。此外，工件在加工和使用时会因应力松弛和重新分布引起变形，即使工件的尺寸及形状发生变化。如冷轧钢板在轧制后，经常会因变形不均匀所残留的宏观应力使其发生翘曲，零件在切削加工后所发生的变形也大都是由于这一原因。

B　微观残余应力（第二类内应力）

由于多晶体中各晶粒位向不同，使各晶粒或亚晶粒间的变形也不均匀，因而，产生于金属晶粒或亚晶粒间相互平衡的残余应力，称为微观残余应力。虽然这种内应力所占的比例不大（约占全部内应力能量的1% ~2%），但在工件的某些局部区域有时内应力很大，以致可使工件在不大的外力作用下产生显微裂纹，并进而导致工件破裂。同时，它又使晶体处于高能状态，导致金属易与周围介质发生化学反应而降低耐蚀性。因此，它是金属产生应力腐蚀的重要原因。例如，在钢铁零件被碰伤的表面最易产生锈蚀。

C　晶格畸变应力（第三类内应力）

冷塑性变形后，金属内部产生了大量的晶体缺陷（如位错、空位、间隙原子等），使晶格中的一部分原子偏离平衡位置而造成晶格畸变，这种由于晶格畸变而产生的残余应力，称为晶格畸变应力。它的作用范围小，只在几百个到几千个原子范围内相互平衡。晶格畸变应力是存在于变形金属中最主要的残余应力，约占金属中残余应力的90%以上。它增加了位错移动的阻力，提高了金属的塑性变形抗力，使金属的强度、硬度升高，同时塑性和耐蚀性下降。

4.1.2　冷轧带钢的再结晶退火

金属经冷塑性变形后，由于晶粒破碎，亚结构细化，位错密度增加，晶格严重畸变，同时产生了残余应力，导致金属内的自由能增高，因而使其在热力学上处于不稳定状态，它具有自发地恢复到原来平衡状态的趋势。但在室温下，由于原子的活动能力不大，原子的扩散速度太小，所以这种变化极为缓慢。若将冷塑性变形后的金属加热，则由于原子的活动能力增大，扩散速度增加，那么，冷变形金属就会由不稳定状态向稳定状态转变，从而引起一系列组织和性能的变化。随着温度升高，这种变化过程一般要经历三个阶段，即回复、再结晶和晶粒长大，如图 2-4-7所示。

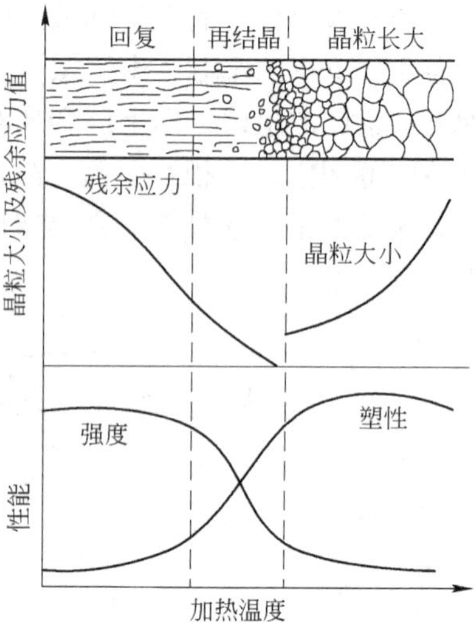

图 2-4-7　加热温度对冷变形金属组织与性能的影响

4.1.2.1　回复

加热温度低，冷变形金属仍保持纤维状组织，显微组织无明显变化，力学性能变化不大，但残余应力显著降低，物理和化学性能部分地恢复到变形前的情况，这一阶段称为回复。

回复阶段温度较低，原子仅能作短距离扩散，空位与间隙原子合并，空位与位错发生交互作用而消失。即点缺陷明显减少，晶格畸变减轻，故残余应力大部分消除。因此导电性和耐蚀性提高。因为亚结构的尺寸未明显改变，位错密度也未显著减小，即造成加工硬化的主要原因尚未消除，故在回复阶段力学性能变化不大（图 2-4-7）。

4.1.2.2　再结晶

冷变形后的金属加热到比回复阶段更高的温度时，由于原子扩散能力增大，金属的显微组织和性能都会发生明显的变化。使破碎的晶粒变成完整的晶粒，被拉长或压扁的晶粒变为均匀整齐的等轴晶粒，同时也使加工硬化和残余应力完全消除。这一过程称为再结晶。

A　再结晶过程

冷变形金属的再结晶过程，也是通过形核和核长大的方式完成的。类似液体结晶和同素异晶转变，故将这一过程称为再结晶。再结晶晶核一般是在变形晶粒的晶界或滑移带、孪晶带等晶格畸变严重、能量较高的区域优先形成。然后通过原子扩散和晶界迁移，逐渐向周围长大形成新的等轴晶粒，直到金属内部全部由新的等轴晶粒取代变形晶粒之后，再结晶过程就告完成。图 2-4-8 为纯铁在不同温度下再结晶后的显微组织。

再结晶完成之后，消除了纤维组织，形成了新的等轴晶粒，晶体中位错密度下降到变形前的程度，晶格畸变完全消除，因而残余应力与加工硬化现象已完全消除，使变形金属的组织和性能又重新恢复到冷变形之前的状态，如图 2-4-7 所示。

B　再结晶温度

金属的再结晶过程不是一个恒温过程，而是在一定温度范围内进行的。通常再结晶温度是指再结晶开始的温度（发生再结晶所需的最低温度），它与金属的预先变形程度有关。金属预先变形程度愈大，金属组织愈不稳定，再结晶倾向也愈大，因此再结晶开始温度愈低。当预先变形度达到一定量后，再结晶温度将趋于某一最低值（图 2-4-9）。这一最低的再结晶温度，就是通常指的再结晶温度。大量实验证明，一些纯金属的再结晶温度（$T_{再}$）

与其熔点（$T_{熔}$）间有一个如下的大致关系：

$$T_{再} \approx (0.35 \sim 0.40) T_{熔}$$

式中的温度按热力学温度计算，保温时间一般是 30～60min。

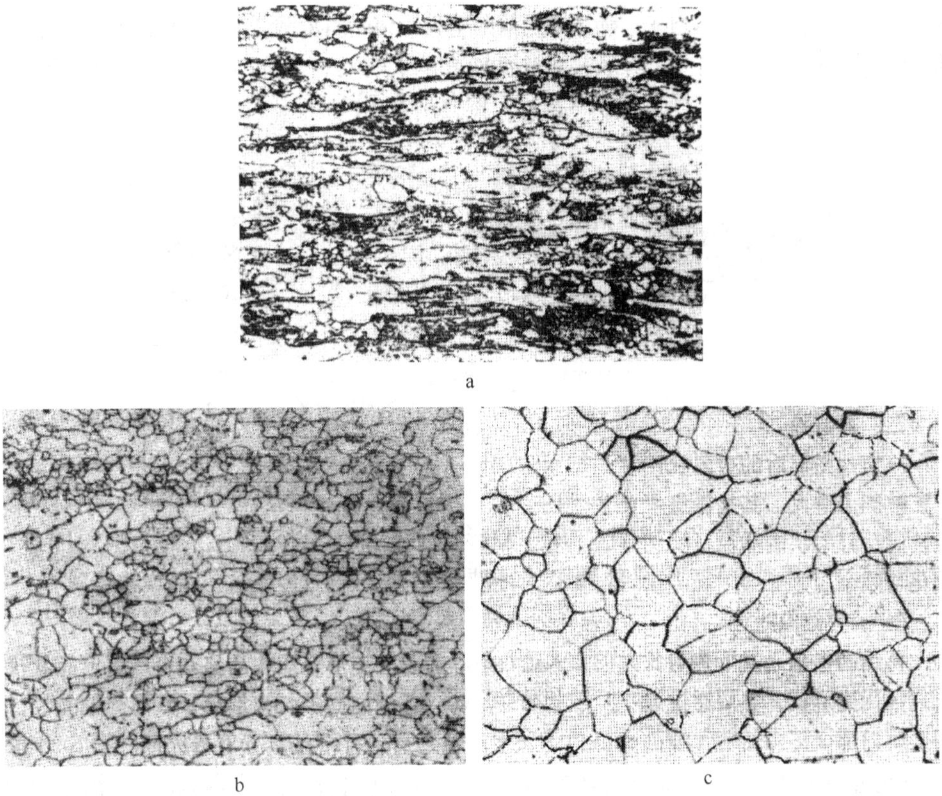

图 2-4-8　纯铁再结晶后的显微组织

a—550℃再结晶；b—600℃再结晶；c—850℃再结晶

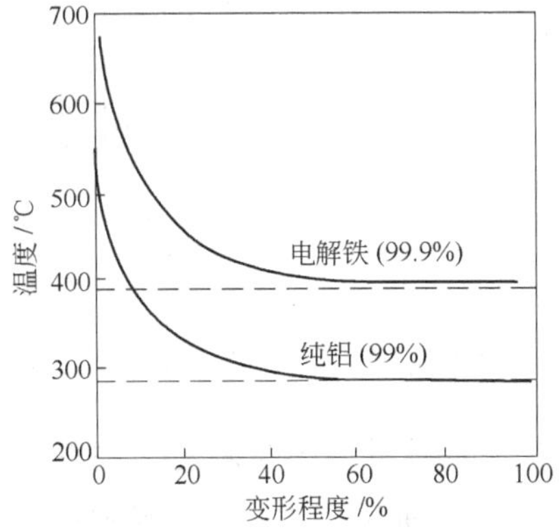

图 2-4-9　金属再结晶开始温度与预先变形程度的关系

C　晶粒长大

冷变形金属在再结晶刚完成时，一般均可得到均匀细小的等轴晶粒。如果继续提高加热温度或延长保温时间，将引起晶粒进一步长大，称为晶粒长大现象。

晶粒长大是一个自发过程，它能减少晶界总面积，从而降低总的界面能，使组织处于更为稳定的状态。晶粒长大实质上是一个晶粒的边界向另一个晶粒中迁移，即晶界的迁移总是指向晶界的曲率中心方向，随着晶界的迁移，小晶粒逐渐地被相邻的较大晶粒所吞并，晶界本身趋于平直化，三个晶粒的晶界交角趋于120°，使晶界处于平衡状态，如图2-4-10所示。

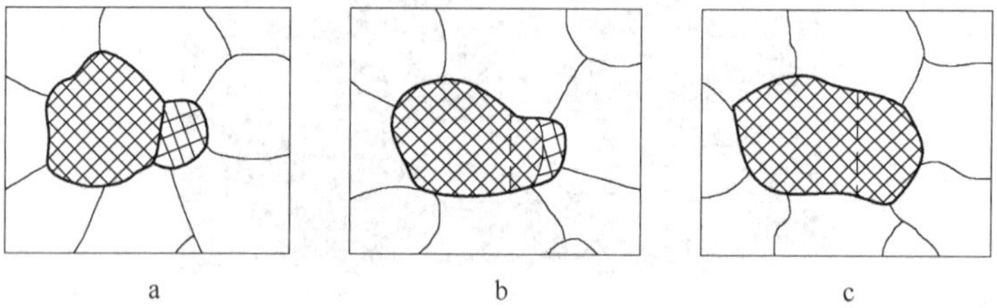

图2-4-10　晶粒长大示意图

D　影响再结晶后晶粒大小的因素

冷变形金属再结晶后晶粒大小对其性能影响很大，所以控制再结晶晶粒大小在生产中具有重要意义。影响再结晶后晶粒大小的主要因素是加热温度和变形度。

a　加热温度和保温时间

在一定的预先冷变形度下，再结晶的加热温度越高，保温时间越长，则再结晶后的晶粒越粗大。其中加热温度的影响更大。图2-4-11表示加热温度对晶粒大小影响的示意图。

b　变形度

当加热温度和保温时间一定的条件下，金属再结晶晶粒大小与预先变形度的关系如图2-4-12所示。

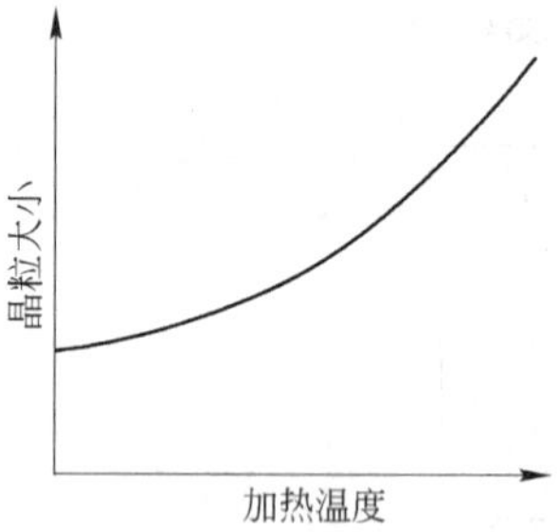

图2-4-11　加热温度与再结晶后晶粒大小的关系

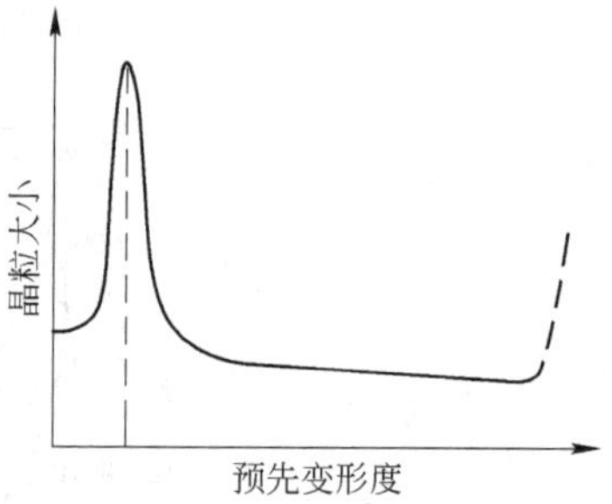

图2-4-12　冷变形度与再结晶后晶粒大小的关系

当变形度很小（<2%）时，晶体的组织与未变形差不多，亚结构未细化，位错密度未增加，晶格畸变很小，不存在再结晶的内因，所以晶粒保持原来大小。

当金属的预先变形度在2%～10%范围时，再结晶后的晶粒异常粗大，使金属晶粒异常粗大的预先变形度，称为临界变形度。在临界变形度时，金属中仅有部分晶粒发生变形，变形极不均匀，再结晶时形核数目少，并且晶粒大小很不均匀，此时稳定的大晶粒极易吞并不稳定的小晶粒，因而形成异常粗大的晶粒。图2-4-13为表面达到临界变形度时的低碳钢，它的内部晶粒较细，而表面则为粗大的铁素体晶粒。

当变形度较大（超过临界变形度）时，随变形度的增加，晶粒破碎，亚结构细化，晶界和亚晶界面积增加，且各晶粒变形均匀，再结晶时形核率便愈大，再结晶后形成的晶粒就愈细小均匀。

当变形度很大（95%左右）时，金属晶体易形成变形织构，各晶粒取向大致相同，给再结晶晶粒沿一定方向迅速长大提供了条件，此时，又会出现再结晶后晶粒粗大的现象。

为了使金属再结晶后获得细小的晶粒和良好的力学性能，在冷变形加工时，一般应尽量避开临界变形度。有时也要利用临界变形度，例如冷轧硅钢片的最后一道轧制变形，就取在临界变形度范围内，以便经过退火后得到尽可能粗大的晶粒，使其具有良好的磁性。

为了生产上方便，通常将加热温度和变形度对再结晶晶粒大小的影响综合表达在一个立体图中，这种立体图称为再结晶全图。图2-4-14为工业纯铝的再结晶全图。再结晶全图是制定金属的冷变形加工和退火工艺规程的主要依据之一。

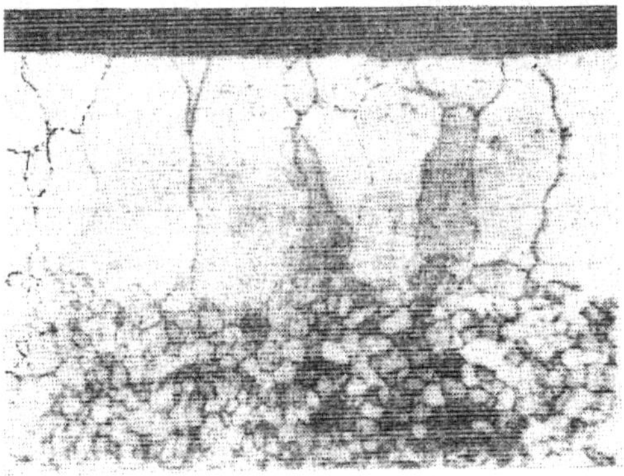

图2-4-13　临界变形度下形成的粗大晶粒

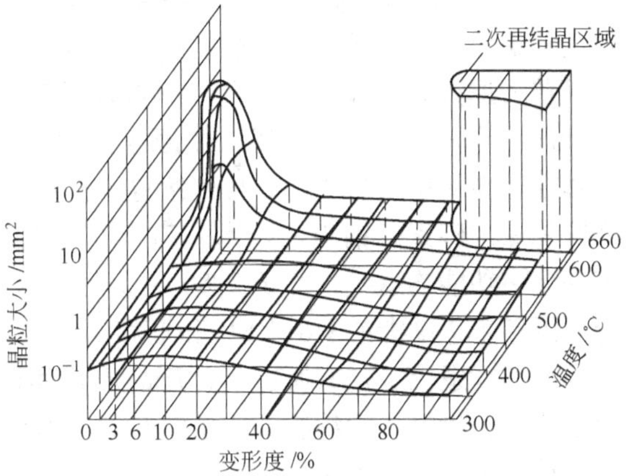

图2-4-14　工业纯铝的再结晶全图

4.1.3　冷轧带钢的热处理

4.1.3.1　冷轧带钢退火及其目的

退火就是把固态金属或合金加热到一定温度，然后以一定的速率冷却以获得需求状态或性能的过程。其目的除消除加工硬化，改善力学性能和加工性能之外，还可通过控制退火温度和冷却速度等得到需要的组织和性能。

因钢种不同退火分初退火、中间退火和成品退火。

初退火主要用于45号碳钢以上和合金钢、高合金钢的热轧板卷。因为这些钢强度高硬度高，冷轧难以进行，所以要进行初退火，以降低硬度消除硬化，为冷轧做好组织准备。生产中优质高中碳钢的初退火一般采用再结晶退火，而对中合金钢和高合金钢可根据要求采用不完全退火或再结晶退火。

冷轧中间退火的目的主要是使受到高度冷加工硬化的金属重新软化，以便继续进行冷轧。对于大多数钢带来说，这种处理基本上是再结晶退火。

冷轧带钢的成品热处理主要也是退火，用于消除冷轧造成的内应力和加工硬化，使钢板具有标准所要求的力学性能、工艺性能及显微组织结构。为了达到这一目的，一般采用再结晶退火。

4.1.3.2 冷轧带钢退火工艺的分类

冷轧带钢退火工艺可分为连续退火和罩式退火两大类。连续退火按退火炉方式的不同可分为立式炉退火、卧式炉退火和立卧混合炉退火三种；罩式退火又有紧卷罩式退火和松卷罩式退火两种，每种按堆垛方式又有单垛式和多垛式两种。应该说，连续退火带钢处理线是现代冷轧带钢生产的主流，但罩式退火工艺有它不可替代的特点，罩式退火产品在眼下乃至以后一段时间内仍然还占有很大的比例。连续退火和罩式退火这两种方式都还在不断地改进和发展着。

A 连续退火

早在 20 世纪 30 年代就出现了冷轧钢板的连续退火机组。这种机组用于处理镀锡原板及热镀锌钢板，产品板形好，性能均匀，但钢质较硬，不适于冲压。要生产冲压型冷轧板需选择罩式退火炉处理。1972 年，日本新日铁公司成功地建成了第一条采用连续退火工艺生产冲压用冷轧带钢的生产线，使原来需要 10 天的生产周期缩短到了 10min。1976 年 7 月日本钢管在福山厂建成了 2 号连续退火机组，这是继新日铁后再次开发了连续退火机组生产冷轧深冲碳素薄钢板的技术。70 年代后期，川崎钢铁公司与三菱公司合作研制世界上第一条多功能连退线，并于 1980 年 2 月投入运行，能生产高强度板、镀锡原板、电工板等。近年来，欧洲的 DREVER 和斯坦因等大的退火炉提供厂商不断地改进设备和革新技术，使连续退火工艺有所进步，产品质量和性能进一步提高，更有利于开发新的钢种。到目前为止，世界上大约有 110 条左右的连退线。

连续退火技术的主要优点有：

（1）产品质量高，板形平直，表面清洁，性能均匀；

（2）成材率高，减少钢卷多次搬运时产生的擦伤，不产生罩式退火易出现的黏结、折边等缺陷，成材率约提高 3%；

（3）品种多样化，不但可以生产软钢，还可生产高强度板、电工板等；

（4）简化生产过程，便于管理；

（5）布置紧凑，占地面积小；

（6）生产周期短，交货迅速，减少了生产过程中的贮备料；

（7）节能可达 20% 以上；节省劳动力，降低生产成本。

连续退火技术存在以下几点主要问题：

（1）技术复杂，难度大。要求生产人员素质高，在冷轧生产技术力量较弱的厂家建设连续退火机组，达产时间相对长些；

（2）生产厚规格产品有困难。尽管连续退火工艺在世界范围内发展十分迅速，但目前还不能完全取代罩式退火炉，在连续退火机组上生产厚度大于 2.0mm 的带钢较困难，厚度大于 2.5mm 的带钢尚不能生产；

（3）生产规格范围不宜太宽。连续退火机组可根据品种规格严格控制许多参数，如果在一条机组上规格范围太大，增加了控制难度，而罩式退火炉不受任何规格限制；

（4）产量变化灵活性略差；

（5）引进技术投资大。

B　罩式退火

罩式退火工艺的主要特点是不受带钢规格的限制，可调节范围广，生产灵活，而且投资较少，但是罩式退火生产率低，产品表面质量较差，可生产带钢产品受限，这是其主要的优缺点；相反这也是连续退火工艺的缺点和优点所在，而且是优点远大于缺点。到20世纪70年代之前，所用的罩式退火均采用氢氮混合气体（97% ~93%的氮，3% ~5%的氢）作为保护气，气体流速较慢，退火后产品表面洁净度差，机械性能波动也较大，生产费用也相对较高。20世纪70年代后出现了全氢罩式退火，80年代初开始应用于宽带钢生产，取得了很好的经济效益，使产品质量得到很大的提高。全氢罩式退火大致工艺流程：钢卷准备→装炉，扣内罩→密封测试→预吹扫→扣加热罩，点火→H_2吹扫，加热，保温，热密封测试→冷却→后吹扫→出炉→二次冷却。

在退火工艺的应用上，罩式退火和连续退火还有以下区分：

（1）罩式退火生产铝镇静低碳钢具有明显的优势，可以获得深冲所需要的力学性能。它要求热轧采用低的卷取温度，以利于退火时AlN析出形成有利织构。而连续退火铝镇静钢必须采用高温卷取，且退火后的产品强度高、深冲性差。

（2）采用添加微合金元素的超低碳钢，罩式退火与连续退火都具有优良的深冲性能。主要先决条件包括：超低碳、微合金化、钢质纯净、热轧采用低温加热、相对高的卷取温度。

（3）罩式退火可以生产烘烤硬化钢和除双相钢和TRIP钢以外的一些高强钢，但生产时工艺控制要精确，生产难度大；而连续退火由于生产周期短，更适合生产以上钢种。

（4）连续退火对钢的化学成分，热轧、冷轧工艺要求比罩式退火要求严格。

单元2　退火工艺

学习目标：

掌握连续退火和罩式退火工艺；了解典型产品的连续退火生产工艺。

4.2.1　连续退火工艺

4.2.1.1　连续退火工艺

连续退火包括电解清洗、连续退火、平整、检查及精整等各主要生产工序。

（1）电解清洗的作用：

电解清洗的作用是去除冷轧带钢表面残存的轧制及其他表面污迹。

（2）连续退火的作用：

连续退火的作用是将冷轧后而产生加工硬化的带钢进行再结晶退火处理，完善微观组织，提高塑性和冲压成形性。

（3）平整的作用：

1）改善材料力学性能，扩大材料塑性变形范围。

2）消除材料屈服平台，防止在冲压加工时出现延展变形。

3）改善板形，获得良好的带钢平直度。

4）使带钢表面产生合适的粗糙度。

（4）检查和精整的作用：

1）将带钢剪成规定的成品宽度。

2）进行带钢尺寸检查、板形检查及表面质量检查，并进行记录。

3）在带钢卷取到规定重量时进行分卷，切除焊缝、头部及尾部的尺寸超差部分及有缺陷的部分，并切取试样。

4）在带钢表面均匀地涂敷防锈油。

5）在钢卷周向打捆及进行称重。

4.2.1.2　连续退火工艺举例

A　一般用冷轧薄板（SPCC）、冲压用冷轧薄板（SPCD）、深冲用冷轧薄板（SPCE）的连续退火

为了搞好连续退火的生产，下面几个问题必须解决好：

（1）严格控制钢的化学成分。首先碳含量要低，一般应小于 0.05% ~0.04%。其次是锰含量，因为锰和固溶碳共存会降低深冲性能，但锰含量不能过低，否则成本提高，且易产生热脆性，通常深冲级钢锰含量以 0.15% ~0.25% 为宜。氮在铝镇静钢中以氮化铝形式析出，并存于晶界处，抑制铁素体晶粒生长，影响深冲性能，故普通冲压级用钢氮含量控制在 0.0018% ~0.004%。硅、磷含量低有利于提高深冲性能，碳含量低有利于过时效时碳化物的析出，因此要尽量使硅、磷含量低，并使其他杂质尽量少。为严格控制钢的化学成分，通常炼钢采用炉外精炼或真空处理技术。

（2）控制热轧卷取温度。在采用连续退火生产深冲用钢板时，在 700 ~750℃ 的高温时进行卷取，目的是使热轧卷的铁素体晶粒长大，碳化物聚集而粗大化，氮化铝进一步析出和长大。用这样的原料经冷轧后连续退火，铁素体晶粒才能长得足够大，而碳化物的聚集和粗大化使对深冲不利的织构晶粒在碳化物附近减少。快速加热推迟了粗大碳化物的固溶及回复，形成有利深冲的再结晶组织。

高温卷取工艺有三个不足，第一是钢卷尾与卷内温差较大。按要求应在 750℃ 时卷取，但内卷与卷筒接触而快冷、外卷与大气接触而急冷，致使钢卷头尾达不到所要求的高温，因而连续退火后头尾各约 10 ~20m 性能偏低，为保证冲压性能，必须切去降级或改作他用，损失浪费较大。第二是高温卷取氧化铁皮较厚而难以酸洗。第三是易造成热轧板表面粗糙，对冷轧板性能不利。综上所述高温卷取的措施应当取消。随着现代冶金技术的发展，真空处理的广泛采用，生产成本降低，因而有可能开发出适应连续退火的新钢种。宝钢开发了一种超低碳加钛钢，冶炼将碳含量降到 0.1% 以下，加入钢中的钛，以 TiC、TiN 的形式将碳、氮固定，生产的钢板是完全非时效性的。在热轧过程中较高温度下已形成钛、碳的化合物，因而不必高温卷取，625℃ 左右卷取即可。

(3) 退火制度中的过时效处理问题。在生产软质冷轧板时，如果快速将均热后的带钢冷至室温，则有过饱和固溶碳残留下来，这将影响带钢冲压性能和抗时效性能。为此必须使碳化物充分析出而增加过时效处理，这是生产冲压用钢的关键。因此，一般用、冲压用、深冲用低碳冷轧薄板的连续退火工艺为：加热温度700～850℃，均热40～60s，之后速冷（50～100℃/s）至400～450℃左右，保温1～5min后冷至常温。

根据上述原则制定的生产实际使用的连续退火工艺制度如图2-4-15和表2-4-1所示。

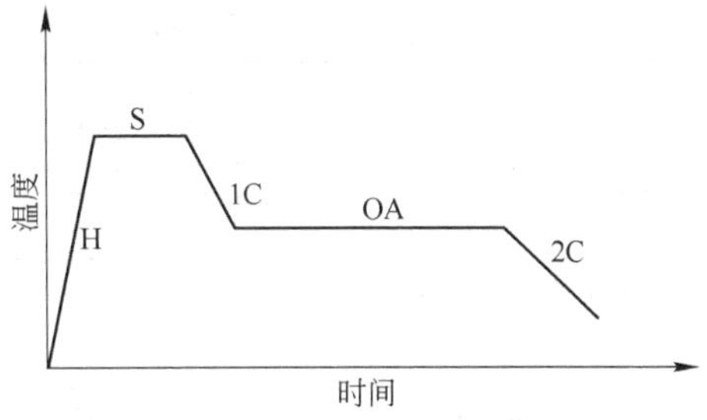

图2-4-15　CAPL退火周期示意图

表2-4-1　CAPL退火工艺参数

牌　号		钢　种	加热（H）	均热（S）	过时效（OA）
SPCC SPCD	温度/℃	压盖钢	700	700	450～400
	时间/s	压盖钢		≥40	≥180
SPCE	温度/℃	铝镇静钢	850	850	450～400
	时间/s	铝镇静钢		≥60	≥300

B　镀锡板的连续退火

对于罐头等用镀锡板和无锡薄钢板产品的质量，用户的要求是越来越高。首先要求性能均质稳定，特别是关于钢板的厚度，制罐厂家为了降低成本、节省能源，要求钢板制造厂生产出薄达0.15mm的镀锡原板。这样薄的钢板进行连续退火，特别是在高速下通板，是很难的，所以以往镀锡板的生产是不同产品采用不同调质工艺。调质度为T_1、T_2的软质材进行分批退火，调质度为T_4的硬质材进行连续退火，调质度DR8～DR10是在连续退火后进行第二次轧制。这样不能充分满足用户对材质均一性的要求和提高生产效率。针对上述问题，日本川崎公司千叶制铁所开发了最小板厚为0.15mm，炉内最高通板速度为1000m/s的4号连续退火线，于1990年3月开始动工兴建，见图2-4-16，机组性能见表2-4-2，退火曲线如图2-4-17a所示。

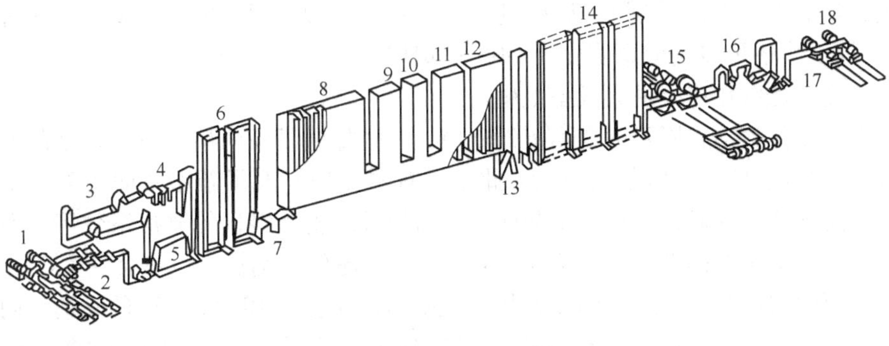

图2-4-16　川崎公司的4号连续退火线整体示意图

1—开卷机；2—焊接机；3—洗净设备；4—镀镍设备；5—张力调平器；6—输入活套；7—张力吸收装置；8—加热段；9—均热段；10—第一冷却段；11—第二冷却段；12—第三冷却段；13—水冷装置；14—输出活套；15—多功能轧机；16—圆盘剪；17—加油器；18—张力卷取机

表 2-4-2 4 号 CAL 的主要性能

生产量/万吨 · a^{-1}		56
炉能量/ t · h^{-1}		100
制造尺寸/mm	板 厚	0.15 ~ 0.40
	板 宽	600 ~ 1067
通板速度/m · min^{-1}	输 入	1200
	炉 部	1000
	输 出	1400
卷材质量	最大质量/t	22
卷材尺寸	外径/mm	2134

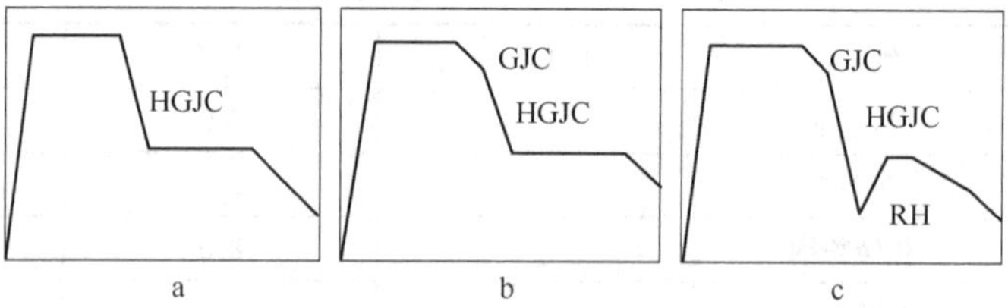

图 2-4-17 镀锡原板退火工艺曲线的发展过程

这条退火线的特点是:

(1) 炉内通板速度的高速化。

(2) 在一条生产线上, 能进行全调质度范围的镀锡原板的生产, 以及从退火炉到 DR 轧机的连续化轧制。

川崎公司根据材料的成分和退火后的轧制压下率开发了制造不同硬度的钢板的技术, 并实现了镀锡板制造工艺的全连续化退火。该技术的特点是可以使用超低碳镇静钢生产软质镀锡板。极低碳钢中添加微量铌元素, 进行连续退火, 然后使用干式调质轧机和多功能 DR 轧机来控制压下率, 制成调质度为 T_1 到 DR8 的钢板。调质度为 T_3 的钢板是使用具有一定的氮含量的低碳铝镇静钢用急冷、过时效的处理方法生产的。采用低碳铝镇静钢材料, 通过氮量的调整可以分别制成调质度为 T_4 和调质度为 T_5 的镀锡板。而且通过改变 DR 轧制的压下率还可以制成调质度为 DR8 ~ DR10 的钢板。这样调质度为 T_1 ~ DR10 的全部规格的产品都可以在连续退火设备上生产。

在退火中极低碳钢屈服强度变为极低软质, 在添加微量铌的情况下, 再结晶温度升高 100℃, 在炉内极容易发生弯曲现象。为此采用有限元法开发了新型弯曲仿真模型, 可精确地预测弯曲现象, 并通过调整辊子凸面、张力以及轧辊和钢板的摩擦系数等参数而避免发生弯曲。由于采用本模型, 即使板厚为 0.15mm 的超低碳钢板, 也不会发生弯曲。

这种薄而软的板材, 是经不起较大张力波动的, 要想在 1000m/min 的高速炉内通板稳定, 必须开发高精度张力控制设备, 把带钢加减速时的张力变动控制在 ±500 ~ ±100N 之内。新开发了低惯性高响应的张力装置和高机械矢量变换器设备, 使炉外的张力变动传不到炉内, 通过采用重量计算器, 惯性的因素与以往相比减少了 1/2。这样输入的张力变动对炉内张力的影响将从 ±150N 减少到 ±50N。上述问题的解决使全连续退火线能稳定地生产出质量均匀的全部调质度的镀锡薄板材。

C　高强钢板的连续退火

为了生产高强度钢板，对连续退火线的要求是第一冷却段的冷却速度要快。连续退火特别适于高强度钢板的生产。为了避免钢卷层间黏结，一般罩式炉温度不超过720℃，因而生产产品有相当大的局限性。连续退火加热温度处于 α + γ 双相区，可高达850℃，并在保温后采取不同的冷却制度，从而大大扩大了品种，增强了适应性，并改善了钢板性能。采用快速冷却（最高达1000 ~ 2000℃/s）的方法可以生产微合金化钢、双相钢，同时也可以节约合金元素，特别是锰含量可大大降低，如图 2-4-18 所示。

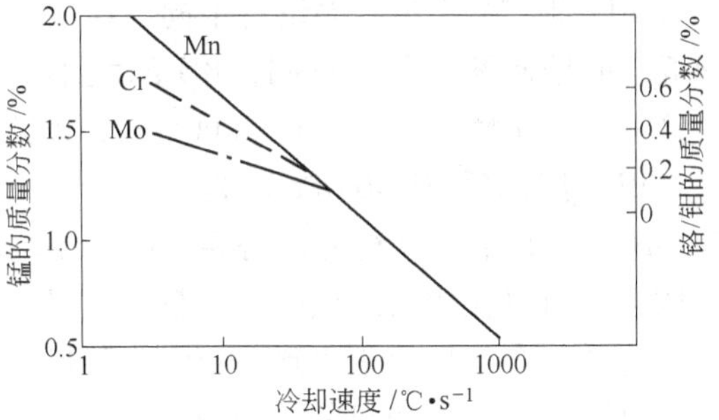

图 2-4-18　用加速冷却的方法节约合金元素

连续退火可以生产复合组织的高强度钢板。罩式炉为避免黏结而限制温度不能太高，成卷退火冷却速度不可能太快。而连续炉钢温可加热到两相区，又可以一定的冷却速度快冷，所以很适合制造双相高强钢。例如钢的碳含量为0.05%、锰含量为1.2%、铬含量为0.5%，其 α-γ 相变温度约为700℃多，加热到这一温度以上，则形成 α + γ 的两相组织。以100℃/s的冷却速度急冷，则 γ 相会变成硬质的 M 相。这种通过控制钢的成分和退火制度而得到的，具有 α + M 复合组织的高强度钢板，其屈服强度急剧下降，抗拉强度提高。双相钢成形性好，而强度高，适用于作冲压成形的汽车防护挡板等。

神户钢铁公司加古川制铁所的连续退火线，是辊冷和水冷方式并存的，当生产一般钢材时用辊冷设备，而生产高强度钢板和微合金化高强钢板时用水冷设备。高强钢板在淬火时由于热收缩而产生变形。日本公司采取的对策是将在水冷喷嘴的上方安装的导向辊改造成新的偏转辊，偏转辊具有适当的凸面，根据钢种、淬火温度、冷却量和板宽变化对钢板变形的部位进行压凹调整，把变形吸收。

高强钢板与一般的材质相比，添加的合金成分多，钢板表面的辐射率容易变化，特别是980MPa的超高强度钢材，以往的辐射温度计对这样的辐射率变化不能修正，实际的钢板温度测定是困难的。对高强度钢材影响较大的是淬火板温、回火板温、必须提高温度测定的精度，为此采取了合理设置辐射温度计测定位置，用自动接触式热电偶带钢温度计修正辐射率等措施测定淬火板温，采用多重反射式带钢温度计测定回火板温，使该公司现已能稳定地生产440 ~ 1470MPa的高强钢板。

川崎制铁KM-CAL退火线的工艺制度变化灵活，除能生产软质碳钢、镀锡原板及高强板，还能生产电工板。

连续退火线特别适于生产烘烤（BH）钢板，通过正确选择温度和冷却速度，钢板可以具有烘烤硬化特性。BH钢板是具有优良抗凹陷能力的汽车用钢板。用这种钢板冲制的零件在喷漆后的烘烤过程中强度增加，而在冲前屈服强度低、成形性好。动静载试验证明，采用BH钢板，在同样抗凹能力的条件下，汽车本身零件厚度可减薄15%。采用高强度钢板制造车身外壳，虽可增加抗凹能力，但形状复杂的大型车身成形中回弹较大。而BH钢板是既有增加抗凹能力，又有成形性好，可保证成形质量的理想材料。当变形量为2%时，BH钢板的BH性可达60MPa，而典型车身外壳成形的变形量正是2%。

BH钢板的硬化是由于钢中残留的碳氮元素引起的高温应变时效，固溶的碳、氮越多，BH性也越大。

各种生产BH钢板方法的区别，主要是退火设备不同，连续退火、分批松卷和分批紧卷退火都可以生产BH钢板，但控制参数各有不同，BH的大小也不相同。最容易控制的是连续退火的生产方法，产品的BH性也较高，可达60MPa，罩式炉退火生产BH钢板要求成分的控制要严格一些，BH性最高可达40MPa左右。

用连续退火方法生产BH钢板是十分有利的，需要控制的是均热温度、冷却速度、碳含量、磷含量等。其中，碳含量可以在较大的范围内调整，上限值有的可达到0.05%；冷却速度要与碳含量到达最优化的配合，目的是达到一个固溶碳量的临界值，即常温不产生时效硬化而产生高温时效，进而达到硬化的目的；均热温度要求较高，在$\alpha+\gamma$区，使碳化物充分固溶；磷的含量可比一般含磷钢低，达到同样的强度值仅为一般含磷钢的40%左右即可。

4.2.2　罩式退火工艺

4.2.2.1　罩式退火工艺的确定

冷轧带钢退火工艺制度主要根据钢的化学成分、产品的技术标准、带钢的尺寸和卷重等因素确定。工艺制度必须保证生产中钢卷层间不黏结，表面不出现氧化，中高碳钢、合金钢退火过程中不脱碳，汽车板要能获得深冲性能等。

A　加热速度的确定

钢的加热速度主要决定于钢的导热系数的大小。钢种不同，导热系数也不同，所以确定加热速度时，钢种是考虑的主要依据。钢中碳含量和合金含量对热传导影响较大。高碳、高合金钢的导热系数小，加热速度就要慢一些，避免内外温度差过大而造成组织和性能的不均匀。

从室温到400℃，加热速度一般是不限制的，因为在此温度区间，带钢内部组织没有明显变化，轧制过程中被拉长的晶粒刚刚获得回复，再结晶尚未进行，此时加热速度对性能和表面影响不大。每个炉台中心都装有循环鼓风机。通过循环鼓风机的作用，特别是在低温阶段加热速度更快。正常生产情况下，加热罩都是由上一炉保温结束，立即转移到另一炉加热生产。由于罩体温度高，所以可以将带钢卷快速地从室温加热到400℃。由于循环风机和加热罩的作用，带钢卷在被加热到400℃以前的加热速度是不易控制的。

钢卷由400℃加热到保温温度，加热速度对带钢的性能和表面质量有相对大的影响。一般规定升温速度为30～50℃/h，对特殊钢质、易出现问题的钢种和较厚的带钢，加热速度都有不同的规定。带钢从400℃加热到保温温度723℃以下期间，正是再结晶形成阶段，因此这个温度区间加热速度必须予以控制。

钢种不同、厚度不同，加热速度的控制是不同的。如优质镇静钢、低碳软钢等钢种，尤其是带钢厚度较薄时，退火中不易出现性能缺陷，因而可以适当提高加热速度，这样既可以提高生产率，还可以减轻带钢带层间的黏结缺陷。带钢厚度较厚时，退火中出现的性能问题较多，相对的黏结缺陷较少，因而加热速度应适当缓慢，以使带钢卷加热均匀，性能才能得以保证。

B　保温温度和保温时间的确定

钢的再结晶温度不是固定的某一温度。再结晶温度与带钢内部组织状态有关，如果加工变形量愈大，晶格畸变和晶粒被拉长轧碎的现象愈严重，带钢内能也就愈大，愈易形成再结晶，即在较低的温度就能进行再结晶。如低碳钢再结晶有时在450℃就开始。实际生产中使用的再结晶温度在570～720℃范围内，具体的根据产品选择。

保温温度和保温时间主要依据产品标准、技术条件及钢种和带钢的厚度确定。保温温度和保温时间还与卷重、带钢厚度有关，卷重大、钢板厚，则保温温度高，保温时间也要长，这与带钢卷在单垛罩式炉中退火时的受热方式有关。受热方式主要是对流和热传导。卷愈重、带钢厚度愈厚，愈不易烧透，所以保温温度要高，保温时间要长。对易产生层间黏结缺陷的钢质和薄规格的带钢，保温温度可低些，保温时间可短些。对强度偏高或塑性不足的钢种和厚规格带钢，保温温度可高些，保温时间长些。

C　冷却速度和出炉温度的确定

根据多年生产实践和国内外关于冷轧带钢退火的研究，特别是近年来随着快速冷却的出现，人们普遍认为罩式炉内钢卷冷却速度应当是愈快愈好，因为罩式炉的冷却速度本身较慢，不影响钢的性能，快冷可以提高炉台效率、改变台罩比。对性能有特殊要求的钢种，如重深冲汽车板，在500℃以上冷却速度太快会使冲压性能变差，因此，需要缓冷，即带大罩冷却。单垛罩式炉带钢卷垛是套在内罩的，在冷却过程中不与外界空气接触，而且钢卷垛本身冷却很慢，因此不会因冷却速度快影响产品质量。在生产实际使用的热处理制度中，带大罩以后的冷却速度是不加限制的。目前，罩式炉广泛采用分流快速冷却和快冷罩。出炉温度的确定，是以带钢出炉后与空气接触不发生氧化为依据的、考虑到炉台利用率和确保表面质量，出炉温度以120～150℃为宜。

光亮退火俗称光辉退火，主要是在密闭空间加热退火后让温度在密闭空间缓慢降温至少500℃以下再自然冷却，便会有光辉度以至不造成脱碳情形产生。要使带钢无脱碳、无氧化必须进行光亮退火。

退火钢卷防止氧化的关键性问题之一是必须使保护罩内的压力满足工艺要求。对于老式砂封的罩式炉炉内压力要求达到800～1400Pa。因为压力高于1500Pa，砂封会被吹开，而低于500Pa时，炉台循环风机的作用会使内罩下的压力形成负压，所以要严格控制炉内压力。对于新式压胶密封结构新炉子，循环风机能力又较大，并有分流冷却系统，相应炉内压力要高。另一个关键问题是保护气体，保护气体必须要保证高纯度，含氧量要小于20×10^{-6}，露点在-50℃以下，这样才能保证炉内气氛的可靠性，实现光亮退火。

另外，还要认真搞好冷吹和热吹。冷吹和热吹的目的是利用保护气体驱走内罩中的空气和钢卷带进的油气水分。一般在点炉前两小时打开通入炉内的保护气体阀，保护气体压力应大于800Pa，并打开保护气体排出阀，利用保护气体吹赶内罩中的空气。冷吹正常且时间已够 2h，才能点炉。

热吹的作用是除了将内罩中的残余空气进一步赶净之外，更重要的是将板卷带来的乳化液产生的油烟、水蒸气等有害物质全部驱走吹净，避免沾污钢板表面而降低表面质量。热吹时间的长短，要根据保护气体供应情况和钢板表面要求程度而定。如生产高强度钢防脱碳汽车板时，要求钢板表面很洁净，热吹时间越长越好，条件允许时可吹到钢卷温度达到保温温度。为生产出光亮和洁净的高质量钢板表面，冷轧后进行电解清洗是十分必要的。在退火的全过程中要求炉子设备一定要正常满足工艺要求，要严密不漏，并且使保护气体在炉内循环，保护气体进出畅通。可在点炉前对炉子进行试漏，向保护罩内先充入保护气体，达到预计的压力，然后将进出口阀关闭，炉压在 30s 内泄压不大于 200Pa 才算合格。在热吹时炉内压力保持在 500 ~ 800Pa，启动分流之后，炉内压力达到 3000 ~ 4000Pa。

4.2.2.2　罩式退火工艺举例

罩式退火工艺曲线如图 2-4-19 所示。

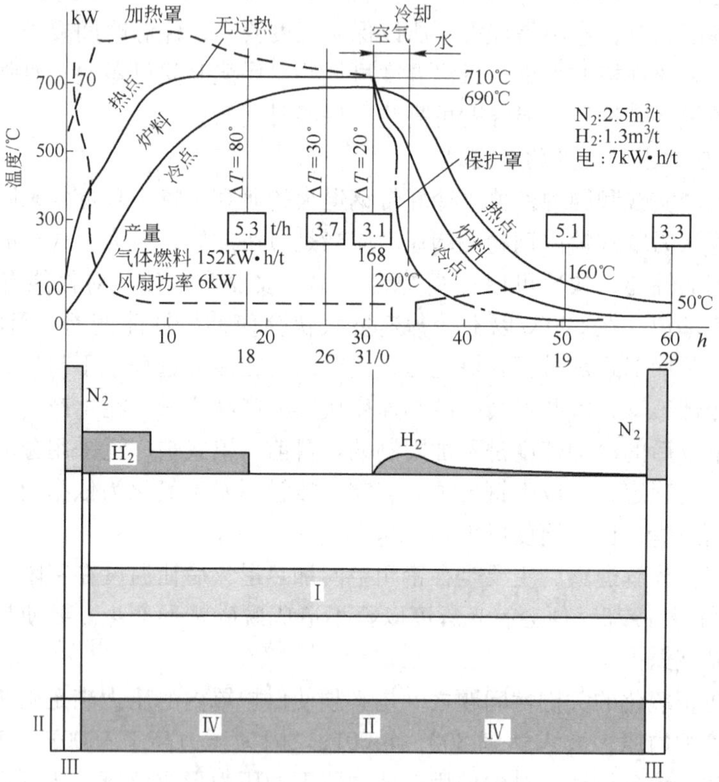

图 2-4-19　退火工艺曲线

Ⅰ—在 H_2 中处理；Ⅱ—室温和高温试漏；Ⅲ—点火前和出炉前清洗；Ⅳ—工作空间中的压力控制

退火炉中装有 4 卷 1100mm 宽的带钢卷，装炉量为 96t。图 2-4-19 表示了炉台循环风机功率消耗、气体燃料消耗、各种热点与冷点温差相对应的加热能力、冷却能力等。

在工作负载空间室温条件下，进行试漏15min，接着加热罩扣放在炉台上，开始用N_2清洗30min，使$O_2<1\%$。N_2清洗流量是由通向负载空间入口处的一个系统来控制的。N_2转换为H_2后进行热清洗工作，这与轧制液残留量有关，直到保温时停止热清洗工作，但必须控制好工作负载空间H_2压力。因为H_2传热速度比N_2快6倍，又由于强对流作用，所以热量很快即传递到带卷内部。18h后，温差为80℃，相当于碳结钢冷轧钢卷加热能力为5.3t/h；26h后，温差下降到30℃，相当于深冲钢冷轧钢卷加热能力为3.7t/h；31h后，温差下降到20℃，相当于重深冲（汽车板难冲件）冷轧钢卷加热能力为3.1t/h。

高温试漏合格后吊卸加热罩，将冷却罩放炉台上，这时空气冷却开始。然后当炉温下降到270℃时，停止空气冷却，炉台风机停转。3min后，开始喷水冷却10min后炉台风机低速运行，再过10min后高速运行。一直到最热点温度降到160℃或50℃时，炉台风机低速运行，并用N_2再次清洗H_2，直到$H_2\leqslant5\%$为合格，清洗时间30min。最后吊冷却罩和保护罩出炉。

单元3　退火设备操作

学习目标：

掌握冷轧带钢罩式退火工艺制度的确定，了解氮氢型保护气体单垛式紧卷罩式退火设备及全氢保护气体单垛式紧卷罩式退火设备。

知识学习：

连续退火机组主要设备、单垛式紧卷罩式炉、H_2爆炸与防爆、罩式退火主要工艺过程和操作要点。

4.3.1　连续退火机组主要设备

20世纪70年代初日本新日铁公司成功地把冷轧后的脱脂、退火、平整、精整、检查等生产工序联结成一条生产机组，称作连续退火机组，简称CAPL。图2-4-20为一种冷轧连续退火机组示意图。

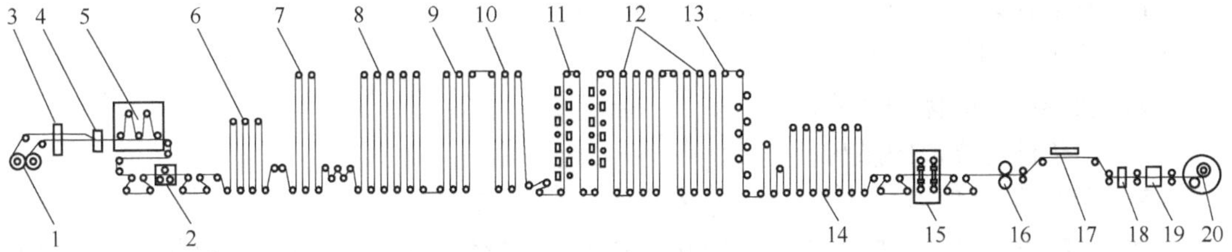

图2-4-20　冷轧连续退火机组

1—开卷机；2—张力平整机；3—剪切；4—焊接机；5—电解清洗；6—入口活套；7—预热段；8—加热段；9—均热段；10—缓冷段；11—急冷段；12—冷却段；13—最终冷却段；14—出口活套；15—平整机；16—剪边机；17—检查装置；18—涂油机；19—剪边；20—张力卷取机

4.3.1.1　加热段设备

连续退火线多采用立式炉，带钢通过入口的密封辊进入加热段，按规定的退火温度加热。加热段的上部和下部由 4 根以上的导辊形成通道。通道与通道之间装有换热器并插入辐射管，从两面直接加热带钢。辐射管每列 10 余根，由炉壁两侧面交叉伸出，对带钢宽度方向进行均匀加热。

目前连退技术的加热方式主要采用辐射管（RT）辐射加热。辐射管有“U”形和“W”形两种，在 20 世纪 70 年代末前使用的辐射管烧嘴是煤气和助燃空气一次混合燃烧的长火焰烧嘴。助燃空气经过空气预热器由辐射管内的负差吸入，称为吸入型。煤气和助燃空气的比例调节由煤气管路上流量测量值和辐射管废气排出管路上检测的负压值通过换算进行间接控制。

20 世纪 80 年代初日本开发了“鼓-抽”型辐射管加热技术，主烧嘴的助燃空气用风机鼓入，所以空气流量像煤气流量一样能直接精确控制，从而使空燃比（m）能严格控制在 1.05～1.15 以内。而吸入型的空燃比一般在 1.2～1.5。除此之外，与吸入型相比，“鼓-抽”型还有很多优越性：

（1）温度控制更直接更准确。现在不仅能直接控制煤气流速，而且可以直接控制燃烧空气流速，因此空燃比可直接控制。在空气和煤气流量控制方面，采用了先进的“交叉限幅控制电路”，这种方法具有保持空燃比 m 在合适范围的功能，而同时流量设定值又有高和低的限幅器，因此温度控制比较准确。

（2）适用性强。当燃烧煤气的热值发生变化时，例如，当混合煤气切换到转炉煤气时煤气热值增加较多，若是吸入型辐射管，燃烧状况将发生很大的变化，其温度将急剧增加，如果要对燃烧系统进行调整则非常困难。现在“鼓-抽”型辐射管加热系统不存在上述问题，当煤气热值发生变化时，可以在很宽的范围内调整，而且比较方便。

为了更充分地燃烧并使废气中 NO_x 的含量降低，新型辐射管的烧嘴通过助燃空气的分流而实现多次燃烧。某 1420mm 连退炉采用了 2 次燃烧技术。最近新日铁开发出最新的 2 次燃烧的烧嘴，称为 MCR。多次燃烧方法可使辐射管沿长度方向的温度分布更均匀，辐射管内的高温点下降。由于火焰的高温点下降，NO_x 的量也可大大减少。

RT 加热燃烧废气余热的利用也很广泛，主要有以下几个方面：

（1）单个辐射管在废气出口处预热助燃空气；

（2）预热带钢；

（3）预热进炉的保护气体；

（4）预热低燃烧值的燃料；

（5）产生蒸汽和热水。

在辐射管加热的点火技术方面，传统的方法是：操作工在现场用点火枪点燃每个辐射管点火煤气烧嘴，通过点火煤气再点燃主烧嘴；现在可用电气点火，而且可监视燃烧火焰，大大减轻了劳动强度。

4.3.1.2　均热段设备

带钢在加热段升温到规定温度后，通过下面的隧道进入均热室。均热室中只需要弥补炉壁散发的热量。由于此热量很小，所以通常采用容易控制的电阻加热方式，加热体在炉壁周围等密度排列。炉温通过△-Y 接线切换开闭器进行控制，当从低温加热或要迅速升温时使用△接线，一旦达到均热温度就切换成 Y 接线。

4.3.1.3　一次冷却段设备

分析日本三大钢铁公司的连续退火机组和欧洲相继推出的具有独特风格的连续退火机组，无论是新日铁的 CAPL、日本钢管公司的 NKK-CAL、川崎制铁的 KM-CAL，还是欧洲冶金研究中心的 CRM-CAL、不管连续退火机组机型如何不同，但其基体结构是一样的，最大差别在于一次冷却段的冷却方式不同。加热和均热后的一次冷却对产品材质性能及适应的产品品种有很大影响。这里简单介绍几种连续退火一次冷却方式。

A　辐射冷却和常规喷气冷却

辐射冷却是连退最初采用的冷却方法，它在带钢两侧设置冷却水箱。辐射冷却最大优点是冷却介质与带钢不接触，故对带钢表面不会产生不良影响，但其冷却速度慢，特别是当带钢冷却到较低温后，冷却更困难。

B　冷水淬技术

水淬是目前应用于连续退火速度最快的冷却方法，由于冷却速度极大提高，1min 左右的过时效处理就能较充分地析出过饱和固溶碳，因而能生产深冲板。另外，钢中加入适量的合金元素（如 Mn），加热到钢的 $A_{c1}\sim A_{c3}$温度，均热适当时间，使部分铁素体发生奥氏体转变，然后以超过其临界冷却速度进行快冷，使上述奥氏体发生马氏体转变，因而连退后的钢板金相组织主要为铁素体和马氏体双相钢，使带钢强度大幅度提高。用水淬方法能低成本地生产出抗拉强度为 400～1400MPa 的高强冷轧板。另外，通过适当改变加热温度、淬火速度及回火（时效）温度还能制造出深冲用高强冷轧板、高 BH（烘烤硬化）型高强冷轧板、低屈强比高强冷轧板等各种高性能板。

冷水淬火冷却速度高达 2000℃/s，但太高的冷却速度也有弊端，一方面，过分冷却使终点温度不能控制，往往过冷到接近水温，因此冷却之后重新加热到过时效温度（400℃），浪费能量；另一方面，冷速太大时尤其是水淬后带钢表面形成蒸汽膜后冷却不均，造成板形不良；而且带钢表面会产生氧化膜，因此连退后需进行酸洗，增加了设备及生产成本，对带钢表面质量也有影响。

C　辊式冷却

由于水淬冷速太快而喷气冷却速度太慢，于是开始寻求介于两者之间的冷却方法。日本 NKK 公司于 1978 年开始研究辊冷技术，1982 年获得成功，同年在神户制钢建造的连退线上投入使用。

辊冷是使带钢与内部用水冷却的铜辊接触，通过热传导而实现带钢冷却，冷却速度为 100～300℃/s。冷速的控制可通过带钢与水冷辊接触的时间来调节；而接触时间的改变则通过钢带运行速度及水冷辊的移动位置来实现，这种方法冷却速度较大并可准确地控制带钢冷却的终点温度，而且免去了后续酸洗工序，因而生产成本降低，尤其是生产深冲用冷轧板成本更低。辊冷法不仅可生产 CQ、DQ 及 DDQ 软质板，还可生产 400～1000MPa 的高强板。

辊冷的主要特点是带钢在冷却过程中要与辊子接触，而且必须很均匀地接触，否则带钢将产生不均匀冷却，因此辊冷前后必须设置张紧辊以确保较大的带钢张力（>30MPa）。虽然这样能增强冷却的均匀性，但均匀冷却仍是个大问题，而且带钢在冷却中产生收缩，因此带钢与辊子之间存在相对滑动，影响带钢表面质量。另外，因冷却辊的工作条件恶劣，因此辊子的寿命成为问题。水淬和辊冷结合（WQ + RQ）是 NKK 对连退冷却技术的又一发展。1982 年 3 月在神户钢铁公司加古川钢厂投产的连退机组采用了 WQ + RQ 方法。使一条机组兼备适于软钢生产的辊冷和适于高强钢生产的水淬两种最佳方法，使生产成本进一步降低，产品性能进一步提高。

D　高速气体喷射冷却（HGJC）

20 世纪 70 年代初新日铁公司投产了第一条真正意义上的连退机组，采用喷气快冷—过时效处理工艺来生产冷轧板。但这种最初级的喷气快冷，其冷却速度很低，故其产品主要是 CQ 级冷轧板。随后人们为了提高喷气冷却速度，主要采取了以下措施：

（1）提高喷气速度即增加气体体积；

（2）使喷嘴和带钢之间的距离尽可能小；

（3）使喷射的气体含 H_2 量增加；

（4）喷射气体中加入雾化液相。

20 世纪 80 年代初，川崎钢铁公司和三菱重工合作建造了多用途连退机组 KM CAL，采用了 HGJC，使用准确地相对设置的窄缝喷嘴在带钢两面喷射气体，通过调节风机出口的阀板来调节冷却速度。另外，沿着带钢宽度方向分成 5 个区段，以保证带钢在宽度方向冷却均匀，该冷却系统还有能调节 H_2 含量的装置。H_2 含量增加则导热性能增加，从而冷却速度增加。KM CAL 的冷却速度可达到 50℃/s，这条多用途连退线可生产 T_2 ~ T_5 镀锡原板、400 ~ 800MPa 级双相高强钢、SPCC 级冷轧板及 RM30 ~ RM60 电工钢。

E　辊冷和气冷复合冷却技术（RQ + GJC）

为了进一步提高冷却速度，将 GJC 技术和 NKK 辊冷技术结合形成辊冷和气冷复合冷却技术（RQ + GJC），其结构如图 2-4-21 所示。这样辊冷的冷却效果因气体喷射而加强，冷却速度范围扩大到 50 ~ 150℃/s，而且带钢的板形及表面质量比单纯的辊冷有所提高。

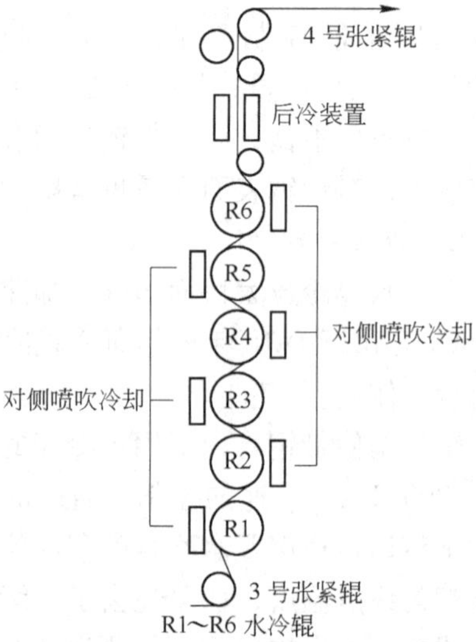

图 2-4-21　RQ + GJC 冷却

该辊冷段由 6 根水冷辊（R1 ~ R6）、2 套张紧辊装置、1 套辅助冷却设备和 1 套冷却水循环系统组成。带钢通过与水冷辊接触传热，由循环冷却水带走热量实现冷却。为了尽可能沿宽度方向均匀冷却，冷却水的流向交错布置。水冷辊通过马达驱动相对中心线移动，按照所希望的方式改变带钢与水冷辊的接触范围，通过控制水冷辊的位置来控制带钢的温度。对侧喷吹冷却装置分布在水冷辊的对侧，用于对带钢背对水冷辊的表面进行冷却，平衡带钢两面的温差并提高冷却速度，其中 R1～R4 对侧喷气装置为边—中—边分三段冷却方式，能够合理调节板温沿板宽方向的温差；R5、R6 对侧喷气装置为边—边两段冷却方式。后冷装置对带钢在 RQ 段出口进行最终冷却，使带钢温度在 RQ 出口接近设定的目标值，从而实现 RQ 段板温的高精度控制。

F　气水冷却（ACC）

新日铁的研究表明，中等冷却速度提供了最佳的碳过饱和度，并在后续处理过程中促进了碳化物的析出，所以有利于较高抗时效性能的深冲软钢的生产，也有利于高强冷轧板的生产。

新日铁通过开发口琴式气流雾化水冷却喷嘴，并采用了参照模式自适应控制法及卡尔曼过滤法的控制系统，达到了对冷却终点温度 395～405℃ 及冷却速度控制的精度，1982 年以来 ACC 系统已用在新日铁的广畑和名古屋连退机组中。目前最成熟的 ACC 技术已应用于君津 2 号连退线。

ACC 技术特点：

（1）喷嘴为口琴式，具气体侧向喷射窄槽，确保喷嘴在带钢宽度方向的均匀冷却。

（2）冷却能力可通过改变供水流量来调节，所以对不同厚度的带钢冷却速度可保持不变。

（3）为了保证带钢有良好的板形，一次冷却的起始温度必须低于 700℃，而且气/水比必须大于 0.13m^3/L。

（4）由于水雾和带钢接触，所以带钢表面易氧化，因而在后续工序中增加酸洗及 Ni 薄镀层处理工序。

G　热水冷却（HOWAQ）

热水冷却是比利时冶金研究中心及比利时 Cockrill-Sambre 公司在 1984 年共同研究开发的冷却技术。它具有以下特征：

（1）冷却速度为 30～150℃/s，远低于冷水淬，但明显高于传统的喷气冷却。

（2）通过沉没辊的上下移动，使得冷却终点温度控制十分简单，所以在生产软质带钢时无需再加热段，节约了能源，而这在冷水淬是不可能的。

（3）一般 HOWAQ 系统后部设有水雾喷射冷却装置，见图 2-4-22 所示。它是一种气体（N_2 或 NH_x）雾化水，雾化后高速喷射到带钢进行二步冷却，从 300～350℃ 冷却到较低的温度，在生产双相钢及镀锡板时要用二步冷却。HOWAQ 的中等冷却速度可较好地控制马氏体及残余奥氏体量，发挥合金成分的最大效能，使钢板获得更好的性能（如烘烤硬化性），而冷水淬不仅板形难以控制，而且易产生马氏体过多的现象。

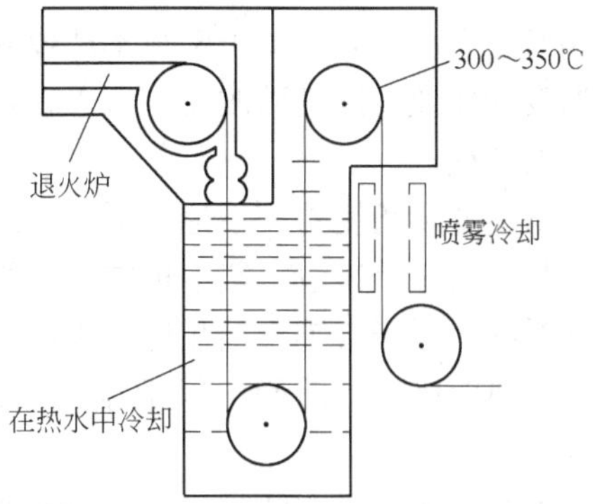

图 2-4-22　HOWAQ 的二步冷却示意图

（4）采用 HOWAQ 方法时，在常规 GJC 二次冷却段之后，带钢进入甲酸酸洗槽，带钢在酸洗过程中从 200℃ 冷却至 100℃ 左右，因而酸洗槽起到淬水槽的作用。选用甲酸可以免去中和处理及其他处理，而且酸洗过程产生的蒸汽冷凝回到酸槽，甲酸基本不损失。为了避免过酸洗，同时研究了抑制剂，酸洗后设置的清洗段可清洗带钢并同时将带钢冷却到 30℃左右。用 HOWAQ 法处理得到的带钢其磷酸盐层的致密度高，因而抗锈蚀性能好。

HOWAQ 法主要缺点：一是后续工艺中要增加酸洗工序及酸再生设备，增加了投资并影响产品收得率；二是冷却的均匀性问题。HOWAQ 在稳定情况下带钢表面会形成一层均匀蒸汽膜，但当机组速度突然变化或沉没辊与带钢有不均匀接触时，如带钢来料板形不好引起不均匀接触，这层膜就不均匀，因此产生不均匀冷却，最后严重影响带钢的平直度。

4.3.1.4　缓冷段设备（过时效室）

为了使加热和均热时固溶在 α-Fe 中过饱和的碳析出，在连续炉设有缓冷室，以使带钢在 450℃左右保持一定的时间，以便使过饱和的碳析出并防止钢板的时效。冷却是通过向插在带钢间的制冷却管内通气进行的。为了使带钢宽度方向均匀冷却，应合理配置冷却管。每个通风道配一台鼓风机，通过鼓风机使通风道保持负压，并通过冷却管吸入外部空气。

调整冷却管内空气流量以控制冷却能力。为了防止炉子急冷，需将炉温预先升到适当温度，因而设有电阻加热设备。

4.3.1.5　急冷段设备

经过缓冷时效的带钢，进入急冷段（也称为终冷段）。在急冷段中带钢之间安装有数十台喷气冷却器。从喷气冷却器喷嘴中高速喷出冷的保护气体，使带钢两面温度冷却到 100℃以下。喷气冷却器由向炉内供给冷却的保护气体的喷气管、吸入炉内保护气体的管道、热交换器和使炉内保护气体循环的鼓风机组成。喷气管对着带钢的一面有许多小孔，保护气体由此以 50m/s 左右的高速向带钢直吹，以带走带钢上的热量。被吹走的热气直接由其本身的吸入管吸走，经热交换器冷却再循环。因冷却器台数多，所以用间隙运转容易进行冷却能力的调整。

连续退火炉使用的保护气体以 HNX、AX 为主，含有 3% ~10% H_2。因为带钢通过密封辊入炉时带入空气，所以炉内的露点比供应的保护气体的露点高，但应保持在 −8 ~ −10℃左右。为防止炉子密封不严侵入空气，炉内压力必须保持在 100 ~150Pa。炉内压力随温度和作业线速度而改变，所以在各段的保护气体管道上都配有压力计和流量计，进行流量的调整。

从冶金学角度看，不论是罩式炉或连续炉退火方式，退火过程均可分为回复、再结晶和晶粒长大三个阶段。其中再结晶阶段用比较短的时间就可以完成。晶粒长大阶段需要较长的时间。对于带钢再结晶退火来说，带钢在 600℃以上、A_1 转变点以下停留的时间称为有效均热时间，此时间一般根据产品性能要求不同选在 25s 以上，对超深冲钢可选用大于 60s。

加热到退火温度的带钢，冷却到常温时的冷却速度也影响带钢的力学性能和冲压性能。从铁碳相图看出，α-Fe 中固溶的碳量随温度变化。320℃附近快速冷却固溶碳不能完全析出，而以固溶碳状态冷却下来。以后过饱和的碳从固溶体中析出产生时效硬化，故在320℃附近必须缓冷，使固溶碳充分析出。从600℃冷却到320℃所需时间称为有效冷却时间。为了使固溶碳完全析出，在冷却过程中要进行过时效处理。根据钢种和产品要求的不同，其过时效的温度和保温时间也不同，一般选用350 ~ 450℃，保温20 ~ 300s左右。用这样的退火制度，可以得到晶粒均匀、性能良好的冷轧薄板。上述给定的有效均热时间和有效冷却时间随品种不同波动较大。一次冷却方式根据品种不同需作适当选择。这些选择的根据是该机组所要生产的产品品种和规格等因素。所以新建的连续退火机组正在按生产品种逐渐趋于专门化，以降低机组造价，并有利于得到稳定的产品质量。

4.3.2 单垛式紧卷罩式炉

4.3.2.1 概述

单垛式紧卷罩式炉如图2-4-23、图2-4-24所示。

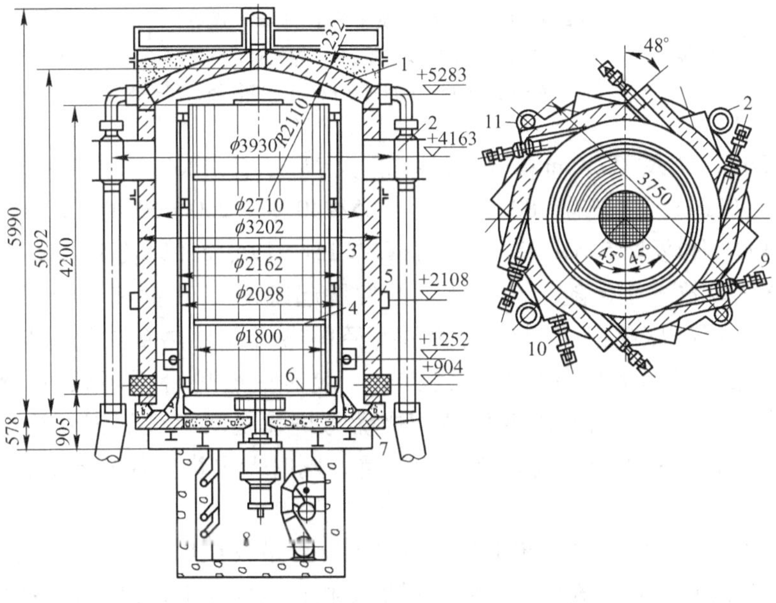

图2-4-23　180/420型单垛式紧卷罩式炉

1—加热罩；2—排烟管；3—双层保护罩；4—中间对流板；5—煤气箱；6—底部对流板；7—炉台；8—炉底地坑；9—上列烧嘴；10—下列烧嘴；11—导向杆

单垛式紧卷罩式炉的规格是用炉型来表示的，炉型大小取决于装料的几何尺寸。

例如：炉型为180/420型，180代表退火钢卷最大外径为180cm；420代表退火钢卷垛最大高度为420cm。采用厘米作为单位，是一种通常的表示方法。

为了提高退火能力，必须增加装炉量，装炉量大小取决于卷重和装料高度。卷重与钢锭、连铸坯、初轧机、热连轧机以及冷轧机都有密切关系，也是体现近代钢铁工业技术水平的综合标志。

目前我国主要大型钢铁公司冷轧钢卷最大外径有1800mm、1850mm、2000mm、

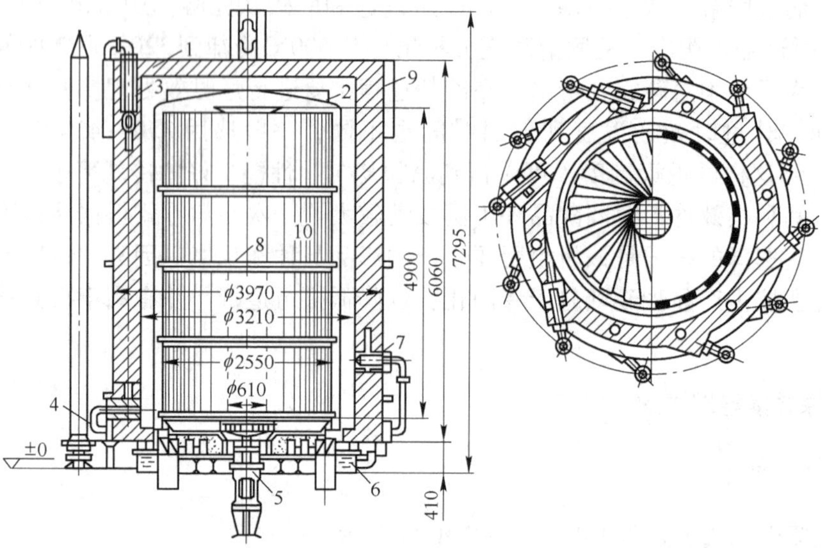

图 2-4-24　180/420 型单垛式紧卷罩式炉

1—加热罩；2—保护罩；3—空气预热器；4—煤气箱；5—炉台循环风机；
6—密封胶圈；7—烧嘴；8—中间对流板；9—空气箱；10—钢卷

2050mm、2500mm 以及 2550mm。钢卷垛最大高度有 4200mm、4400mm、4600mm、4900mm 以及 5300mm。炉型有 180/420 型、185/440 型、200/460 型、200/530 型、205/490 型、255/490 型以及 255/530 型。最大卷重有 15t、19t、21t 以及 45t 等。

单垛式罩式炉技术是伴随着冷轧技术的发展起来的。20 世纪 50 年代，单垛紧卷罩式炉加热罩采用高压喷射式煤气烧嘴单列径向布置，加热罩炉衬是轻质黏土砖砌筑，炉台对于保护罩和加热罩均是砂封方式。装有一般炉台循环风机。烧嘴径向布置，对着烧嘴部位的钢卷局部温度偏高，烧嘴与烧嘴之间部位的钢卷局部温度偏低，当燃烧室挡火砖脱落的时候上述现象更为严重，同时严重烧损保护罩，降低了保护罩的使用寿命。

单垛式紧卷罩式炉的基本操作工艺是将退火钢卷吊放在炉台底部对流板上，一般垛放 4 卷，钢卷间放有中间对流板，然后把保护罩扣在钢卷垛上。保护罩与炉台之间采用水冷却橡胶圈密封，这样使退火炉保护罩内与外界空气完全隔绝，然后用保护气体清洗退火空间，目的是赶走炉内空气保证安全生产，使炉内充满保护气体，防止钢卷在退火过程中被氧化。在保护罩外面再扣上加热罩，对钢卷通过保护罩进行间接加热。加热罩和保护罩之间的密封采用砂封方式。在加热罩上有两列交错切向烧嘴，将钢卷加热至所要求的温度。

为了做到快速均匀加热，在保护罩内的保护气体通过炉台循环风机不断地循环，将钢卷垛中心的保护气体吸入，并通过炉台上的分流盘输送到保护罩和钢卷垛之间，保护气体气流从保护罩壁的烧嘴区域流过，吸收了热量，热气流通过对流板的缝隙将热量传给钢卷边缘，然后热气流由钢卷垛中心流回炉台循环风机。当钢卷加热达到规定温度之后，进行均热，逐渐减少燃料的供给，直到最小的数值。退火结束后关闭煤气烧嘴，吊走加热罩。

从此，热量就以相反的方向由钢卷内部向边缘传递，循环保护气体通过保护罩壁传散到空气中去。刚吊走加热罩时，炉温较高热量迅速散失，当炉气热电偶温度降到500℃的时候，为了加快冷却，在保护罩外面再扣上冷却罩，在冷却罩顶部或顶部对称两侧安装风机，通过保护罩与冷却罩空间引进空气，吸收保护罩的热量，进行外部快速冷却。启动冷却罩的同时启动分流快速冷却设备。炉底热电偶温度为90～120℃的时候，吊走冷却罩，停止分流快速冷却设备，吊走保护罩。将钢卷吊放到最终冷却台上，最终冷却台采用装在地面下的轴流风机，由厂房外面引进空气，将钢卷加快冷却到50℃左右，然后将钢卷送到平整机前放料场。

4.3.2.2　强对流全氢罩式炉技术

全氢型保护气体单垛式紧卷罩式炉，实质上不单纯只是采用全氢而与氮氢保护气体相区别，而同时这种全氢型罩式炉在设备和工艺上还采取了相应的技术措施，以适应全氢保护气体新技术的发展，从而建成了以提高退火产量和质量为目的的新一代全氢型保护气体单垛式紧卷罩式炉。

全氢作为保护气体，早在20世纪70年代初期，就应用于铜基金属工业，20世纪70年代推广到钢铁工业，20世纪80年代中期进行普遍推广应用。

随着冷轧带钢生产的迅速发展，世界各国面临着兴建和改造老式罩式炉的新形势。目前世界上具备全氢单垛式紧卷罩式炉新技术和提供全套设备的能力的厂家还不太多，著名的有德国LOI公司和奥地利EBNER公司。

EBNER公司生产的罩式炉称作“强对流全氢罩式炉HICON/H_2”，主要特点是采用全封闭退火炉台、整体的扩散器和底部对流板，烧嘴开度小于20%时采用开关式控制，否则采用连续式控制、空燃比自动比例调整、集中换热器等，如图2-4-25和图2-4-26所示。

LOI公司生产的罩式炉称作“高效能全氢罩式炉HPH”，主要特点是采用敞开炉台、分体式的扩散器和底部对流板、开关式烧嘴控制、空燃比手动

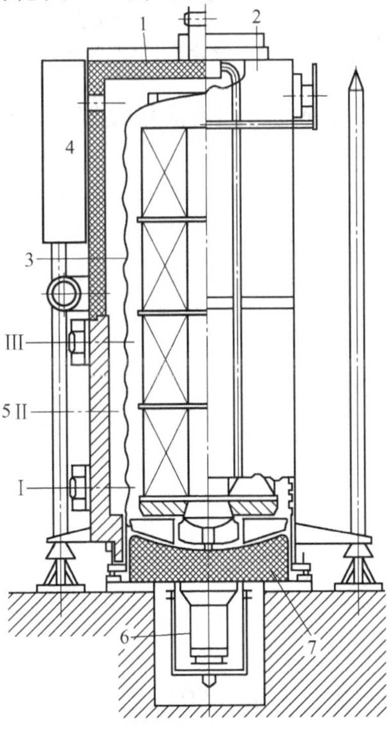

图2-4-25　强对流全氢罩式炉结构示意图

1—加热罩；2—气-水组合冷却罩；3—横波形保护罩；4—集中换热器；5—三层烧嘴；6—炉台风机；7—全封闭炉台

图2-4-26　强对流全罩式炉

调节、分散的换热器，如图 2-4-27 所示。

宝钢在引进全氢罩式炉同时，对全氢罩式炉技术进行了研究开发，目前自行开发的全氢罩式炉已于 2001 年 11 月投入生产，运行情况稳定。

A　强对流

冷轧带钢卷罩式炉退火采用间歇式生产方式，以高炉和焦炉混合煤气作燃料，通过保护罩对带钢卷进行间接加热。罩式炉退火是以流体力学传导理论为基础。炉料得到热量多少取决于保护罩壁的辐射传热和气体对流传热的能力。

由于轧制后的带钢横向存在着中间厚、两个边部薄的横向偏差，所以即使在较大轧制张力下卷取钢卷，仍会出现带钢中间部位层间压力大、两个边部层间压力小的情况，因此带钢层间存在间歇。其次，为了减少退火工序中由于带钢层间压力过大而产生的黏结缺陷，在保证卷齐钢卷的条件下，应尽量降低轧制张力，这样更增大了间隙。而间隙中充满着空气，由于空气导热系数远远低于钢板的导热系数，因此，带钢卷的径向导热能力很差，影响了钢卷径向辐射传热效果。提高辐射传热的效果，只有提高保护罩壁的温度，形成较高的温度差，这势必导致钢卷外圈过热，这是不允许的。

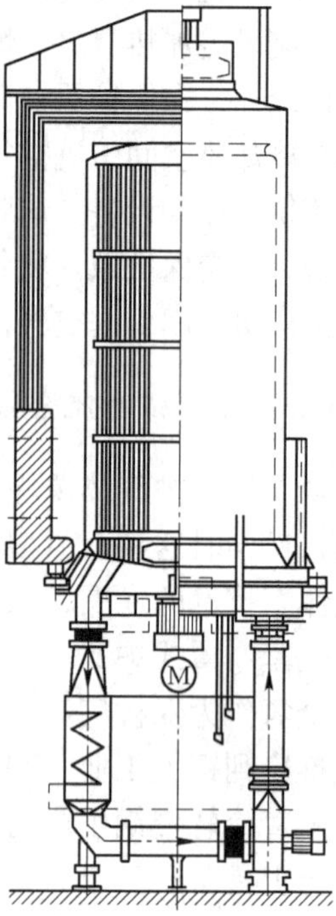

图 2-4-27　高效能全氢罩式炉结构示意图

增强保护罩壁与保护气体之间对流传热的主要途径是加大保护气体的流速。采用保护气体流速高、流量大的循环系统，增强对流传热速度，把保护罩壁上的热量尽快地传递给钢卷。

对流传热计算公式为：

$$Q = \alpha(t_2 - t_1)F$$

式中　Q——钢卷吸收的热量，kJ/h；

t_2——气体温度，℃；

t_1——钢卷温度，℃，一般为 20℃；

F——钢卷受热面积，m^2；

α——对流传热系数，kJ/(m^2 · h · ℃)，

$$\alpha = \frac{3\omega_0^{0.8}}{4\sqrt{d}}$$

ω_0——标准状况下气体流速，m/s；

d——气体通道直径，m。

若提高 Q 值，必须提高 α 值、t_2 值或 F 值。t_1 值为常数，一般为 20℃室温。

若提高 t_2 值，必须增加燃料提高炉温。若单纯提高 t_2 值，而相应的条件不具备，仍然是自然对流传热或一般强对流传热，将导致钢卷外圈过热，这是不允许的。在对流传热能力和所用保护气体种类一定的条件下，F 值也是不变的。

因此，欲提高 Q 值，只有提高 α 值。而提高 α 值，必须降低 d 或提高 ω_0 值。

d 值取决于保护罩内壁与钢卷外圈的环形空间。钢卷几何尺寸是一定的，尤其是钢卷外径作为炉型的主要标志，是固定不变的，同时，考虑到吊扣保护罩操作等原因，保护罩内壁是不能无限缩小的。一般正常情况下，保护罩与钢卷最大外径之间一侧间隙为 100mm 左右，因此，d 也是定值。

这样一来，只有提高 ω_0 值才能提高 Q 值。因此，采用大功率、大风量的炉台循环风机即可加速气体流速，提高 ω_0 值，从而相应提高 t_2 和 F，达到提高 Q 值的最终目的。这就是采用强对流技术的理论基础。

B　全氢

所谓全氢是指用 100% 氢作为保护气体，取代过去常规的氮氢型保护气体。选择全氢作为保护气体，主要是从氢的理化性质考虑的。

标准状况下几种气体和低碳钢的密度与导热系数如表 2-4-3 所示。

表 2-4-3　标准状况下几种气体和低碳钢的密度与导热系数

项　目	密度/$kg \cdot m^{-3}$	导热系数/$W \cdot (m \cdot K)^{-1}$
氢　气	0.0899	0.172
氮　气	1.251	0.024
空　气	1.293	0.024
低碳钢	7850	69.8

从表 2-4-3 中看出，氢气的密度仅是氮气的 1/14，而氢气的导热系数是氮气的 7 倍。氢气重量轻，渗透能力强，可以渗入钢卷层间，充分发挥导热系数大的特点，显著提高传热效率。

氢气是还原性气体，在高温下能使 FeO 还原为铁，而氢气又能引起钢脱碳，反应式如下：

$$FeO + H_2 \rightleftharpoons Fe + H_2O$$

$$[C] + 2H_2 \rightleftharpoons CH_4$$

生成的 H_2O，可在退火过程中采取热清洗手段将其除去。

氢气在钢卷中夺走[C]，引起钢脱碳，应该设法避免这不利的一面。氢气在退火过程中脱[C]是有一定条件的，干燥的氢气脱[C]作用很小，因为这时反应速度很慢，但是，氢气中只要含有 0.2% ~0.3% 的水蒸气，它就会成为强的脱[C]性气体。同时，在低于 700℃时，氢气的脱[C]作用并不显著，可以忽略它的影响。因此，针对氢气脱[C]的条件，制定了避免脱[C]的操作工艺。首先炉内供应的氢气保护气体露点在 -40 ~ -70℃，属于高干燥性气体，对钢卷不会产生脱[C]。同时，在加热阶段进行长时间的热清洗，以减少炉内水分。

全氢作为保护气体，不仅显著地提高了传热效率，从而提高了退火能力，同时提高了炉温均匀性，保证了钢卷的力学性能，提高了冷轧板的内在质量及表面质量。

4.3.2.3　强对流全氢罩式炉技术性能及设备构成

现以某厂 200/460 型强对流全氢罩式炉为例进行叙述。

A　技术性能

技术性能主要包括：

型号：200/460 型强对流全氢罩式炉。

用途：在氢保护气体下进行再结晶光亮退火。

退火钢卷最大外径：ϕ2000mm。

钢卷垛最大高度：4600mm。

最大装炉量：84t；平均装炉量：70t。

最高退火温度：750℃；炉台小时能力：1.8t/h。

加热罩小时能力：3.6t/h。

燃料种类：高炉和焦炉混合煤气；高炉煤气体积：焦炉煤气体积为7∶3，点火烧嘴用天然气。

混合煤气发热值：7110kJ/m^3；天然气发热值：40146kJ/m^3。

烧嘴形式：高速烧嘴；烧嘴布置：炉墙分3环，每环烧嘴错开，呈切向布置。

烧嘴前混合煤气压力：7000Pa；混合煤气最大消耗量：588m^3/h；天然气最大消耗量：6m^3/h；烧嘴前空气压力：7000Pa；空气最大消耗量：1200m^3/h；空气预热温度：350℃。

保护气体成分：100% H_2。

保护气体质量：$O_2 < 1 \times 10^{-6}$，露点：-70℃。

保护气体最大消耗量：24m^3/h。

炉内保护气体压力：4500～5000Pa；炉台循环风机风量：55000m^3/h。

冷却用水供水温度：≤30℃。

冷却用水供水压力：0.2～0.4MPa。

冷却用水排水温度：≤42℃。

冷却用水量：2.2m^3/h。

工艺用水供水温度：≤30℃。

工艺用水供水压力：0.2～0.4MPa；工艺用水量：22m^3/h。

未净化清洗用氮气质量：$< 100 \times 10^{-6}$，露点：-20℃。

未净化清洗用氮气压力：0.4～0.8MPa。

未净化清洗用氮气用量：150m^3/h。

B　设备构成

强对流全氢罩式炉技术是在氮氢型单垛式紧卷罩式炉的基础上逐渐发展起来的，它的主要特点是以强对流和全氢为出发点，相应地对设备进行改造，以适应强对流循环和全氢保护气体严密性的需要。

主要设备构成包括全封闭炉台、炉台循环风机、加热罩、冷却罩、保护罩、对流板。

4.3.2.4　强对流全氢罩式炉设备

A　炉台

a　炉台的作用

炉台是罩式炉的主体设备，从某种意义上讲，也可以说是罩式炉的永久性设备。

在设计罩式炉的时候，是以退火产量来计算炉台数量的，而后计算加热罩数量。一般情况下，加热罩数量与炉台数量相匹配时，加热罩数量应比炉台数量多。

在组织罩式生产的时候，应以不影响生产和不浪费煤气为原则，加热结束的加热罩，必须立即扣到另一个准备生产的炉台上。一般情况下不允许热状态加热罩落地。

炉台要承受钢卷垛和保护罩的全部重量。炉台应该具备承载能力、抵抗反复加热和冷却变形能力，并应具有不漏气、绝热性能好、蓄热量小以及结构简单等特点。

b　全封闭炉台结构

全封闭炉台由全封闭炉台钢结构本体、扩散器以及底部对流板组成。

全封闭炉台外形及钢结构如图2-4-28及图2-4-29所示。井字形钢结构梁采用工字钢焊接而成，并与炉台底板焊接在一起，构成一个坚固的圆形承重底座。

图2-4-28　全封闭炉台外形

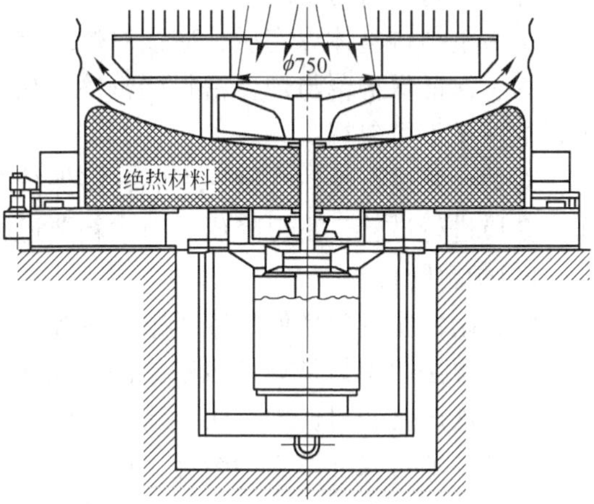

图2-4-29　全封闭炉台钢结构

在炉台底板内部对应工字钢位置上布置有支撑柱，内部填实绝热纤维毯。支撑柱底面焊在炉台底板上，支撑柱顶部与凹形球面金属壳下面支撑座平稳接触。支撑柱只承受支撑力，而不承受径向位移力和向上离开约束力。这样，金属壳体因温度变化和外力作用不受限制，所以活动自由，可延长使用寿命。金属壳体制作成凹形球面的目的，其一是可以控制径向力；其二是与炉台循环方向相适应。

在炉台底板内部连接氮气进气管和出气管，通入绝热纤维层内部，使炉台金属壳体受炉内压力和温度影响相适应，即和炉内压力相平衡，以保证金属壳体不变形或开裂，延长使用寿命。

金属壳体成形后，与炉台底板气密性焊接。金属壳体内部填充绝热纤维毯，填入绝热纤维毯，各个死角都要填实，以达到绝热效果。

这种全封闭炉台的特点是：结构简单、坚固耐用。首先，全封闭炉台可防止炉台绝热层内空气、水分以及杂物污染钢卷，保证炉内氢保护气体露点和氧含量，提高钢板表面质量。其次，全封闭炉台还可以防止高导热率的氢进入炉内绝热层而破坏隔热效果，保证炉台底板不过热和炉台密封橡胶圈不过热。

扩散器及底部对流板是采用耐热钢板焊接而成的，可在高温下承受载荷而不变形，适应于大功率炉台循环风机的气流方向，通道合理，气流分布均匀，且阻力小。

炉台钢结构外缘是一个环形冷却用水箱，炉台工作时，通过一定量的冷却水，以保证炉台不发生变形和密封法兰上的密封橡胶圈在允许的温度范围内使用。环形冷却水箱，有冷却水进出口，还设有两个定期排污孔。冷却水出水管必须一直通到水箱顶部，以保证水箱中始终充满冷却水。

炉台冷却水绝对不允许停水，在设计的时候，必须考虑另有一条事故备用水管，以实现不间断供水。

炉台出水温度不得高于 42℃，保证冷却水在水箱内不结垢。如果采用软水作为冷却水，这种措施则是不经济的。

炉台围板下部外侧均布焊接 4 块小挡板，保护罩壁内侧与小挡板之间只有 5mm 间隙，控制保护罩与炉台对中。

炉台钢结构整体焊完后，应该对焊缝进行消除内应力处理，防止在生产过程中发生变形。为了保证保护罩与炉台密封严密性，在消除内应力处理后炉台密封法兰要进行二次加工，这一条不可忽视。

对炉台要进行整体气密性试验，将保护罩扣到炉台上，把好炉台密封圈，用压缩空气作为介质进行试验，不得降压。对水箱要进行耐压试漏试验，以水作为介质，不得漏水。

c　炉台附件

炉台附件主要包括保护罩压紧装置和炉台导向杆。

保护罩法兰密封是靠炉台密封圈来实现的。保护罩压紧装置均匀分布在炉台外侧上。采用 8 个液压缸，对保护罩法兰均匀压紧。采用液压压紧装置，可以实现压紧装置同步压紧或松开，即可保证压紧均匀性，保证炉台密封。

炉台导向杆是保证加热罩、冷却罩以及对流板对中炉台的导向装置，安装时既要保证导向杆与炉台中心相对位置，同时又要保证底座要焊在钢平台横梁上，以保证底座牢固。在设计钢平台横梁时，应该考虑这个位置。

一个炉台有两根导向杆。导向杆一般采用 ϕ219mm 无缝钢管制作。导向杆必须一高一低，靠近司机操作室的一根应装高些，以便于司机操作，首先导入导向杆，远离司机操作室的一根低些，由于回转吊钩作用，地面指挥配合再导入导向杆。一般高低导向杆相差 300 ~ 400mm。

B　炉台循环机

炉台循环风机是强对流全氢罩式炉的重要设备，也是核心设备，又是强对流技术的出发点。

全氢型炉台循环风机与氮氢型炉台循环风机主要参数对比，如表 2-4-4 所示。

表 2-4-4　全氢型炉台循环风机与氮氢型炉台循环风机主要参数对比

参　数	全氢型炉台循环风机	氮氢型炉台循环风机
功率/kW	22	37/10
转速/$r \cdot min^{-1}$	2300	1500
叶轮直径/mm	950	710
风量/$m^3 \cdot h^{-1}$	55000	20000

全氢型炉台循环风机结构如图 2-4-30 所示。

该风机叶轮固定在电动机出轴端，轴与叶轮采用锥形体用普遍扁形螺母并加防松片固定。电动机上部专用法兰与炉台中心的下法兰用螺栓连接。电动机用一个较大中心法兰密封连接。氢气通过电动机上部端盖沿着风机轴周围缝隙进入炉内，电动机周围充满和炉内相同的氢保护气体。

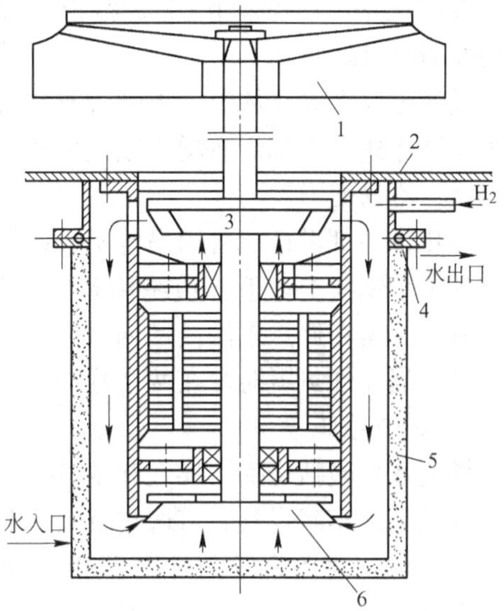

图 2-4-30　全氢型炉台循环风机

1—叶轮；2—炉台；3—离心式叶片；4—密封胶圈；5—冷却水套；6—轴流式叶轮

电动机上部安装一个导叶片，形成一个小风扇，具有离心作用，可将氢气通过专用的封闭水套内侧，从下端抽入电动机定子和转子之间，这样形成一个电动机内外冷却循环系统，可以充分冷却电动机和清洗其空间气体，对于钢板表面质量和安全生产有着重要保证。

冷却水套内侧焊有翅片，可增大冷却面积。翅片包围着电动机，可对电动机及其轴承进行充分冷却。由于炉内温度越高，氢保护气体密度越低，风机消耗功率越低，因此风机功率消耗较少。功率选择 22kW，即可适应全氢型保护气体。

这种炉台循环风机是目前比较先进的结构形式，主要有以下突出优点：

（1）风机与炉台连接轴承不需要进行密封处理，用封闭水套包围着电动机，与炉台用螺栓密封连接，将容易造成炉内氢气漏出或外界空气吸入的动密封改为静密封结构。这项新技术从根本上解决了炉台循环风机轴泄漏的关键难题，对于采用全氢作为保护气体更有其重要意义。

（2）整体风机处于高温环境下工作，封闭冷却水套结构合理，效果好。

（3）风机采用变频电动机，可以无级变速。

（4）风机结构简单，减少维修工作量，使用寿命长。

C　加热罩

加热罩外形如图 2-4-31 所示。

加热罩是单垛式紧卷罩式炉的主要设备。加热罩主要几何尺寸是由钢卷最大外径和钢卷垛最大高度决定的。加热罩在设计时应力求减轻重量，特别是当加热罩的重量已成为车间起重能力的决定因素时，就更应该考虑。

加热罩由钢结构的金属壳体、炉顶横梁、燃烧系统、排烟系统、空气预热器以及炉衬砌筑等组成。

图 2-4-31　加热罩外形

a　钢结构金属壳体

金属壳体是构成加热罩的骨架，加热罩所有设备及零部件都依附在这个圆筒形金属壳体上，内部砌筑有耐火材料炉衬。因此，金属壳体要有足够的刚度，而且重量要轻。起重用吊环及其他主要受力构件必须根据强度计算确定。

金属壳体一般都采用 Q235 钢板焊接制造。钢板厚度根据多年制造及生产使用经验，选用 6mm 钢板为宜。

设计圆筒金属壳体时，上部焊有空气箱，下部焊有煤气箱，既起到管道作用，又起到增强刚度作用，中部焊有增强刚度的法兰圈，这样整个圆筒形罩体具有 3 条增强圈，提高了刚度，不易变形。

加热罩顶部设计成可用吊钩提升的结构形式。底部的支撑腿可使加热罩立放在专为它安装的工字钢梁上。下部边缘由环形板组成，其下部安装密封件。当加热罩放在炉台上时，密封件压在保护罩法兰槽内，使加热罩与外界隔绝。加热罩配置两个导向环，入口为圆锥形，当扣加热罩时套在两个导向杆上。

b 燃烧系统

燃烧系统包括烧嘴、煤气和空气管路等。

煤气是由车间煤气管道通过支管路接到炉台前的。加热罩上安装一个波形管连接器，它靠吊车对中落下自动与炉台前接头接好，并通过煤气管、煤气分配箱、煤气电磁阀将煤气送到 12 个烧嘴。空气通过助燃风机经过空气分配箱，再经过预热器被送到 12 个烧嘴中。

波形管连接器示意图如图 2-4-32 所示。

波形管材质是耐热钢（1Cr18Ni9Ti），壁厚为 0. 2mm，波形管连接器总长 400mm，可以伸长压缩。其伸长量为 24mm，压缩量为 36mm。自动连接方式可缩短操作时间、减轻操作人员体力劳动。

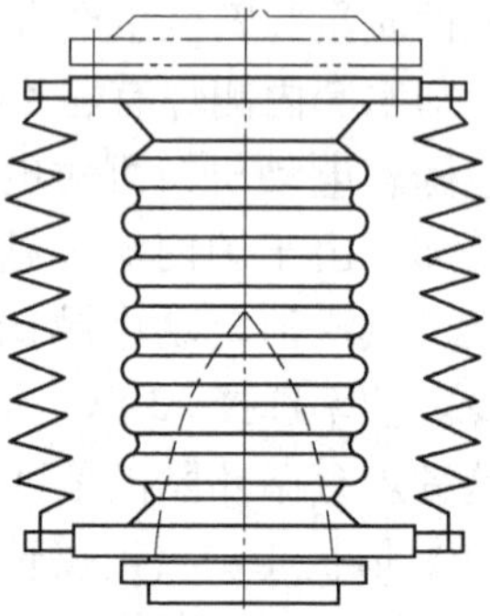

图 2-4-32 波形管连接器示意图

全氢罩式炉加热罩上分 3 层环形布置 12 个切向高速烧嘴，并通过一个控制系统调节。大负荷高速烧嘴，配置点火烧嘴、点火电极和火焰监测器。大负荷是指一个加热罩最大煤气量，而与可比氮氢型罩式炉加热罩最大煤气量相比，增加 59%，从而提高了加热能力（但必须有强对流大功率炉台循环风机以及全氢保护气体相匹配）。高速烧嘴可以实现强化对流传热，促进炉气循环，均匀炉温，避免对保护罩加热时出现热点。

加热罩炉衬由两部分组成。烧嘴和烟道是用轻型真空成型耐火纤维砖砌成，可以承受燃气冲刷。炉衬和炉顶铺设耐火纤维毡。为了节能和降低废气温度，烟道出口处安装一台集中空气预热器，利用燃烧废气将空气预热到 350℃，作为助燃空气通入各烧嘴。

为了控制燃烧空气过剩系数，实现合理燃烧，采用空气和煤气比例调节系统，将烟气中含氧量控制在 3% ~4%，实现完全燃烧。

加热罩与烧嘴配置了 12 个点火烧嘴，采用天然气作燃料。点火烧嘴的主要作用是点火，以保持火焰不间断。混合煤气采用断开式控制，保证混合煤气随时点燃，保证煤气安全。为了保证加热罩设备不受损坏，加热罩最高温度限定为 850℃。

c 炉衬

加热罩炉衬由两部分组成。烧嘴和烟道是用轻型真空成形耐火纤维砖砌成，可以承受燃气冲刷。炉衬和炉顶铺设耐火纤维毡。

耐火纤维亦称陶瓷纤维，是由耐火原材料制成的，目前多以焦宝石或矾土为原料。将原料加入2000℃电弧炉内熔化后以细股流出，用0.6～1.0MPa压力的压缩空气或蒸汽吹成散状纤维，即耐火纤维原棉。原棉中含有部分未被吹成纤维的凝固液滴，称为渣球，渣球含量一般不大于10%。将原棉中渣球除去，加入0.3%～5%的结合剂，原棉即可压制成毡、毯、板、纸、绳等多种耐火纤维制品。

以焦宝石为原料生产的耐火纤维称为硅酸铝耐火纤维，其物理性能：耐火度为1750～1790℃、密度为0.04～0.09t/m^3、纤维长度为100mm、纤维直径为2～5μm、使用温度1150℃。

耐火纤维具有以下特点：

（1）普通耐火纤维的使用温度达1150℃，高级耐火纤维（如氧化铝、氧化锆耐火纤维），使用温度可达1700℃。

（2）导热系数低，与普通绝热材料相比，用于绝热层可减少厚度一半左右。

（3）重量轻，仅为普通耐火材料密度的1/20左右，为普通绝热材料密度的1/6左右，可以大大减轻炉体重量。

（4）热容量小，用做炉衬，可以提高升温速度，节约燃料。

（5）抗热震性能好，纤维柔软，有弹性，能抵抗热冲击和振动，能消除热应力，耐急冷急热性能好。

（6）隔音好，可以减少燃烧噪声，可以作为高温消声材料。

（7）加工容易，安装方便。

（8）承重性能差。

（9）重烧线收缩率一般达到4%，敷设应该考虑这一缺点。

D　冷却罩

冷却罩结构如图2-4-33所示。

此种冷却罩为气-水组合式，它的冷却效果一方面与常规的空气冷却罩基本相同；而另一方面，这种冷却罩采用喷水方式直接冷却保护罩，起到替代分流快速冷却的作用。

冷却罩是采用耐热钢焊制的。两台离心式风机置于冷却罩上部两侧，空气由保护罩和冷却罩下部缝隙吸入，沿着保护罩热表面向上抽出热空气。当炉温降到270℃，风机自动停止。3min后水管道上电磁阀自动打开，分别向保护罩顶部和中部喷冷却水，直到热点温度降到160℃为止。喷水时冒出一部分蒸汽，约3min就结束了，对环境没有影响。

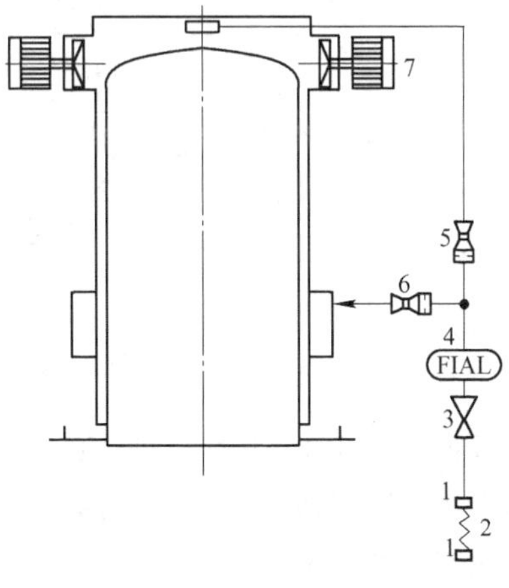

图2-4-33　冷却罩结构示意图

1—水软管接头；2—水软管；3—水压力调节器；4—水流量显示/监控器；5，6—切断阀；7—离心式风机

冷却罩风机的特点是克服了过去常规采用的轴流式风机，电动机长期处于高温状态工作的缺点。此冷却罩设计成离心式风机，由风机轴向吸入热空气，沿叶轮离心方向抛出，这种结构只需风机叶轮及机壳用耐热钢板，而电动机只选用耐温性能一般的标准电动机即可，大大降低了造价，减少了维护量，提高了使用寿命。这一点在设计

上是新突破。

冷却罩上装有供水压力调节阀和流量控制阀，以保持水压、水量恒定，这对冷却效果和冷却罩使用寿命是十分重要的。

此种冷却方式结构简单、操作方便、投资少，但保护罩由于喷水而寿命有所降低。综合考虑，这种冷却方式可以取消庞大的地下室和分流快速冷却设备，降低大量投资和日常维修费用，尤其对老厂改造具有现实意义。

快速冷却比自然冷却速度快，揭去保护罩后钢卷温度会产生回升现象。为此，冷却结束温度应达到钢卷在大气中不产生氧化变色温度以下，一般可参照表 2-4-5。

表 2-4-5　钢卷出炉温度参照表（压紧电偶温度）

带钢宽度/mm	普通冷却/℃	快速冷却/℃	带钢宽度/mm	普通冷却/℃	快速冷却/℃
<850	140	120	1000～1300	120	100
850～1000	130	110	>1300	110	90

E　保护罩

保护罩结构如图 2-4-34 所示。

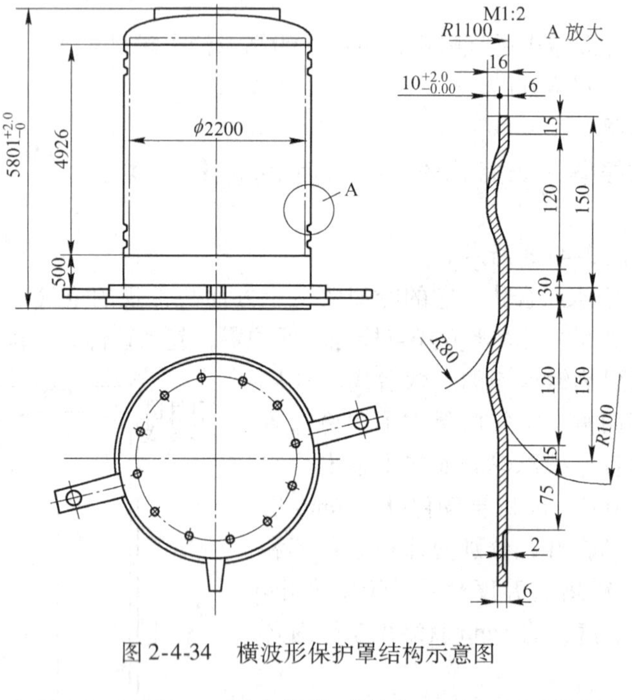

图 2-4-34　横波形保护罩结构示意图

保护罩采用 1Cr20Ni14Si2 和 6mm 厚大规格耐热钢板，经焊制辊压成形。横波形保护罩的特点是罩体改变形状，呈横的波形。这种横波形抵抗径向热变形能力强，而抵抗纵向变形能力差些。横波形保护罩的优点首先是提高使用寿命，其次是增加传热面积。

计算和试验统计结果表明，横波形保护罩可比平面形保护罩增加 4.53% 的传热表面积，可使加热时间平均每炉缩短 1.3h，冷却时间平均每炉缩短 1.6h，平均提高炉台小时能力 4.63%。由此可见保护罩面积增加 1%，炉台小时产量可提高 1% 左右。保护罩改为横波形后，其下部产生凸变形的情况大大减少，从而提高了保护罩的使用寿命。这种保护罩目前得到普遍推广。

保护罩密封法兰采取通水冷却，以降低法兰温度，防止热变形，降低橡胶圈使用温度，延长橡胶圈使用寿命。

F　对流板

对流板又分底部对流板、中间对流板以及顶部对流板。

底部对流板安装在炉台的分流盘上面，承受钢卷垛全部重量，因此较厚，上面带有导向条，下面为平板。

中间对流板位于钢卷之间，两面均带有导向条，中间夹焊平板，主要作用是使保护气体气流通过钢卷端部进行加热或冷却，是热交换的重要手段，其次，对两个钢卷进行隔离，防止钢卷在退火过程中钢卷端部粘连。

顶部对流板盖放在钢卷垛顶部，上面是平板，中间有孔，下面带导向条，主要作用是防止保护气体气流全部从钢卷垛中腔通过，影响炉温均匀性和退火能力。顶部对流板在国内各种罩式炉中均有设计，可是在生产中绝大部分不使用，其原因是顶部对流板直径小于钢卷外径，且盖放到钢卷垛顶部，盖上或吊卸十分困难，又不安全。为了解决上述问题，顶部对流板外径和中间对流板外径可以采用同样的尺寸，同中间对流板同样操作。曾对最终冷却台顶部对流板采用过此种改进，解决了上述操作困难问题。

对流板在退火过程中具有加速热交换的作用。底部对流板如图 2-4-35 所示。中间对流板如图 2-4-36 所示。

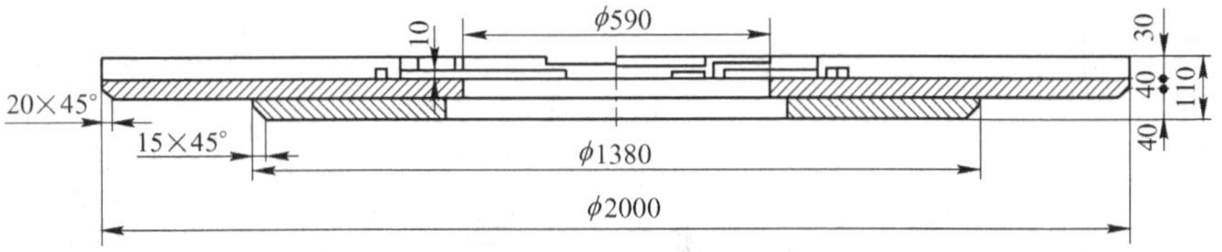

图 2-4-35　底部对流板

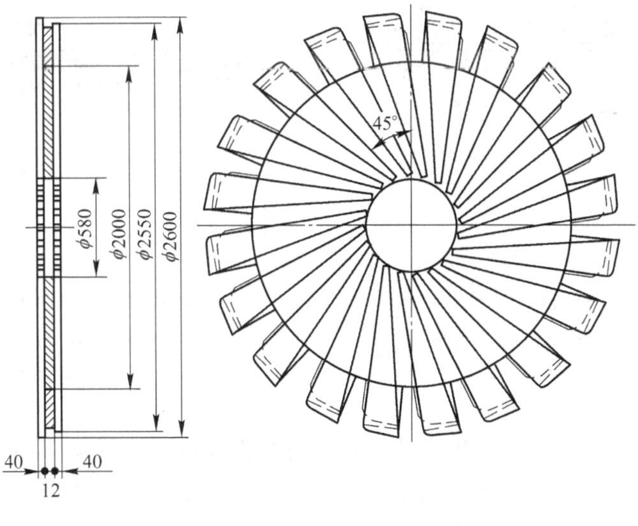

图 2-4-36　中间对流板

对流板要求结构合理、尽可能增加气流量、强度高不易变形及价格低。对此可以从材质选择和设计结构两个方面考虑。中间对流板及顶部对流板采用 Q235 即可。底部对流板荷重大、不经常更换，最好采用耐热钢结构件。但是耐热钢板受宽度限制，不易买到，为此可以改用 20g 或 Q235 钢结构件。对于耐热铸钢件也曾不止一次尝试过，但均以裂纹破坏而失败。

对流板几何尺寸取决于钢卷几何尺寸，例如，钢卷最大外径为 2000mm，内径为 610mm，则对流板外径应为 2000mm，内孔为 580mm。对流板厚度越大，则刚度越大、通气量越大，热交换效果越好，可是增加了装料高度，在退火过程中多消耗煤气。一般厚度取 55 ~ 92mm。

G　罩式炉用吊具

目前较先进的大型罩式炉在生产过程中主要使用两种吊具，一种是立式吊钳，另一种是对流板吊具（也用于保护罩或冷却罩）。

立式吊钳如图 2-4-37 所示，这种立式吊钳适用于立式钢卷吊运，采用机械杠杆原理，不带动力源，靠吊车升降时吊钳的自重作用实现锁紧机构的分开或锁紧，而自动实现钳口分开或夹紧动作。

对流板吊具如图 2-4-38 所示，这种对流板吊具适用于对流板、保护罩或冷却罩的吊运工作。一般罩式炉专用吊车的侧小车副钩上长期挂着对流板吊具，与主小车的主钩配合作业。

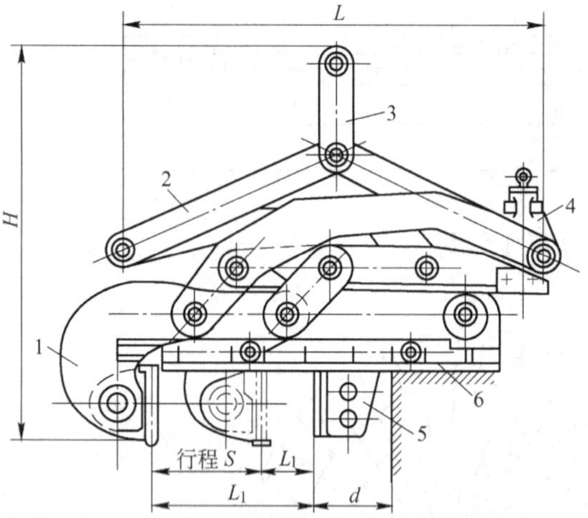

图 2-4-37　立式吊钳

1—活动钳口；2—连杆；3—吊钩架；4—开关；5—固定钳口；6—滑轨

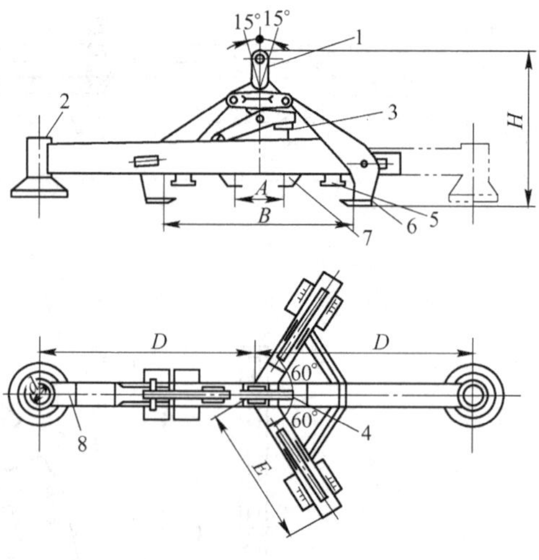

图 2-4-38　对流板吊具

1—吊钩架；2—导向环；3—闭合器触杆；4—闭合锁紧槽；5—压脚；6—大抓爪；7—小抓爪；8—配重块

对流板吊具具有两个滑动套筒式导向环。对流板操作时，导向环由于摆动经常发生倾斜而卡在导向杆上，给生产操作和安全上带来问题。为此，将导向环改为滚动式导向环，一端封闭式，另一端开口式，应用效果很好，如图 2-4-39 所示。

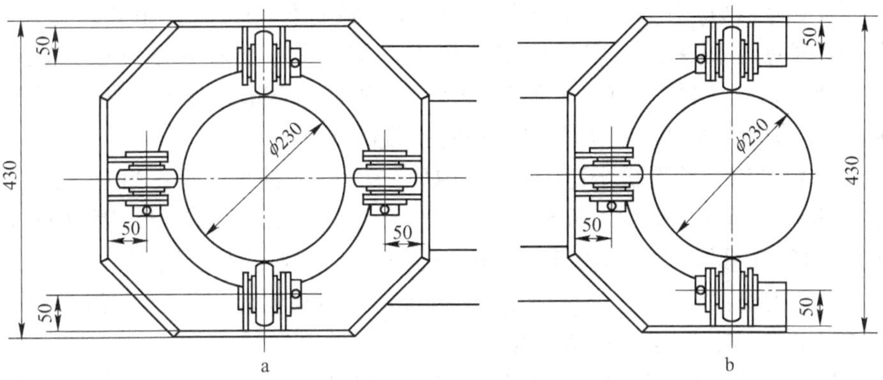

图2-4-39　滚动式导向环

a—封闭式；b—开口式

4.3.3　H_2 爆炸与防爆

4.3.3.1　爆炸

H_2 是易燃易爆气体。H_2 着火温度为530～590℃。H_2 着火浓度极限范围：H_2 与空气混合时，为4%～75% H_2；H_2 与 O_2 混合时，为4.5%～95% H_2。

H_2 被人们视为可怕的气体，只要我们了解 H_2 燃烧与爆炸的自然规律，并且在生产操作中严格遵守 H_2 的安全技术规程，H_2 的爆炸是完全可以避免的。

H_2 爆炸只有同时具备以下3个条件才能发生：

（1）密封的有限空间。

（2）H_2 的含量在着火浓度极限范围以内（即爆炸极限以内），并充满整个有限空间。

（3）有火源引入或者 H_2 温度加热至着火温度以上。

一般，可燃气体发生剧烈的氧化反应称为燃烧。在整个有限空间里，瞬时全容积的燃烧称为爆炸。

在有限的空间里，可燃物的含量在着火浓度极限范围以内时，爆炸的过程大致是：火源引入，使火源附近的可燃气体燃烧，发出的热量加热并压缩其邻近层，使该层温度升高，继续燃烧，如此继续传播，最后全容积瞬间完成燃烧，产生高压出现爆炸现象。有的资料认为，在炉内产生爆炸时，其压力可达0.7～0.8MPa或更高，爆炸时火焰传播速度将超过1000m/s。

4.3.3.2　H_2 防爆

为了避免 H_2 爆炸事故发生，点炉前，首先应该使炉内 H_2 含量在着火浓度极限范围以外，并用惰性气体如 N_2 清洗炉内空间，赶走炉内的空气或 H_2。这是防爆的最有效的办法。

当炉内充满 H_2 而没有空气或 O_2 且 H_2 温度在着火温度以上时，不会发生爆炸，因为炉内如果进入一点空气，空气中的氧就在附近燃烧掉，不会使 H_2 在整个炉内达到着火浓度极限范围以内。

当炉内温度降到 H_2 着火温度以下时（H_2 着火温度530℃），如果某处吸入空气，不能燃烧掉，空气逐渐积聚，当空气增加到使 H_2 含量下降到着火浓度极限范围以内时（H_2：4% ~75%），一旦炉内有火星存在就会产生爆炸。为此，对于低温炉应该做到：炉子密封性要好，炉内一定保持正压操作，避免空气吸入。

H_2 与空气混合时，浓度极限范围规定为4% ~75% H_2 的理由是：当 H_2 含量超过75%时，H_2 浓度很高，而空气很少，只有极少量 O_2 与 H_2 燃烧，大量的 H_2 因缺 O_2 而不能燃烧；相反，当 H_2 含量低于4%时，H_2 很少，同样不能形成正常燃烧条件。

但是，必须指出：H_2 与空气的混合物全部加热至着火温度以上时，这时不管 H_2 含量多少，H_2 会立即燃烧，直至燃烧结束为止。

全氢型罩式炉根据上述原理，采取几项安全防爆措施。

A　试漏

试漏包括室温试漏和高温试漏：

（1）室温试漏：装完炉扣上保护罩后，在室温下进行试漏，检查炉内与外界密封性。

试验压力为5000Pa，试验时间为15min，压力降到不低于4000Pa为合格。

（2）高温试漏：在加热结束吊卸加热罩前18min，在高温下试漏，第二次检查炉内与外界密封性。

试验压力为5000Pa，试验时间为15min，压力降到不低于4000Pa为合格，否则冲 N_2 置换 H_2，进行冷却阶段操作。

高温试漏目的是在加热阶段如果密封性不好，当进入空气时氧立即会被烧掉，没有爆炸的可能性，而在吊卸加热罩进入冷却阶段时，如果密封性不好，若进入空气且在着火温度以下，不能立即燃烧，逐渐积聚起来，达到 H_2 着火浓度极限75%以下（即空气量达到25%以上）时，遇着火源就有爆炸的可能性。

B　清洗

清洗包括室温清洗、点火前清洗、热清洗和出炉前清洗。

a　室温清洗

室温清洗是在室温试漏合格后，用 N_2 清洗保护罩内空气，使其 $\varphi(O_2) < 1\%$。

室温清洗的主要参数有：

负载空间空载容积：20m³；

负载空间减去85t退火料后的容积：8.5m³；

清洗时平均气体温度：20℃；

清洗气体：N_2；

清洗系数为：

$$x = \ln\frac{初始浓度}{最终浓度} = \ln\frac{21\%\,O_2}{1\%\,O_2} = 3.04$$

监控清洗流量：138.3m³/h；

监控清洗时间：30min；

负载空间空载时所需清洗气体的最小量为：

$$Q_{空载} = 20 \times 3.04 \times \frac{273}{273 + 20} = 56.6\text{m}^3$$

负载空间减去85t退火料时所需清洗气体最小量为：

$$Q_{空载} = 8.5 \times 3.04 \times \frac{273}{273 + 20} = 24.1\mathrm{m}^3$$

装满85t退火料，30min清洗时间的安全系数为：

$$n = \frac{138.3 \times 0.5}{24.1} = 2.8$$

上述计算表明，清洗用 N_2 量为150m³/h，按监控的清洗最小流量值138.3m³/h来计算，监控清洗时间30min，结果清洗安全系数为2.8，是完全可以达到清洗要求的。

b　点火前清洗

点火前清洗是指加热罩点火前，在加热罩与保护罩之间用助燃风机送出的空气清洗残存的可燃气体，防止存在可燃气体，点火时发生爆炸。

c　热清洗

热清洗是加热时继续用保护气体进行热清洗，保护气体 N_2 将保护罩里的 H_2 和钢卷带入的轧制液等挥发物吹洗干净，直到保温开始，关闭保护气体出口阀。此后，保护罩里应保压。

d　出炉前清洗

出炉前清洗是在炉温降到出炉温度（一般热点温度160℃）时，吊卸保护罩前用 N_2 清洗保护罩内 H_2，使 $H_2 \leqslant 5\%$。

出炉前清洗的主要参数有：

负载空间容积：20m³；

负载空间减去85t退火料后的容积：8.5m³；

清洗气体：N_2；

清洗系数为：

$$x = \ln \frac{初始浓度}{最终浓度} = \ln \frac{100\%\,H_2}{5\%\,H_2} = 3$$

监控清洗流量：138.3m³/h；

监控清洗时间：30min；

负载空间空载时所需清洗气体的最小量：

$$Q_{空载} = 20 \times 3.04 \times \frac{273}{273 + 20} = 56\mathrm{m}^3$$

负载空间减去85t退火料时所需清洗气体的最小量：

$$Q_{空载} = 8.5 \times 3 \times \frac{273}{273 + 20} = 23.7\mathrm{m}^3$$

装满85t退火料，30min清洗时间的安全系数为：

$$n = \frac{138.3 \times 0.5}{23.7} = 2.9$$

上述计算表明，清洗用 N_2 量是150m³/h，按监控清洗最小流量138.3m³/h来计算，监控清洗时间30min，结果清洗安全系数为2.9，完全可以达到清洗要求。

C　保证炉内正压操作

炉内 H_2 压力控制在 1750 ~ 7000Pa 范围内，并进行自动控制或报警。

当供电和控制系统出现故障时，除了 N_2 气阀（通电时是关闭的）外，所有炉台阀关闭，N_2 阀自动打开，来保证炉内正压，这样具有安全保险作用。

D　H_2 监测器

地下室和车间里安装连续自动监测周围空间空气中 H_2 含量的 H_2 监测器，测量量程为 0 ~ 20m，监测器调节范围为 0 ~ 100%。设定值为 H_2 着火浓度下限的 20%（即含 0.8% H_2），达到该值报警及指示灯亮。

另外，配置一台手提式测 H_2 分析仪、一台手提式测 O_2 分析仪。

E　通风机

使用通风机向地下室连续通入冷风，不断地清除有害气体（H_2、N_2、煤气、天然气）。

F　设备安全设施

加热罩安装温度控制热电偶，用来进行加热罩最高温度控制。温度设定值为850 + 20℃，超过此极限值即报警，并自动停止煤气。目的是保护加热罩设备不过烧。

炉台安装温度控制热电偶，用来进行炉台最高温度控制。温度设定值为 750 + 15℃，超过此极限值即报警，并自动停止煤气。目的是保护加热罩设备不过烧。

4.3.4　罩式退火主要工艺过程和操作要点

4.3.4.1　退火原材料技术要求

钢卷卷形要求如下：

（1）钢卷捆在中心处二道，并且要捆紧捆直。

（2）钢卷内径孔不阻塞，不允许内松卷。

（3）钢卷卷取整齐，塔形不超过 20mm，溢出边不超过 10mm。

（4）所有钢卷要在内圈两个端点和中间点焊，以防退火后松卷。

（5）钢卷描号要清楚、准确。

（6）钢卷公差符合国际 GB 708—88 规定，不允许有未轧或严重超厚现象。

堆垛原则如下：

（1）具有相同退火工艺制度的钢卷，尽可能装在一炉退火。

（2）尽可能把相同规格的、相同钢质的钢卷放在一炉以求最大装炉系数。

（3）不同钢质的退火制度，混装时，按最高质量的要求进行退火。

（4）不同规格的钢卷混装时，按退火时间最长要求，选取退火制度。

4.3.4.2　主要工艺过程

A　钢卷准备

来自轧后库的卧卷经运输链进入罩式退火炉跨，由翻钢机翻成立卷，停放在平板运输链上准备。

钢卷由吊车吊运到平板运输车上，再由平板运输车运送到指定炉台前准备装炉。

B　装炉

通过吊车把钢卷堆垛在炉台上。钢卷堆垛结束后，指挥吊车扣上内罩。

C　密封测试

接通内罩冷却水，启动液压夹紧装置，启动密封实验。启动密封实验后，密封测试自动进行。BCU 自动监测。

D　预吹扫

退火加热开始之前，采用保护气体对退火空间进行清洗。密封测试成功后，自动进行预吹扫过程。预吹扫目的是赶走退火空间中的氧化气氛，使之降低到爆炸极限以下。吹扫的气体有氮气，流量为 $180m^3/h$。

吹扫要求：

（1）退火空间氧含量小于 1%；

（2）最少吹扫时间 24min；

（3）最少吹扫氮气量 $71m^3$（注：$5m^3$ 氮气进入内罩后，循环风机开始低速运转）。

E　扣加热罩，点火

预吹扫过程中扣上加热罩，接上氢气烧嘴接头。助燃风机自动吹扫加热罩空间，直至吹扫结束，最低吹扫时间 5min。保护气氛氧含量小于 1% 后，打开各炉台前煤气阀。启动点火装置。

F　氢气吹扫、加热、保温、热密封测试

氢气吹扫是退火加热期间，用氢气自动代替氮气对退火空间清洗。氢气吹扫的目的是赶走退火空间中的氮气，提高热量传递，并达到光亮退火的效果。

吹扫要求：

（1）氢气流量 $80m^3/h$；

（2）吹扫时间根据不同工艺要求确定（注：$10m^3$ 氢气进入内罩后，循环风机自动高速运转）。

晶粒度大小直接影响产品的机械性能，采用不同的退火工艺制度，可获得不同机械性能的产品。

加热罩移走 12min 前，自动进行热密封测试。

G　冷却

带加热罩冷却：根据退火工艺制度，确定是否采用带加热罩冷却，以及冷却时间。

辐射冷却：移走加热罩，进行辐射冷却，退火时间依据退火工艺制度。

带冷却罩冷却：扣上冷却罩后，冷却风机自动启动，一直冷却到设定出炉温度。

启动分流冷却系统：当退火炉内保护气体温度降低到 450℃时，分流冷却系统自动启动，直到设定出炉温度为 95℃。

H　后吹扫

后吹扫是冷却到设定出炉温度为 95℃后，用氮气吹扫退火空间的氢气。后吹扫的目的是使退火空间保护气体氢气含量降低到爆炸极限以下。吹扫气体为氮气，流量为 $180m^3/h$。

吹扫要求：

（1）最少吹扫量为 $80m^3$；

（2）最少后吹扫时间为27min（注：后吹扫开始后，循环风机自动低速运转）。

I　出炉

指挥吊车移走冷却罩；松开炉台水接头；启动夹紧释放按钮；指挥吊车移走内罩；指挥吊车将钢卷吊运到平板运输车上，对流板放在指定位置。如需对钢卷进行二次冷却，钢卷还需要吊运到二次冷却台上。

J　二次冷却

为确保平整机组钢卷生产所需的温度，部分钢卷将按一定堆垛顺序装在二次冷却台上继续对钢卷进行冷却。

K　往平整送料

冷却后的钢卷，吊放在平板运输车上，将钢卷运到平整前库。

4.3.4.3　操作要点

操作要点有如下几点：

（1）钢卷准备。钢卷准备应做到准确及时，以便及时装炉，提高炉台作业率。

（2）装炉。装炉前确认炉台、钢卷、对流板上无异物，设备无异常状态，炉台、内罩法兰必须清理干净；装炉时，距运输链近的炉台，指挥吊车直接从运输链上吊运钢卷装炉，距离远的，用平板运输车运卷装炉；堆垛误差必须小于20mm；放置内罩，必须按操作规程，沿导向柱缓缓放下。

（3）密封测试。接内罩水接头时，先接入水接头，后接出水接头，再打开冷却水球阀；夹紧前，先接冷却水；密封测试前，确认是否具备密封测试条件；密封测试不合格，必须重新进行密封测试，否则不能进行下步操作。

（4）预吹扫。预吹扫前，确认是否具备预吹扫条件；预吹扫不合格，不能进行下步操作；加热罩只能在预吹扫期间或结束后扣上。

（5）退火加热、冷却过程。扣加热罩、冷却罩时，必须利用导向柱。按操作规程指挥吊车，以确保对中防止损害自动电源接头、煤气自动接头等设备；点火后，必须确认烧嘴是否正常工作；在整个退火过程中，操作工必须经常检查设备运行情况，监视各种压力表、压力开关、流量表、流量开关、氧含量测试仪和BCU、MCU、所有信号灯、显示屏以及上位机各种画面、信息，如出现异常情况，必须及时处理，以确保安全生产。

（6）出炉。松开水接头时，先关冷却水球阀，再卸出水接头，然后卸入水接头；松开水接头后，释放夹紧装置。

4.3.5　罩式退火主要故障处理

罩式退火炉机组BCU和MCU显示的故障类型有200余项，下面是最主要、最危险的故障处理的方法。

4.3.5.1　停电

只要电源掉电超过2s，MCU及BCU就会声光报警，备用电源自动启动，除氮气/氢气排放风机和控制系统外，退火炉所有设备停止运行，退火炉保持原有状态。

通知调度室，车间和检修维护人员，并查问停电原因。

密切注意各炉台运行状况，并关闭加热炉台、保温炉台的煤气开闭器。

加强巡查地下室表及液压夹紧压力表，逐个查看压力是否正常。

4.3.5.2 停煤气或压力不正常

停煤气或压力不正常（主管低于9kPa）加热罩煤气安全切断阀自动切断加热炉台。

与厂调联系问明停气时间和原因，如果压力不正常，通知调度要求增减压力。

如停煤气时间超过2h，现场逐个关闭煤气开闭器。

如煤气支管压力小于6kPa及时与调度联系，提高煤气压力，若煤气压力仍升不上去，可酌情减少正在加热或保温的炉台数，停止加热或保温的炉台要记录停炉时的状态和时间，监视退火时间和吹氢时间的运行情况并做适当的补充，停炉应遵守以下原则。

（1）先停刚加热的退火炉。

（2）如果煤气压力仍低于6kPa（支管）再停退火1段的退火炉，原则是先停温度低的炉台。

（3）如煤气压力还低于6kPa（支管）再停退火2段的退火炉，原则上保温段的炉台不停。如果必须停，先停保温时间短的炉台（接近换罩时间的炉台尽可能不停）。

4.3.5.3 氮气供给故障

氮气主管压力低于500kPa或分支管氮气压力低于3.5kPa时，MCU及BCU声光报警，这种情况非常危险，如果属计划停氮气，必须提前48h通知。

在炉台运行不同状态各炉台采取不同措施。

（1）预吹扫段，低压报警，出口阀关。

（2）吹氢段至后吹扫前，低压报警，出口阀关，氢气入口阀打开保压。

（3）紧急吹扫段，低压报警，全部氢气、氮气出口阀关闭。

4.3.5.4 氢气供给故障

主管氢气压低于900kPa时，MCU及BCU都声光报警。如果炉台处于吹氢状态，则氮气入口阀打开，氢气排放阀关，同时吹氢程序计时自动停止。假如氢气供给故障是在退火时间20h之内，则加热罩停止加热。冷却的炉台，氮气入口阀打开，保压。与厂调联系问明停氢气时间和原因，尽可能使正在加热的炉台程序执行完毕，但不安排其他炉台生产，如处于大流量吹氢状态视情况决定是否停止，停止办法可修改吹氢制度，把流量改为$1m^3/h$，等来氢气后再补偿回来，如果氢气完全停止，则确认氢气入口阀是否关闭。

4.3.5.5 停冷却水

冷却水主管压力低于450kPa声光报警，分流冷却自动停止运行，加热罩停止加热，循环风机停止运行，事故冷却水自动启动。与调度室、车间检修人员联系，确认停水原因及时间，密切监视退火炉运行状态，不允许再点炉，根据情况决定是否进行紧急吹扫。

4.3.5.6 停压缩空气

压缩空气低于500kPa，声光报警，与厂调、车间检修人员确认停压缩空气原因及时间。压缩空气停半小时以上，通知电工，切断所有炉台循环风机供电，加热炉台关闭煤气开闭器，停止加热并通知厂调。压缩空气恢复后，逐个恢复循环风机，再逐次分批重新点炉。

思考题

2-4-1　冷塑性变形对金属组织和性能的影响有哪些？
2-4-2　什么是再结晶？
2-4-3　影响再结晶晶粒大小的因素有哪些？
2-4-4　冷轧带钢退火目的是什么？
2-4-5　冷轧带钢退火工艺分类有哪些？
2-4-6　连续退火工艺包括哪些工序，各工序的作用是什么？
2-4-7　连续退火机组主要设备有哪些？
2-4-8　怎样确定冷轧带钢罩式退火工艺制度？
2-4-9　全氢保护气体单垛式紧卷罩式退火设备包括哪些？
2-4-10　采用强对流技术的理论基础是什么？

学习情境5 连续热镀锌生产工艺概况

单元1 连续热镀锌生产原料及产品介绍

学习目标：

了解连续热镀锌原料的成分及要求；掌握连续热镀锌的成品规格标准。

工作任务：

(1) 依据工厂现场数据或者拟定数据进行原料配料计算；

(2) 根据成品交货标准要求能基本完成成品检验。

进入生产现场实习，参照实际数据进行理论计算，理论计算的结果要与现场实际数据相比较，对差值进行分析。

实践操作（操作过程的具体内容）：

(1) 根据要求对镀锌板原料进行检验；

(2) 根据成品交货标准要求能基本完成成品检验。

知识学习：

镀锌板的原料要求、成品检验标准。

知识拓展：

原料准备、成品检验安全操作规程。

在当今世界经济的发展过程中，薄板的用途越来越广泛，尤其冷轧薄板的需要量增长更快。但是薄板的腐蚀是相当严重的，造成了很大的经济损失。镀锌钢板因其良好的防腐蚀性能广泛应用于汽车、家电、建筑、装饰、广告和民用等行业。近年来，我国的年用量呈迅速增长趋势，但国内镀锌产品多为低端产品，铝锌合金镀层钢板等技术含量高、附加值高的高端镀锌产品则自供不足。镀层板生产以美国、日本最发达，其产量占世界总产量的三分之一左右。目前，虽然世界经济危机在持续，对钢铁企业产生一定的影响，但是在经济复苏及建设过程中，镀锌板仍然具有十分重要的地位。

随着冷轧工艺技术的改进，金属镀层钢板工业也不断获得新的发展。近年，镀层钢板的生产特点是带钢操作连续化，这样有利于实现大型化、高速化与自动化。其产品的色泽、结构与厚度等在不同批次之间也是均匀的。金属镀层钢板的主要优点是可以根据不同的使用条件，选择适当的镀层材料与工艺方法以获得不同的耐蚀、耐热与加工性能好且表观优良并把钢基与表层两者的性能结合起来的产品，因此，可使材料达到充分与经济的利用。

5.1.1　连续热镀锌生产原料

5.1.1.1　原料

原料采用冷轧带钢，原料机械性能要求：抗拉强度：650～800N/mm^2；屈服强度：最大 500N/mm^2。原料化学成分要求见表 2-5-1。

表 2-5-1　原料化学成分要求

主要成分品种	w(C)/%	w(Mn)/%	w(Si)/%	w(S)/%
CQ/FH	0.06～0.12	0.25～0.5	<0.05	<0.05
	0.09～0.15	0.25～0.55	<0.07	<0.05
DQ/DDQ	<0.06	<0.4	<0.03	<0.04
	0.05～0.12	0.35～0.65	0.17～0.37	<0.04
	0.07～0.14	0.35～0.65	0.17～0.37	<0.04

原料尺寸要求：原料卷内径：610±25mm；外径：1300～2200mm；重量：最大 30t。

原料卷头、尾超差：

原料厚度计算公式

$$r = R - 0.000139 \times (G_1 + G_2) \tag{2-5-1}$$

式中　r——原料厚度，mm；

R——成品厚度，mm；

G_1, G_2——单面镀层重量，g/m^2。

原料宽度计算公式：

$$d = D + \Delta d \tag{2-5-2}$$

式中　d——原料宽度，mm；

D——成品宽度，mm；

Δd——带钢拉窄量，mm，Δd 的选择：小于 0.75mm 厚度原料，$\Delta d = 3 \sim 5$mm；大于 0.75mm 厚度原料，$\Delta d = 3 \sim 6$mm。

对原料的其他要求：原料表面要求清洁，不允许有压印、划伤、轧穿、黏结、锈蚀、铁皮压入、残余乳化液斑等。对于有严重的瓢曲、浪形、浪边的原料应拒绝镀锌。

裂边及锯齿边的深度不准超过 1mm。塔形及溢出边不得超过 30mm。镰刀弯应小于 5mm/2.5m。

5.1.1.2　焦炉煤气

热值（标态）：17525kJ/m^3 ±475kJ/m^3（4163kcal/m^3 ±113kcal/m^3）；

理论空气量：4.27/m^3；

压力：8000～14000Pa。

焦炉煤气成分分析见表 2-5-2。

表 2-5-2　焦炉煤气成分分析（标态）

项　目	成　分	项　目	成　分	项　目	成　分
$\varphi(CO_2)$/%	2	$\varphi(CH_4)$/%	2.4	$\varphi(NH_3)$/%	≤100mg/m^3
$\varphi(N_2)$/%	4	$\varphi(C_2H_4)$/%	1.65	$\varphi(HCN)$/%	≤500mg/m^3
$\varphi(O_2)$/%	0.6	$\varphi(C_3H_6)$/%	0.44	萘	≤350mg/m^3
$\phi(H_2)$/%	60	$\varphi(C_6H_6)$/%	0.11	有机硫	≤200mg/m^3
$\varphi(CO)$/%	7.2	$\varphi(H_2S)$/%	≤20mg/(N·m^3)	焦油	≤5mg/m^3

5.1.1.3　生产用水

A　循环冷却水

压力：0.5～0.6MPa；入口温度：32℃；出口温度：47℃。

循环冷却水成分分析见表2-5-3。

表 2-5-3　循环冷却水成分分析

项　目	成　分	项　目	成分 mg/L	项　目	成分 mg/L
pH	7～8	Ca	66	SO_4	108.75
电导率(20℃)/μS·cm^{-1}	6.8	Mg	12.75	SiO_2	14.34
总硬度/mg·L^{-1}	121.8	Na	26.355	Cl	26.25
悬浮物/mg·L^{-1}	<20	HC_3	237.975		

B　事故用水

压力：0.4～0.5MPa。

事故用水成分分析见表2-5-4。

表 2-5-4　事故用水成分分析

项　目	成　分	项　目	成　分	项　目	成　分
总硬度	81.2	$w(Ca)$/mg·L^{-1}	44	$w(Fe)$/mg·L^{-1}	0.105
总碱度/mmol·L^{-1}	2.6	$w(Cl)$/mg·L^{-1}	7.5	$w(SO_2)$/mg·L^{-1}	9.56
悬浮物/mg·L^{-1}	<20				

C　脱盐水

压力：0.2～0.3MPa；pH：7～8；电导率：<10μs/cm。

5.1.1.4　压缩空气、蒸汽、氢气和氮气

压缩空气：

压力：0.4～0.6MPa；杂质含量：3mg/(N·m^3)；露点：-40℃；

油含量：无；最大颗粒直径：<3μm。

蒸汽：

压力：0.6～0.8MPa；

温度：200～250℃。

氢气和氮气：
对氢气和氮气的要求如表 2-5-5 所示。

表 2-5-5 氢气和氮气

氢气（混合气入口）		氮气（混合气入口）	
纯度	99.999%	纯度	99.999%
氧	最大 10×10^{-6}	氧	最大 10×10^{-6}
露点	-60℃	露点	-60℃

5.1.1.5 钝化液

品名：Passerite 225；
技术指标：外观为暗绿色液体；
密度：1.264 ~1.284g/cm^3（16℃）；
CrO_3（1）：11.8% ~12.8%；CrO_3（2）：22.4% ~23.2%。

5.1.1.6 锌锭、锌铝锭

锌锭：
重量：1.4 ~2t/块。
成分：Zn：99.425% ~99.285%；Pb：0.16% ~0.22%；Al：0.4% ~0.46%；Fe：<0.01%。
其他成分总和不大于 0.005%。
锌铝锭：
重量：10 ~25kg/块；
形状：条状；
成分：Zn：92.82% ~88.73%；Al：7% ~11%；Pb：0.16% ~0.25%；Fe：<0.015%。
其他成分总和不大于 0.005%。

5.1.2 连续热镀锌产品

交货状态：
热镀锌卷、热镀锌板。
质量：
执行企业标准或执行供需双方共同确认的标准。
品种：CQ、DQ、DDQ、FH。
规格：
成品板卷：（厚度×宽度）(0.5 ~2.5)mm×(700 ~1500)mm；
成品卷：内径：610mm、外径：最大 2200mm；
平均卷重：4 ~6t；最大卷重：20t；
成品板：定尺长度：1000 ~6000mm；
板垛高度：最大 600mm。

成品表面状态组合见表2-5-6。

表2-5-6　成品表面状态组合

规格及状态 / 品种		成品规格	成品交货状态		成品表面状态							备注
		厚度×规格（$R\times d$）（0.5～2.5）mm×（700～1500）mm	板长 $L_0=1000\sim6000$mm	卷重 $T_0=3\sim25$t	双面镀层 G_0 60～60 g/m²	差厚度层 G_1/G_2 30～150 g/m²	规则镀花 W_1	光整锌花 W_2	表面钝化 W_3	表面涂油 W_4	小锌花 W_5	
状态组合方式	CQ	√	√	○	√	×	√	○	○	○	×	
					×	√	√	○	○	○	×	
			○	√	√	×	×	○	○	○	√	
					×	√	×	○	○	○	√	
	DQ	√	√	○	√	×	√	○	○	○	×	
					×	√	√	○	○	○	×	
			○	√	√	×	×	○	○	○	√	
					×	√	×	○	○	○	√	
	DDQ	√	√	○	√	×	√	○	○	○	×	
					×	√	√	○	○	○	×	
			○	√	√	×	×	○	○	○	√	
					×	√	×	○	○	○	√	
	FH	√	√	○	√	×	√	○	○	○	×	
					×	√	√	○	○	○	×	
			○	√	√	×	×	○	○	○	√	
					×	√	×	○	○	○	√	

注：√—必须存在状态；×—不能存在状态；○—既可存在，也可不存在的状态。

单元2　连续热镀锌钢板生产工艺操作

学习目标：

掌握连续热镀锌生产的镀锌原理，能熟练描述连续热镀锌工艺流程，并能使用计算机操作画面对其进行熟练操作。

工作任务：

（1）按工艺要求进行连续热镀锌工艺不同工作位置的操作；

（2）对设备进行日常维护。

实践操作（操作过程的具体内容）：

（1）使用计算机操作画面进行带钢清洗、退火处理各个工序自动控制操作、手动操作；

（2）使用计算机操作画面进行镀锌处理各个工序自动控制操作、手动操作；

（3）使用计算机操作画面进行镀后处理各个工序自动控制操作、手动操作。

知识学习：

森吉米尔法、连续热镀锌工艺流程、镀锌原理、连续热镀锌各个工艺阶段工艺参数的确定。

知识拓展：

连续镀锡钢板的生产安全操作规程。

5.2.1　热镀锌板的生产方法

连续热镀锌主要有 4 种方法：

（1）森吉米尔法：如图 2-5-1a 在氧化炉内采用直接火焰清洗方法，将带钢表面轧制油膜去除，带钢表面被氧化。然后带钢进入还原炉加热退火，同时，由于还原炉内充满氢气和氮气，所以带钢表面的氧化膜被还原，使带钢表面光洁。带钢经适度冷却后进入锌锅进行热浸镀锌。

（2）美钢联法，如图 2-5-1b 所示。该法没有氧化炉，而是用电解脱脂和酸洗方法使带钢表面光洁，然后进入还原炉进行退火，经冷却后进入锌锅进行热浸镀锌。美钢联法热镀锌与森吉米尔法热镀锌最大区别就是带钢在进入连续退火炉之前增加了对带钢表面电化学清洗工艺，以除去带钢表面油脂和杂质，确保带钢表面光洁。为确保镀锌板满足汽车制造工艺的要求，在镀后工序设有光整机和拉伸矫直机，以确保镀锌板表面光整度、平直度，生产出符合要求的高质量镀锌板。

（3）柯克-诺尔特法（又称惠林法），如图 2-5-1c 所示。该法是将在罩式炉中退火的带钢送到如图所示的作业线中进行脱脂。带钢酸洗后进入溶剂处理槽，使带钢表面涂上一

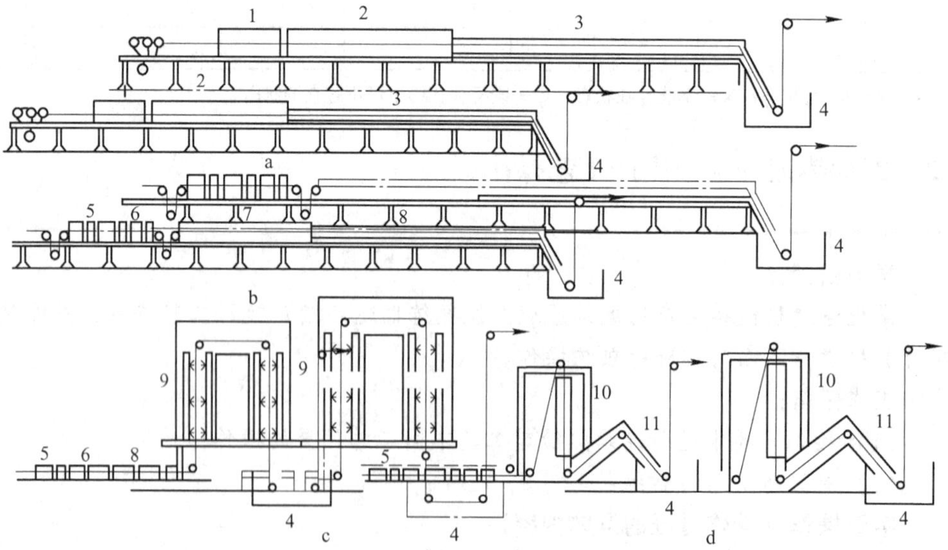

图 2-5-1　连续热镀锌类型

a—森吉米尔法（线内退火）；b—美钢联法（线内退火）；c—柯克-诺尔特法（线外退火）；d—塞拉斯法（线外退火）

1—氧化炉；2—还原炉；3—冷却带；4—锌锅；5—脱脂槽；6—酸洗槽；7—还原带；

8—溶剂处理槽；9—热风干燥炉；10—直火炉；11—保温带

层水溶性溶剂，然后在立式烘干炉中干燥，最后进入锌锅进行热浸镀锌。

（4）塞拉斯法，该方法有两种使用方法，如图2-5-1d所示。一种方法是将在线外退火的带钢进行脱脂和酸洗后热浸镀锌；另一种是生产全硬产品时，带钢不经脱脂、酸洗而直接进入直火炉烧去油脂进行热浸镀锌。

目前，世界各国在各种类型的连续热镀锌作业线中，以森吉米尔法最多，约占70%。

森吉米尔法连续热镀锌的工艺过程如下：

厚板→镀前处理→热浸镀锌→镀后处理→成品

5.2.2　镀前处理

连续镀锌的镀前处理包括带钢的清洗和退火，是在同一退火炉内完成的。退火炉大致分为加热段和还原段两部分，带钢在加热段内被加热，除去附着在带钢表面的轧制油。加热时通过直火式加热进行的，这是完全氧化状态加热的森吉米尔法，所以要控制空气与燃料比，现在加热已改用无氧化炉方式。经过加热段后的带钢进入还原段，还原段在氢-氮的还原性混合气体内使用辐射管加热。在此段中，带钢在退火的同时带钢表面的氧化膜被还原。为了达到一定的性能，在炉内采用适当的温度进行过时效处理。

带钢热处理后经过风冷冷却到470℃左右，然后通过炉鼻进入锌锅，在熔融锌液中进行热浸镀锌。镀锌后的带钢再经过冷却并进行矫直和钝化处理成为最终成品。

退火炉的形式有卧式和主式两种。新日铁名古屋厂4号热镀锌作业线如图2-5-2所示。

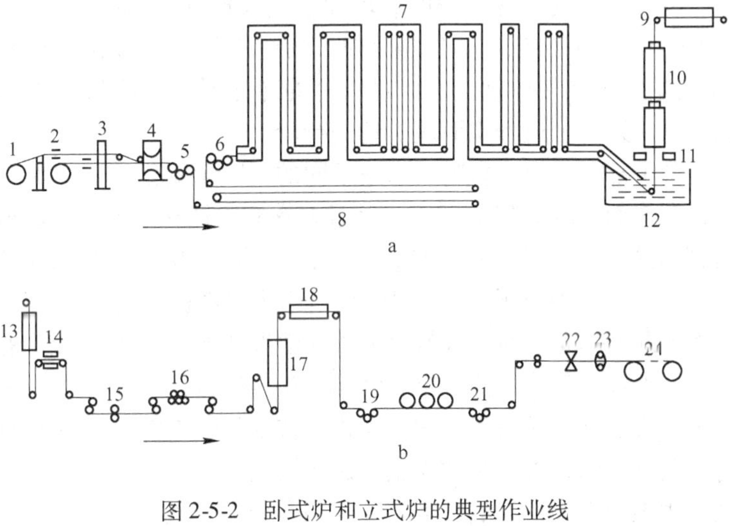

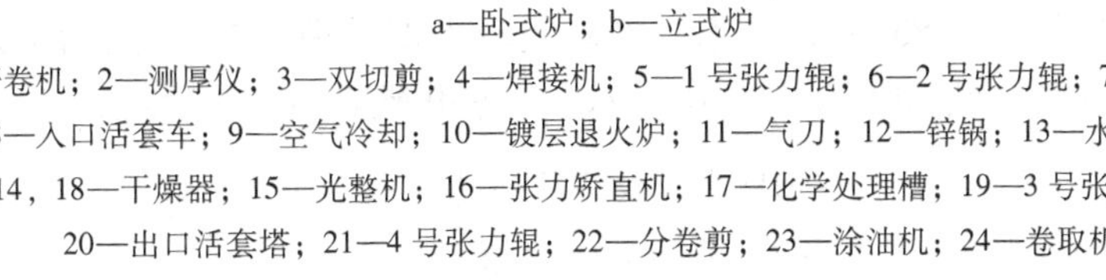

图2-5-2　卧式炉和立式炉的典型作业线

a—卧式炉；b—立式炉

1—开卷机；2—测厚仪；3—双切剪；4—焊接机；5—1号张力辊；6—2号张力辊；7—退火炉；8—入口活套车；9—空气冷却；10—镀层退火炉；11—气刀；12—锌锅；13—水冷却；14，18—干燥器；15—光整机；16—张力矫直机；17—化学处理槽；19—3号张力辊；20—出口活套塔；21—4号张力辊；22—分卷剪；23—涂油机；24—卷取机

5.2.2.1　工艺流程简述

热镀锌机组工艺流程：

上料开卷→焊接→带钢预清洗→入口活套→连续退火→镀锌→小锌花→镀后冷却→光整→拉伸弯曲矫直→化学处理→出口活套→涂油→分卷→卷取→包装（成品卷）→飞剪→涂油→垛板→包装（成品板）

5.2.2.2　镀前处理工艺

热镀锌炉由预热炉、无氧化炉、辐射管加热炉、控制冷却炉和喷射冷却炉五部分组成。各个炉室通过上下辊室通道连通，带钢入口设有密封辊，出口时通过下滑槽及“炉鼻”与锌锅中的锌液面相连，炉鼻浸入锌液面之中，使整个退火炉保持密封。

预热炉通过利用无氧化炉排出的废气热量预热带钢，一般预热到 200℃，然后进入无氧化炉。在预热炉的上下部分设立两个通道，通过闸板分别调节炉内压力及带钢预热温度。预热到 200℃的带钢进入无氧化炉，无氧化炉内设置 48 个高速预混型喷嘴，分别安装在每股带钢的两侧，每个烧嘴都装有自动点火装置。无氧化炉内加热采用直接燃烧加热方式，即 48 个煤气烧嘴直接在炉内进行燃烧，炉内温度高达 1300℃，炉内为防止氧化，通过控制空气过剩系数来阻止带钢表面氧化。通过空气过剩系数控制在 0.8 ~ 0.9，经过无氧化炉的处理，带钢表面油膜及碳粒等杂质被全部清洗干净，带钢进入辐射管加热炉进行退火处理。辐射管加热炉采用负压式“U”形辐射管加热，燃料在“U”形辐射管内进行燃烧，每个辐射管带有一个预热器，将燃烧空气预热到 300℃左右。辐射管加热炉炉温为 900℃，辐射管共 48 根，辐射管的空气过剩系数控制在 1.02 ~ 1.05。热处理后，带钢进入控制冷却炉进行缓冷。为了满足冷却炉的启动和全硬（FH）产品的保温要求，在此段设有“V”断面的电热体供热系统。缓冷之后进入喷射冷却炉，带钢经喷射冷却到 450 ~ 500℃，循环风机将炉内的热气体抽出，经过水冷的冷却器使之冷却，然后再由循环风机送到喷射管喷向带钢，这一个过程周而复始地进行着。

热镀锌退火炉各个部分对耐火材料要求是不同的，以无氧化炉要求最高，这是由于它是直接燃烧，炉衬工作面温度达到 1600℃，而且要求氧化铁含量低，并能承受高温燃烧废气的冲刷。辐射管加热炉虽然是间接加热，但炉温也达到 900℃，通过炉内充满的 H_2 和 N_2 可对炉内耐火材料起一定保护作用，尤其 H_2 对耐火材料影响是很大的。

森吉米尔法的镀前处理是同时完成带钢的表面清洗和退火任务。该方法无论是在经济效益上还是技术操作上都是最佳方法。自 20 世纪 70 年代后，森吉米尔法又有了一些重大改进，其中主要是以无氧化炉代替氧化炉。老式森吉米尔法不能生产特深冲产品，而且产品表面质量较差，改进后的森吉米尔法克服了这些缺点。

无氧化炉加热用焦炉煤气、天然气等气体燃料与空气比为 0.9 ~ 0.95。带钢在无氧化状态下被急速加热到 450 ~ 830℃，带钢表面轧制油大部分挥发掉，但少部分油分解成炭黑，残留在带钢表面，炭黑同保护气体中的水和二氧化碳发生如下反应：

$$2H_2O + C \rightleftharpoons 2H_2 + CO_2$$

$$CO_2 + C \rightleftharpoons 2CO$$

在高温时，反应向右进行，带钢表面残留炭黑被除去。但是，炉内气氛中含有 H_2O、CO 等，这些气体对于高温状态的带钢是具有氧化性的气体，因此，必须使其在短时间内通过炉内，抑制表面氧化。改进后的无氧化炉连续热镀锌作业线的加热工作曲线如图2-5-3

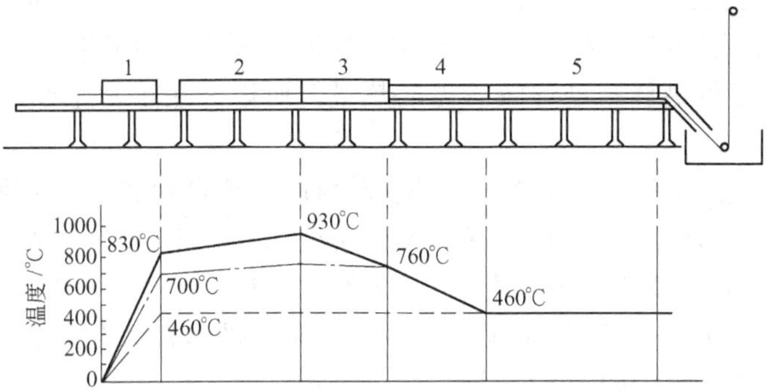

图 2-5-3　无氧化炉连续热镀锌退火曲线

1—无氧化炉；2—辐射管加热炉；3—均热冷却带；4—喷射冷却带；5—低温保持带

所示。图中虚线是生产全硬产品的加热曲线，点划线是生产深冲产品的加热曲线，实线是生产特深冲产品的加热曲线。

5.2.3　镀锌处理

5.2.3.1　热镀锌

经过热处理的带钢进入锌锅内进行热镀锌。现代化的热镀锌装置如图 2-5-4 所示，它由锌锅、镀锌辊及气刀组成。

锌锅有铁制锌锅和陶瓷锌锅两种。铁制锌锅要求耐锌腐蚀，所以必须用含碳和硅极少的纯铁制作。壁厚为 50mm 的铁制锌锅，寿命为 2 ~ 3 年。陶瓷锌锅外壁采用钢结构，内衬用耐火陶瓷砖，内装 2 ~5 个低周波沟形感应加热器，进行锌的熔化和搅拌。陶瓷锌锅的优点是锌渣少、寿命长，但设备改造价格昂贵。

近来，日本开发出一种无底渣锌锅，这种锌锅如图 2-5-5 所示。在热镀锌生产过程中，由于锌的氧化和铁与锌的作用生成成分为 $FeZn_7$ 的沉渣和底渣，这种渣对镀锌表面质量有影响。为解决这个问题，日本钢管厂开发了此锌锅。该锌锅由镀锌区和反应区组成。在镀锌区形成的底渣沿锅壁流到反应区，在反应区加入少量铝并通过搅拌器的搅拌加速下列反应：

$$2FeZn_7 + 5Al \rightleftharpoons Fe_2Al_5 + 14Zn$$

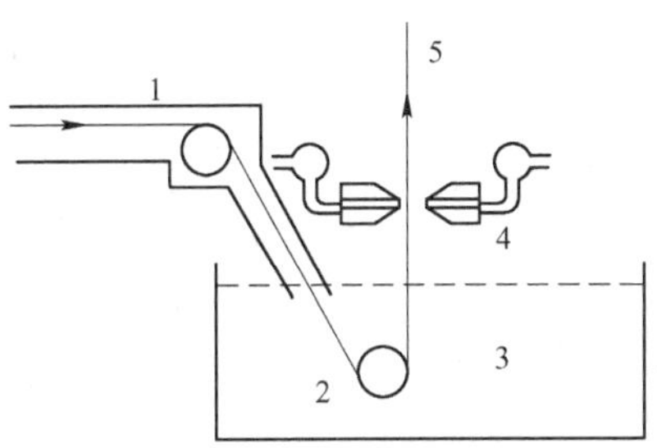

图 2-5-4　镀锌装置

1—炉子；2—镀锌辊；3—锌锅；4—气刀；5—带钢

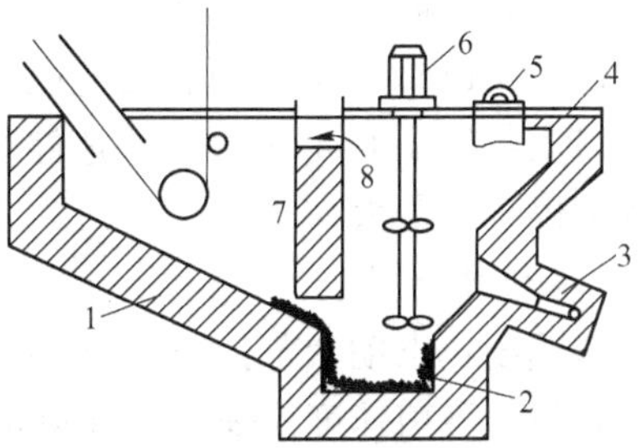

图 2-5-5　底部无渣锌锅

1—陶瓷锅；2—底渣；3—感应加热炉；4—浮渣；5—锌块；6—搅拌器；7—镀锌区；8—反应区

由于 Fe_2Al_5 的密度比锌小而漂浮到上面，可以用漏勺捞出而确保底部无锌渣。

锌锅的锌液温度为 430 ~ 450℃，而正常运转时带钢温度为 470 ~ 510℃，此锌液温度高，以带钢供给的热量足够满足锌液所需之热量，所以，在正常生产时，锌锅不必另外加热。

镀锌辊长期在此熔融锌液中工作，因此，其材质必须是耐热、耐腐蚀材料，通常采用耐热合金钢，其化学成分为 $w(C) = 0.2\% \sim 0.5\%$，$w(Si) < 2.0\%$，$w(Mn) = 2.0\%$，$w(P) = 0.04\%$，$w(Ni) = 10\% \sim 14\%$，$w(Cr) = 20\% \sim 24\%$，$w(S) = 0.04\%$。

气刀的作用是采用喷射高压气体将从锌锅中出来的带钢表面上多余的锌液吹掉，从而控制锌层厚度。气刀系统如图 2-5-6 所示。

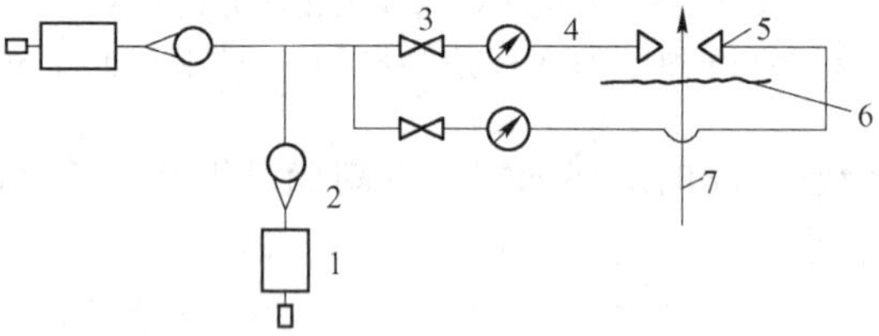

图 2-5-6　气刀系统图

1—鼓风机；2—风阀；3—阀；4—压力表；5—气刀喷嘴；6—锌液面；7—带钢

一般来讲，气刀的气体压力越大、距离越小、速度越慢则锌层厚度越薄；反之就厚。现代化热镀锌作业线的锌层厚度控制是自动控制的。

在热镀锌工艺中，通常要在锌锅内加一定量的铝。这是因为带钢在熔融锌液中，铁和锌发生反应，生成一种铁-锌合金层。这种铁-锌合金层较厚时，就影响其加工性能；在进行弯曲时，合金层易折裂造成锌层剥落。为了控制铁-锌合金层的增长，并形成附着力强的 Fe_2Al_5 层，就必须在锌液中加入适量的铝。

5.2.3.2　基本工艺技术数据

A　机组线速度

入口段：最大 200m/min；工艺段：最大 150m/min；

出口段：最大 200m/min；穿带速度：约 30m/min。

B　机组加速度、减速度

入口段：15m/(min · s)；工艺段：10m/(min · s)；

出口段：15m/(min · s)；快速停车：最大 10s；

故障停车：最大 5s。

C　剪切线数据

给料速度：点动状态：约 10m/min；穿带状态：约 25m/min；

拉矫机、飞剪速度范围：0 ~ 150m/min；

垛板速度范围：磁力皮带：最大 180m/min；

非磁力皮带：最大 180m/min；

垛板运输：12 ~ 15m/min。

表 2-5-7　连线与离线操作方式的工艺速度

带钢厚度 /mm	连线（最大）/m · min^{-1}	离线（最大）/m · min^{-1}	带钢厚度 /mm	连线（最大）/m · min^{-1}	离线（最大）/m · min^{-1}
0. 5	150	150	1. 6	53. 1	150
0. 7	121. 5	150	2. 0	42. 5	150
0. 9	94. 4	150	2. 5	34. 0	150
1. 3	65. 3	150			

D　参考带钢

规格：0. 9mm × 1000mm；参考镀层厚度（双面）：244g/m^2。

不同品种带钢参考小时产量：

CQ 级：40t/h；FH 级：44t/h；DQ、DDQ 级：22. 4t/h。

E　机组张力

机组张力见图 2-5-7。

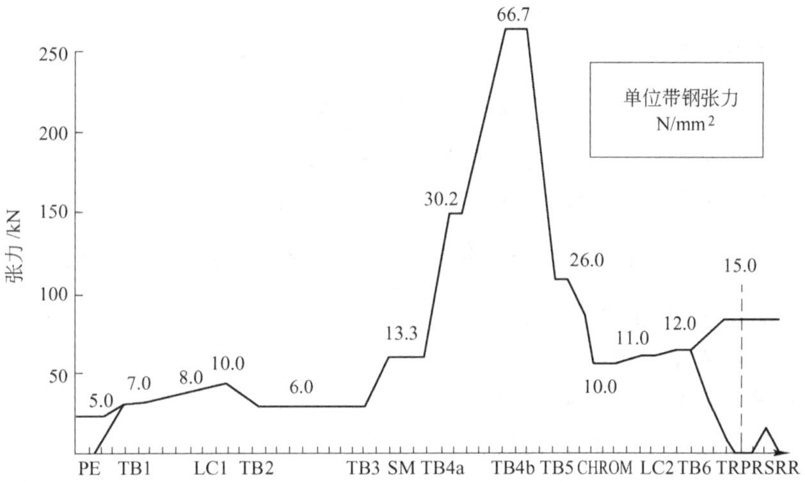

图 2-5-7　机组张力

F　机组额定速度计算

机组额定速度根据生产的品种和规格厚度按以下公式进行计算。厚度变化间隔值为 0. 05mm。

a　FH 级产品机组额定速度计算

条件：R = 0. 5mm 时计算公式：

$$V_{额} = 75 \div R \tag{2-5-3}$$

条件：0. 5mm < R < 0. 7mm 时计算公式：

$$V_{额} = 77.495 \div R \tag{2-5-4}$$

条件：0. 7mm ≤ R ≤ 2. 5mm 时计算公式：

$$V_{额} = 93.418 \div R \tag{2-5-5}$$

式中　R——成品厚度，mm；

$V_{额}$——机组额定速度，m/min。

b　CQ 级产品机组额定速度计算

条件：$R = 0.5$mm 时计算公式：

$$V_{额} = 75 \div R \tag{2-5-6}$$

条件：$0.5\text{mm} < R < 0.7\text{mm}$ 时计算公式：

$$V_{额} = 77.495 \div R \tag{2-5-7}$$

条件：$0.7\text{mm} \leqslant R \leqslant 2.5\text{mm}$ 时计算公式：

$$V_{额} = 84.926 \div R \tag{2-5-8}$$

c　DQ、DDQ 级产品机组额定速度计算

条件：$0.5\text{mm} \leqslant R < 0.7\text{mm}$ 时计算公式：

$$V_{额} = 45.75 \div R \tag{2-5-9}$$

条件：$0.7\text{mm} \leqslant R \leqslant 2.5\text{mm}$ 时计算公式：

$$V_{额} = 51.805 \div R \tag{2-5-10}$$

G　机组额定速度小时产量及小时锌耗量理论计算

额定速度小时产量计算公式：

$$Q_1 = [(R - 0.000139 \times G) \times 7.85 + G/1000] \times V_{额} \times d \times 60 \times 10^{-6} \tag{2-5-11}$$

式中　Q_1——额定速度小时产量，t/h；

d——成品宽度，mm；

G——锌层重量（双面），g/m²。

额定速度时机组小时耗锌量计算公式：

$$Q_2 = Q_1 \times 0.004 + V_{额} \times d \times G \times 60 \times 10^{-9} \tag{2-5-12}$$

式中　Q_2——额定速度时机组小时耗锌量，t/h。

锌渣量按吨成品 4kg 计算。

H　机组实际小时产量及小时耗锌量理论计算

实际小时产量计算：

$$Q_3 = [r \times 7.85 + G/1000] \times \Delta V \times V_{额} \times d \times 60 \times 10^{-6} \tag{2-5-13}$$

式中　r——原料厚度，mm；

$\Delta V = V_{实}/V_{额}$；

$V_{实}$——实际生产速度，m/min。

实际小时耗锌量计算公式：

$$Q_4 = Q_3 \times 0.004 + V_{额} \times d \times \Delta V \times G \times 60 \times 10^{-9} \tag{2-5-14}$$

I　机组主要介质耗量

机组主要介质耗量见表 2-5-8。

表 2-5-8 机组主要介质耗量

项　目	最大耗量/$m^3 \cdot h^{-1}$	项　目	最大耗量/$m^3 \cdot h^{-1}$
工业水	170m^3/h	H_2、N_2（标态）	320
循环冷却水	580m^3/h	吹扫氮气（标态）	380
生活水	7m^3/h	焦炉煤气（标态）	3230
脱盐水	10m^3/h	压缩空气	3000
饱和蒸汽	6500kg/h		

5.2.3.3 主要工艺技术过程要求及工艺技术参数

A 开卷

严格按照生产计划表的生产顺序上料，并认真核对计划表的内容与实际是否相符，对不符合原料标准的钢卷应及时通知有关人员处理。

（1）对于生产计划编制应考虑将相同品种规格的产品集中生产，避免生产中较频繁的更换品种规格。对于规格品种的更换应考虑到生产过度要求。

（2）生产操作应首先准确测量钢卷外径和宽度，并输入该参数，按顺序进行自动或手动上卷。并按厚度公差控制切头、切尾。按要求将带钢头尾送至焊接准备位置。注意要严格控制带尾量，防止跑尾。

B 焊接

a 基本参数

焊接能力：厚度为0.3～2.5mm；

最大宽度：1700mm；

抗拉强度：800N/mm^2；

焊接超厚量：7%～10%；

焊接厚度：（有碾压辊）100%；

焊接力：15kN；

碾压力：40kN；

剪切、冲孔力：140kN；

夹紧力：60kN；

焊轮直径：240～320mm；

接点容量：300kV · A。

焊接参数详见表2-5-9。

表 2-5-9 焊接参数

厚度/mm	0.31～0.38	0.39～0.50	0.51～0.65	0.66～0.80	0.81～1.0	1.01～1.20	1.21～1.50	1.51～1.80	1.81～2.15	2.16～2.50
顺　序	1	2	3	4	5	6	7	8	9	10
焊接力/kN	20%	20%	20%	32%	35%	37%	37%	40%	42%	46%
	9.2	9.2	9.2	12.7	14.7	15.5	15.5		17.6	19.2

续表 2-5-9

速度 /m · min^{-1}	80%	80%	80%	70%	60%	50%	50%	50%	48%	48%
	9.6	9.6	9.6	8.4	7.2	6.0	6.0	6.0	5.7	5.7
电　流	45%	45%	43%	48%	49%	50%	48%	50%	54%	56%
碾压力/kN	35%	35%	38%	35%	35%	37%	40%	40%	42%	50%
	31.5	31.5	34.2	31.5	31.5	33.3	36.0	36.0	37.8	45.0
搭接量/mm	0.6	0.6	0.7	0.5	0.7	0.8	0.9	0.9	1.1	1.2
伸出量/mm	10	12	12	14	14	16	18	20	22	24
补偿量/mm	0.2	0.2	0.2	0.2	0.2	0.3	0.3	0.3	0.3	0.3

b　要求

厚度不同的两卷带钢焊接时，参数以厚带钢为准，焊接厚差不得大于1：2，最多不超1mm；更换焊轮后，必须使下焊轮最高点与下夹钳位于一个水平面上，调节误差不得大于0.1mm。焊接后使带钢爬行出焊机进行焊缝检查，对焊接质量不好的应切断重焊。不同宽度带钢焊后须切月牙弯。观察带钢质量，发现有边裂、孔洞等，应及时采取措施，切月牙弯或重新切断焊接。对每卷带钢表面质量进行检查、记录，并通知 MP_2、MP_3。焊接前应保持入口活套带钢处于满套状态。

c　焊轮修磨制度

为保证焊接质量，焊轮必须按期修磨，交班时焊轮应保持清洁。焊轮修磨制度见表2-5-10。

表 2-5-10　焊轮修磨制度

带钢厚度/mm	频　度	修磨次数	带钢厚度/mm	频　度	修磨次数
0.5	每焊 2 ~ 3 次	1 次	1.2	每　班	1 ~ 2 次
0.7	每焊 3 ~ 5 次	1 次	1.5	每　班	1 次
1.0	每　班	2 次	1.5 以上	每　班	视磨损情况确定

5.2.3.4　带钢预清洗

带钢预清洗有三种工艺流程方式：

方式一：带边打毛→碱液喷洗→碱液刷洗→电解清洗→热水漂刷洗→2 级热水漂刷洗→烘干；

方式二：带边打毛→碱液喷洗→碱液刷洗→热漂水刷洗→2 级热水漂刷洗→烘干；

方式三：带边打毛→碱液喷洗→热水漂刷洗→ 2 级热水漂洗→烘干。

其中：方式二、方式三两种状态时，仅刷辊和电极板不投入工作，其循环系统和喷淋均投入使用。

主要技术参数如下：

碱液喷洗槽：流量：3070L/min；压力：0.5MPa；

碱液刷洗槽：流量：810L/min；压力：0.5MPa；

电解清洗槽：流量：1200L/min；压力：0.3MPa；

电流强度：$20A/dm^2$；

热水漂刷洗槽：流量：620L/min；压力：0.5MPa；

2级热水漂洗槽：流量：1070L/min；压力：0.5MPa；

边部吹扫风温：最高120℃；

风量（标态）：$12m^3/min$；

热风干燥器：风温：最高120℃；

风量（标态）：$150m^3/min$。

带钢预清洗工艺技术参数范围，详见带钢预清洗暂行工艺技术规程。

5.2.3.5　连续退火炉

连续退火炉炉型为卧式，采用改良森吉米尔法工艺。它由无氧化预热段（NOF）；辐射加热段（RTF）；辐射均热段（SF）；快速冷却段（JCF）和出料槽构成。

A　主要工艺数据

退火炉数据、混合站数据等卧式连续退火炉的主要工艺数据见表2-5-11～表2-5-14。

表2-5-11　退火炉数据

项目	炉长/m	燃烧器数量	炉辊数量	控制区数量	冷却水/$m^3 \cdot h^{-1}$	煤气量（标态）/$m^3 \cdot h^{-1}$	煤气压/Pa	高温辐射仪	炉压/Pa	带钢最小停留时间/s	最高炉温/℃
NOF	31.8	31	10	4	最大205	最大2566.9	8000～14000	1	>20	12.72	1300
RTF	30.2	54	11	4		最大568	8000～14000		>NOF	12.08	935
SF	25	9	9	1		最大94	8000～14000	1		10	935
JCF	17.6		8	2	最大190			1		7.04	

表2-5-12　混合站数据

混合站 N_2 入口	正常供 N_2 流量（标态）：$254 \sim 380m^3/h$ 贮存 N_2 瞬间流量（标态）：$800m^3/h$ 压力：0.3MPa
混合站 H_2 入口	最大供 H_2 流量（标态）：$75m^3/h$ 压力：1.5MPa
混合站 N_2、H_2/贮存 N_2 出口	N_2H_2 最大供给量（标态）：$320m^3/h$ 贮存 N_2 最大供给量（标态）：$300m^3/h$ 压力：20000Pa
混合站辅助设备正常 N_2/贮存 N_2 出口	N_2 最大供给量（标态）：$80m^3/h$ N_2 最小供给量（标态）：$50m^3/h$ 压力：21000Pa
贮存 N_2 直供出口	N_2 最大供给量：$420m^3/h$ N_2 最小供给量（标态）：$15m^3/h$ 压力：21000Pa

表 2-5-13 N_2、H_2 保护气体含量百分比

项 目	$\varphi(H_2)/\%$	$\varphi(N_2)/\%$
镀 锌	≤20	≥80
预留镀铝锌	<30	约 70

表 2-5-14 助燃空气、废气数据

项 目	NOF	RTF、SF	项 目	NOF	RTF、SF
助燃空气预热温度/℃	<500	<400	排烟风机入口温度/℃		<400
后燃烧室废气温度/℃	~700		废气排放温度/℃	<400	<400

B 退火工艺

镀锌退火工艺是一种混合体工艺，在较短时间内要连续完成加热、脱脂、还原、冷却四种工艺过程。整个工艺过程以控制带钢温度为主要手段，并辅助于带钢速度、炉压、炉内气氛等方面的调节来实现不同品种、规格带钢对退火、镀锌工艺要求。表 2-5-15 给出不同品种带钢的温度范围。

表 2-5-15 带钢温度范围

钢种 \ 项目	NOF 出口/℃	SF 出口/℃	入锌锅/℃	锌液温度/℃	冷却塔/℃	光整机入口/℃
FH	480~630	≤650	460~530	450~470	240~280	<40
CQ	630~750	<800	460~530	450~470	240~280	<40
DQ/DDQ	660~750	≤800	470~530	450~470	240~280	<40

C 停炉工艺及要求

接到停炉命令后，首先关闭 H_2，并确认 H_2 已关闭无误，将生产状态改为吹扫状态。操作中严格执行《安全技术操作规程》。关闭 NOF 炉主烧嘴，并保持炉压在正常值范围内 RTF、SF 炉温设定值在炉内 $\varphi(H_2)$ 大于 1% 时，不允许低于 650℃，并通过逐步调节设定值降温。当炉内 $\varphi(H_2)<1\%$ 时，炉温应逐步降至 570℃，保温 24h，保温后炉温逐步降至 200℃，确认炉内气氛的安全性符合要求后，停 N_2，停止炉辊转动。并全炉关闭煤气灭火。在确认煤气关闭无误后，将带钢从炉内抽出。停炉降温曲线如图 2-5-8 所示。

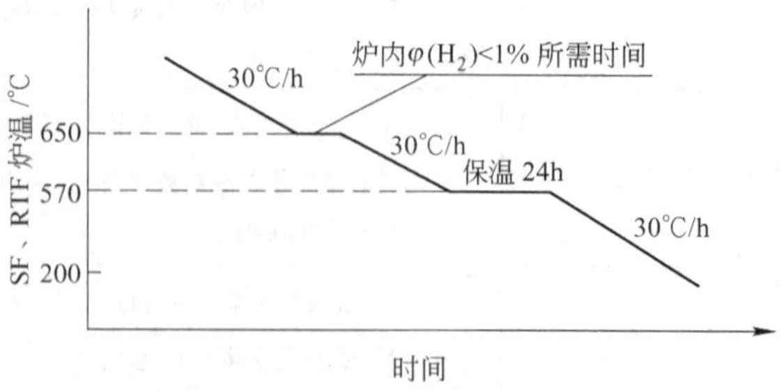

图 2-5-8 停炉降温曲线

D 点炉工艺及要求

接到点炉命令后，首先应对炉子及相关设备进行全面检查，并确认设备已处于完好状态，具备点炉条件。确认介质系统具备点炉条件。并通知相关部门及单位，确认易燃易爆气体管路及设备的安全性，此项工作应由专职人员检查。停炉期间 N_2 已停止吹扫，点炉前先用 N_2 吹扫7～8h，炉压设定30～50Pa。点火前煤气管道必须用 N_2 彻底吹扫。保证吹扫质量，吹扫次数不应小于5次。点火前启动相关设备并检查运行状态是否正常。如炉辊、快冷风机、助燃风机、废气风机、冷却水系统、压缩空气等。严格遵守《安全技术操作规程》并确认人员安全后，进行点炉。正常点炉曲线见图2-5-9。

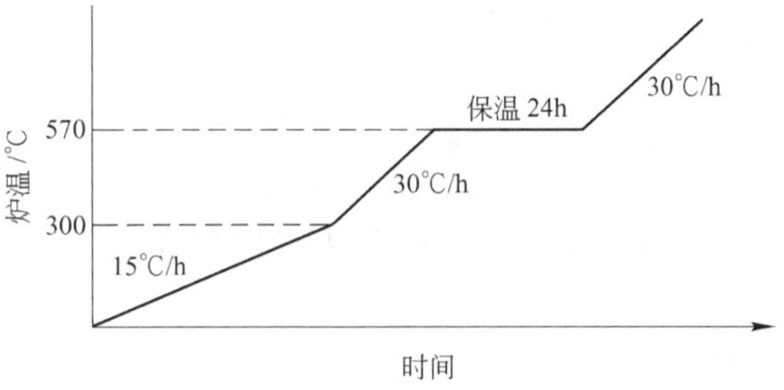

图2-5-9　正常点炉曲线

由于点炉前炉体所处的状态不尽相同，如当停炉时间超过一周，入孔已被打开，环境温度低（如冬季）等。故此对于非正常状态下的点炉曲线如图2-5-10所示。

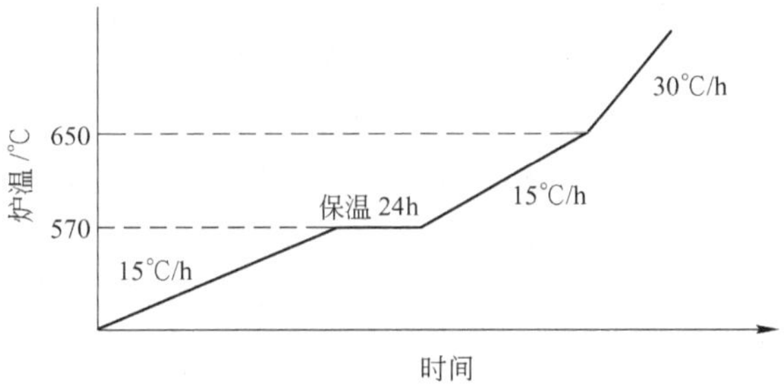

图2-5-10　非正常状态下的点炉曲线

E　烘炉工艺及要求

烘炉和点炉是两种不同的概念，烘炉是指炉体已彻底冷却，炉内耐火材料已达到或低于环境温度。这往往适于长期停炉、炉内对耐火材料进行更新或部分更新及新建炉体等。点炉是指停炉时间短，炉内耐火材料温度均远远大于环境温度。

烘炉前应与有关部门联系，确认砌炉所用耐火材料的性能，及耐火材料对烘炉的要求，如耐火材料可以满足烘炉曲线，应按曲线要求进行，若不能满足，应按耐火材料性能要求进行烘炉。烘炉要求同点炉要求。新炉或整体砌炉后烘炉曲线如图2-5-11所示。大面积更换炉内耐火材料的烘炉曲线见图2-5-12。局部更换耐火材料的烘炉曲线见图2-5-13。

F　生产工艺要求

退火炉投入生产前要逐项确认安全条件无误后方可通入 H_2。$\varphi(H_2)$ 要由小到大，并观察露点变化情况，发现问题应关闭 H_2 及时处理。安全用电点火器应始终处于完好的工作

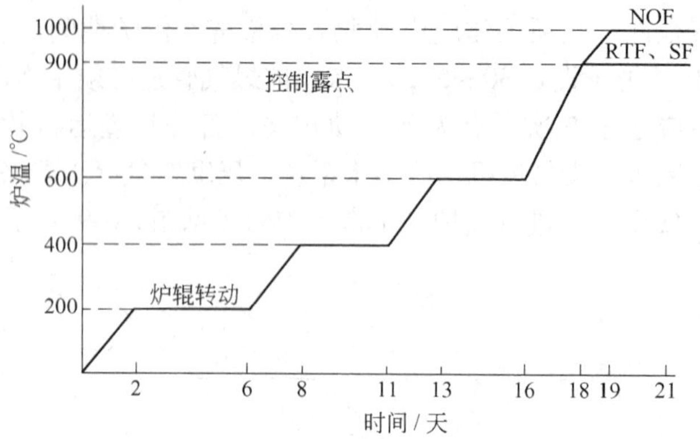

图 2-5-11　新炉或整体砌炉后烘炉曲线

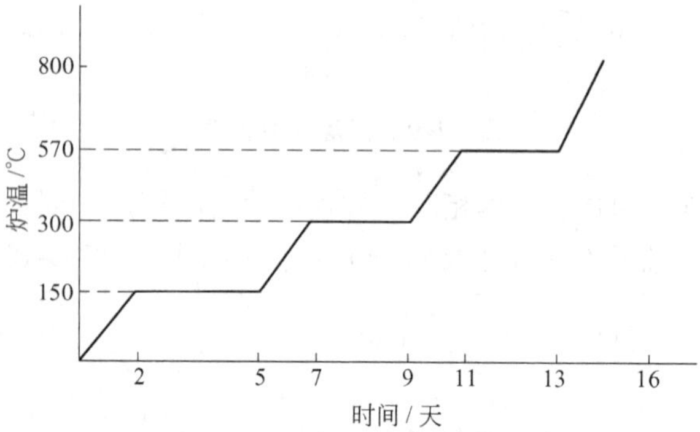

图 2-5-12　大面积更换炉内耐火材料的烘炉曲线

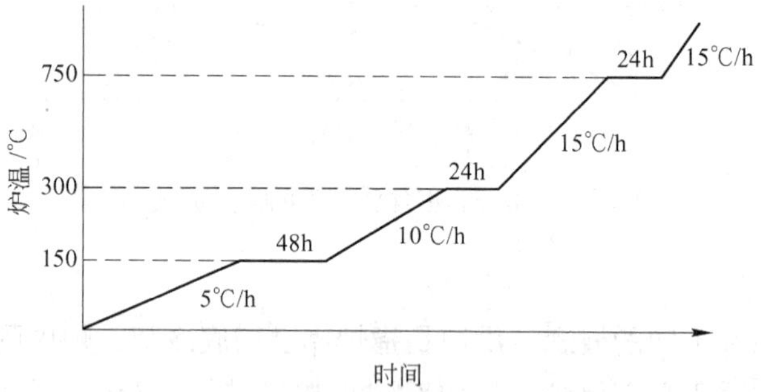

图 2-5-13　局部更换耐火材料的烘炉曲线

状态，不准强制。优先选择带温控制方式。在投入生产时炉温的最高升温速度应小于 200℃/h。炉压应保证大于 20Pa，且全炉保持正压并满足 RTF 炉压大于 NOF 炉压。

生产及点炉、烘炉等过程中要严格遵守《安全技术操作规程》。

5.2.3.6　锌锅

主要工艺数据如下：

锌锅尺寸：4267mm × 3500mm × 1854mm（长 × 宽 × 深）；

感应加热器功率：2 × 400kW；

沉没辊：(ϕ800～740)×1800mm；

稳定辊：(ϕ250～200)×1800mm；稳定辊水平移动速度：216mm/min；

稳定辊行程：前移量：80mm；后移量：100mm。

工艺及要求为：

正常生产时应注意锌液面变化，锌液位应距上沿80mm±20mm范围内，始终应有一块锌锭处于锌锅加锌位置。同时要求保证带钢周围液面无锌渣，并及时清除锌渣。沉没辊、稳定辊应根据使用情况定期更换。新辊装入前应进行预热。对于生产中的沉没辊应经常检查运转情况，发现停转，应及时处理。锌液温度控制范围在450～470℃之间，严禁超过470℃。

锌液中主要微量元素要求控制范围：

w(A)0.135%～0.220%；w(Pb)<0.230%；w(Fe)<0.055%。

应根据化验结果对锌液中的Al含量进行调整。

5.2.3.7　气刀

主要工艺参数见表2-5-16。

表2-5-16　主要工艺参数

气刀压力(最大)/kPa	110	喷嘴与液面距离/mm	75～625
喷嘴角度/(°)	-10～20	主框架外伸行程/mm	3500
喷嘴距带钢距离/mm	5～70	带钢与喷嘴间平行度范围/mm	+10

要求：

生产前应通过调整沉没辊稳定辊，使带钢始终处于气刀两喷嘴的中心位置，并校准气刀距离、气刀距液面距离的仪表指示值、生产中应根据锌层重量值、机组速度、气刀压力设定好气刀角度、气刀距液面距离和气刀距带钢距离。发现溅锌现象应及时抬高气刀距液面距离，若气刀堵塞应及时清除。停车或断带，应将气刀移出锌锅。

5.2.3.8　小锌花

主要工艺数据：

水质：脱盐水或饮用水；水压：0.15～0.62MPa；

压缩空气耗量：(标态)2300m^3/h；压缩空气压力：约0.5MPa；

喷嘴数量：138个；喷嘴角度：45°～60°；喷射角度：15°。

要求：

生产前应对水和压缩空气管路进行清洗，并检查接头，阀门无泄漏；

确认水、气压力是否符合要求；

生产时小锌花装置高度调节应在锌层凝固线以下500mm左右；

停产时应将喷嘴清理干净包好，以备下次生产使用。

5.2.3.9　光整机

主要工艺数据：

轧制力：最大 8000kN；带钢张力：最大 5000kN；平整度：最大 2%；
轧辊直径：750 ~ 650mm；轧制线标高：+2500mm；辊间距：最大 70mm；
带钢入光整机前温度：<40℃；工作辊在线换辊时间：175s。
要求：
光整辊面应保持清洁、无油污、灰尘及黏结物等；
控制方式的选择应根据产品要求及生产实际情况确定；
生产中若带钢表面出现锌粒压痕，应启动刷辊，清扫工作辊面；
工作辊表面粗糙度应根据产品要求确定；
根据产量及辊面状况定期更换光整辊。
光整辊凸度及粗糙度范围：
光整辊凸度范围：0.05 ~ 0.35mm；
光整辊粗糙度范围：1 ~ 3.5μm。

5.2.3.10　张力拉伸弯曲矫直机

主要工艺数据：
带钢张力：最大 250kN；带钢入口张力：最大 50kN；带钢出口张力：最大 97.5kN；
伸长率范围：0.2% ~ 2.0%；带钢入拉矫机前温度：<40℃。
不同厚度规格带钢伸长率调节范围见表 2-5-17。

表 2-5-17　不同厚度规格带钢伸长率调节范围

带钢厚度/mm	0.5 ~ 0.75	0.75 ~ 1.5	1.5 ~ 2.5
伸长率/%	0.4 ~ 1.0	0.5 ~ 1.2	0.6 ~ 1.7

带钢伸长率的选择应根据带钢浪形高度和长度及产品对深冲性能要求确定。

带钢斜率 = 浪形高度/浪形长度，越大，伸长率增大，以获得最佳板形，而伸长率越大，带钢的深冲性能变差，故此在生产实际中应综合各种因素，来确定伸长率大小。

要求：
带钢速度低于 15m/min 时，发现边裂现象，应自动抬辊或手动抬辊。
停车后，机组处于拉料操作时，拉矫机不得投入使用。
当发现带钢通过拉矫出现许多锌层脱落时，应使拉矫机退出生产进行清理。
每班必须清理弯曲辊和矫直辊周围锌皮、锌渣。

5.2.3.11　钝化

主要工艺数据：

控制钝化液电导率在 28 ~ 35ms 范围内，相对浓度控制在 1.5% 左右。对于市场需求不涂油的产品，可根据实际要求对电导率和相对浓度进行调整（以上指标是使用汉高钝化液时的指标，若改用其他钝化液需作重新调整）。钝化液温度：35 ~ 45℃；烘干温度：70 ~ 85℃。

要求：

必须在拉矫机投入使用后，方可投入钝化装置。生产时 2 号、3 号挤干辊不得同时使用。边部吹扫在停机拉料时应手动使其进出。并且抬起挤干辊。挤干辊应根据使用情况定期更换。

工艺过程主要控制参数及要求：

（1）带钢温度控制范围。要求在正常生产中应控制在表规定的范围内。允许在变换规格品种及其他原因造成的生产过渡中出现短时间的超标。

（2）锌层厚度。应以送检所测出值为准确值。仪表指示值仅为参考值。应按准确值进行控制，并要求定期对仪表进行校核。

（3）锌液化学成分控制范围。要求每班送检一次锌液化学成分。由于该值不能实现连续闭环控制，故此，不允许连续出现两次超标现象。当出现超标较大时应送复检样进行二次检测，并根据复检结果对锌液成分进行调整。

（4）钝化液。主要控制电导率应满足规定的要求，送检样作为添加钝化剂时调节浓度的根据。电导率指标仪表要求定期进行校核。

5.2.3.12　热镀锌后部工序

A　卷取

卷取时尽可能把焊缝切除，不同厚度的带钢不得卷成一卷。

有厚边缺陷时应采取错边卷取。

太小的废卷应使用挡板卸卷。

卷生产时，每卷取两个样品，一个作为现场过程检验并作为复检样，另一个送质检站。

B　剪切

a　主要参数

飞剪总喂料行程：380mm；

剪切力最大：40kN；

剪切行程最大：60mm。

b　操作要求

按计划输入剪切定尺、规格、垛板张数；

自动调校剪刃间隙；

根据板形情况调节矫直机压下量。

c　静电除油机

单面最大油膜厚度：$1.0g/m^2$

单面最小油膜厚度：$0.1g/m^2$

油等级：1级

涂油前将泵全部启动，油加热，辊子转动，转换到自动位置。

调节电压：20～90kV

涂油机工作时，不允许开机座门，不允许触动带钢，以防触电。

涂油机维护、检修时，须进行放电操作。

d　垛板

根据计划修订垛板尺寸，一般应比实际尺寸大2～4mm。

按其包装盒高度选择不同规格垛板数量。

5.2.4 镀后处理

热镀锌的镀后处理包括小锌花处理、合金化处理及化学处理。热镀锌表面光亮而有锌花，根据用途不同而采取一些方法来改变其表面性质。例如，作为装饰用的镀锌板要求锌花大而美观，通常在锌液中添加0.5%的锡或者0.3%的锑。另外，抑制铁-锌合金层的生长而添加0.1%～0.2%的铝也能使锌花美丽。如果要涂漆或提高抗腐蚀性，就要进行小锌花或合金化处理。

小锌花处理时指当镀锌板从锌锅中出来后，喷射雾状水或蒸汽使锌液冷却，将锌层凝固，使结晶没有形成树枝状花纹所需的时间。小锌花带钢比大锌花带钢涂装性能好。

合金化处理过程是带钢从锌锅中出来时温度为450℃左右，通过锌层退火炉将带钢加热到600℃再降到500℃，使其进行合金化反应，镀锌板表面合金化，提高耐腐蚀性能。

5.2.5 热镀锌生产发展趋势

世界各种各样的热镀锌生产工艺，无论是现在还是将来，发展趋势是改进的森吉米尔方法为连续热镀锌的最佳方法。该工艺特点是带钢表面的预处理和退火工艺一次完成，与其他方法相比，具有工艺简单、操作方便、生产成本低的优点。可以说，该方法是连续热镀锌发展的主流方法。其方法的发展趋势如下：

（1）向大型化、高速化、多功能化方向发展。所谓大型化，就是生产的产品必须满足汽车板的宽度要求，同时考虑生产成本，一条热镀锌作业线生产能力必须达到年产30万～40万吨水平。所谓高速化，就是机组运行速度达到200m/min以上。这样，要求预清洗工艺、退火工艺、镀锌工艺、合金化工艺及钝化必须在高速下短时间内完成。所谓多功能就是要求机组能够生产多种镀层产品，即一机多用，例如除生产镀锌产品外又能生产镀铝产品。

（2）向产品多样化、合金化、多层化方向发展。产品多样化就是一条作业线要能生产FH（全硬），CQ、DQ（一般深冲），DDQ、EDDQ（深冲、特深冲）等多种产品。此外，一条作业线还要能生产不同镀层厚度（80～450g/m^2）及差厚镀层的产品。产品多层化，就是热镀锌之后进行表面处理，如钝化处理、涂油处理等等以满足特殊用户的需求。

5.2.6 热镀锌新技术、新设备发展方向

热镀锌新技术、新设备的发展方向主要表现在：

（1）带钢前处理增加的带钢预清洗装置，倾向于用高电流密度的电解清洗工艺，这样可以在短时间内完成清洗任务。

（2）立式代替卧式退火炉，已成为世界发展潮流。立式炉的最大特点是大大缩短了机组长度，带钢在炉中运行距离长，退火温度控制余地大，连续退火效果佳，可以生产特深冲、高强度的热镀锌产品。

（3）采用细锌粉（粒度为5～10μm）喷吹法生产小锌花镀锌板。小锌花镀锌板表面锌花小、平整而光洁。

（4）热镀锌双锌锅代替单锌锅，以达到一机多用，生产更多品种的镀层产品，并留有

机组的发展空间和扩大再生产的余地。

（5）配有X射线测厚、测温仪的合金化炉装置，并确保生产出最佳合金化镀层的产品。

（6）带钢出口设置四辊光整机和拉伸矫直机联合装置是解决镀锌带钢边部浪形、瓢曲、表面锌粒等缺陷的有效手段，可以大大提高镀锌产品的质量。

（7）节约能源，充分利用余热已是世界发展趋势。为此，热镀锌生产过程中应充分利用退火炉的燃烧气体的热能，利用废气除能预热带钢和预热燃烧空气外，用废气热能还可预热气动测厚仪的气体，预热水及保护气体等。

（8）采用无锌渣锌锅，即将锌锅一分为二，成为两个部分。热镀锌生产过程中，锌锅底部不断沉积一些锌渣，如果这些锌渣粘在沉没辊上必然给镀锌板表面带来锌粒等缺陷。开发这种无锌渣锌锅就是使锌渣流入锌锅另一部分内，而沉没辊部分的锅底不再有锌渣，这样就能保证沉没辊不会粘上锌渣，从而提高产品质量。

单元3　热镀锌故障及有关事项

学习目标：

能熟练掌握连续热镀锌工艺中常见故障产生的原因和处理方法并对故障处理进行熟练操作。

工作任务：

（1）根据故障现象能找出故障原因并对其进行分析；

（2）按操作手册规定对故障进行处理。

实践操作（操作过程的具体内容）：

（1）针对各种断带事故进行判断、处理；

（2）出现全线停车时能够分析故障原因，并做出正确处理；

（3）感应锌锅停电故障的处理。

知识学习：

短时停车、较长时间停车、断带处理、锌锅停电故障的生产恢复。

知识拓展：

断带故障处理、停车故障处理和感应锌锅停电故障的处理安全操作规程。

5.3.1　各种故障的处理程序

岗位操作人员发现故障后，应根据故障的性质，采取相应的措施，并向主控台通报故障情况。接到通报的有关人员，应立即赶往故障发生部位，分析故障原因。

一般故障：同现场人员进行处理。

较大故障：应通报厂调及有关部门同车间共同组织抢修。

故障处理后，应对设备进行检查，确认已恢复正常，方能离开。

要认真作好故障处理的详细记录。

5.3.2 注意事项

故障处理的整个过程要严格执行《安全技术操作规程》。

对于须停机较长的较大故障处理时，操作人员首先应完成本岗位必要的操作程序，对要害部位进行检查。

5.3.3 主要故障的处理方法和措施

5.3.3.1 拉矫机部位断带的处理措施

当带钢在拉矫机部位断带后，出口段应减小或释放活套（此时全线已经停车）。处理方法如下：

A 拉矫机前部带头处理

人员安排：1号活套1人；2号活套1人；MP_2 1人；3号S辊1人。

方式：从1号活套向2号S辊方向送料。

方法：MP_2 人员根据炉内张力显示，利用冷却塔压辊，将带钢拉至5号控制辊处（必须停3号S辊），在用3号S辊将带钢拉至光整机出口平台。并将带头剪成梯形以备焊接。

注：薄带时，必须手动拉料到5号控制辊处，防止炉内高温烧断带钢。

B 拉矫机后部带头处理

人员安排：2号活套1人，拉矫机1人。

方式：从2号活套向5号S辊方向送料。

方法：操作2号活套及4号S辊将带钢从2号活套→5号→4号→S_B 辊→4号 S_A 辊→光整出口平台。并将带头剪成梯形以备焊接。

带头焊接：焊接后，低速将带钢焊接部位拉入2号活套，恢复生产。

注：拉矫机前部带头处理和拉矫机后部带头处理不同时进行。

5.3.3.2 炉内断带处理措施

确认炉内断带后（生产线已停止运行）操作人员完成下列操作程序。关闭 H_2→由生产状态转为氮气吹扫状态→关闭NOF炉主烧嘴。保留点火烧嘴→RTF、SF炉温设定值应大于650℃（不应低于650℃）并定时转动炉辊，经约两个小时吹扫，测得炉内 H_2 含量小于1%时，允许打开炉鼻子法兰进行穿带作业。

方法如下：

2号S辊点动回拉带钢至1号活套内（注：拉料时应避免带钢过热损坏胶辊），打开入口密封辊，放好穿针并与带钢连接，操作1号活套、2号S辊将穿针及带钢送至炉鼻子法兰引孔处，拉出穿针，将连接铁链取出备用。

MP_2 手动控制，将带钢拉出至锌锅上方，处理好带尾（注：此时应将气刀开出锌锅），将铁链通过稳定辊、沉浸辊穿至锌锅后方待用，用另一根带重锤的铁链从法兰穿孔送入锌锅再将此铁链从锌锅中捞出与待用铁链连接。

取下连接铁链将带头尾在锌锅前焊接，拉直带钢，关闭入口密封辊及炉鼻法兰，按点炉有关要求恢复生产。

5.3.3.3　活套断带处理措施（以2号活套为例）

当2号活套入口断带时（全线自动停车）的处理方法：

在拉矫机操作盘点动5号S辊，将带头沿5号导向辊拉至4号导向辊处，用尼龙带与剪切成梯形的带头连接，尼龙带另一端沿4号导向辊→5号导向辊→6号导向辊顺下，将带钢向4号导向辊方向手动送料。在2号活套内，由人工拉尼龙带将带钢拉至另一带钢头部，人工焊接后，建立活套张力，爬行速度将焊接处送到分切剪位置，剪切焊缝，重新恢复生产。

5.3.4　故障造成的全线停车

对于大型的连续作业机组，由于各种原因均可造成生产机组的停运状态，而经过处理很快或需一定时间即可恢复生产，为了提高生产率降低损耗往往要求处理故障的时间越短越好，这就需要从设备到工艺为缩短故障处理时间创造条件，下面就因故障造成全线停车的操作归纳如下。

5.3.4.1　短时停车

定义：在很短时间内就可以恢复生产的停车状况。

说明：在此种状态下应有以下特点，不是由于炉内断带造成的停车，从故障处理到生产恢复的时间内，经采取措施不应造成炉内断带。所采取的措施应符合《安全技术操作规程》要求。由于不造成炉内断带的最大允许时间与生产的钢种、规格、炉温等情况有关，这就需工作人员有较强的对故障处理时间的确定能力。

操作方法：

全线停车后，H_2将自动关闭，操作人员应确认H_2关闭是否确切无误。

操作人员应根据品种、规格确定是否部分或全部关闭NOF炉主烧嘴。并保持炉内正常压力。

操作人员应根据品种、规格决定将生产状态转为吹扫状态。

根据故障处理时间调整炉内参数以适应尽快恢复生产。

SF、RTF炉温应保持650℃。

5.3.4.2　较长时间停车

定义：因故障处理时间较长，带钢在炉内必须作断带处理或炉子必须作降温处理，不可能在短时恢复生产。

说明：在此种状态有两种情况：其一，当所生产品种规格的产品允许在较长时间内留在炉内并不会造成危害时，如生产FH较厚规格。只需炉内降温后保温并不需作炉内断带处理。其二，对生产非FH品种，厚度较薄则必须将炉内带钢拉出。上述两种情况指非炉内断带原因。而炉内断带，实属较长时间停车，操作方法为：全线停车后，H_2自动关闭，操作人员确认H_2关闭无误，并关闭NOF烧嘴，将生产状态转为N_2吹扫状态，并保持SF、RTF、炉温在650℃。同时保持炉压。若需降温必需H_2含量小于 1% 方可。根据生产的品种、规格确定是否需作炉内带钢断带处理，如需断带处理需根据情况确定切断带钢位置，并完成拉出带钢工作。如不需断带处理，应按时转动炉辊。

随时检查炉子情况。发现问题及时处理。

严格执行《安全技术操作规程》确保安全操作。

5.3.5　恢复生产

故障处理结束后，操作人员应对机组设备进行检查。确认已正常方可进行生产恢复操作。

5.3.5.1　短时间停车后的生产恢复

点炉升温要求最高升温速度小于 200℃/h，其升温过程通过改变炉温设定值实现，设定值改变是逐步提高的，炉温设定值 = 炉温实际值 +28℃，即 $t_i = t_{i-1} + 28℃$。

炉压应保持在≥20Pa，全炉保持正压。使其 SF 炉压 > RTF 炉压 > NOF 炉压。

炉温经过 650℃后经 N_2 吹扫 JCF、SF、RTF 炉内氧含量小于 0.6% 方可。通入 H_2 应注意露点变化。

为了保证炉内带钢不造成断带，应采用点动或爬行方式运行带钢。

当带温及炉内工艺参数达到要求值机组升速。

5.3.5.2　较长时间停车后的生产恢复：

对于不作炉内断带处理的较长时间停车的生产恢复要在故障处理结束后，操作人员应对机组设备进行检查。确认已正常方可进行生产恢复操作。

对于炉内断带处理并停机时间较长，根据故障处理时间调整炉内参数以适应尽快恢复生产。

5.3.6　感应锌锅停电故障的处理

锌锅停电故障是指锌锅供电系统（包括备用电源）无法供电，锌锅处于停电状态。

操作方法：锌锅停电故障发生后：

（1）操作人员应全线停车，按较长时间停车方式处理。

（2）操作人员必需在停电 15 ~20min 内，准确无误地将备用的 6 根铁棒手动插入锌锅感应器溶沟底部，插入时要求熟练、准确不能损坏溶沟。这就要求铁棒事先要准备好，放在锌锅附近，并在每根铁棒上表明插入深度的标志。

（3）停电同时要求操作人员在 5min 内，采取强制通风冷却措施，对锌锅的两个感应加热线圈进行冷却，方法是采用压缩空气，将压缩空气大量地吹入感应加热器冷却风机的吹风口。

（4）若停电超过两个小时，应采取锌锅加盖保温，并通入煤气给表面加热。

（5）若停电超过 4h，应将锌锅内锌液用锌泵抽出。抽锌温度应保持 450℃以上，保证锌液液面降到炉喉下 40mm 左右方可停止抽锌，并将锌锅加盖继续保温。

5.3.7　锌锅停电故障的生产恢复

当锌锅停电故障处理结束后，操作人员对机组设备检查确认已恢复正常方可进行生产恢复操作。操作方式：

（1）低功率投入感应加热器，并投入感应加热器冷却风机。若锌液已由泵抽出，需回泵锌液。

（2）待锌锅感应器溶沟内锌液溶化后取出铁棒。

（3）当锌锅液面已上升超过热电偶位置，投入自动加热方式，并可投入高功率。

（4）锌锅液面恢复正常后，按生产恢复方式操作恢复生产。

单元4　彩色涂层钢板（彩涂板）的生产

学习目标：

能熟练掌握涂层钢板和层压钢板的生产工艺过程。

工作任务：

（1）按照技术要求进行涂层钢板工艺生产；

（2）按照技术要求进行层压钢板工艺生产。

实践操作（操作过程的具体内容）：

（1）按照技术要求进行涂层钢板工艺生产；

（2）按照技术要求进行层压钢板工艺生产。

知识学习：

涂层工艺、烘烤、酸洗、磷化处理、铬酸钝化处理。

近年来，彩色涂层钢板（简称涂层板）已被广泛用于电冰箱、洗衣机等家用电器方面，因而涂层板越来越受到人们的重视。涂层板的出现，使得加工成形工艺发生了很大的变革。过去的传统工艺是：冷轧板剪切→加工成形→焊接→预处理（包括脱脂、酸洗和磷化）→涂漆→干燥→组装。而以涂层板为原料的加工工艺是：涂层板剪切→加工成形→组装。后者对于加工厂用户有如下优点：

（1）省力、省时、省场地。由于工序简单，不要前处理、涂漆和烘干等工序，所以节省操作人员和庞大的操作场地，而且可以形成流水线连续加工。

（2）节约能源。由于不要烘干，所以可节约大量能源。

（3）作业环境卫生，无公害。涂料和溶剂的挥发、干燥炉产生的有害废气、涂漆前的预处理废酸、废碱和磷化过程的淤渣等公害都没有了，加工厂不需三废处理。

（4）质量均匀化。由于是平板涂层，所以其薄膜厚度和硬度均匀，无论是一批中或各批之间的质量相差都很小。

（5）安全。加工厂不需保管油漆、溶剂等易燃易爆物品。

（6）图案多样化。平板木纹图样多种多样，印花、压花等都成为可能。

这样，不仅降低了加工成本，而且提高了产品质量，增加了花样品种，大大增加了产品的竞争能力，所以各种钢板加工都被涂层板所代替，从而促进了涂层板的生产。美国和日本的涂层板生产作业线都在100条以上。目前世界彩涂板产量已达到1330万吨/年，其中北美为454.5万吨/年，日本及亚洲各国为466万吨/年，欧洲为330万吨/年，澳大利亚、新西兰为80万吨/年。由此可见涂层板在现代加工业中的重要性。

5.4.1　涂层钢板的结构和质量要求

涂层板有两种类型，一种是将有机涂料直接涂到钢板上称为涂层钢板；另一种是塑料薄膜通过黏结剂附在钢板上称为层压钢板。这两种涂层钢板的结构如图2-5-14所示。

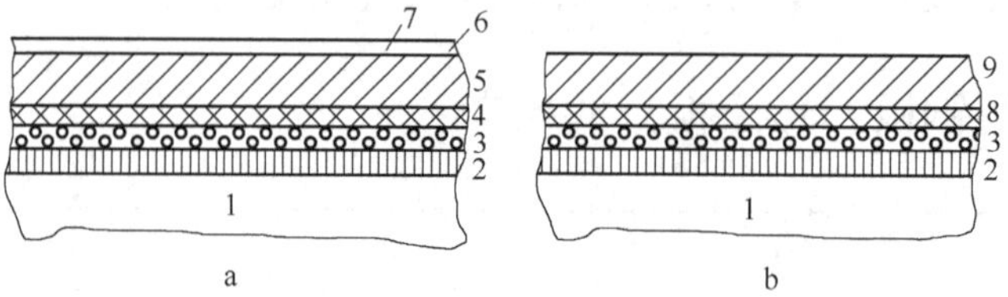

图2-5-14　涂层板的结构

a—涂层钢板；b—层压钢板

1—钢板；2—镀锌层；3—化成处理膜；4—底漆；5—表漆；6—印花；7—保护膜；8—黏结剂；9—塑料膜

在涂层板中还有一种压花涂层板，这种板上的花纹不是印刷的，而是压成深浅不同的图案形成各种花形。这种涂层板的涂膜较厚，经过压花，立体感强。它的结构与印花涂层板相同，不过，外面不必贴保护膜。

用户对涂层板的要求是各式各样的，根据不同用途对其质量要求也不同。其中以家用电器的要求最高，因为它的加工弯曲半径小、成形复杂、装饰性要求高。其具体要求如表2-5-18所示。但是，要求涂层板完全达到表2-5-18的要求是难以办到的。这是因为涂层的硬度、耐污染性和加工性具有相反的关系，即硬度高、耐污染性好，则其加工性能差，即深冲性差。因此，要根据不同用途和加工的苛刻性对其硬度、耐污染性及加工性等因素进行综合考虑。

表2-5-18　用户对涂层板的具体要求

项　目	要求标准	项　目	要求标准
光　泽	85%以上	耐气候性	气候仪24h，色差2.0以内
硬　度	2H以上	耐湿性	40℃×90%，480h，锈8以内
深冲性	埃里克森杯突实验5mm以上	耐酸性	5% H_2SO_4，120h，无异常
耐冲击性	杜邦冲击变形实验500g×30cm以上	耐碱性	1% NaOH，120h，无异常
耐蚀性	盐水喷雾240h，起泡2mm以内	耐污染性	没有严重的黑、红污染，24h

因为涂层板用于建筑、车辆等其他地方要求要低些，所以，只要满足家用电器的要求，就能满足其他用途的要求。

5.4.2　涂层板的生产方法

涂层板的生产通常采用辊涂法。根据原板是单张还是卷辊涂法又分为单张辊涂和连续辊涂两种（见图2-5-15）。前者适用于小批量、多品种生产，后者适宜大批量高速化生产。

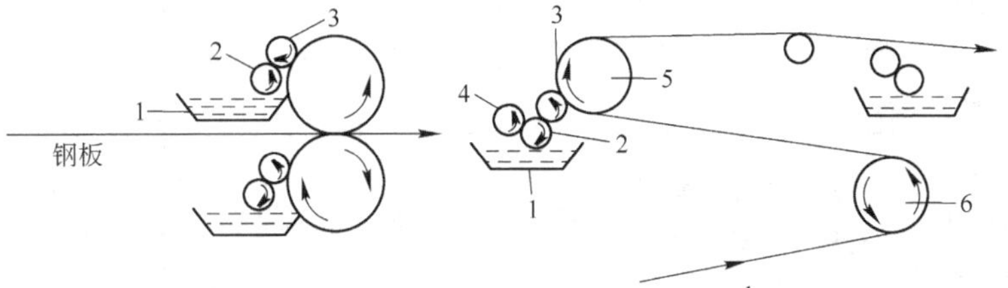

图2-5-15　辊涂法示意图
a—单张辊涂；b—连续辊涂
1—漆盆；2—浸漆辊；3—涂漆辊；4—控制辊；5—支撑辊；6—转向辊

钢铁厂生产涂层板绝大多数采用连续辊涂法。连续辊涂作业线有水平式和垂直式两种。其典型涂层作业线如图2-5-16所示。

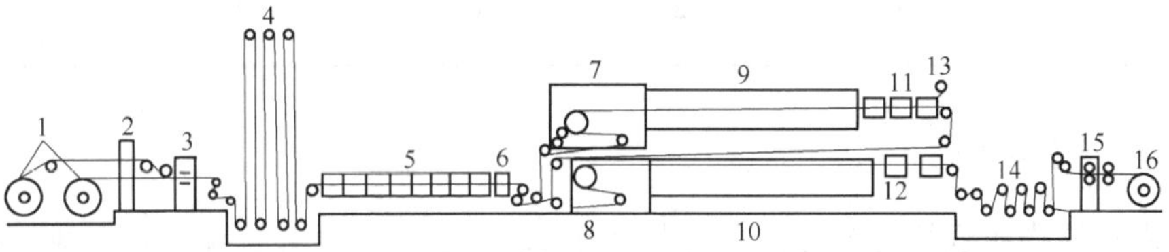

图2-5-16　连续辊涂作业线
1—开卷机；2—双切剪；3—缝合机；4—入口活套塔；5—预处理槽；6—干燥机；
7—初涂室；8—精涂室；9—初烘烤炉；10—二次烘烤炉；11—水冷却；
12—覆膜机；13—空气冷却；14—出口活套塔；15—分卷剪；16—卷取机

5.4.2.1　预处理工艺

涂层预处理工序包括清洗、磷化、密封、铬化等处理。为了确保清洗干净，通常增加冲洗、漂洗等工序。其预处理条件见表2-5-19。

表2-5-19　涂层预处理工艺参数

处理工序	涂　层					覆　膜		
	基　板	方　法	溶液成分	处理时间/s	温度/℃	成　分	厚　度/g·m^{-2}	颜　色
碱　洗	冷轧板，电热镀锌板	喷　淋	强碱和碱金属盐，浸润剂	5～30	50～90			

续表 2-5-19

处理工序	涂层					覆膜		
	基板	方法	溶液成分	处理时间/s	温度/℃	成分	厚度/g·m^{-2}	颜色
冲洗	冷轧板，电热镀锌板	喷淋	水	3~5	20~75			
磷化	冷轧板，电热镀锌板	浸涂、喷淋	碱金属磷酸盐	5~20	40~75	磷酸铁	0.2~0.3 0.8~1.2	灰蓝、浅灰至中灰
铬化	电、热镀锌板	浸涂、喷淋	铬酸	3~15	20~60	铬酸锌	0.2~0.5	浅红至金黄
钝化	电、热镀锌板	喷淋	强碱、重金属铬酸盐	5~20	40~70	综合氧化铁和氧化锌	0.1~0.3	无色至浅黄
冲洗		喷淋	水	2~5	20~70			
漂洗		喷淋	铬酸、磷酸	2~10	20~80			

5.4.2.2 涂层工艺

涂层机是该作业线的关键设备，它由涂料辊、浸漆辊、调节辊和漆盆组成。根据采用的辊数不同，涂层机又分为二辊式和三辊V形两种。涂层机是放在涂层小车上的，通过汽缸可以使它靠上或脱离带钢，以便焊缝通过时将其离开，从而避免将涂料辊割坏。涂层机和小车放在涂层室内与外界隔开。涂料辊是衬软橡胶的钢辊，浸漆辊和调节辊是镀铬钢辊。

一般印刷单色时涂层标准厚度为25μm，底漆厚度为3~10μm。通常底漆和面漆之比为5∶20。如果要进行压花，则涂层就要厚些。涂层厚度依靠调节辊来控制。另外，影响涂层厚度的因素是涂层速度和涂料的黏度。速度高、黏度大涂层就厚，反之就薄。通常在速度一定的条件下，采用溶剂来稀释涂料以调节其黏度。通过这些工艺操作，其涂层厚度误差可控制在±5%之内。

有机涂料的种类很多，主要有下列几种：

（1）氨基醇酸树脂：韧性好，装饰性强，有持久的外观，价格便宜，缺点是成形性差。

（2）热固性丙烯酸塑料：耐磨损，耐擦伤，充满光泽，但成形性相当有限。

（3）聚酯：具有加工性、耐磨性和外观兼顾的优点，是目前用途最广的一种。

（4）有机溶胶：具有良好的成形性、装饰性和抗化学腐蚀性，但是在温度较高情况下光泽度较差。

（5）环氧树脂：具有优良的硬度、韧性、抗弯曲性、抗热性和耐磨性，是作底漆的良好原料。

除此之外，还有硅改性树脂、塑料溶胶、乙烯基醇酸树脂等，都各有其特点和应用范围。

5.4.2.3　烘烤工艺

涂层后的带钢进入烘烤炉，烘烤使溶剂挥发，树脂固化，将涂料牢固地附着在带钢表面。然后经过空气冷却和水冷却，最后干燥而完成全部生产工艺，进入出口段进行卷取。

烘烤炉又称固化炉，有悬挂式和气垫式两种。由于悬挂式设备简单，制造方便，所以现在广泛应用。根据生产品种要求，烘烤炉一般分为4段、5段或6段。每一段为一个区，都有一个加热系统，将热空气送入炉内，加热涂层板。各种烘烤炉对各种涂料的烘烤工艺略有不同。一般烘烤工艺曲线如图2-5-17所示。带钢在烘烤炉中，经过雾化、干燥和聚合三个过程；然后进入冷却段，首先经过空气冷却到200℃左右，再经水冷却到38℃左右，然后再干燥去除涂层板表面水雾。

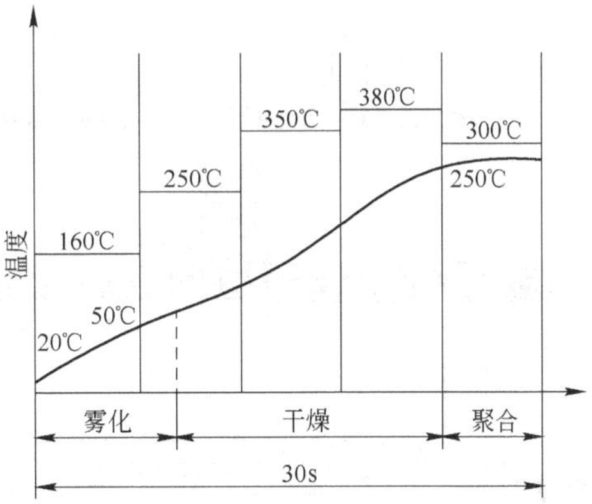

图2-5-17　烘烤炉工艺曲线

涂层带钢在烘烤炉中挥发出大量含有有机溶剂的气体，这种气体是不允许直接排入大气的，必须经过处理才能排出。通常采用焚烧法，回收使用其热能，然后排入大气。

5.4.3　现代化大型涂层机组生产过程

涂层板生产发展非常迅速，机组更新很快，以美国罗尔·考特厂为例，已发展到第5代涂层作业线。该厂五代作业线如图2-5-18所示。从第1代到第5代，带钢宽度从0.4m到1.8m，机组速度从几十米到200多米，卷重从几吨到20多吨，从一涂一烘到二涂二烘，从手工操作到计算机自动控制。各代作业线基本概况如下：

第1代涂层作业线（图2-5-18a）是一涂一烘生产作业线，只有初涂，没有精涂，生产以冷轧带钢和铝板为基板的涂层板。带钢最大宽度仅为0.457m（18in）。该作业线已在20世纪80年代初停止生产。

第2代涂层作业线（图2-5-18b）是二涂二烘生产作业线。带钢首先初涂底漆，然后再精涂面漆，彩涂产品质量有明显提高。其涂层基板仍然是冷轧板和铝板。带钢最大宽度为1.29m（48in）。

第3代涂层作业线（图2-5-18c）也是二涂二烘作业线，比第2代涂层作业线更加完善，其清洗槽、化学转化处理等设施更加完善，机组速度有了很大提高。带钢宽度达到1.524m（60in），已属于大型化作业线。

第4代涂层作业线（图2-5-18d）已进入大型高速作业线行列，入口活套前增加了预清洗段，活套塔后面的清洗工艺和化学转化处理更加完善，涂层板基板主要是电镀锌板和热镀锌板。带钢最大宽度达到1.727m（68in）。

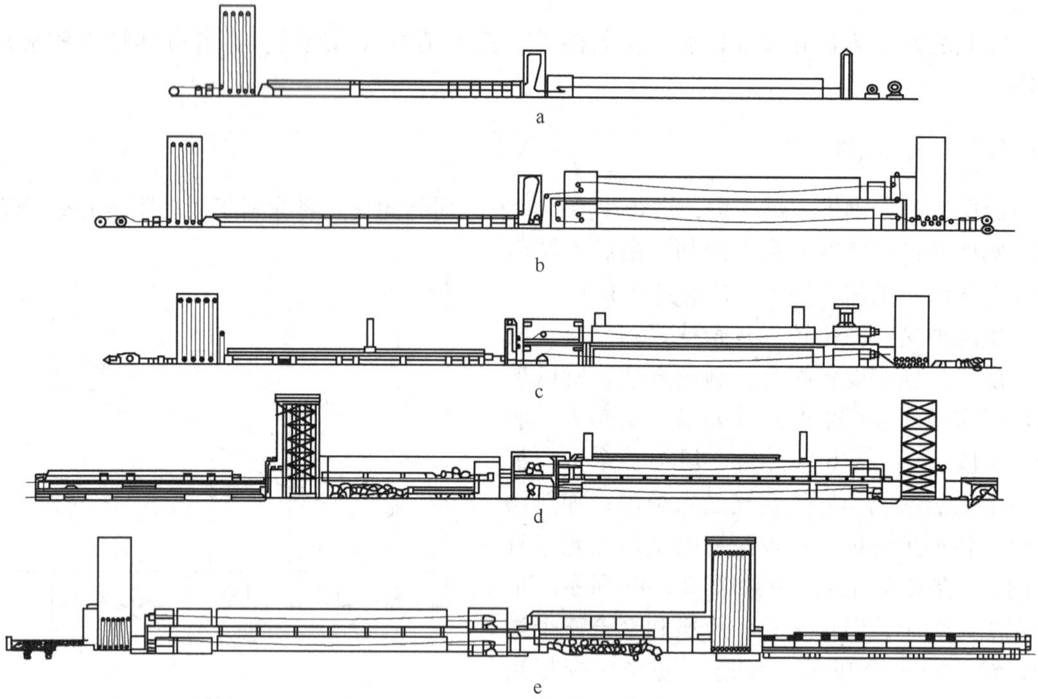

图 2-5-18　美国罗尔 · 考特五代涂层作业线

第 5 代涂层作业线（图 2-5-18e）可以说是世界涂层机组最大、速度最快、设备最完善的生产作业线，钢卷最大重量达到 22. 7t。带钢宽度为 1. 830m（72in），最高速度达到 244m/min。

彩色涂层板生产工艺过程包括入口段、清洗段、涂层、烘烤、出口段。整个生产流程如下：开卷—矫直—切头—缝合—预清洗—入口活套塔—清洗—化学转化处理—热空气干燥处理—初涂—初涂烘烤—初涂空冷、水冷（干燥）—精涂—精涂烘烤—精涂空冷、水冷（干燥）—出口活套塔—表面检查、打印—卷取。

5. 4. 3. 1　入口段

入口段的任务就是不断地向后工序提供符合要求的带钢。主要设备包括两台开卷机，两台五辊矫直机，一台双剪切机和入口活套塔。

开卷机外形由悬壁卷筒、压紧辊、传动装置和液压系统组成。其作用就是将钢卷打开，将带钢头部送入带夹送辊矫直机。卷筒直径为 570mm，涨开直径为 622mm，通过液压进行涨缩，最大载重为 22. 5t。

由于带钢打开后，板头成弧形，为了便于剪切，必须将带钢头平直，故设立带夹送辊矫直机两台，该矫直机为五辊矫直，辊径为 ϕ133mm，辊长为 1880mm。

经过矫直后的带钢送入剪切机，将板头和不合格的带钢全部切除后，通过夹送辊将带钢送到缝合机内将前后带钢进行缝合。剪切周期为 3s。剪刃由液压推动进行剪切。缝合机由机架、冲模和压下装置组成。其作用就是将两卷带钢的头部和尾部连接起来以保证连续生产。这里要说明的一点是，通常带钢连接的方法是采用焊接方式，有窄搭接焊，有激光

焊等等，而彩涂机组的连接不采用焊接方式，这是因为彩涂板生产的原板是镀锌板，镀锌板焊接困难，极易脱焊，在张力作用下会断带，所以不采用焊接方法，而采用缝合机缝合。缝合机的缝合方法就是将前后带钢冲切成"ˉ|"形状的缺口，然后移动带钢，使上下缺口卡住并压紧即可缝合，每条缝合时间为6s，一般要缝合两条或三条以确保缝合牢固，确保不断带。

缝合后的带钢通过张力辊将带钢送到入口活套塔。活套塔由活套架、固定辊、移动辊、前后张力辊及传动装置组成。活套塔的作用就是在换卷时能够继续供应带钢确保机组连续运转，不断向后工序供应带钢。一旦上卷、矫直、切头、缝合完成后，活套塔内储存的带钢也将供应完毕，这时加速活套塔的运转将活套充满，以便下次换卷时使用。活套塔高30m，有12股，储存带钢300m。当机组以最高速度240m/min运转时，入口活套塔所能提供带钢供应时间为1′15″，所以换卷时间必须在1′15″内完成，否则就要减速或停车。

5.4.3.2　清洗段

清洗段的任务就是将带钢表面残留的油脂、污物清洗干净。清洗段由预清洗和清洗两部分组成。预清洗设置在入口活套前，主要目的是防止带钢表面油污带入活套塔，防止打滑引起带钢跑偏。预清洗设有两个55m长的碱洗槽和两个2.5m长的热水喷洗槽及5对挤干辊，即1号碱洗槽、2号碱洗槽、3号热水漂洗槽及4号热水漂洗槽。清洗部分在入口活套塔后面设有6个清洗槽，包括3个碱洗槽、1个刷洗槽及2个热水冲洗槽，即5号碱洗槽、6号碱洗槽、7号刷洗槽、8号碱洗槽、9号热水冲洗槽和10号热水冲洗槽。经过预清洗和清洗后的干净光洁的带钢送入下道工序进行化学转化处理。

5.4.3.3　化学转化处理

化学转化处理就是对带钢表面进行磷化处理、密封处理及钝化处理，其目的就是使带钢表面能够很好地与涂层牢固结合以提高彩涂板的质量。化学转化处理由6个处理槽来完成，其中磷化处理由1个磷化槽和1个冷水冲洗槽来完成；密封处理由1个密封槽和1个冷水冲洗槽来完成；钝化处理由1个钝化槽和1个冷水冲洗槽来完成。即11号磷化槽、12号冷水冲洗槽、13号密封槽、14号冷水冲洗槽、15号钝化槽和16号冷水冲洗槽。化学转化处理槽出口都配备一对挤干辊(共6对)以及热风干燥器。

5.4.3.4　涂层

经过化学转化处理的带钢就进入涂层室内进行涂敷工艺处理。首先进行初涂，在带钢表面涂敷一层底漆，再在底漆上面进行二次精涂，使之涂敷上一层面漆。涂层室分上下两层，上层为精涂室，下层为初涂室。涂层室是封闭的，采用正压通风，使外界空气不得进入涂层室内，以防灰尘弄脏带钢表面。为确保油漆黏度不变和漆膜厚度均匀，涂层室内保持室温稳定是很有必要的。在涂层室内上下两层分别装有现代化涂层机是摆动门旋转式涂层机。三辊式涂层机由一根涂敷辊、一根调节辊（也称控制辊）和一根取料辊组成。涂层机结构图如图2-5-19所示。涂敷辊是钢辊外层包有一层耐溶剂的橡胶辊，调节辊是表面镀铬的钢辊，取料辊也是镀铬钢辊。

辊涂法有两种类型：一种是同向涂层法，另一种是逆向涂层法。所谓同向涂层法就是

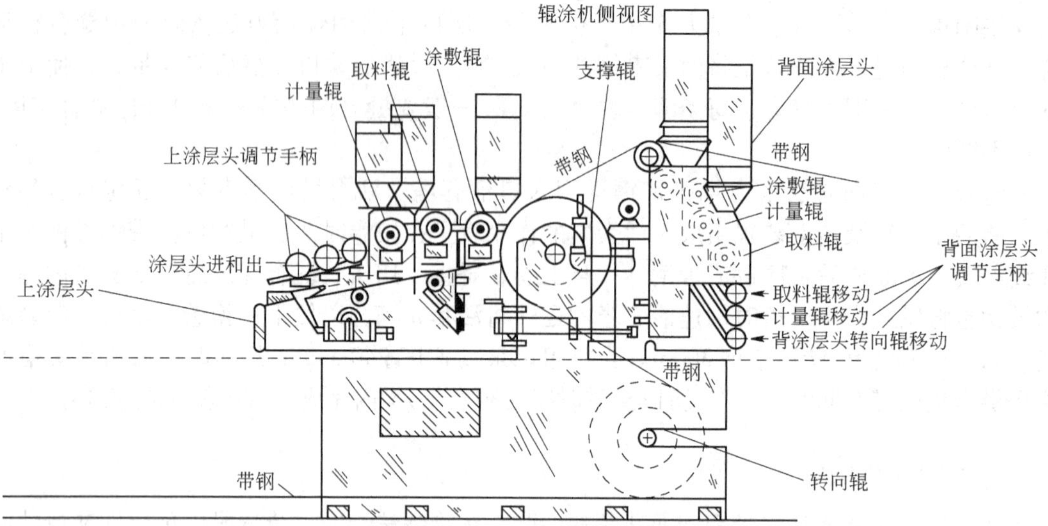

图 2-5-19　涂层机结构图

涂敷辊的转动方向与带钢运行方向一致，故也称作顺涂（见图 2-5-20a）。逆向涂层法就是涂敷辊的转动方向与带钢运动方向相反，故也称作逆涂（见图 2-5-20b）。同向涂层法生产的彩涂板的涂层较薄，而逆向法生产的涂层较厚。

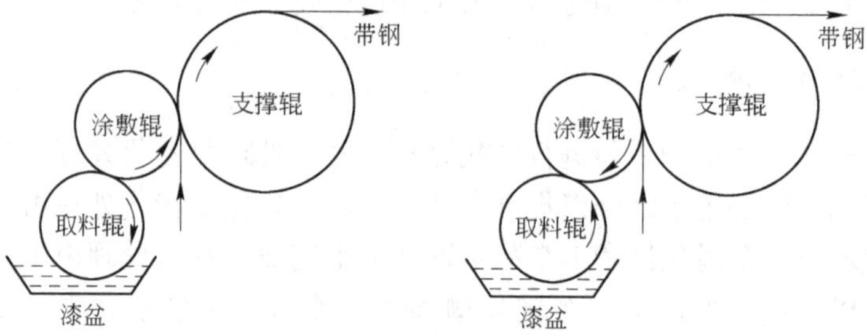

a　　b

图 2-5-20　辊涂法

a—同向涂；b—逆向涂

在涂层板生产过程中，对涂料的选择是非常重要的，作为底漆之用的涂料必须要与基板有着牢固的结合力，通常选用环氧树脂涂料。作为面漆的涂料必须要求光泽度好，外观性能好，耐腐蚀性要好，可根据用户要求选择所需的品种，主要有：聚酯类如硅改性聚酯、醇酸聚酯等，乙烯类如聚氯乙烯塑料溶胶、有机溶胶等，聚偏氟乙烯和丙烯酸类等。

经过涂层之后，带钢立即进入烘烤炉进行固化处理。

5.4.3.5　烘烤

涂层板涂漆之后必须进行烘烤使其表面油漆固化。涂层机组所使用的烘烤炉通常采用悬垂式烘烤炉，以焦炉煤气为燃料，炉子分 5 个加热段（见图 2-5-21）。由焦炉煤气在燃烧室内与空气燃烧产生热风从带钢上下两面的喷嘴吹向涂层板表面并在炉内循环。在炉子的第1段，溶剂挥发通过扩散作用从涂料中挥发出来，并被通过的热风带走，这一段带钢温度不可过高，控制在110℃以下，太高会产生气泡。在炉子后半部，涂层板上的涂料开始聚合反应并固化。经过烘烤固化后的涂层带钢，首先进行空气冷却，再进行水冷，最后进入出口段。

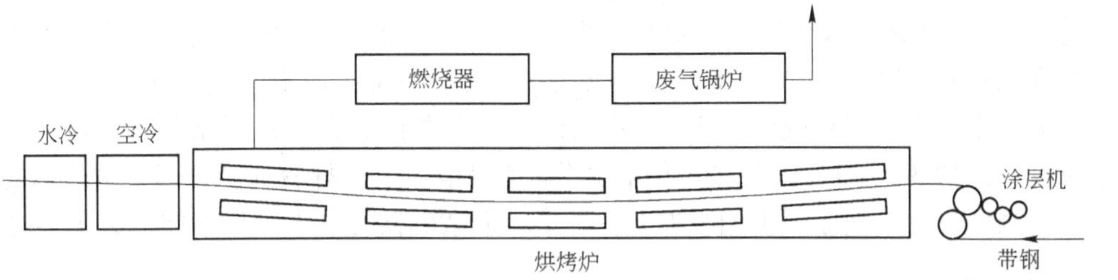

图2-5-21　烘烤炉

5.4.3.6　出口段

出口段的任务是将生产完毕的带钢进行后处理，包括涂蜡、打印和卷取工作。经过烘烤炉的涂层带钢经过空冷和水冷之后进入出口活套塔。出口活套塔的作用就是在卷取机卸卷时确保涂层机不停产正常运转。出口活套塔在正常生产时带钢全部放空，只有在尾换卷时或处理缺陷时才将带钢充满，一旦处理完毕，立即将带钢卷起来以确保活套塔处于放空状态，以便下次再用。

从出口活套塔出来的涂层带钢在检查台上进行检查和涂蜡，对有缺陷的涂层板要去除，对成品要涂上一层极薄的石蜡，以防止涂层板在运输过程中或在使用过程中划伤表面。最后由卷取机将涂层带钢卷取为出厂成品。

涂层作业线出口段有两台卷取机。卷取机的结构与开卷机相似，不同之处是缩径范围较小，而且带有皮带助卷器。

5.4.4　涂层板的品质和加工方法

5.4.4.1　基板对涂层板质量的影响

涂层板的基板有冷轧板、电镀锌板、热镀锌板和电镀合金板等。这些基板不同的涂层板，其质量有很大的差异（见图2-5-22）。从图2-5-22看出：电镀锌板作为基板的涂层板，其加工性、耐蚀性均能满足要求；热镀锌板作为基板的涂层板，其加工性能不佳；冷轧板易发生红锈；而以合金板作基板为最佳。因此，要提高涂层板的质量，应采用电镀锌板为基板，电镀锌-镍合金板则更好。

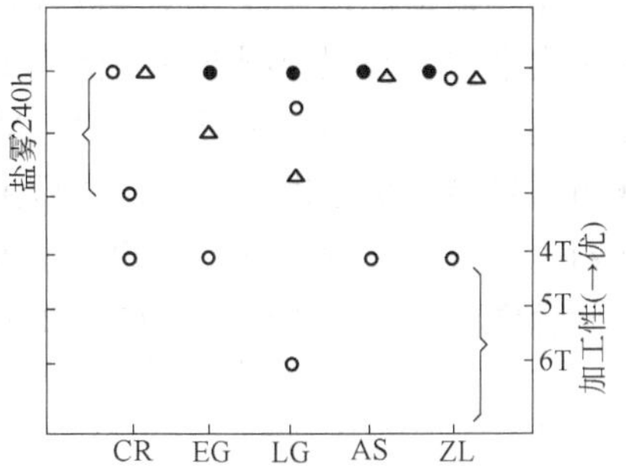

图2-5-22　基板对加工性及耐蚀性的影响

●—红锈；○—白锈；△—起泡；

CR—冷轧板；EG—电镀锌板；LG—热镀锌板；

AS—合金化热镀锌板；ZL—电镀锌-镍合金板

5.4.4.2　加工性与硬度、耐污染性的关系和加工方法

一般说，硬度大、耐污染性好的涂层板，其加工性能差，在加工过程中涂膜易产生裂纹。然而，对于用户来讲，希望涂层板表面硬度大些，耐污染性好些，同时要求能加工。这样，就要求对涂层板的加工工艺进行改进。为了解决这个问题，采用加温加工法。

有机涂膜的可塑性，在某一温度下，可以由硬脆状态（玻璃态）转变成软的易加工状态（橡胶态），通常把这个温度叫做玻璃体转化点。利用这个性质，把在常温下难以加工的涂层板加热到 70℃左右（转化点温度以上）就能进行加工而不产生裂纹。

美国通用电器公司对硬度为 3H 的涂层板进行弯曲试验，在常温条件下，弯曲很容易产生裂纹，而加热到 70℃以上进行弯曲就不产生裂纹了。这样就完全适用于电冰箱的形状加工了。因此，为了使涂层板用于加工各种形状复杂的器件，采用加温加工法是必要的。

5.4.5　彩色层压钢板生产

彩色层压钢板是彩色钢板中的一种产品，它是将黏合剂预先涂在钢板上，在一定温度下，通过辊压的方法，将塑料薄膜复合到钢板表面上而制成的。

彩色层压钢板与前面讲过的辊涂系统彩色钢板比较，它可提供辊涂系统不可能经济地获得的装饰效果和成品外观。彩色层压钢板具有多种系统、复杂的多色花纹和图案。塑料薄膜可以含有各种添加剂，以获得辊涂涂料所不能具备的独特成品性能。用单道次层压就能得到较厚的覆层，而且塑料薄膜还比较致密，吸水性和渗气性较小，故抗腐蚀性较强。总之，彩色层压钢板能够满足不同用途的要求，能够满足用户指定的成品性能和繁多的品种花样。

彩色塑料层压钢板生产工序主要包括：酸洗、磷化、钝化、水汽干燥、涂黏结剂、烘干挥发、加热活化、塑料薄膜层压、冷却及卷取成卷。钢卷经拆卷机拆开送进带剪给料辊，剪切带钢头尾进入滚焊机焊接，将前后带钢连接起来。由 1 号给料辊将带钢送进酸洗槽进行酸洗。带钢出酸槽经 1 号刷洗机刷洗清除铁盐等杂质，然后进入磷化槽和钝化槽进行表面磷化和钝化处理，并经 2 号刷洗机清除钝化膜表面残存的杂质。带钢钝化刷洗后由 2 号给料辊送进水蒸气干燥机并配备鼓风机进行干燥。表面干燥的带钢经 3 号给料辊送进涂胶机涂以黏结剂，通过挤胶辊进入烘干炉，以使黏结剂中的溶剂达到完全挥发。带钢自烘干炉出来在向心辊控制下进入活化炉进行黏结剂活化处理。经活化处理后，带钢直接进入层压复合机黏合塑料薄膜，随之立即进入冷水槽进行冷却固化。彩色塑料层压带钢出冷水槽由 4 号给料辊送进活套坑，之后由拉紧辊自活套坑拉出送进卷取机成卷，当卷够重量时剪断。如成卷交货则自卷机卸下来进行包装。如定尺交货，则进行剪切分类包装。

彩色塑料层压钢板生产线如图 2-5-23。

5.4.5.1　酸洗

彩色层压钢板的基材是冷轧带钢卷。带钢在平整过程中和放置时间较长时有锈蚀产生。锈蚀的表现是呈褐色且不均匀地附着在带钢表面上，特别是靠近两边部。锈蚀产物的主要成分是氢氧化亚铁 $Fe(OH)_2$ 和氢氧化铁 $Fe(OH)_3$。此外，在热处理气氛不正常及带钢表面轧制液清理不干净的情况下，将产生较复杂的氧化物，还可能存在轻微的酸洗后经

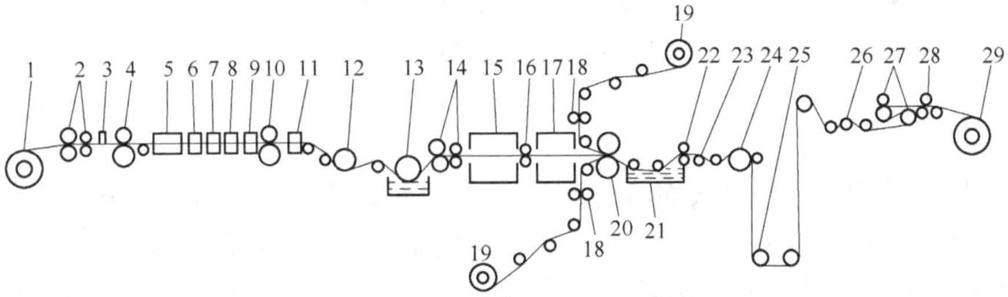

图2-5-23　彩色塑料层压钢板生产线示意图

1—拆卷机；2—带剪给料辊；3—滚焊机；4—1号给料辊；5—酸洗槽；6—1号刷洗机；7—磷化槽；8—钝化槽；9—2号刷洗机；10—2号给料辊；11—水蒸气干燥机；12—3号给料辊；13—涂胶机；14—挤胶辊；15—烘干炉；16—向心辊；17—活化炉；18—吸边器；19—塑料薄膜卷固定锥架；20—复合机；21—冷水槽；22—挤水辊；23—摆动辊；24—4号给料辊；25—活套坑；26—摆动辊；27—拉紧辊；28—剪切机；29—张力卷取机

轧制未除掉的残留氧化铁皮。

酸洗的目的就是洗掉带钢表面上的锈蚀，并力求酸洗掉热处理过程中产生的氧化物及酸洗冷轧后的氧化铁皮。酸洗介质是盐酸（HCl）溶液，其酸度为30~50g/L，温度为常温，酸洗时间54~42s。盐酸与铁锈的化学反应式为：

$$Fe(OH)_2 + 2HCl = FeCl_2 + 2H_2O$$

$$Fe(OH)_3 + 3HCl = FeCl_3 + 3H_2O$$

生产实验证明，热处理生成的氧化物和酸洗冷轧后残留的氧化铁皮，在上述酸洗制度下是清除不掉的，是极有害的。上述化学反应的结果，带钢表面上的锈蚀氧化物都变成了溶于水中的氯化亚铁（$FeCl_2$）和氯化铁（$FeCl_3$）而被除掉。

此外，由于带钢表面上铁的氧化物不是普遍的，也是不均匀分布的，厚度也是不一样的，因此裸露的铁基体也同时与盐酸起化学反应，即

$$Fe + 2HCl \longrightarrow FeCl_2 + 2H \longrightarrow H_2 \uparrow$$

因为盐酸浓度为30~50g/L，酸洗温度为常温，酸洗时间为42~54s，在这样浓度、温度都很低而且时间较短的酸洗条件下，铁被盐酸溶解是轻微的，因此生成的氢也很少，并且形成分子氢而溢出酸液面跑掉，所以氢不可能扩散渗透到带钢内部去，因此不致产生氢脆现象。因此像热轧带钢那样厚的氧化铁皮，经盐酸酸洗也几乎无氢脆现象。

铁与盐酸反应生成的氢能使氯化铁还原成氯化亚铁，其反应是：

$$FeCl_3 + H \longrightarrow FeCl_2 + HCl$$

所以，盐酸溶液中只含有氯化亚铁。平整后的冷轧带钢通过上述酸洗工艺和盐酸溶液不流动的酸洗方法处理，其表面是白亮和洁净的，基本可以满足带钢表面清洗的要求。但是，设想采取酸溶液喷淋方法酸洗带钢表面将更为好些，因为酸洗液喷淋可以使接触带钢的酸液不断更新，并且酸溶液对带钢还有冲洗作用，从而增加酸的活性，故酸洗效果会更好些。

盐酸溶液的配制方法是，首先往酸槽中加入预先计量好的冷水，然后将计量好的盐酸

加入水中，而后进行检验，并且在 8h 工作中必须做到检验两次。当酸浓度降低时，必须及时补充，使酸浓度经常保持在 30 ~ 50g/L 范围内。

5.4.5.2　刷洗

实践证明，带钢经酸洗后表面有时酸洗得不彻底或不十分干净，而刷洗效果非常显著，带钢表面可进一步被清洗干净。刷子是尼龙刷子，刷毛直径为 1mm。一般在带钢上下各装 2 ~ 3 对，旋转方向与带钢相同，速度高于带钢线速度，水压为 0.1 ~ 0.2MPa。在生产过程中，必须经常检查刷洗的工作情况，必须保证刷洗的功能处于正常状态，因为这直接关系到带钢表面清洗质量的好坏。清洗刷洗的效果好，可以消除后续工序的许多问题。

5.4.5.3　磷化处理

磷化处理液是磷酸盐溶液，是磷酸二氢钠（NaH_2PO_4）、磷酸氢二钠（Na_2HPO_4）及氯酸钠（$NaClO_3$）的混合溶液，它们的配合比是：$w(NaH_2PO_4) : w(Na_2HPO_4) : w(NaClO_3) = 10 : 8 : 3$。磷化液的配制方法是：将用以上配方配成的混合溶液用水溶解或直接加到磷化槽内加水配制，通常是预先把水加到磷化槽内达到计量的位置，然后把磷化药剂直接加到槽内，用蒸气或风吹搅拌使其溶解。配好的磷化液要求酸度达到 9 ~ 10 点。磷化液温度为 60 ~ 80℃，磷化处理时间为 41 ~ 48s。磷化处理方法是采用浸渍法，通过胶辊将带钢控制在液面下 150 ~ 200mm 处。若采用喷淋法磷化处理，则能使接触带钢的磷化液不断更新。理论上喷淋法磷化效果要比浸渍法好，但是喷淋法将带来带钢表面磷化不均匀的缺陷。磷化液在使用过程中可能有泥浆产生，可能出现堵塞喷嘴或喷管问题。从耗费资金角度看，喷淋法投资较大，占地面积也大，从而增加了设备维修（泵、管道等）的时间。由于上述原因，一般不采用喷淋法。一般人们认为理想的磷化方法是磷化液逆着带钢的运动方向流动，这样既达到了磷化液的不断更新，又能使带钢表面磷化处理得均匀，同时又能缩短磷化处理时间。

磷化处理是塑料薄膜层压至关重要的工序，要确保磷化液的浓度符合要求，因此，在 8h 内必须检验两次，浓度下降时要随时添加药剂。磷化液内不能混入其他溶剂（如邻近槽子的铬酸液），以防污染而降低磷化效果。较纯的磷化液为浅蓝色或浅蓝绿色。

槽中的磷化液，由于持久性的热负荷，会有如石灰石、白云石和不可溶的磷酸三铁从溶液中析出。尽管析出现象缓慢，也会在槽里沉积下来形成析出物的硬壳。虽然沉积泥浆很容易消除，但是必须在每半年到一年时间内，用约 50℃、5% ~ 10% 的硫酸溶液彻底清洗一次槽子。磷化处理的作用是使带钢表面形成保护性转化膜，增强带钢的防腐蚀能力，作为后续工序的预处理，以提高层压钢板的质量。磷化处理从形态上看好像是不引人注目，但是从实质上看，它是彩色钢板生产极重要的工序，是必不可少的。

带钢磷化处理后不经过刷洗，通过挤液胶辊直接进入钝化槽。

5.4.5.4　铬酸钝化处理

带钢表面经磷酸盐处理后生成的（$2FePO_4 + Fe_2O_3$）膜是较疏松、多孔的遮蔽层，还不能被考虑为薄膜钝化的形成。只有生成不溶性致密膜才可能保障带钢表面的钝态，所以磷化后还要经过铬酸再处理，把磷化层作为过渡层，进一步进行钝化，以提高带钢表面耐腐蚀和黏合能力，保证塑料薄膜层压复合质量。钝化液采用三氧化铬（CrO_3）水溶液，其浓度（铬酐）为0.5%～1.00%（质量分数）。三氧化铬水溶液的配制方法，是将三氧化铬溶解后加入钝化槽内然后往钝化槽内加水直至达到要求的浓度为止。钝化溶液温度为常温，钝化时间为24～30s。钝化是采用带钢在溶液内的浸入法即浸渍法。采用喷淋法要比浸入法好。推荐采用钝化液逆着带钢运动方向流动的方法进行钝化，此法综合了前两种方法的优点。

钝化状态的稳定性取决于钝化剂的性质、钝化的条件、金属表面的结构状态、钝化温度及钝化剂作用时间。钝化剂一般是氧化剂。铬酸和铬酸盐与其他氧化剂比较，是很强的钝化剂。我们所以采用铬酸作为彩色塑料层压钢板基材带钢的钝化剂就是这个原因。

一般来说，钝化剂浓度愈高，就愈易使金属钝化。例如，铁在铬酸盐溶液中钝化时，随着溶液中铬酸盐浓度的增加，铁的稳定性也逐渐增加。但也不都是浓度无限度的增加，钝化愈易，例如，铁在硝酸中钝化时，铁的腐蚀速度开始时随着硝酸浓度的提高而增加，但是当到一定的临界浓度时，腐蚀速度就立即几乎下降到零。

钝化剂温度低，使金属易于钝化。我们所以采用在常温下铬酸钝化工艺就是这个道理。在有条件的情况下，铬酸液温度能低于常温就更好了。相反，如果加热钝化剂，则能使钝态的金属活化。

5.4.5.5　水汽干燥

带钢自铬酸钝化槽送出后即刻进入水蒸气干燥机加热干燥，其作用，一是去掉钝化膜上面的水迹使其洁净和迅速干燥，以便涂黏结剂；二是因为钝化膜可能有孔隙，蒸气可使孔隙中铁基迅速氧化，生成氧化物（Fe_2O_3）薄膜，弥补钝化的不足。

水汽干燥的方法是，水蒸气通过排管直接喷到带钢上下表面上。带钢温度要求达到60～70℃，干燥时间为37～30s。带钢干燥达一般手感和眼见不湿。

5.4.5.6　涂黏结剂

黏结剂必须满足的条件是：要能润湿被黏合的表面；通过蒸发、加热化学变化、冷却等方法固化。为了缓和在黏合过程中形成的内应力，须有一定的塑性，这是必要的而且可以说是黏结剂的本质。润湿意味着被黏合物体的表面分子与黏结剂分子接近到了产生相互影响力的距离，是形成黏合的基本条件。若不固化，不管黏合怎样好，黏结剂本身的凝结就会被破坏，作为体系也不发生作用。若没有塑性，固化时的残余应力变大，黏合很容易被破坏。

生产所使用的黏结剂，是三元聚氯乙烯树脂固体粉末，使用甲苯、丙酮、醋酸丁酯及环己酮这4种溶剂溶解的黏稠状的液体。它们比较合适的配合比是：甲苯量：丙酮量：醋酸丁酯量：环己酮量：三元树脂量 = 50：50：30：30：25（重量比）。三元树脂占总黏结剂的15%～20%。黏结剂的黏度为540mm^2/s，活化温度165～180℃，温差±15℃。

按上述的配合比将溶剂和三元树脂称量好进行黏结剂调配。首先将各溶剂分别加入黏结剂调配罐内，开启搅拌机稍加搅拌，然后再往调配罐内加入三元树脂，再开动搅拌机连续搅拌6h即成，静置24h后使用。应该指出，黏结剂调配时搅拌6h当中不得间断，否则会产生结块，保证不了黏结剂的质量。每次调配黏结剂的数量，应根据每次生产需要量确定。

涂黏结剂的方法是将配好的黏结剂加入涂胶机浸胶辊下面的涂胶槽内，黏结剂深度没过浸胶辊下面 100mm 左右。带钢从涂胶槽送出自然带上黏结剂。在两对旋转的挤胶辊的控制下，均匀地涂黏结剂，并使其达到要求的厚度。当生产线处于间断生产状态时，一旦停产，涂胶槽中的剩余黏结剂一定要放干净，并用溶剂将涂胶槽清洗干净。否则，再生产时沉积在槽内的黏结剂将形成结块或疙瘩，附在带钢表面上特别是上表面（正面）。当结块或疙瘩经过高温活化炉时，便被烧焦成为富集的杂质凸起，塑料薄膜层压复合后，形成表面疙瘩，严重时塑料薄膜被辗破。这种疙瘩和被辗破缺陷就会使此块复层钢板为废品。

黏结剂是易燃和易爆物质，也是环境污染物质。因此，在涂胶机和挤胶辊周围，必须特别注意防火防爆和环境污染。在 3m 范围内绝对避免一切烟火、铁器碰撞，不准穿带钉子的鞋。为消除污染，特别是消除工作现场的污染，设备必须有抽风装置。最好是将涂胶机和挤胶辊密封起来，专门设一个密封室，适当装上窥视镜，抽风口布置在密封室顶盖上。更要注意的是调配黏结剂时要防火防爆。因此，调配黏结剂要专设一个房间，并要离开生产厂房。房间内所使用的设备和工具必须符合防火防爆要求，电开关安置在房间外。

涂胶辊和挤胶辊是耐甲苯、丙酮、醋酸丁酯和环已酮 4 种较强溶剂的胶辊，不允许有被 4 种溶剂溶解的现象，硬度 70 度（邵氏）。涂胶辊是游动辊，挤胶辊必须是传动辊，否则，由于黏结剂未活化处理时还是比较润滑的，导致挤胶辊有时不能随带钢走行而灵活转动，造成挤胶辊停停转转，当磨损时便干脆不转了，这样不仅黏结剂不能涂均匀，保证不了黏结剂要求的厚度，而且磨损下来的胶渣子掺在黏结剂中涂在带钢表面上，也会降低塑料薄膜层压复合性能。

5. 4. 5. 7 烘干

带钢表面涂上黏结剂后进入烘干炉进行烘干，使黏结剂中的溶剂完全挥发。实践告诉我们，如果黏结剂中的溶剂没有完全挥发，即黏结剂没有干燥，则带钢进入活化炉时未挥发的溶剂将燃烧，并将烧焦黏结剂，从而破坏了黏结剂层，这就是黏结剂所以要进行干燥的原因。烘干炉温度为 60 ~ 70℃。为防止溶剂着火，炉内采用蒸气排管辐射热加热，不采用直接火焰加热。炉膛温度通过热电偶和仪表测量与指示并自动记录。带钢烘干时间为 5 ~ 4min，黏结剂不粘手则表示已烘干。

带钢表面涂上黏结剂后不应落上灰尘等脏物，以免减弱黏结剂的性能。因此，烘干炉的入出口端必须尽可能封闭，防止灰尘进入。炉顶和炉壁应采用不易腐蚀的材料嵌套，避免杂质掉在带钢表面上。

烘干炉顶设有抽风口，通过烟囱将挥发的溶剂排除。为消除环境污染，应设法将挥发的溶剂回收作为其他用燃料，或者在烟囱出口端点燃烧掉。为支撑和传送带钢，炉内装有传动的炉底辊道。炉底辊的线速度必须与带钢的线速度保持同步，否则炉底辊与带钢产生相对运动而将黏结剂层破坏。炉底辊表面必须干净无锈蚀，因此炉底辊应采用镀层辊（如镀铬辊）。带钢停止运动时，炉底辊必须同时停止运转。

5. 4. 5. 8 黏结剂活化处理

烘干炉使黏结剂中的溶剂完全挥发，三元树脂附在带钢表面上。根据三元树脂的特性，需要达到一定温度才具有黏结性，即达到使其活化的温度。这个温度为165～180℃，温差为±15℃。黏结剂在活化炉内处理时间为1.6～2min。带钢各部温度应均匀一致，带钢中间和边部温差不大于3～5℃。

加热程序是按照带钢运动方向由低到高逐渐升温。因此，活化炉分为三段，按照带钢运动方向第一段炉温为300～320℃，第二段（中间段）炉温为320～350℃，第三段（炉出口段）温度为350～400℃。

活化炉采用碳化硅红外线板加热，可使加热比较均匀，并可消除煤气火焰加热对黏结剂的污染，从而保证黏结剂表面干净。红外线电流大小通过调压器来控制调整，最好是根据炉温变化自动调节。炉膛温度用热电偶和仪表进行测量与指示并自动记录。活化炉内装有与烘干炉同样的炉底辊和嵌套。

活化炉与复合机之间因有其他设备和为了便于引送塑料薄膜，因此相距有一定间隔，从而导致带钢在这一间距内产生了自然温降，特别是冬季尤甚。带钢降温的主要部位是两边缘。这样会使两边缘的塑料薄膜黏合不如中间，宽出带钢宽度的塑料薄膜也不易剪掉，即使能勉强剪掉也易造成破边。为补偿带钢两边缘的温度降，必须设有辅助加热装置。比较简单的方法是，在带钢两边缘悬吊碘钨灯，随着温度的变化，可随时调整碘钨灯与带钢的距离。碘钨灯还同时起到照明的作用。

5.4.5.9　*塑料薄膜层压复合*

在黏结剂活化的温度下（165～180℃），塑料薄膜与带钢进行辊压黏合，如图2-5-24所示。

塑料薄膜卷放在固定的锥架上并对准带钢中心线，在吸边器作用下，控制塑料薄膜走正。在塑料薄膜不至于拉薄的前提下，保持具有适当的张力，以避免塑料薄膜打褶。上下各三个传送辊在撑托的同时，也能在塑料薄膜打褶时起到展开作用，并保证塑料薄膜层压复合时平直。塑料薄膜层压复合时，带钢各部承受的压力必须均匀一致，压力一般控制在0.4～0.9MPa。塑料薄膜层压复合时，要求上下各岗人员密切配合，手疾眼快，动作迅速，准确无误。

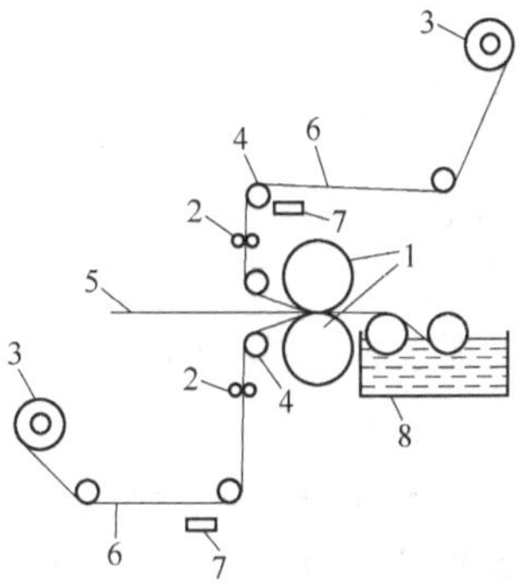

图2-5-24　覆层机示意图

1—复合机胶辊；2—吸边器；3—塑料薄膜卷；4—传送辊；5—带钢；6—塑料薄膜；7—保温装置；8—冷水槽

塑料薄膜接头采用电烙铁或黏布黏结，如接头不及时或黏结偏斜，将造成塑料薄膜和带钢的损失。复合机胶辊直径必须保持均匀一致，表面光滑，不允许有凹凸不平，否则不能保证层压复合质量。胶辊在165～180℃温度条件下工作，故要求胶辊必须能耐200℃左右的温度。停产时必须立即使带钢脱离胶辊，并立即施以风吹冷却，否则胶辊易被粘掉皮。胶辊的硬度为70～75度（邵氏）。胶辊过软或过硬都不利于塑料薄膜的层压复合，特别在胶辊过硬的情况下尤其是这样。胶辊过硬也不利于塑料薄膜毛边的剪切，因为塑料薄膜毛边是靠胶辊和带钢之间造成的压力，借助于带钢边部断面而剪切掉的。塑料薄膜在165～180℃层压复合时有烟雾产生，为保障人身健康，消除环境污染，必须将烟雾抽除。

5.4.5.10　冷却

塑料薄膜层压复合后，立即进入冷水槽冷却，急剧冷却到室温，使热塑状态下的塑料薄膜能定型地黏合固定在带钢上。这样，层压复合板在运动过程中就不至于辗挫损坏，在拉紧辊和卷取机卷取作用下也不会使塑料薄膜变形或刮伤。

层压复合板在冷水槽中冷却时间为 1.6～2min。在冷水槽出口端装有挤水辊，挤去层压复合板表面带出的水分，并施以压力、风吹使之迅速干燥。为使冷却水经常保持在常温左右，冷却水需要不断地循环。层压复合板自冷水槽出来进入活套坑，在拉紧辊作用下进行张力卷取。根据用户需要可成卷或定尺交货。

5.4.5.11　其他

塑料层压复合板生产线，采用水平摆动辊、向心辊、浮动卷取机来控制带钢走正卷齐。为保证带钢塑料层压复合前后表面不被损伤和污染，生产线所有的辊子均采用胶辊，胶辊的硬度在 70～80 度（邵氏）。

由于带钢表面钝化后和塑料层压复合后表面保持干净的需要，车间内应无灰尘或尽可能的少，并要保持地面干净、设备光亮。操作人员所戴手套和所穿的工作服要求干净，不允许有油污，抚摸和靠上塑料层压复合板不能留下痕迹。

5.4.6　涂层板的应用

涂层板的应用十分广泛，可以认为它已应用到各个领域，具体应用如下：

（1）建筑业：涂层板在建筑上用于室外建筑的有阳台面板、屋顶构件、房屋正面墙、汽车库、雨水管、卷帘门、售货亭、百叶窗等；用于室内建筑的有电梯、窗台、暖气散热片面板、内墙壁、天花板、通风道等。

（2）运输车辆及造船业：可以作各部件板，如地板、机车构件、车辆及船舶墙壁、舱室、隔板和船内用器、卧车、集装箱等。

（3）家用电器方面：洗衣机、电冰箱、暖风机外壳、仪表箱等。

（4）其他方面：衣箱、卷柜、柜台、医疗器械、家具、办公用品、玩具等。

5.4.7　彩色涂层板发展趋势

彩色涂层板随着市场应用不断扩大，近年来发展迅速，目前世界总生产能力已达到年产 1300 万吨，其中欧洲 330 万吨，日本和亚洲为 466 万吨，北美 454.5 万吨，澳大利亚、新西兰和南太平洋地区为 80 万吨。彩色涂层板生产发展趋势：

（1）二涂二烘式代替一涂一烘式。二涂二烘式是涂底漆和面漆，这样对提高表面质量和抗腐蚀性能都是必要的，它能满足家电产品等高档次涂层产品的需要。

（2）电镀锌基板代替冷轧基板。由于电镀锌基板与涂料有较好的黏附力，而且有较强抗腐蚀性，是生产彩色涂层板的理想基板。

（3）三辊式涂层工艺代替二辊式涂层工艺。所谓三辊式辊涂，就是中间增加一个控制辊，这样对调节涂层厚度和涂层表面质量都有好处，比二辊式涂层调节空间大得多。

（4）“V”形辊涂代替直线形辊涂。“V”形辊涂与直线形辊涂如图 2-5-25 所示。“V”

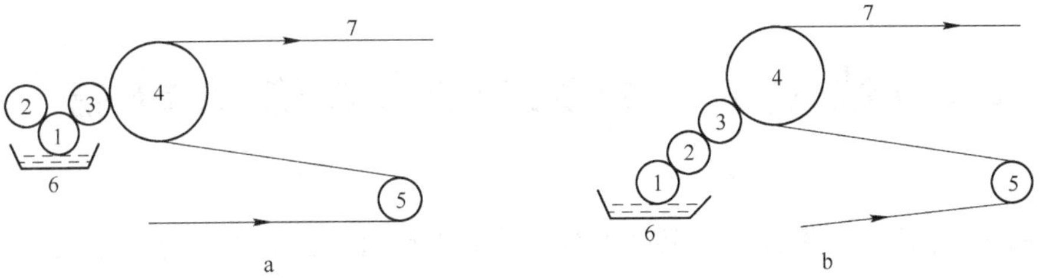

图 2-5-25　“V”形辊涂与直线形辊涂比较
1—取料辊；2—调整控制辊；3—涂敷辊；4—支撑辊；5—转向辊；
6—漆盆；7—带钢

形辊涂比直线形辊涂的调整和换辊更方便，故是今后发展方向。

（5）在表面涂料方面，由聚酯涂料到硅改性聚酯涂料，又发展到耐久性最好的聚偏氟乙烯涂料。在盐雾试验中，聚酯涂料耐 500h，硅改性聚酯涂料耐 750h，聚偏氟乙烯耐 1000h。

（6）彩色涂层产品不仅考虑耐久性、耐蚀性，同时向多种多样的外观产品发展，例如金属纹理形表面等等。

（7）在涂层工艺上，国外已进行静电粉末涂层试验，并在卷材涂层中得到应用。涂层板既有钢板的强度，又具有塑料的耐腐蚀性和装饰性。它作为一种新型的复合材料越来越受到人们的重视。在国外，涂层板的生产和应用已十分普及。近年来，国内对涂层板的应用已开展起来，例如：在造船业、厂房、家用电器等方面都已开始应用。上海洗衣机厂也准备建立一条以涂层板为原料的洗衣机生产线。宝山钢铁（集团）开发公司也建成以涂层板为原料的办公用品等产品的生产线。当前，钢铁企业发展涂层板生产和应用是十分必要的。尤其在上海更为重要，在这一地区的加工工业三废污染严重，产品成本高，在国际市场竞争能力差。为改变这一面貌，用涂层板代替其他钢板人工油漆的传统工艺，不仅能够解决工厂的三废污染，而且可以使产品质量稳定、成本降低，提高产品竞争力。因此，如何开发和扩大生产应用涂层板是摆在我们钢铁企业面前的一项迫切任务。

思考题

2-5-1　镀锌原理是什么？在操作中有哪些注意事项？

2-5-2　根据镀锌板的成品交货标准应该对冷轧卷原料的性能有哪些要求？

2-5-3　短时停车和较长时间停车后恢复生产时有何不同？应该如何处理？

2-5-4　彩涂板的生产和镀锌板的生产过程有何区别？两种钢板的特点是什么？

学习情境6　冷轧精整工艺及设备

精整工序是使冷轧带钢成为交货状态产品的生产过程。它主要包括平整、重卷、横切、纵切和包装检验等工序。

单元1　精整工艺段知识

学习目标：

知道平整的目的及作用；掌握平整率的基本概念。

工作任务：

认知平整工艺的基本知识。

6.1.1　平整的目的

在冷轧带钢的生产工序中，平整工序占有重要的地位。成品带钢退火后应进行平整，平整实际上是一种小压下率（1%～5%）的二次冷轧。平整的目的是：

（1）消除屈服平台，提高加工性能。冷轧带钢经过再结晶退火，消除了加工硬化组织。但却使力学性能和加工性能变坏，这时带钢的应力-应变曲线具有明显的屈服台阶，而平整能消除屈服平台，提高加工性能。

（2）平整工序对不同用途的带钢要采用不同的平整伸长率，以达到调质性能的目的。

对深冲用汽车薄板，要求屈服极限很低并消除屈服平台，一般认为最佳伸长率范围是0.8%～1.4%。而对镀锡板和包装用材，要求用一定的强化变形调整强度和硬度，则要使用1%～3%的较大伸长率。

（3）使带钢具有良好的板形和较低的表面粗糙度。带钢在退火过程中因受热而变软变形，板形变坏，平整时轻微的压下变形则能在一定程度上减轻和消除其板形缺陷，得到平坦的带钢。

平整生产还可通过工作辊的磨辊加工和毛化处理，使带钢表面呈现不同粗糙度的表面——毛面或麻面的表面结构；对不锈带钢则可用抛光处理辊面，平整得到光亮似镜的表面。

此外，平整工序改善了带钢厚度精度，并能消除轻微的表面缺陷。因此平整生产对产品质量的保证有着十分重要的作用。

6.1.2　平整率

平整实质是一种小压下率（0.5%～4%）的二次冷轧变形，但由于平整压下率很小，其厚度变化难以测准，因此平整率是采用与压下率成比例的伸长率来表示的，平整过程的工艺质量控制主要就是通过伸长率来进行管理的。

伸长率是带钢的长度变化率，其表示式为：

$$\mu = \frac{L - L_0}{L_0} \times 100\% \qquad (2\text{-}6\text{-}1)$$

式中　μ——平整带钢伸长率（平整率）；

L_0——平整前带钢长度；

L——平整后带钢长度。

为了达到成品厚度，在轧机上轧制时，要考虑到平整对厚度的影响，除了所要求的公称厚度外，还要在轧机的最后一架上留出一定的平整裕量，它的大小依据钢种、冶炼方法和带钢厚度而定。一般沸腾钢所需的伸长率稍大些，铝镇静钢所需的伸长率稍小些。

平整裕量 Δh 满足关系：

$$\Delta h = H - h \qquad (2\text{-}6\text{-}2)$$

式中　H——平整前带钢厚度；

h——平整后带钢厚度。

伸长率的制定必须考虑带钢对表面粗糙度的要求。平整率小于0.6%时，表面粗糙难以控制，只有稍大的平整度才能将带钢的表面粗糙度提高到所要求的数值。

单元2　精整工艺操作

学习目标：

（1）掌握平整工艺的基本原理；

（2）能准确陈述带钢纵剪重卷工艺及其工艺流程；

（3）能准确陈述带钢横剪工艺技术性能及其横剪机组工艺流程；

（4）掌握冷轧带钢产品的包装材料和包装分类。

工作任务：

（1）1700mm冷轧四辊式单机架平整机组的操作；

（2）冷轧重卷机组生产工艺的操作；

（3）横剪机组的操作；

（4）冷轧带钢产品的包装的操作。

6.2.1　平整工艺操作

6.2.1.1　干平整与湿平整

传统的带钢平整生产是不用工艺润滑的，即为干法平整。近年来为了提高防锈能力和改善带钢表面质量，广泛进行湿法平整。

湿平整工艺的基本原理就是在平整过程中，从平整机入口向带钢上下两面的辊缝处喷洒平整剂，湿润带钢及轧辊表面。在平整机出口又有压缩空气喷嘴将带钢表面的平整剂用压缩空气吹除，使带钢表面保持干燥，并有排雾系统将挥发出来的废气吸除。通常将水溶性或油溶性防锈剂作为平整液使用，可以达到以下目的：在单机架平整机中确保伸长率；和干平整相比，不容易由于杂质的压入、黏着而造成辊痕等缺陷；使平整后的带钢容易进行防锈处理；改善带钢的板形。因此，除镀锡板只用干平整工艺外，一般冷轧带钢的平整都用湿平整操作工艺。平整机都有这两种平整工艺，表 2-6-1 为具体的工艺比较。

表 2-6-1　湿平整和干平整比较（单机架平整机）

项　目	湿平整	干平整
生产效率	高	低
轧制力/$kN \cdot mm^{-1}$	2~3	3~5
伸长率控制	大伸长率范围容易	小伸长率范围容易
表面粗糙度复制率/%	30~50	60~80
防锈效果	好	无
表面缺陷	少	容易产生
辊　耗	低	较　高
工作环境	干　净	有粉尘

6.2.1.2　湿平整工艺的技术要求

（1）湿平整的辊面是不允许黏附任何杂质，工作辊面的清洁能够有效地防止带钢辊的压印缺陷的产生，能够较长时间保持辊面的粗糙度，比干平整能够得到更好的表面质量。

（2）湿平整工艺也会引起斑迹缺陷，为此要对湿平整液的浓度进行管理，浓度太低容易使带钢表面锈蚀，浓度过高也会引起黄斑缺陷。

（3）平整液的浓度是通过测定溶液的电导率或折射率来控制的。在操作上要按带钢宽度调节平整液的喷射宽度，并要检查喷射角度和把残液喷吹干净，否则也会在残留处出现所谓的平整液斑迹。

6.2.1.3　平整机操作工艺

A　工艺流程

典型的1700mm 冷轧四辊式单机架平整机组的工艺流程如下：

收料→上料→翻卷→钢卷准备→开卷→平整→卷取→打捆称重→精整前库。

B　工艺操作过程

工艺操作过程如下：

（1）开机前准备工作。

（2）轧机主控制台：生产工艺过程预设定。此过程操作者需要完成下列选择：伸长率调节方式、甩尾自动减速功能、预设定方式、轧机操作方式、甩尾长度的预设定。

（3）上料。在平整前库内找料及上料，检查上班留下来的钢卷是否和卡片相同。

（4）钢卷准备。经罩式炉退火后的钢卷及少数热镀锌钢卷由吊车的自锁立卷吊具吊放到翻卷机上，经水平和高度定位后，翻卷机翻转 90°，将钢卷变成卧卷。钢卷运输小车接卧卷后向准备站方向运行，人工拆除捆带，落下运输小车，托辊转动使钢带头部在喂料装置的帮助下进入剪切机，切掉废料头，两个废料斗轮换使用。切头完毕后，托辊反转，使带头卷紧并定住 20°（带头与水平方向夹角），钢卷小车上升，托住钢卷继续运行到入口鞍形运输链的 1 号卷位。

（5）上卷。钢卷从 1 号卷位运输到 5 号卷位（双栓头开卷机处），钢卷提升装置上升托住钢卷。经高度定中后开卷机的两个柱头深入到钢卷中心，卷筒涨开，开卷机接受钢卷，同时开卷机上的压辊从操作侧横移到钢卷位置，压住钢卷。带有开卷刀的导板台上升，开卷刀伸出接触钢卷，开卷机反转，使带头在压辊与开卷刀的帮助下以喂料速度运行，带头进入夹送转向辊时，压辊压下并转动，帮助穿带。

（6）穿带、加速轧制。带头过辊缝，采用开口穿带方式。带钢以穿带速度喂入张力卷取机，并在皮带助卷器帮助下在卷取机上缠绕 2 ~ 3 卷后，出口导板下摆，皮带助卷器退回，与此同时给带钢一定的张力，入口转向辊的压辊上升并停止转动，防皱辊上升并支撑带钢，压下控制方式切换到伸长率控制方式，并开始升速到正常轧制速度，投入 EPC 系统。

过焊缝时，轧机自动减速到过焊缝速度，过焊缝后，轧机又自动升速到轧制速度。

（7）减速运行及停车。当带钢尾部剩下 12 ~ 15 圈时，自动减速到甩尾速度。当尾部剩下 8 ~ 10 圈时，轧机停机，张力释放，防皱辊下降，启动入口切尾剪剪去带尾，然后操作工可以同步进行轧机入口和出口操作，即入口尾卷收集处理和出口带尾卷取、卸卷、打捆运输等。

（8）卷尾收集处理。钢卷轧制完毕后停机断开张力，切尾剪剪断带钢，开卷机反转尾卷缠到开卷机上。卷尾处理装置把尾卷吊到指定地点，尾卷堆放一定量后，用汽车集中运输到厂外。

（9）带尾卷取和卸卷。切尾剪剪断带钢后，进行卷尾收集处理的同时，启动卷取机以甩尾速度将带卷卷紧并定位，小车上升托住带钢，卷取机缩径，外支撑缩回，并打开活动盖板，钢卷提升装置上升托住钢卷，经打捆称重后，提升装置下降使钢卷放在出口运输链上运到平整后库，吊车再把钢卷吊放到精整前库内存放，准备下一个工序加工。

6.2.2　带钢纵剪重卷工艺操作

6.2.2.1　带钢纵剪重卷工艺流程

在冷轧生产线中的纵剪重卷，又称分卷，其作用是把平整后带钢分切为各种宽度和单重的带钢板或者带钢卷。

纵剪重卷生产分为单卷生产和连续生产。重卷机组由单卷生产发展为连续生产。单卷生产的重卷机组多兼有纵剪作业的功能，而专用分剪窄条的纵剪机组则相对比较少见。

冷轧带钢的纵剪重卷工艺设备的配置分为纵剪重卷生产机组和重卷生产机组两种。图 2-6-1 和图 2-6-2 分别是这两种机组的设备组成示意图。

目前，用户为了提高收得率，把冷轧带钢卷作为坯料进行冲压的情况逐年增多，因此一半以上的冷轧带钢要成卷出厂。这样，在精整工序中，对重卷机组的要求越来越高。重卷机组要求能检查、切边、矫直、涂油和分卷等工作，并为用户提供高平整度的各种规格和重量的小卷。为满足这些要求，重卷机组中应包括下列设备：开卷机、圆盘剪、对中装置、去毛刺机、飞剪、检查台、切头剪、焊机、矫直机、打印机、涂油机、夹送辊组、卷取机等。

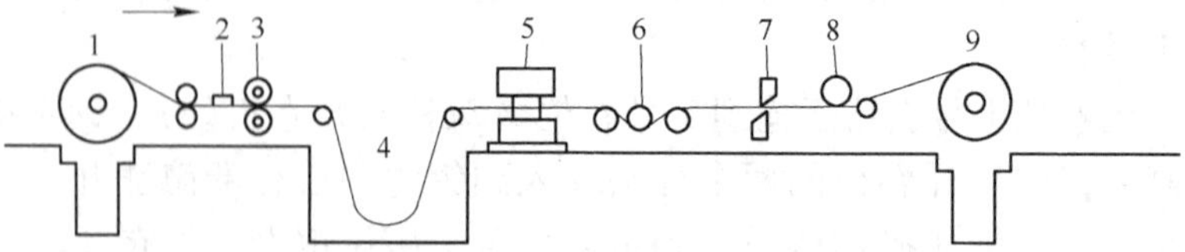

图 2-6-1　纵剪重卷机组示意图

1—开卷机；2—打印机；3—圆盘剪；4—活套装置；5—压板；6—制动辊；7—液压横切剪；8—涂油机导向辊；9—卷取机

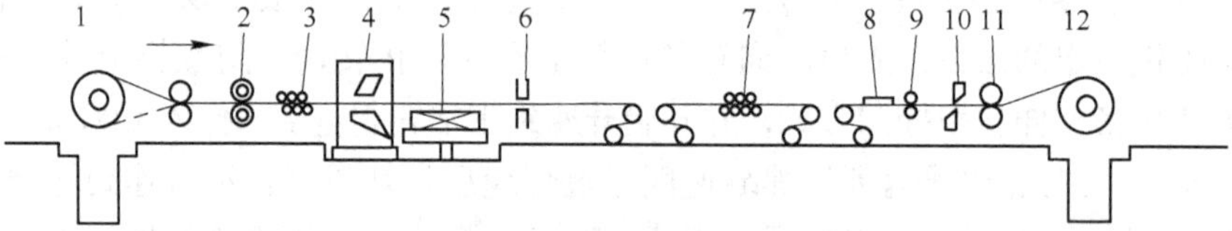

图 2-6-2　重卷机组示意图

1—开卷机；2—圆盘剪；3—去毛刺机；4—飞剪；5—垛板台；6—焊机；7—拉弯矫直机；8—打印机；9—涂油机；10—横切剪；11—转向夹送辊；12—卷取机

单卷生产和连续生产的工艺流程分别如下：

（1）单卷生产的工艺流程是：

上卷→开卷→打印→切边或切边分条→分卷→涂油→卷取→捆扎。

（2）连续生产的工艺流程是：

上卷→开卷→切边→去毛刺→飞剪切头尾→焊接→拉弯矫直→打印→涂油→分卷→卷取捆扎。

带钢纵剪的单卷生产与连续生产区别是单卷生产投资少，灵活方便；连续式重卷生产具有生产能力大、产品质量好的特点。

6.2.2.2　带钢纵剪重卷生产操作工艺

某现代化冷轧厂重卷机组生产工艺操作如下：

（1）经热镀锌机组处理后的热镀锌钢卷或经连续退火机组处理后的冷轧钢卷，由车间吊车按作业计划吊到重卷机组的入口钢卷存放鞍座上，再由上卷小车把钢卷送到开卷机的卷筒上进行开卷。钢卷在上卷过程中进行高度自动对中和宽度自动对中。

（2）转向夹送辊将带钢头部送入直头机，经直头处理后送到入口剪，将带钢头部超厚或不合格部分剪除。剪下的废料头掉到下面的废料斗中，装满后拖出运走。

（3）剪后的带钢经导板台、侧导装置进入圆盘切边剪进行切边。切下来的两条废边由出口导槽送到废边卷取机，卷成球状抛入废料斗中，定期吊走。

（4）切边的带钢由去毛刺机将带钢两边毛刺去掉后送到检查台，检查台分卧式和立式检查台。在卧式检查台上由人工检查带钢的上表面质量，需要打磨时在此打磨。在立式检查台检查带钢下表面，立式检查台下辊可升降，以使带钢顺利穿带。

（5）检查后的带钢送到静电涂油机进行涂油处理，然后送到卷取机进行卷取。待钢卷在皮带助卷器的协助下在卷筒上缠绕几圈后，机组便可进入正常速度运行。操作工可根据事先设定的卷重或带钢长度，对钢卷进行分卷。出口横剪的任务主要是分切钢卷或取样剪切。

（6）卷取机上的钢卷由卸卷小车取出，放到出口鞍座上，在这里完成人工打捆，然后在出口步进梁上对钢卷称重和打印标签，最后由吊车吊运到钢卷库内等待包装后出厂。

纵向剪切、焊接等工艺是带钢纵剪重卷生产操作工艺中的重要工艺。

A　剪切工艺

（1）纵剪生产是在圆盘剪上进行纵向连续剪切。

（2）在带钢重卷时，圆盘剪只有剪边作业，由卷取机拖动带钢剪刃进行拉力剪切。而纵剪时则同时进行剪边和分条作业。

（3）由直流电机传动进行动力剪切。

（4）在纵剪圆盘剪的刀架上，根据分条带钢宽度可相应地安装多个刀头。刀刃的安装和调整是影响剪切质量的重要因素，也是一件相当复杂和有难度的操作。

（5）分条剪切要求相邻的每对刀盘保持相同的距离，以确保窄带钢的宽度精度。上下刀刃要互相咬合，根据剪切带钢厚度调整好重合量和间隙量，以使剪切作业顺利进行，并得到切口整齐的剪切面。

（6）分条剪切上下重合量为带钢厚度的 1/2 ~ 1/3，间隙量按带钢厚度的 10% ~15% 进行调整，对分条多的间隙量要适当减小。

B　焊接工艺

对于连续纵剪机组，为了实现连续生产必须将前后两条钢带焊接在一起，焊接要采用窄搭接加压焊接工艺。

焊接的主要技术参数为：

焊接形式：斜楔式窄搭接滚焊机；

焊接材料：低碳钢；

焊接钢带：厚度 0.3 ~ 3.5mm，宽度 900 ~ 1850mm；

搭接量：1.0 ~ 6.35mm；

允许焊接钢带的最大厚度比例：2∶1；

焊接处焊缝最大高度：厚度 0.3 ~ 3.0mm 时为母材厚度的 110%；

厚度 3.0 ~ 3.5mm 时为母材厚度的 120%；

焊接速度：1.5 ~ 7.5m/min；

焊接时间（全过程）：120s。

压平缝焊机的工作原理如图 2-6-3 所示。

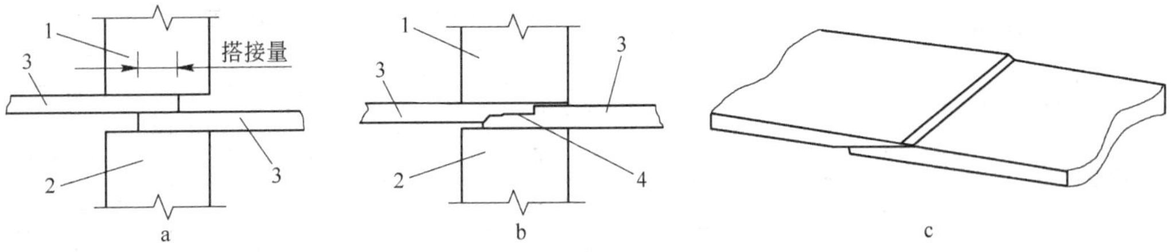

图 2-6-3　压平缝焊机工作原理示意图

a—焊接前；b—焊接后；c—焊缝外形

1—上焊轮；2—下焊轮；3—带钢；4—焊接后的焊缝

焊接工艺的特点是：电阻焊加压平焊接接头，即利用焊轮通电时钢带本身电阻和接触面集中电阻所产生的热量，使钢带熔化焊接；同时通过焊轮的高压力来压平焊缝。

焊接工艺要求控制好搭接量和焊接压力（见表 2-6-2）。正常的焊接强度可达母材强度的 100%。

表 2-6-2 窄搭接焊接工艺参数调节表

钢带厚度/mm	0.25	0.6	0.90	1.50	1.90	2.60	3.40
搭接量/min	1.00	1.30	1.50	1.90	2.10	2.70	3.20
焊接力/N(Pa)	2950(14)	4770(19.8)	6140(24)	8410(31)	9770(35)	11820(41)	13260(47)

6.2.3 横剪生产工艺操作

在冷轧生产线中，横剪机组是把平整后的钢带剪切成定尺长度的钢板，经矫直和涂油，堆垛成一定质量的板垛。近年来，新建的横剪机组都设有质量分选装置并后接包装生产线，可直接生产出交货状态的冷轧带钢板包装产品。

6.2.3.1 横剪工艺技术性能

横剪机组应保证剪切钢板的剪切精度和钢板表面质量，对机组速度和剪切钢带的规格范围要有一定的要求。一般横剪机组的速度限制为 200 ~ 250m/min，不宜太高，主要是满足质量检查分选和堆垛质量的需要。由于机组速度有限制，机组生产能力就有限制，为平衡车间生产能力，一般都需要配置几条横剪机组来满足生产要求。为了保证剪切精度和矫直质量，一条机组的剪切厚度、宽度、长度的变化范围不能过宽。横剪机组应以剪切不同规格产品进行分工配置。

在冷轧带钢生产中，横剪生产的工艺和设备组成基本上都是一样的，只是设备的结构尺寸随剪切钢带的尺寸规格变化而有所差异。

某 2030mm 冷轧厂设有 4 条横剪机组，用来剪切厚度为 0.3 ~ 3.5mm、宽度为 900 ~ 1850mm 的冷轧钢板、热镀锌钢板、电镀锌钢板和彩色涂层钢板，各机组的技术参数见表 2-6-3。机组组成示意图如图 2-6-4 所示，横剪机组的设备主要包括开卷机、圆盘剪、飞剪、矫直机、涂油机等。

表 2-6-3 2030mm 冷轧厂横剪机组技术性能

项 目		1 号剪切机组	2 号剪切机组	3 号剪切机组	4 号剪切机组
剪切材料		冷轧带钢	冷轧、热镀锌带钢	冷轧、热镀锌带钢	电镀锌、彩色涂带钢
抗拉强度/MPa		412		412	412
钢带尺寸	厚度/mm	0.3 ~ 2.0		0.5 ~ 3.5	0.3 ~ 3.0
	宽度/mm	900 ~ 1550		900 ~ 1850	900 ~ 1850
钢卷尺寸	内径/mm	610		610	610
	外径/mm	1200 ~ 2470		1200 ~ 2470	1200 ~ 1850
最大卷重/t		45		45	22.5

续表 2-6-3

项　目		1 号剪切机组	2 号剪切机组	3 号剪切机组	4 号剪切机组
成品钢板	板长/mm	1000～4000		1000～6000	1000～4000
	垛高/mm	最大 600		最大 600	最大 600
	垛重/t	最大 10		最大 10	最大 10
机组速度 /m·min^{-1}	入口剪切	200		120	120
	矫直机	240		140	120
	矫直机后	260		155	155
	穿带	24		24	24
	垛板皮带	90		155	155
连续堆垛数/垛·h^{-1}		20		20	12
年产量/t·a^{-1}		875000			155000

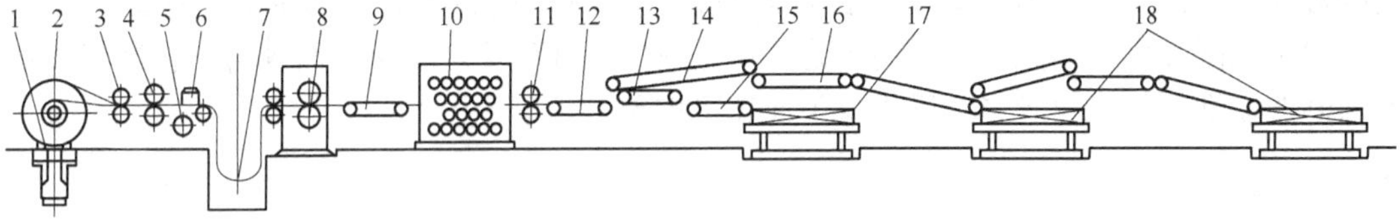

图 2-6-4　横剪机组示意图

1—上卷小车；2—开卷机；3—转向夹送辊；4—圆盘剪；5—废边卷取机；6—打印机；7—活套；8—飞剪；9—皮带；10—矫直机；11—涂油机；12—分选皮带；13—下部磁力皮带；14—上部磁力皮带；15—叠瓦皮带；16—堆垛皮带；17—次品堆垛台；18—优质板堆垛台

6.2.3.2　横剪生产工艺操作

横剪机组生产工艺流程为：

上卷→开卷→切边→打印→测厚→飞剪剪切→矫直→质量检查→涂油→分选→堆垛→辊道→输出。

工艺操作过程为：

(1) 运送带钢卷。吊车将带钢卷从中间库吊到横剪机组头部的钢卷存放台上，然后由液压上卷小车将钢卷送到开卷机的卷筒上进行开卷，开卷机的自动对中装置根据钢卷外径和宽度控制小车升起高度及横移距离，使钢卷在卷筒上对中机组作业线。

(2) 带钢剪边。开卷后的钢带在圆盘剪上按规定的宽度剪切两边，带钢在运行中通过光电自动对中系统控制开卷机和夹送辊作横向移动调整来纠正钢带跑偏。

(3) 带钢定尺、矫直及测厚。剪下的废边由废边卷取机进行卷取收集。剪边后的钢带经打印机打印，在这里由测厚仪检测钢带厚度并在厚度超差时给跟踪系统发出信号；钢带打印后，经过活套在曲柄式飞剪机上连续地进行定尺剪切；定尺钢板用皮带运输机送到多辊矫直机上进行矫直。

(4) 质检、钢板堆垛。定尺矫直后的带钢板在检查皮带运输机上进行质量检查，最后进行分类堆垛收集。在检查分选皮带上发现次品板时，检查人员按动按钮发出信号；当测厚仪检测出的超厚钢板及分选出的次品钢板到达分选皮带尾端时，跟踪信号自动启动磁感应开关，使传送次品的下部磁力皮带电磁铁通电和上部磁力皮带断电，钢板即经由叠瓦皮带进入次品堆垛台；而当次品钢板尾部离开磁感应开关时，则下部磁力皮带电磁铁断电，上部磁力皮带电磁铁通电，又把下一张钢板按正常路径输送到正品钢板堆垛台。

（5）捆扎包装。当垛入的钢板达到一定高度或张数时，升降台下落将板垛落到输出辊道上，并送到后续的包装机组进行打捆包装。

6.2.4　冷轧产品包装操作工艺

冷轧带钢的包装是冷轧生产的最后一道工序，将精整好的钢带卷和钢板垛进行捆扎及外包装成为最终的交货状态。冷轧产品包装的目的，不仅只是使产品外表美观、标志明显，更重要的是为了防止产品在运输过程中造成损坏，以及在运输、停留、保管期间的防尘与防锈，对钢材产品进行有效的保护。

由于包装作业的动作多而且复杂，包装的形式和规格变化也非常多，因此，国际上包装的形式和规格也是非常复杂的。长期以来，我国对产品的包装一般都采用手工作业方式，但是，国外发达国家对产品的包装基本是采用机械化及自动化，而且对于包装机械的设计制造非常严格，要求包装操作电子计算机控制。

6.2.4.1　包装分类

A　钢板包装

冷轧薄钢板的包装有 4 种类型（图 2-6-5）：

（1）裸式包装。板垛下设置纵向或横向垫木或托架，纵向和横向各捆扎至少 3 道。

（2）纸包装。用一层防护包装材料（复合防锈纸）覆盖钢板。板垛下设置纵向或横向

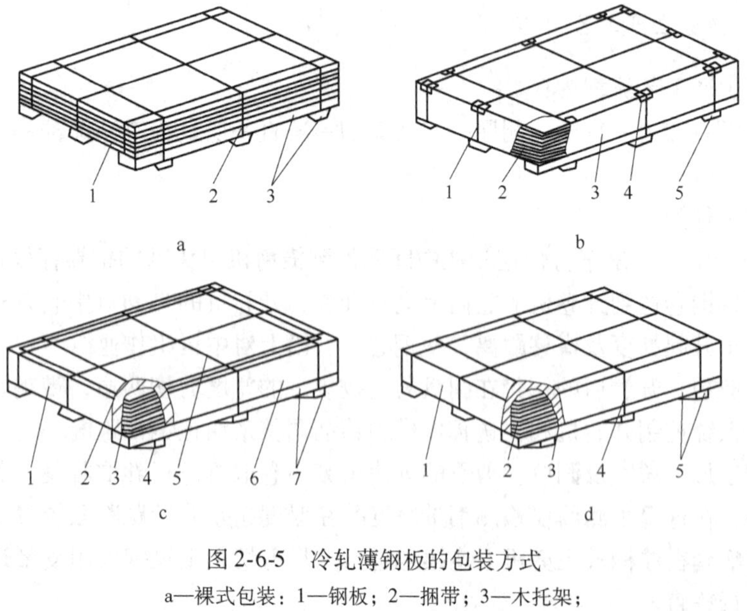

图 2-6-5　冷轧薄钢板的包装方式

a—裸式包装：1—钢板；2—捆带；3—木托架；
b—纸包装：1—捆带；2—钢板；3—复合防锈纸；4—垫片；5—木托架；
c—组合式包装：1—侧护板；2—上盖板；3—下盖板；4—钢板；5—捆带；6—防锈纸、塑料薄膜；7—木托架；
d—盒式包装：1—包装铁盒；2—钢板；3—防锈纸、塑料薄膜；4—捆带；5—木托架

垫木或托架，纵向和横向各捆扎不少于3道，最好在捆扎带下加捆带保护材料。

(3) 组合式包装。冷轧产品用复合防锈纸包裹，涂、镀产品用多金属防锈纸或中型纸包裹；用塑料薄膜覆盖；用上、下盖板和侧护板包裹；板垛下设置纵向或横向垫木或托架，纵向和横向各捆扎不少于3道，最好在捆扎带下加捆带保护材料。

(4) 盒式包装。冷轧产品用复合防锈纸包裹，涂、镀产品用多金属防锈纸或中型纸包裹；用塑料薄膜覆盖；用包装铁盒罩盖包装（含浅盒加侧护板包装和全盒式包装）；板垛下设置纵向或横向垫木或托架，纵向和横向各捆扎不少于3道。

B　钢带卷包装

a　冷轧宽钢带

冷轧宽钢带包装有两种类型：

(1) 用一层防护包装材料裹包钢带，钢卷可以卧放包装或立放包装。卧放包装可设托架，也可无托架；立放包装设托架。轴向(卷眼)捆扎不少于3道，捆带下加捆带保护材料。

(2) 用一层或一层以上防护包装材料裹包钢带，内、外周用护板，端部用圆护板，内外棱用护棱钢圈封闭裹包钢带。轴向捆扎不少于3道，径向捆扎不少于3道。

b　冷轧窄钢带

冷轧窄钢带用一层防护包装材料或其他保护材料裹包或缠绕钢带，也可以装箱或装桶；可单卷或成钢卷组包装；轴向捆扎不少于3道；钢卷（组）卧放包装。

冷轧窄钢带允许进行裸露捆扎的简易包装。单卷卧放捆扎，轴向捆扎不少于2道；钢卷组可立放包装或卧放包装；卧放不设托架，立放设托架；轴向捆扎不少于3道；捆带下最好加捆带保护材料。

c　纵剪钢带

纵剪钢带进行单卷或成钢卷组简易裸露捆扎，与冷轧窄钢带简易包装相同；一般包装方式与冷轧宽钢带相同。

图2-6-6为冷轧钢带卷包装方式示意图。

6.2.4.2　包装材料

包装材料包括包装纸、保护板、包装捆扎带、托架等。

A　包装纸材料

包装时采用包装纸防护包装材料的目的：阻止湿气渗入；尽量减少油损；防止沾污产品。

常用的包装纸防护包装材料有牛皮纸、普通纸、复合防锈纸、防油纸、塑料薄膜等。

复合气相防锈纸的典型组成为聚乙烯20μm + 75g/m^2 牛皮纸 + 聚乙烯20μm + 75g/m^2 牛皮纸，为了增加防锈纸的强度，有的还增加一层聚乙烯或聚丙烯纤维的纺织品。复合防锈纸的加工方法有两种，一种为浸透型，另一种为涂敷型。浸透型的防护效果比涂敷型的要好。复合防锈纸的有效物质有几种，它们的溶水性、溶油性、气化速度、汽化温度、有效期、吸潮性各不相同，应根据具体情况选用。

B　保护板

板垛护边角铁、侧护板、端板及带卷的侧护板和垫板全由精整的次品钢板制成。包装

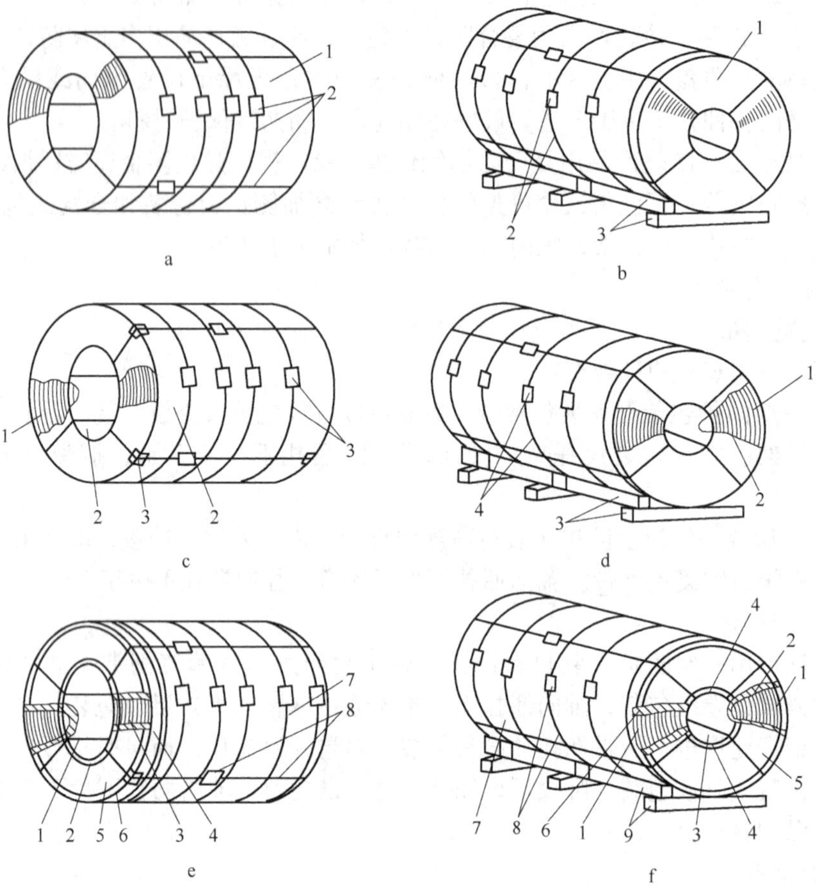

图 2-6-6　冷轧钢带卷包装方式

a—裸式包装：1—钢带；2—捆带、锁扣；
b—带底座裸式包装：1—钢带；2—捆带、锁扣；3—托架；
c—纸包装：1—钢带；2—复合防锈纸；3—捆带、锁扣；
d—带底座纸包装：1—钢带；2—复合防锈纸；3—托架；4—捆带、锁扣；
e—铁壳包装：1—内周护板；2—内护角钢圈；3—钢带；4—防锈纸；
5—端部圆护盖；6—外护角钢圈；7—外周护板；8—捆带、锁扣；
f—带底座的铁壳包装：1—钢带；2—防锈纸；3—内周护板；4—内护角钢圈；
5—端部圆护盖；6—外护角钢圈；7—外周护板；8—捆带、锁扣；9—托架

冷轧薄板用的典型保护板如图 2-6-7 所示。包装冷轧钢卷的典型保护板如图 2-6-8 所示。

对于运输路程较远的板垛和带卷，应按规定用次品钢板完全包装，这样能有效地防止机械损伤和防风雨。

C　包装捆扎带

无论板垛还是钢带卷都用捆扎带捆扎。捆扎带必须在捆扎和运输时不致松开或拉断，因此，应选用尺寸合适，抗拉强度较高，并且伸长率较大的捆扎带。捆扎带一般为冷轧窄钢带，抗拉强度为(600～800)$\times10^5$kPa 左右，断裂伸长率为 5%～12%，表面进行法兰处理，并要涂层或涂蜡。窄钢带与锁扣配套使用，十分方便。

捆扎带尺寸一般为：厚度：0.8～1.0mm，宽度：32mm。

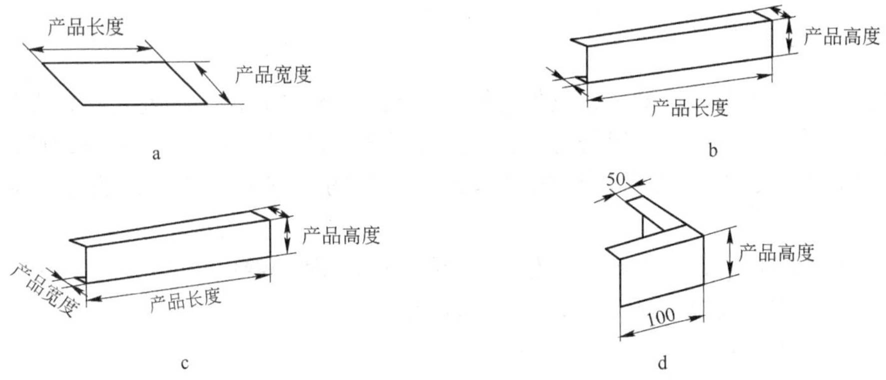

图 2-6-7　包装冷轧薄板用的典型保护板

a—顶板、底板；b—侧板；c—端板；d—包角

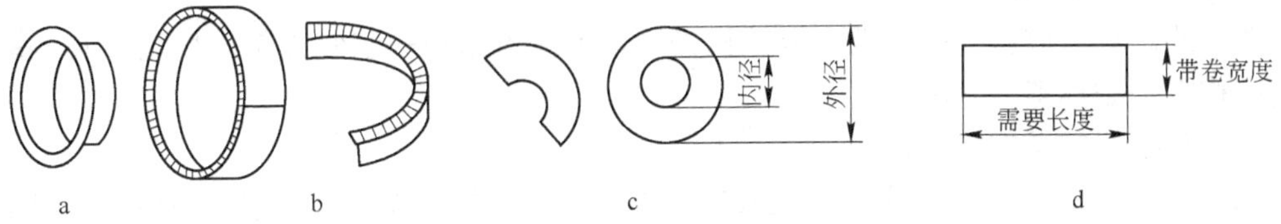

图 2-6-8　包装冷轧钢卷的典型保护板

a—内圆垫板；b—外圆垫板；c—侧板；d—内、外圆板

锁扣尺寸为：32mm × 57mm。

D　托架

垫木架或托架的作用是使钢板垛及钢卷的吊运和堆放作业顺利并保护产品不易损坏。垫木架由数根纵、横木方钉制而成，其大小应与产品尺寸相适应并要满足产品堆放的稳定性要求。托架一般是木制的，但由于木材涨价，已普遍开始采用钢制托架。

表 2-6-4 为某厂冷轧板卷用的包装材料。

表 2-6-4　某厂冷轧板卷用包装材料

品　种	包 装 材 料
钢　板	1. 捆带：0.8mm × 32mm 法兰冷轧钢带 2. 复合防锈纸(冷轧产品用)、金属防锈纸、中性纸(涂、镀产品用) 3. 护角：5 层厚的瓦楞纸 4. 垫木：横木(80mm × 80mm)，纵木(80mm × 120mm)或梯形管(70 ~ 80)mm × 70mm 5. 上下盖板：厚度为 0.6 ~ 1.0mm 的冷轧板或涂镀板 6. 侧护板：厚度为 0.6 ~ 1.0mm 的冷轧板(表面涂漆)、镀锌板、彩涂板 7. 包装铁盒(咬口式)：厚度为 0.6 ~ 0.8mm 的冷轧板(表面涂漆)、镀锌板、彩涂板
钢带卷	1. 捆带：0.8mm × 32mm 法兰冷轧钢带 2. 复合防锈纸(冷轧产品用)、金属防锈纸、中性纸(涂镀产品用) 3. 垫木托架或钢制托架 4. 护角：5 层厚的瓦楞纸 5. 内外圈护板：厚度为 0.5 ~ 0.8mm 的冷轧板或镀锌板 6. 端部圆护板：厚度为 0.6 ~ 1.0mm 的冷轧板，表面涂漆 7. 内护角钢圈：厚度为 1.2 ~ 1.5mm 的冷轧板，表面涂漆 8. 外护角钢圈：厚度为 1.0 ~ 1.5mm 的冷轧板，表面涂漆，有漏水孔

6.2.4.3　包装作业线

包装作业的动作多而且复杂，包装的形式和规格变化也很多，因此长期以来包装生产基本上都采用手工作业方式。但是对于生产能力很大、产品规格品种较单一的现代化大型冷轧厂，包装生产已在主要操作机械化和自动控制的基础上广泛采用流水作业线进行包装。

根据冷轧产品种类，流水包装线有板垛(钢板)包装和钢卷包装两种形式。根据用户需要可以选用简易的纸板包装或特殊要求的包装形式。

A　板垛(钢板)包装线

板垛包装线是在传送带或多个循环运行的台车上按序进行板垛捆扎包装的流水作业线。为了减少板垛运输和存放场地，包装线应紧接横剪机组布置。

板垛包装的工艺流程：

垫木架制作→放垫板→铺纸→取放板垛→包纸→盖面板→装侧护板→横向捆扎→纵向捆扎→称重→贴标签→入库。

板垛包装线的操作工艺过程：

（1）垫木架制作。在链式运输机入口段进行垫木架的制作。根据包装规格在链架上放置好相应数量和尺寸的纵木和横木，然后操作气动打钉机把它们固定。根据包装形式的要求，垫木架在向前运送时，可放上二底板和包装纸。底板由人工搬放，包装纸则由顶上纸分配器送入并剪切铺好。

（2）放置板垛。垫木架向前运送到运输链架的提升位置上，等候放置板垛。板垛通过板垛取出装置从辊道上由夹钳吊出，并横向移送到垫木架上放下。

（3）板垛打捆。板垛运送到下游工作位置并按顺序进行板垛包纸、盖好面板和人工插放侧护板，然后操作半自动打捆机进行横向打捆和纵向打捆。

（4）板垛称重、贴标签、入库。捆扎好的板包移送到旁侧的板式运输链上，由数字式称重装置称定质量，并把质量数据输入到打印机，与生产管理计算机（FLS 系统）送入的板垛生产数据一起打印出产品标签。板包贴上标签就可运送入库。

B　钢卷包装线

钢卷包装线是在一列步进小车上顺序进行钢卷包装捆扎的流水作业线。其工艺流程：

钢卷定位→涂封闭油→称重→包纸→包外周护板→放内周护板→放端部圆护板及端环→轴向捆扎→径向捆扎→贴标签→入库。

钢卷包装线的操作工艺过程：

（1）钢卷由液压小车运送到工艺段，任入口段进行钢卷宽度和直径测量，以便后续操作进行自动定位作业。

（2）钢卷在每个卷位完成固定操作后，由一列液压驱动并能提升的步进小车送入下一个卷位作业。

（3）第一卷位是在钢卷两侧端面喷涂防锈油。涂油机有两根移动式工作喷头，喷油时移入作业线并调节喷头开口度，使其插入钢卷两侧，根据钢卷直径调节喷射宽度。

（4）当地辊驱动使钢卷旋转一周时，即完成全部端面涂油作业。

（5）在包纸工作卷位，上方喂纸机根据钢卷宽度和外径自动输入相应宽度和长度的包装纸，使钢卷转动一周，就把纸包覆到钢卷外圈上，但是，对于头尾部分需要人工粘贴，两端也要采取手工折纸并插入内径贴牢。

（6）钢卷到包板卷位时提升，先用包装纸贴包覆底部外周，后再贴包覆顶部外周。内外护圈和端环都由人工放置。轴向捆扎由全自动打捆机完成，这时边缘压紧装置压紧钢卷两侧以防止护角圈脱落。

（7）打捆作业：由双头全自动打捆机完成径向180°方向上打捆两道，后打捆机的捆头旋转90°或60°，则完成径向4道或6道的打捆。

（8）完成打捆后的钢卷由液压运输小车运输到出口段贴标签入库。

C 纵切剪钢卷包装线

经纵切机组剪切出的冷轧窄钢带盘卷，可以进行机械化的自动包装。图2-6-9为一种新的纵切卷自动化包装线的总体布置图。

纵切剪钢卷包装操作工艺过程：

（1）纵切卷运输。带卷车将纵切卷从纵切机组上运到包装线的入口端，在带卷车上装备有制动杆以防止卷尾弹开。

（2）纵切卷旋转。纵切卷包装线入口端为一个四臂绕杆旋转台，带卷车将纵切卷放在

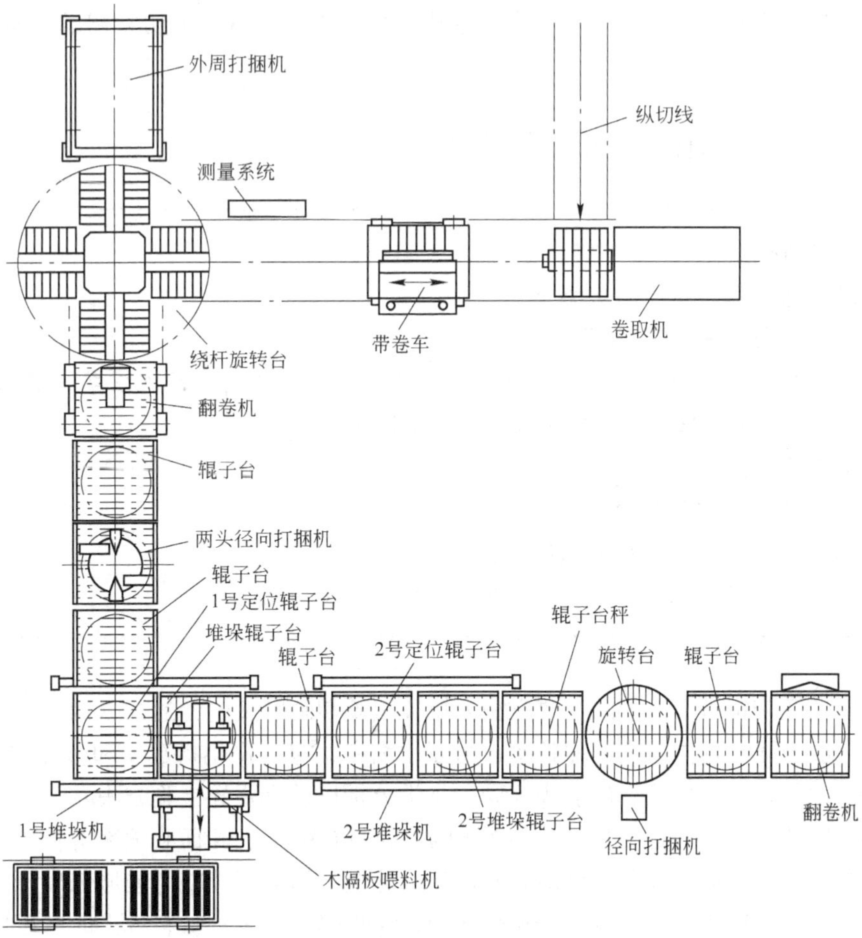

图2-6-9 纵切剪自动化包装线的总体布置图

绕杆旋转台的臂上；然后，旋转台旋转 90°，将纵切卷送到外周捆带站前。

(3) 打捆纵切盘卷。外周捆带机将外周捆带，准确地捆到每一个盘卷的确定位置。外周捆扎后的盘卷经两次 90°旋转后转到翻卷机前。

(4) 纵切盘卷立放及运送。翻卷机逐卷地将盘卷从悬臂上取出并翻转 90°，使盘卷呈立放状态（卷内孔朝上）；辊子台将立放盘卷运往 1 号堆垛机。

(5) 卷内孔捆扎。在运往 1 号堆垛机的路上，纵切卷由一台自动双头径向捆带机通过卷内孔进行捆扎。

(6) 纵切卷堆垛。当纵切卷在 1 号堆垛机进行堆垛时，两块木隔板自动放在纵切卷的上面，然后再放上一盘纵切卷。

(7) 纵切卷捆的称重及捆扎。1 号堆垛机可以制成有托盘或无托盘的纵切卷捆，每捆最重 8t。此外，1 号堆垛机也可以先制成不带托盘的纵切卷捆，在进行通过卷孔的手工捆扎后，在 2 号堆垛机上形成大的纵切卷捆，卷捆可带或不带托盘，质量可达 32t。

在经过称重后，准备好的纵切卷捆在一架半自动的径向捆带机上通过卷内孔进行捆带，如果需要还可以用纸包扎起来。

(8) 卸料。在包装线的尾端有一台翻卷机，可将不带托盘的纵切卷捆翻转 90°呈卧放状态卸下。

单元 3　冷轧产品的性能检验（拉伸试验）

学习目标：

(1) 掌握拉伸试验的实验条件；

(2) 熟练应用载荷-伸长率曲线；

(3) 熟悉屈服应力、屈服强度、抗拉强度、伸长率、断面收缩率、屈强比、塑性应变比 r 值和应变强化指数 n 值的基本概念。

工作任务：

(1) 认知拉伸试样的制作；

(2) 认知材料性能参数的测定；

(3) 认知塑性应变比 r 值和应变强化指数 n 值的测定。

评价冷轧宽带钢力学性能的主要方法为拉伸试验和硬度试验，通过这两个试验可以得到材料的屈服极限、抗拉强度、伸长率、断面收缩率、应变强化指数 n 和塑性应变比 r 等性能指标。此外，金相检验、放射线检验和化学分析也是重要的检验方法。

拉伸试验的主要目的是测定材料的屈服强度、抗拉强度、断面收缩率等性能指标。根据这些性能指标，可以定性和定量地分析评估冷轧板料的成形性能。屈服强度低，表示材料较易变形，不易产生皱褶，应变分布较均匀；伸长率大，表示材料成形时的极限变形量大。另外，通过拉伸试验还可求得材料的应变强化指数 n 和塑性应变比 γ。

6.3.1 拉伸试样

拉伸试样形状及尺寸、样坯抽取、试样制备，是拉伸试验的重要组成部分。样坯制取和试样加工方法的正确与否对试验精度有严重的影响。拉伸试样的制备应符合《金属材料室温拉伸试验方法》（GB/T 228—2002）的规定。

图2-6-10为板状拉伸试样的国家标准。图中L_0为原始标距，L_c、b和a分别为试样平行部分长度、宽度和厚度，R、B、h和L_t分别为夹头部分过渡圆弧半径、宽度、长度和试样总长度。拉伸试样有比例试样和非比例试样两种形式。试样原始标距与原始横截面积有公式2-6-3关系者称为比例试样。非比例试样其原始标距（L_0）与原始横截面积（S_0）无关。

$$L_0 = k\sqrt{S_0} \tag{2-6-3}$$

式中 S_0——试样平行部分原始截面积，$S_0 = ab$；

k——比例系数。

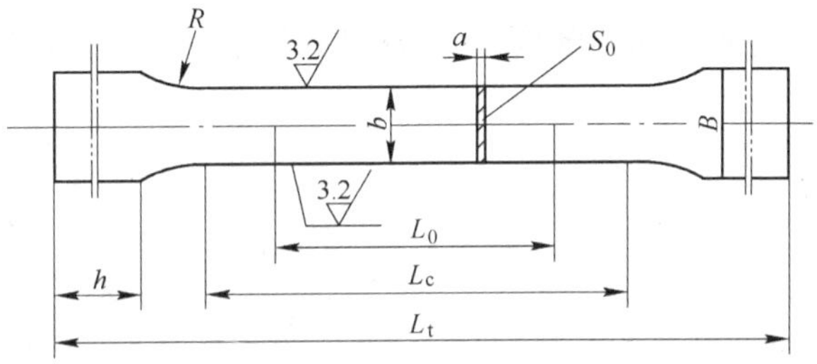

图2-6-10 国家标准板状拉伸试样——带头试样

国际上使用的比例系数k的值为5.65。原始标距应不小于15mm。当试样横截面积太小，以至于采用比例系数k为5.65的值不能符合这一最小标距要求时优先采用11.3的值或采用非比例试样。

试样的夹持头部一般比其平行宽度部分宽。试样头部与平行长度（L_c）之间应有过渡半径至少为20mm的过渡弧相连接（图2-6-10）。头部宽度应至少为20mm，但不超过40mm。通过协议，也可以使用不带头试样（图2-6-11），对于这类试样，两夹头间的自由长度（L_c）应等于L_0+3b。对于宽度等于或小于20mm的产品，试样宽度可以相同于产品的宽度。

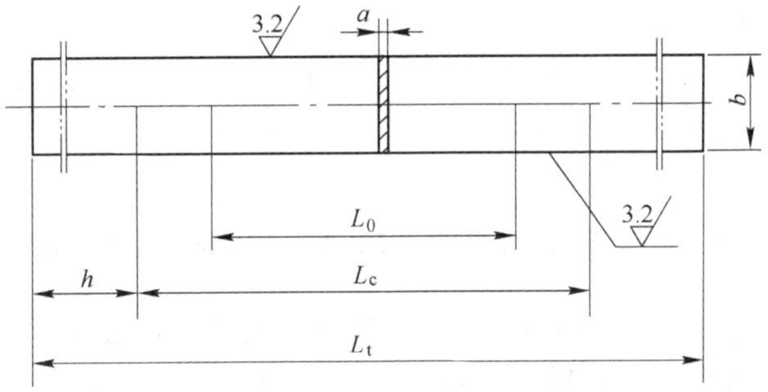

图2-6-11 国家标准板状拉伸试样——不带头试样

比例试样的试样平行长度 L_c 应不小于 $L_0 + b/2$。试样宽度 b 采用 10mm、12.5mm、15mm 和 20mm 共四种比例试样，试样厚度一般应为原轧材厚度。非比例试样的尺寸有两种：一种，试样宽度 b 为 12.5mm，L_0 为 50mm，L_c（带头）为 75mm 和 L_c（不带头）为 87.5mm；另一种，试样宽度 b 为 20mm，L_0 为 80mm，L_c（带头）为 120mm 和 L_c（不带头）为 140mm。

6.3.2 材料性能的测定

6.3.2.1 屈服强度

呈现明显屈服现象的金属材料，应测定上屈服强度 R_{eH}（原标准中的 σ_{su}）和下屈服强度 R_{eL}（原标准中 σ_{sl}）。

根据定义，试验时读取载荷指针刚一停止或逆转之前的最大载荷（即试样平行部分开始发生屈服时的最大载荷）除以试样原始断面面积(S_0)可得到上屈服强度 R_{eH}；读取载荷指针第一次下降的最小载荷（即试样平行部分开始发生屈服之后的最大恒定载荷）除以试样原始断面面积(S_0)可得到下屈服强度 R_{eL}。图 2-6-12 所示为不同类型曲线的上屈服强度和下屈服强度。

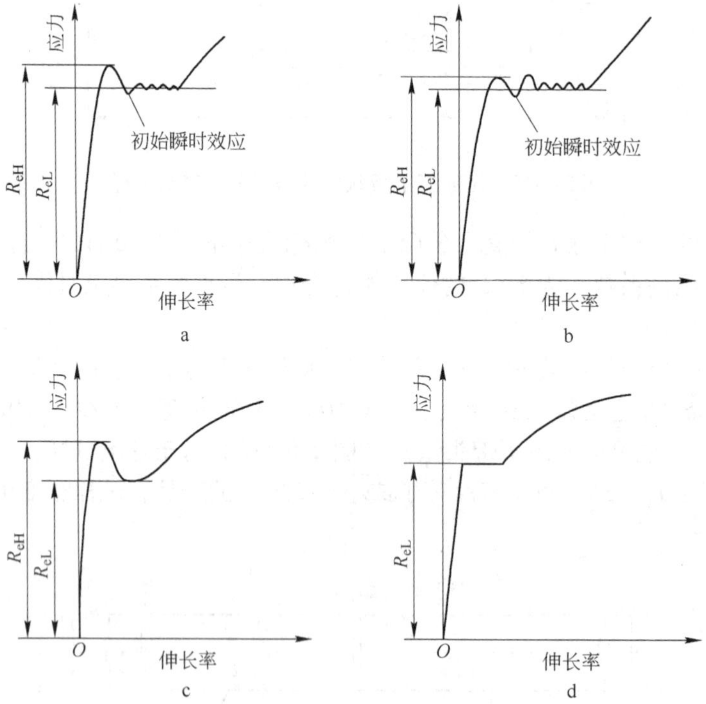

图 2-6-12　不同类型曲线的上屈服强度和下屈服强度

对于铸铁、铝、冷硬钢带和经过平整后没有表现出明显屈服点现象的材料，则以相当于屈服点的应力特性值来确定其屈服强度。一般情况下，以试样的残余伸长率 $\varepsilon = 0.2\%$ 时，对应的应力值 $R_{P0.2}$（原标准中的 $\sigma_{0.2}$）来定义，称为条件屈服强度。

此时，屈服强度的计算公式为：

$$R_{P0.2} = \frac{P_{0.2}}{S_0} \tag{2-6-4}$$

式中　$R_{P0.2}$——试样残余伸长率 $\varepsilon = 0.2\%$ 时的载荷，N；

S_0——试样原始断面面积，mm^2。

6.3.2.2　抗拉强度

抗拉强度的测定方法比较简单，通过给试样连续施加载荷直至拉断，根据所读出的最大载荷 P_0 除以试样的原始断面面积 S_0，所得应力值 R_m（原标准中的 σ_b）就是抗拉强度，计算公式如下：

$$R_m = \frac{P_0}{S_0} \tag{2-6-5}$$

6.3.2.3　断面收缩率

断面收缩率按下式计算：

$$Z = \frac{S_0 - S_U}{S_0} \times 100\% \tag{2-6-6}$$

式中　S_0——试样原始断面积，mm^2；

S_U——拉断后颈缩处的横截面积，mm^2。

板状试样的 S_U 值用颈缩处最大宽度 b_U 乘以最小厚度 a_U 求得，见图 2-6-13。

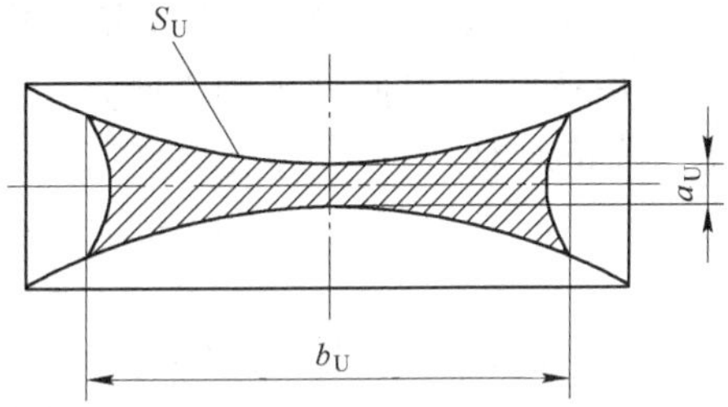

图 2-6-13　板状试样颈缩处最大宽度和最小厚度

6.3.3　塑性应变比 *r* 值和应变强化指数 *n* 值

由拉伸试验的方法获得的抗拉强度、屈服应力、断裂伸长率等指标，目前已广泛用作代表材料基本特性、产品标准、交易及使用的基准。然而，这些特性值基本是在一维应力状态下得到的，往往不能用作评价实际冲压成型过程中复杂应力状态下金属板料的成形性能的标准，因此，必须对这些特征值进行综合分析，建立新的判据，用以评价金属板料的冲压成形性能。近年来，日益得到广泛应用的材料应变强化指数 n 值和塑性应变比 r 值，能够相当精确地反映出材料的冲压成形性能。n 值和 r 值对评定板料冷变形性能的重要性和实用价值，不仅在理论上得到论证，而且得到了大量的工业试验的证实。这里将简要介绍 r 值和 n 值的测定方法。

6.3.3.1　塑性应变比 r 值（Anisotropy）的测定方法

r 值是评估钢板深冲性能和凸耳性能的重要指标。我们知道，板形试样在拉伸时必然变窄和变薄，但由于冷轧钢板的各向异性，因而其变窄和变薄的塑性变形程度是不一致的。为描述这种差别，将塑性应变比 r 值定义为拉伸试验时材料宽向真实应变和厚向真实应变的比值，即

$$r = \frac{\varepsilon_b}{\varepsilon_a} \tag{2-6-7}$$

式中　ε_b——宽度方向真实应变，$\varepsilon_b=\ln\left(\frac{b}{b_0}\right)$；

ε_a——厚度方向真实应变，$\varepsilon_a=\ln\left(\frac{a}{a_0}\right)$。

材料变薄（如深冲）时会缩小其承载断面，从而限制了可传递的拉伸力，所以对厚度方向塑性变形具有较高抗力的材料必然具有较好的深冲性能。一般而言，r 值可按下式求得：

$$r=\frac{\ln\left(\frac{b}{b_0}\right)}{\ln\left(\frac{a}{a_0}\right)}=\frac{\ln\left(\frac{b_0}{b}\right)}{\ln\left(\frac{Lb}{L_0b_0}\right)} \tag{2-6-8}$$

式中　a_0，b_0，L_0——分别为变形前厚度、宽度和长度；

a，b，L——分别为变形后厚度、宽度和长度。

冷轧带钢的板结构造成了沿带钢平面各方向取样所得到的 r 试验值不同。实际应用中，r 值一般采用纵向（轧制方向）r_0、横向 r_{90}、45°角方向 r_{45} 和 135°角方向 r_{135} 值的平均值 $\bar{r}$ 来代替，即：

$$\bar{r}=\frac{(r_0+r_{45}+r_{90}+r_{135})}{4}=\frac{(r_0+r_{90}+2r_{45})}{4} \tag{2-6-9}$$

一般来说，沸腾钢冷轧钢带的 $\bar{r}=1.00\sim1.30$，铝镇静钢冷轧钢带的 $\bar{r}=1.50\sim1.80$，脱碳沸腾钢的冷轧钢带的 $\bar{r}$ 值也有达到 1.80 以上的。铝镇静钢、脱硫沸腾钢等钢种的冷轧钢带深冲性能都很好。

试验条件的微小差异，将会使 r 值的测量值差别很大。因此，对 r 值的测量条件要求很严。大量的试验结果表明：一般情况下，应变时效和变形速度对 r 值的测量结果无明显影响，伸长率的大小对 r 值的测量精度有一定的影响。伸长率愈小，对测量精度的影响愈大。例如，在长度和宽度测量误差为 ±0.01mm，r 值约为 2.0；伸长率为 10% 时，最大相对误差为 ±6%；伸长率为 20% 时，最大相对误差仅有 ±3.5%。目前，尚不能推断在极限伸长率情况下，最大相对误差是否按此比例变化。

6.3.3.2　应变强化指数 n(Strain Hardening Exponent)的测定方法

在拉伸试验中，材料的应变强化指数 n 值是指试验材料的对数应力-对数应变曲线上升的斜率。n 值高，表明材料在成形加工过程中高变形区的材料强度较高。因此，变形较易向临近的低变形区传播，从而使应变频较为均匀，减少了局部应变集中的现象。材料 n 值的高低，是评估其拉深和胀形类成形性能最为重要的指标。

常规的拉伸试验实际上是一种冷加工过程。随着应变的增加，材料逐渐发生加工硬化。在低碳钢的载荷-伸长率曲线中，由屈服点直至断裂段的塑性变形曲线为抛物线形，可用如下公式近似表示：

$$\sigma=k\varepsilon n \tag{2-6-10}$$

式中　σ——真应力（$\sigma=P/S$）；

ε——真应变（$\varepsilon=\ln L/L_0$）；

k——材料固有常数；

n——应变硬化指数。

该式可按直线方程 $y = a + bx$ 的模式，线性化处理为

$$\ln\sigma = \ln k + n\ln\varepsilon \tag{2-6-11}$$

在工程实用上，n 值可按下式求得：

$$n = 1.54\ln(P_1/P_2) + 0.134 \tag{2-6-12}$$

式中　P_1，P_2——分别为伸长率等于10%和20%时的拉伸载荷。

n 值的测量精度为0.01。一般来说，低碳钢冷轧带钢的 $n = 0.18 \sim 0.25$，通常 $n = 0.19 \sim 0.22$。应变强化指数 n 值在数字上表达了真实的均匀变形量，应变强化指数 $n = 0.25$ 时，就相当于对数均匀伸长率为25%，或断裂伸长率为28.4%。

6.3.3.3　r 值、n 值和材料冲压成形性能之间的关系

冷轧带钢的塑性应变比 r 与其深冲成形性能有着十分密切的联系。塑性应变比 r 值高意味着在拉伸变形中，材料在宽度方向的收缩量比在厚度方向大。尤其在深冲时，r 值高，将会使板料在凸缘收缩变形时的抗力降低，而使断裂危险部位的抗力增加，从而提高了板料的深冲成形加工性能。

应变强化指数 n 值的作用与塑性应变比 r 值相同，也可以用来作为评价冲压成形性能的标准。通过比较各种材料 n 值的变化，可以看到 n 值愈小，深冲成形性能愈好。但是，若在同种材料之间的 n 值差异较小时，用来评估低碳钢材料深冲成形性能的效果远比不了 r 值。

因此，综合运用 r 值、n 值等从拉伸试验所得到的材料特性值，便可相当精确地反映出实际材料的冲压成形性能。

单元4　精整缺陷及其预防措施

学习目标：

能够掌握精整工艺段易出现的四类缺陷（原料缺陷、表面缺陷、形状缺陷、尺寸缺陷）的形貌及其形成原因。

工作任务：

认知板带钢冷轧生产时的精整工艺段产品缺陷的产生原因以及预防和消除的措施。

精整工艺段作为冷轧产品的最后工序，出现的缺陷种类较多。精整工艺段易出现的缺陷主要分为四类：原料缺陷、表面缺陷、形状缺陷、尺寸缺陷。其中的许多缺陷与上道工序紧密相关，且在上道工序中不易发现，因而在实际生产中要及时地对精整段产生的缺陷进行分析，查找产生原因，以减少缺陷产品的产生。

6.4.1　原料缺陷

对于精整机组来说，原料缺陷主要有：气泡、夹杂、分层、铁皮压入、结疤、黏结、

锈蚀、裂边、浪形、瓢曲、镰刀弯等缺陷。这些缺陷对精整工艺段的产品质量有着不容忽视的影响。例如：气泡、夹杂等缺陷较为严重时，将导致精整矫直时产生裂纹或起皮，脱落部分缠到工作辊表面将产生辊印，影响到产品质量和产量。因此，提高原料的质量，对于提高精整工艺段的产品质量具有重要意义。

6.4.2 表面缺陷

表面缺陷主要有以下几种：擦伤、划伤、辊印、硌痕、压痕、横折印、斑迹、黏结、涂油不均、平整纹、拉矫纹等。除涂油不均外，其余缺陷均可能在其他一些工序中产生，所以区别其形貌、分析其成因对提高冷轧板带的表面质量极为重要。

6.4.2.1 擦伤、划伤

擦伤多发生于带钢的头部卷曲、尾部甩尾或中间停车时。通常呈“蝌蚪状”或“猫抓状”的长条形，大多成排出现；划伤表现为在钢板表面呈现低于轧制面的沟状或线状缺陷，连续或断续分布于钢板的全部或局部。擦划伤的产生工序也比较好区分，冷轧时的擦、划伤，经罩式退火后由于伤痕中的油脂炭化而发暗发黑；而平整时的擦、划伤则较为光亮，因经过轧制，所以没有毛刺；未经拉矫机处理的擦、划伤光亮有毛刺，经矫直机处理的则与平整时相类似。擦伤主要是因钢卷层间错动而产生的，划伤主要是由于尖锐的机械物体或静止不动的硬物与板面摩擦而产生。确定为本机组所产生的缺陷后，擦伤主要检查开卷机张力是否恒定、恰当，有无急停、反卷情况。

6.4.2.2 辊印、硌痕

辊印表现为凸起或凹入，在带钢表面沿长度方向周期性出现，与工作辊圆周相吻合。硌痕的特点是带钢在一面凸起，而在另一面凹进，也是沿轧制方向周期性出现，虽然特征与辊印类似，但两者相对很好区分。因此保证良好的板面辊面清洁度是降低此类缺陷产生的有效手段。

带钢表面产生辊印/硌痕缺陷的原因：

（1）凸起辊印是由于在冷轧或平整过程中工作辊有压痕造成的。

（2）凹入辊印是由于在冷轧或平整过程中工作辊粘有外来物造成的。

（3）硌痕是由于在生产过程中与带钢相接触的张力辊、夹送辊等辊子上黏结凸起的杂物引起。

6.4.2.3 压痕

压痕虽然也为辊子产生，但其表现与辊印有很大区别。通常在板面上呈现为连续的带状，其宽度与压辊的长度相近，无手感；有些由于板面不洁造成的压痕经擦拭后可以除去。

压痕主要产生于测量辊、圆盘剪处压辊及四重矫直机等存在短长度辊的部位。在生产表面质量较高的冷轧板时其产生的原因除四重矫直机因采用分段式支撑辊带来的设备本身的因素外，来料板面不洁、辊面不洁、支撑辊辊形不良、压辊压力过大及存在黑带等缺陷都是诱发压痕的因素。

因此，保证来料具有良好的表面清洁度、根据板厚及材质及时调整压辊的压力是避免压痕出现的有效途径。

6.4.2.4　涂油不均

涂油不均表现为防锈油未均布于板面，呈现出有厚有薄的状态；出现漏涂时，表现为纵向连续的带状，对静电涂油还能表现为油滴与油滴之间存有缝隙。

涂油不均的成因分为两种：

（1）辊式涂油主要是因为油嘴不畅、防锈油过黏及涂油辊、挤干辊辊面状态不良所致；通常采用清洗油嘴、提高油温、提高泵压、改善环境温度等方法来改善；

（2）静电涂油主要是因为油雾化不好、刀梁堵塞、电压波动等原因所致，通常利用提高油温、大油量冲洗、刮取刀口、改变电压等方法来解决。

6.4.2.5　横折印

横折印是与轧制方向成直角的横的印痕，可能贯穿带宽或只在边部，形状规则或不规则。

带钢表面产生横折印这种缺陷的原因主要有以下几种：

（1）带钢在冷轧时板形不佳，产生浪高大于10mm的边浪或中间浪，经罩式炉退火后容易引起带钢层间黏结，在平整时带钢表面会产生横折印缺陷。

（2）退火温度未控制好，带钢在罩式炉进行退火时由于退火温度过高，会产生层与层之间的黏结；带钢退火时升降温速度过快，引起钢卷的热胀冷缩速度过快；对流板平面磨损也会造成表面层与层之间的黏结，平整时在带钢表面产生横折印缺陷。

（3）平整前钢卷温度大于45℃时，带钢表面将会产生大量横折印缺陷。主要原因在温度高于45℃时金属分子比较活跃，带钢受到拉力时很容易从弹性变形区跳跃到塑性变形区，在带钢表面产生滑移线，造成带钢表面产生横折印。

（4）平整时开卷机、张力辊和工作辊位置不平行，当机组在高速及很大的张力下生产时，在带钢的横截面上产生的张力分布不均，局部（一般在带钢边部）张力过大，一旦受力达到屈服极限时产生横折印缺陷。

6.4.2.6　斑迹

精整段最常见的斑迹为黑斑或平整液黄斑。黑斑一般分布在板宽方向的中部区域、边部少见，呈点状、条状到成片块状，缺陷无手感。黄斑一般分布于带钢的中部，呈条状分布，边部偶然出现，严重的贯穿整个钢卷。

带钢表面产生斑迹缺陷的原因主要有以下几种：

（1）由于前道工序酸轧机组吹扫效果不好，钢卷表面乳化液残留较多，在退火加热初期，钢带表面乳化液中的轧制油受热挥发，随着温度的升高，部分未随热吹气体排出的轧制油产生热解反应，如不及时吹净，将在冷却过程中沉积在钢带表面形成黑斑。

（2）热轧板表面常附有氧化铁皮，由于酸轧机组钢卷前酸洗，氧化铁皮未完全清除，在轧制过程中压入带钢表面，经罩退后，带钢正反两面呈现斑纹状连续黑带。

（3）酸轧机组在生产过程中，因液压油、润滑油等非罩退用油泄漏黏附在带钢表面，罩退时由于油不挥发，热解后的碳全部沉积在钢板表面，形成黑斑。

（4）平整液黄斑一般呈现带状浅黄色，为氧化铁（Fe_3O_4）和 α—羟基氧化铁（FeOOH）混合在一起的腐蚀物，伴随着阴极反应、阳极反应而不断深化的一种电腐蚀现象。主要是由于钢板表面清洁度差；平整过程中吹扫能力不够等原因造成。

6.4.2.7　黏结

黏结机理为卷紧的钢卷在罩式炉退火过程中，在高温条件下，由于应力作用，边界原子相互渗透，因而使带钢层与层之间产生粘连和焊合的现象。出现粘结的带钢在平整开卷时将产生很高的开卷阻力，并在带钢表面造成带钢撕裂或折裂，同时伴随有开卷噪音。一般，黏结主要集中在钢卷的卷芯部位，表现为单边或双边不连续的点状黏结，严重的出现垂直于轧制方向的条状黏结。

带钢表面产生黏结缺陷的原因主要有以下几种：

（1）表面清洁度和粗糙度对黏结缺陷的影响。由于黏结是高温状态下带钢层与层间原子相互渗透的结果，因此表面清洁度在很大程度上会影响原子的渗透能力，而带钢表面清洁度过高或过低都不利于对黏结的控制。

（2）酸轧机组卷取张力对黏结的影响。尽可能地降低卷取张力，可减少退火高温状态下钢卷层与层之间边部原子相互渗透而造成的黏结。

（3）板形对黏结的影响。在轧制过程中带钢必然存在或多或少板形缺陷，因此沿带钢宽度方向的应力不可能完全均布，在退火过程中，由于钢卷同一层的不同部位及层与层之间都存在不同的应力值，也会造成钢卷黏结。

（4）退火工艺对黏结的影响。在罩式炉退火过程中，卷与卷之间用对流板导流。虽然罩式炉退火工艺一般相对固定，但装炉、工艺制度对黏结的控制仍有一定影响。

6.4.2.8　平整纹、拉矫纹

平整纹也叫羽纹，是在平整过程中出现的线痕，呈羽纹状，可占局部或布满整个带宽。

拉矫纹是发生在拉矫过程中的线痕，形状多变，是由于带钢在辊缝中产生不均匀的延伸，是由于局部的应力超过带钢的屈服点引起。带钢产品在应力-应变曲线上有一个屈服平台，平整轧制到一定压下率后就会降低屈服点而产生拉矫纹。平整纹和拉矫纹都是产生不均匀延伸的结果，所以在生产中或设备检修中一定要对辊系的平行度多加重视。

6.4.3　形状缺陷

形状缺陷在精整工序中主要有：板形缺陷、切边不净、切斜、折角（边）、垛板不齐、溢出边、塔形卷、扁卷等。下面对板形缺陷、切边不净、切斜等几种成因不易判断的缺陷进行分析。

6.4.3.1　板形缺陷

板形缺陷主要有浪形、瓢曲、镰刀弯、扣头、翘头等几种。由于延伸不均而产生

的浪形等缺陷，在精整工序中，除使用拉伸矫直机依靠大张力来消除部分板形缺陷比较显著外，通常采用的辊式矫直机只能起到一定的改善作用。因为辊式矫直机因其结构和矫正工艺的局限性，其本身对三次板形缺陷(如:双肋浪、瓢曲等)很难矫正，并且，工作辊的辊距已经固定就将所能处理浪形的最大能力确定下来。另外，考虑到钢材的弹性回复，对于来料浪形小于51mm的缺陷，改善效果也不明显。其改善板形缺陷的方法也只能采用改变矫直量或改变支撑辊的压下量，来改变钢板的弯曲程度或改变工作辊的辊缝形状来实现。对于扣头、翘头，主要是矫直机的反弯量投入不当造成的。

6.4.3.2　切边不净

切边不净表现为切边后边部有毛刺、凹槽、缺口或碎褶。主要是由于剪刃的间隙量、重合量调节不当、剪刃磨损有崩口或废边卷取张力调节不当所致。间隙量过小产生细屑，过大产生毛刺；重合量过大产生凹槽，过小产生局部弯曲。

6.4.3.3　切斜

切斜产生于横切机组，表现为所切的板面脱方呈现平行四边形，依靠测量对角线能够较准确地鉴别。因为此缺陷影响到用户使用时的材料利用率，所以其被认为成品与否的一项重要内容。这种缺陷的成因是飞剪剪架与带材纵边不垂直、剪刃左右倾角不同、剪刃状态不好，或来料存在镰刀弯、边浪等缺陷。

6.4.4　尺寸缺陷

尺寸缺陷在精整工艺段有两种：长短尺、窄尺（超宽），它们直接影响到产品质量。

6.4.4.1　长短尺

表现为所切的板长度尺寸不定。除设备的精度水平外，产生原因主要是电气检测、传输系统故障、测量辊的工作压力不足、来料有中浪等板形缺陷及板面有油或其他导致打滑的物质。

6.4.4.2　窄尺（超宽）

表现为成品宽度小于(或大于)计划宽度。主要原因是圆盘剪切边时宽度调整不好、来料存在瓢曲、边浪等缺陷、剪刃固定不好、圆盘剪机架锁死装置失灵、由于对中不好而导致一端未被切等。

从以上的分析中可以看出，精整工艺段成品缺陷种类繁多，除个别缺陷是本道工序产生外，许多缺陷直接或间接地来自上道工序或上上道工序。因此，缺陷出现后要首先判断是否为本工序产生的，是本工序产生的要及时地消除，对于那些源于上道工序产生的缺陷，更要及时地向上道工序反馈，以免产生更多的质量缺陷。只有不断地归纳、总结这些缺陷的特征、产生原因和消除办法，才能有助于精整工艺段的成品质量改善、生产效率的提高。

单元 5　精整工艺段设备

学习目标：

掌握平整机、张力卷取机、圆盘剪、焊机、矫直机、飞剪的形式、结构参数、性能参数。

工作任务：

认知精整工艺段设备的构成及应用。

6.5.1　平整机组设备

平整机是完成平整工艺必不可少的设备，在连续工业生产中多以平整机组形式出现，平整机组的主要辅助设备是开卷机、卷取机、飞剪等设备，选用两辊平整机还是四辊平整机是根据生产工艺实际情况来决定的。

6.5.1.1　平整机

平整机主要分为二辊式单机架可逆平整机、四辊式单机架平整机、四辊式双机架平整机和单机架六辊式平整机等。

平整机的单机设备形式和组成与可逆式冷轧机基本相同。冷轧带钢的平整一般多在四辊式单机架平整机上进行，对于普通窄带钢多采用二辊平整机平整；普通宽带钢普遍采用单机架二辊式或四辊式平整机平整。对镀锡板和薄带钢平整采用四辊式双机架平整机，并兼用二次冷轧。

A　二辊单机架可逆式平整机

二辊式单机架可逆平整机是生产不锈钢带的平整机，其平整带钢的厚度范围很宽，为此对厚度较薄的带钢可采用多道次平整，用累计伸长率使产品达到规定要求。机组形式如图 2-6-14 所示。

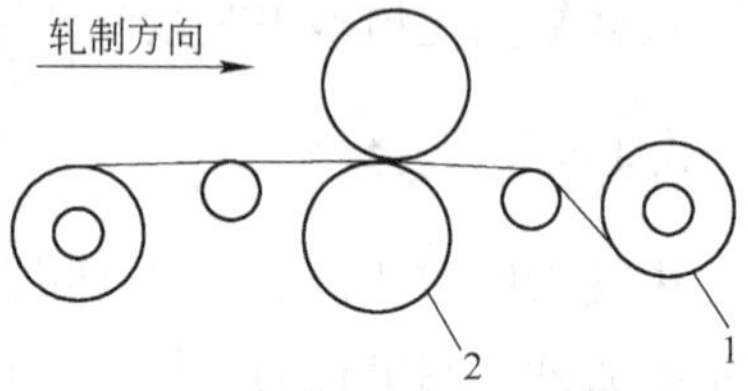

图 2-6-14　二辊可逆式平整机
1—卷取机；2—机架

二辊式单机架可逆平整机的一般技术性能参数见表 2-6-5。

表 2-6-5　二辊式单机架可逆平整机的一般技术性能参数

带钢厚度 /mm	带钢宽度 /mm	钢卷内径 /mm	钢卷外径 /mm	钢卷卷重 /t	轧辊尺寸 /mm × mm	平整速度 /m · min^{-1}	轧制力 /kN	平整前后张力调整范围 /kN
0.1 ~ 3.0	600 ~ 1300	610	1520	16	780 × 1400	最大 200	10000	10 ~ 100

B　四辊式单机架平整机

四辊式单机架平整机是国内普遍应用的平整机，其机组形式如图 2-6-15 所示。典型的 1700mm 冷轧的平整机组就是这种四辊式单机架平整机组。

国内部分宽带钢就是用四辊式单机架平整机组平整，其主要技术参数列于表 2-6-6。

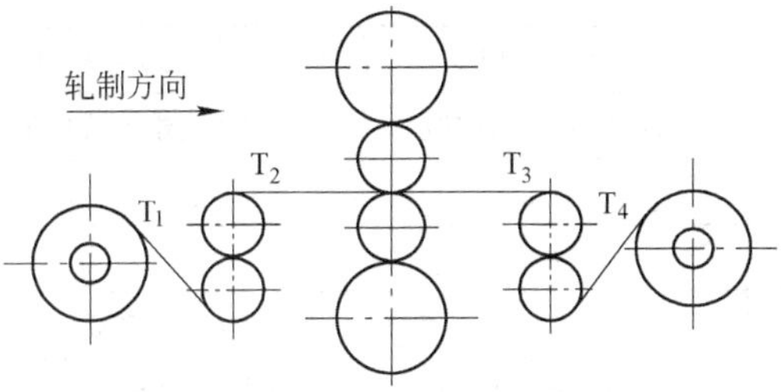

图 2-6-15　四辊式单机架平整机示意图

国内部分窄带钢用四辊式单机架平整机组平整，其主要技术参数列于表 2-6-7。

表 2-6-6　国内部分宽带钢平整机技术性能

平整机组名		1200 平整机	1700 平整机（1）	1700 平整机（2）	2030 平整机
带钢尺寸	厚度/mm	0. 35 ~ 2. 0	0. 35 ~ 2. 5	0. 4 ~ 3. 0	0. 3 ~ 3. 5
	宽度/mm	620 ~ 1020	600 ~ 1500	650 ~ 1530	900 ~ 1850
钢卷尺寸	内径/mm	610	750	610	610
	外径/mm	900 ~ 1450	1800	1000 ~ 2250	1200 ~ 2470
钢卷最大重量/t		10	15	45	45
轧辊直径	工作辊/mm	430 ~ 400	500 ~ 470	660 ~ 615	615 ~ 550
	支撑辊/mm	1250 ~ 1170	1300 ~ 1220	1525 ~ 1400	1550 ~ 1425
辊身长度/mm		1200	1700	1700	2030
工作辊轴承		四列锥形滚柱轴承	四列滚柱止推轴承	四列锥形滚柱轴承	四列锥形滚柱轴承
支撑辊轴承		圆柱轴承	油膜轴承	油膜轴承	静压油膜轴承
最大平整压力/kN		500	5000	15000	20000
最大平整速度/ $m \cdot min^{-1}$		290	1200	1500	1700
平整机驱动方式		下工作辊驱动	下工作辊驱动	下工作辊驱动	下工作辊驱动
年工作小时/h				4270	6404
年生产能力/kt		200		635	1351

表 2-6-7　国内部分窄带钢平整机技术性能

平整机组名		350 平整机	550 平整机	700 平整机
带钢尺寸	厚度/mm	0. 6 ~ 1. 65	0. 1 ~ 1. 0	0. 2 ~ 0. 4
	宽度/mm	120 ~ 250	250 ~ 450	530
钢卷尺寸	内径/mm	410	500	450
	外径/mm		1400	1470
钢卷最大重量/t		1	4. 5	6
轧辊直径	工作辊/mm	250 ~ 230	230	615 ~ 550
	支撑辊/mm		500	670 ~ 630
辊身长度/mm		350	550	700

续表 2-6-7

平整机组名	350 平整机	550 平整机	700 平整机
工作辊轴承	四列锥形滚柱轴承	四列锥形滚柱轴承	四列锥形滚柱轴承
支撑辊轴承		圆柱轴承	圆柱轴承
最大平整压力/kN	600	2200	2500
最大平整速度/ $m \cdot min^{-1}$	150	200	180
平整机驱动方式	下工作辊驱动	下工作辊驱动	下工作辊驱动
年生产能力/kt	200	16	

C　四辊式双机架平整机

双机架平整机用于镀锡板和薄带钢平整，并兼用二次冷轧，平整时压下率约 3%，二次冷轧 Ⅰ 架压下率 36% ~37%，Ⅱ 架压下率 1% ~15%，机组形式及各段张力分配如图 2-6-16所示。

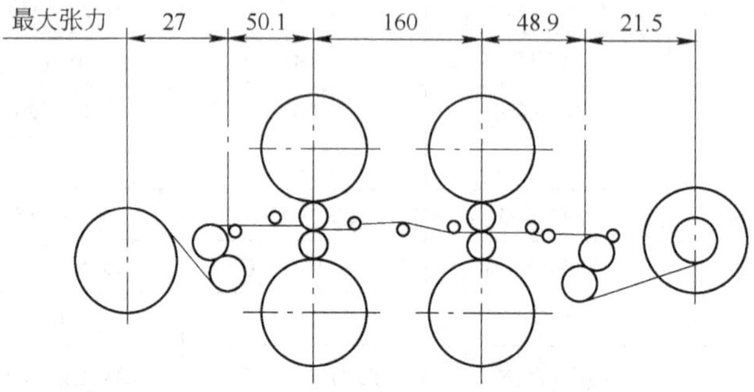

图 2-6-16　双机架平整机形式和张力分配

D　单机架六辊式平整机

单机架六辊式平整机安装在连退线的出口段，用于对退火后带钢的表面进行平整。为了建立必要的张力，有两套张紧辊组分别安装在平整机入口和出口，如图 2-6-17 所示。在工作辊和中间辊换辊操作时平整机停止工作。在此期间，工艺段继续运行，同时填充出口活套。更换支撑辊时全线需要停机一段时间。带钢停止时，使用快速工作辊和中间辊换辊装置进行自动更换工作辊和（或）中间辊。位于驱动侧和操作侧的两套换辊装置都配有两个辊架，可在平台上侧移。

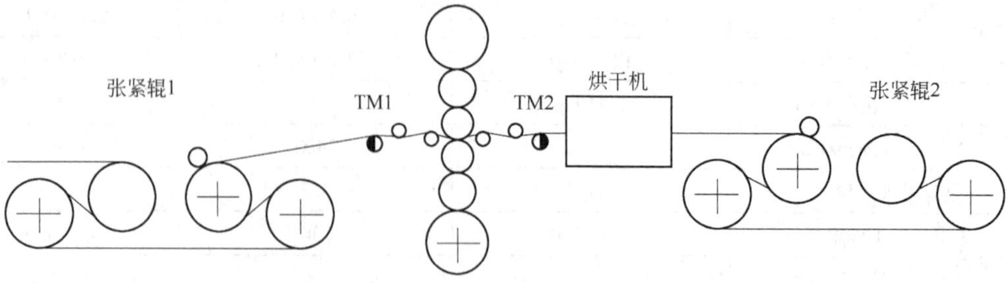

图 2-6-17　单机架六辊式平整机示意图

通常，单机架六辊式平整机为了将新辊装入机架并同时推出旧辊，配备了液压推出装置，可在带钢在线情况下（停机状态）更换上下支撑辊。轧机驱动系统由下支撑辊通过交流电机经齿轮箱和传动轴组成，以便实现工作辊和中间辊快速换辊操作。

国内部分宽带钢生产线的连退机组就是采用单机架六辊式平整机进行平整，其主要技术参数列于表2-6-8。

表2-6-8　国内部分宽带钢平整机技术性能

平整机组名		单机架六辊 UCM 平整机	单机架六辊 CVC 平整机
带钢尺寸	厚度/mm	0.3～2.5	0.3～2.5
	宽度/mm	800～1870	800～1870
轧辊直径	工作辊/mm	460～510	470～420
	中间辊/mm	480～530	560～510
	支撑辊/mm	920～1020	1150～1000
辊身长度/mm	工作辊/mm	2090	1970
	中间辊/mm	2090	1970
	支撑辊/mm	2000	2170
最大平整速度/m · min⁻¹		最大650	最大820
平整机驱动方式		下支撑辊驱动	下支撑辊驱动
带钢张力	入口/kN	最大148.97	5～150
	出口/kN	最大148.97	5～150

6.5.1.2　张力卷取机

卷取机是冷轧带钢生产线的重要设备，是冷轧平整机组、横剪机组及纵剪机组的生产所必需的辅助设备。卷取工艺及卷取机设备的精度，将直接影响冷轧平整、横剪及纵剪产品的质量。同时，由于轧制生产线大多是连续化作业，因此，卷取的工艺水平将直接影响冷轧带钢产品的厚度均匀、表面质量及轧制产品的物理化学性能。卷取机的外形如图2-6-18所示。

张力卷取机是以卷筒的结构形式不同而分类的，大致分为可胀缩卷筒卷取机、实心卷筒卷取机、牙条扇形块无缝隙卷取机和径向活塞弓形块卷取机等。

A　可胀缩卷筒卷取机

a　卷筒结构

胀缩式卷筒大多为扇形板式，即卷筒外壳是由扇形板组合而成的。根据扇形板动作方式的不同，胀缩式卷筒分为斜楔式

图2-6-18　卷取机外形

和四棱锥式两种。

（1）斜楔式是由卷筒心轴驱动斜楔做轴向移动，使扇形板产生径向位移而胀缩卷筒。其结构如图2-6-19所示。

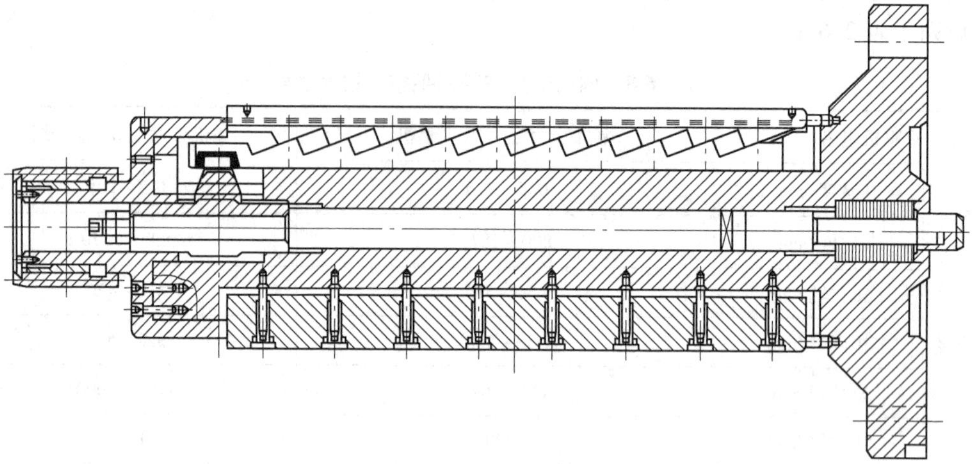

图2-6-19　斜楔式卷筒结构

（2）四棱锥式是由液压缸直接推动棱锥轴，使扇形板径向位移而胀缩卷筒，其结构如图2-6-20所示。

这种卷筒更适用于大张力轧机、四棱锥式卷筒有4个扇形板，结构对称，胀缩成圆，动平衡性能好。

四棱锥式卷筒卷取机的卷取速度高，如2030冷连轧机就使用四棱锥式卷筒卷取机。这类卷取机速度快可达1900m/min。

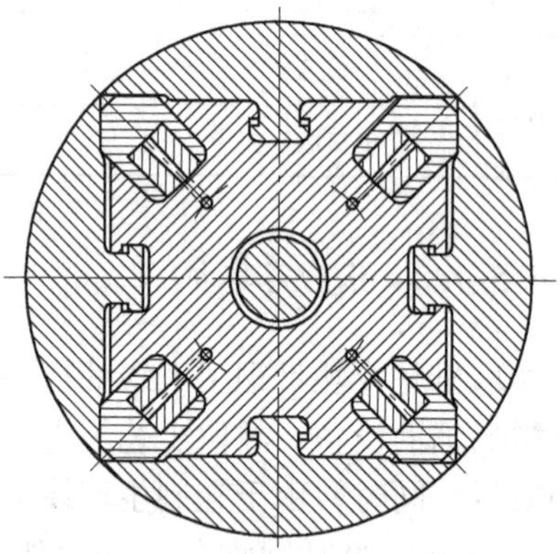

图2-6-20　四棱锥式卷筒结构

b　卷筒特点

（1）四棱锥的锥面倾斜角一般为7°左右，根据特殊工艺要求，四棱锥的锥面倾斜角还可以达到20°左右。

（2）根据卷筒的长度不同，四棱锥轴分为几个锥面，四棱锥面越长分段越多。

（3）卷筒的钳口采用液压控制，由几个小液压缸带动钳口的活动卡板。

（4）卷筒直径大小与张力、强度及生产工艺有关，并且卷筒直径大小受到一定的限制。一般采用的规格是ϕ450mm、ϕ510mm、ϕ610mm、ϕ750mm。

B　牙条扇形块无缝隙卷取机

图2-6-21所示为350mm冷连轧机的牙条扇形块无缝隙卷取机卷筒结构示意图。牙条扇形块无缝隙卷取机与四棱锥式可胀缩卷取机的结构区别是：前者的卷筒结构实际上是将四棱锥镶条式卷筒扇形块下的斜面改成平面，而依靠支撑在扇形块边缘的四组牙条的径向运动实现胀缩。胀缩缸左侧通油时，活塞6活塞杆5拉动导向法兰1，使轴向牙条

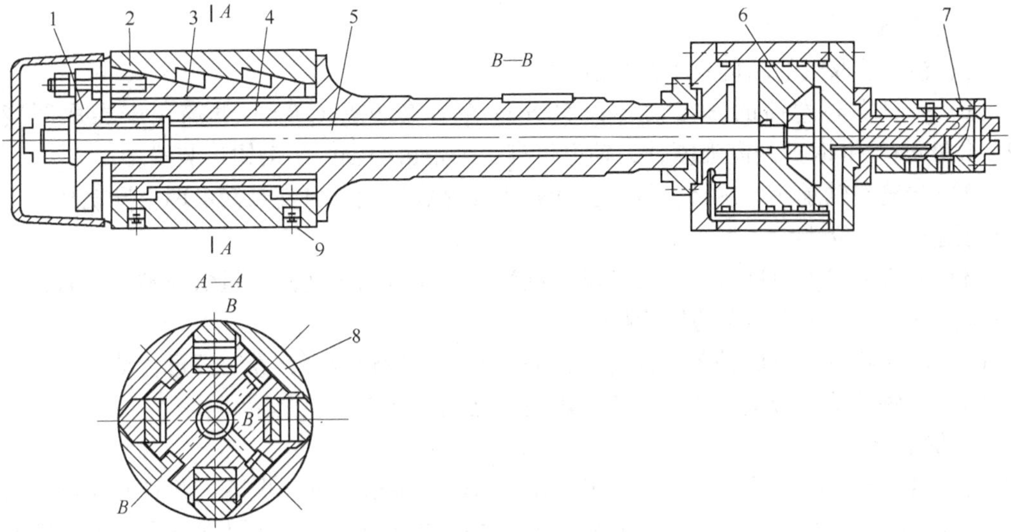

图2-6-21　牙条扇形块式卷筒结构

1—导向法兰；2—径向牙条；3—轴向牙条；4—主轴；5—活塞杆；
6—活塞；7—回转接头；8—扇形块；9—蝶形弹簧

3右移，轴向牙条的移动带动径向牙条2做径向运动，撑起扇形块8，卷筒胀开。卷筒胀开时，径向牙条填充扇形块间的缝隙，胀缩缸活塞反向运动时靠蝶形弹簧的作用使卷筒收缩。

350mm冷连轧机牙条扇形块无缝隙卷取机的技术性能参数如下：

卷筒尺寸	ϕ400mm/400mm
胀缩量	20mm
胀缩缸油压	5MPa
胀缩缸直径	ϕ320mm
工作行程	49.3mm
牙条倾角	16°
卷取张力	5.3～20kN

C　实心卷筒卷取机

在平整机组、横剪及纵剪机组的工艺生产线中，通常要求卷取机的卷筒刚度大、强度高，所以通常采用实心卷筒卷取机。实心卷筒卷取机的实心卷筒如图2-6-22

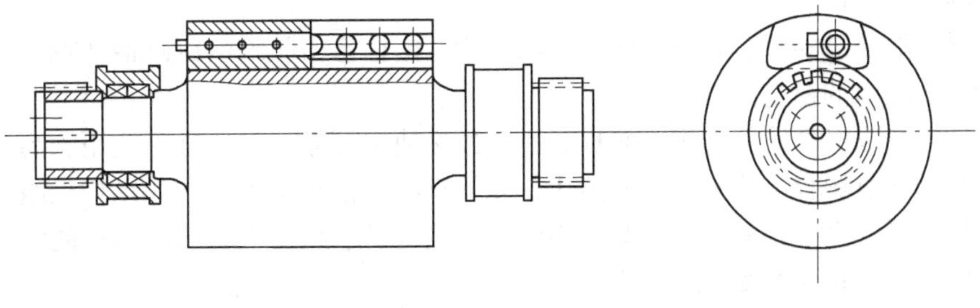

图2-6-22　实心卷筒

所示。

a　结构及工艺特点

实心卷筒卷取机的结构及工艺特点：

（1）一般实心卷筒的直径大小为 500mm 左右（也有 610mm 卷筒用于卷取厚度为 0.2～4.5mm 的带钢）的高强度轴，轴上仅有一个带偏心轴的手动钳口装置。

（2）卷筒在轴承座中旋转，轴承座的外表面作成滚轮，可使卷筒沿两根导轨从一个位置滚动到另一个位置。

（3）实心卷筒通过联轴节实现传动，联轴节用花键固定在减速机低速轴上，联轴节的另一端是齿轮，与实心轴端的齿轮啮合。

（4）液压机构控制联轴节移向卷筒方向，使内外齿轮啮合，卷筒即可传动。

（5）联轴节移向减速机使内外齿脱离后，卷筒可以在导轨上滚动。

b　优缺点

实心卷筒卷取机的优点是，由于实心卷筒结构简单精度可以提高，并且能够承受大的张力，因此可以卷取厚度比较大的带钢；实心卷筒的直径大，而且是双支撑，因此实心卷筒本身的挠度下垂度很小，从而使带钢卷能够严格定心，保证了沿带材宽度方向和长度方向的张力有足够的均匀性。

实心卷筒卷取机最大缺点是，不便于上卷和卸卷。带卷不能直接从实心卷筒卷取机的卷筒上卸下，必须经过一次重新卷取，将带钢卷倒动一次到一个胀缩式卷筒上才能卸下。因此，还必须设有倒卷及重卷机组。

D　径向活塞弓形块卷取机

径向活塞弓形块卷取机多用于冷轧精整机组。该卷取机由卷筒、推卷机、随动液压缸和机座等组成，径向活塞弓形块卷取机如图 2-6-23 所示。

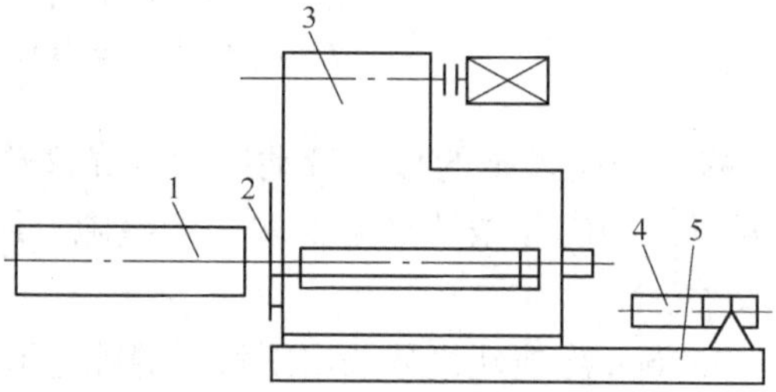

图 2-6-23　径向活塞弓形块卷取机示意图
1—卷筒；2—推卷机；3—减速机；
4—随动液压缸；5—机座

径向活塞弓形块卷取机的卷筒由心轴弓形块等组成，其具体结构如图 2-6-24 所示。

径向活塞弓形块卷取机卷筒的结构如下：

（1）在心轴内沿卷筒长度方向布置有5～7 组互相套叠的径向活塞，用于撑开弓形块和夹紧钳口。

（2）在活塞内及弓形块上装有蝶形弹簧，用以收缩弓形块和放松钳口，各组活塞是由增压缸内的高压油推动的。

（3）增压缸是沿卷筒心轴的轴向设置的，增压缸柱塞由胀缩液压缸活塞推动，平衡缸用来保持增压缸内的稳定油压。

由于这类卷取机卷筒的结构不对称，所以虽然使用可靠，但还是不适用于高速、大负荷运转的带钢卷取场合。这种卷取机多用在冷轧车间的精整机组上，如纵切机组、重卷机组、酸洗机组等。由于带钢品种、厚度不同，工艺上要求纵切机组的卷取机能够快速更换 ϕ450mm 及 ϕ610mm 两种直径的卷筒。

径向活塞弓形块卷取机采用光电式边缘控制装置，来控制带钢在卷取过程中的跑偏。

随动液压缸可确保卷取机沿卷筒轴向在 ±75mm 范围内移动。

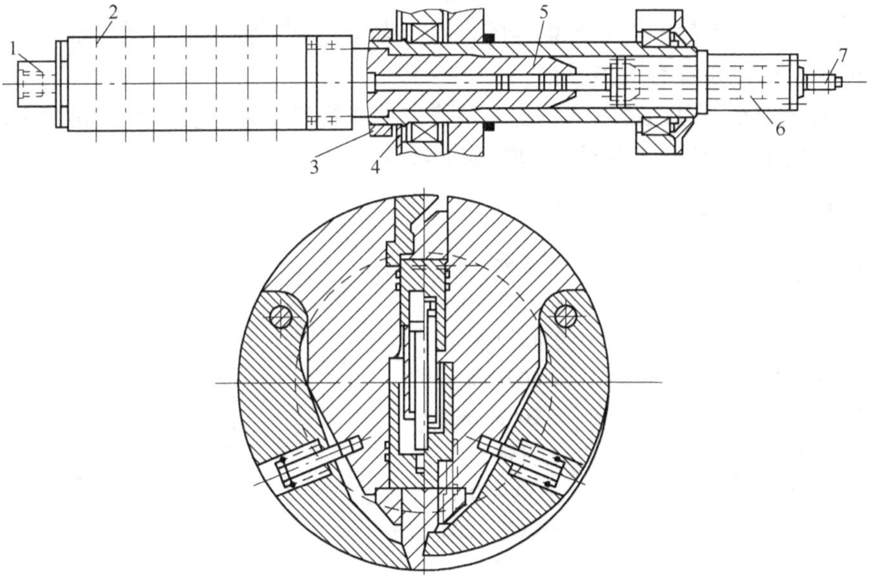

图 2-6-24　径向活塞弓形块卷取机卷筒结构

1—平衡杠；2—卷筒；3—压盖；4—牙嵌式接手；5—增压缸；6—胀缩液压缸；7—回转接头

6.5.2　圆盘剪

圆盘剪在横切机组中只用于带钢的切边，在纵剪机组中可以进行窄带钢及宽带钢的纵向连续剪切。它既可作为冷轧带钢的原料纵向剪切，也是冷轧带钢纵剪重卷生产线的主要设备。

6.5.2.1　圆盘剪分类

按用途分类：

（1）用于剪切带钢侧边的切边圆盘剪。切边圆盘剪可以用于冷轧带钢的横切机组及纵切机组。

（2）用于宽带钢分条的纵向连续剪切，根据工作量的需要决定其结构是两对刀盘还是多对刀盘的圆盘剪。

按刀盘传动方式分类：

按照刀盘的传动方式，可将圆盘剪分为动力剪和拉力剪。拉力剪是指刀盘不直接驱动，由剪后拉力辊或卷取机拖动带钢，在拉过圆盘剪时进行剪切。这两种剪切方式各有特点，故在圆盘剪的传动系统中装有离合器，可以根据需要采用动力剪切或拉力剪切方式。

6.5.2.2　圆盘剪切机结构

用于切边的圆盘剪，它的机构组成一般情况是：左右机架、上下刀轴、底座、机架移动机构、刀盘调整机构和传动装置等。

2 个刀架安装在一个共用焊接底座上，刀架通过电动的双导螺杆沿导轨移动来调节开口度，每个刀架装有 2 个刀头。刀头的间隙是通过电动机传动上、下刀杆上的螺母来调节，由传感器进行位置控制。刀头的重合量是通过电动机传动偏心套对刀轴进行纵向调节，由传感器进行位置控制。在圆盘剪的入口布置 1 个通带辊和 1 对压紧辊，由液压缸升降。圆盘剪出口两侧布置有废料导槽。

圆盘剪的结构必须保证带钢两侧边缘整齐，严格控制带钢宽度，在圆盘剪上对带钢两侧进行切边，切下的边缘在碎边机上进行破碎。

6. 5. 2. 3　圆盘剪主要技术性能

剪切带钢材质	低碳钢、低合金钢
剪切带钢宽度	800 ~ 1870mm
剪切带钢厚度	0. 4 ~ 2. 5mm
剪切带钢强度	≤600MPa
剪切速度	≤200m/min
剪刃材料	工具钢
刀盘尺寸	ϕ330 × 30mm
主电机	22kW，1000r/min
速比	约 4. 87
压紧辊	ϕ150mm，1 对

6. 5. 3　焊机设备

焊机由机架和焊接小车两大部分组成。机架前后设有钢带入口和出口夹紧装置，并铰接到机架立柱上，通过汽缸动作夹紧钢带头尾。焊接小车上装有上切剪、焊轮和碾平滚轮，小车由交变涡流电机传动，焊轮由气动电机传动。整个焊接过程包括带钢头尾对中、定位、剪切、焊接和碾平等操作，这些操作都由可编程序焊接自动控制装置完成，全过程操作时间仅需 2min。

6. 5. 4　矫直机

板带材在轧制、冷却和运输过程中，由于各种因素的影响，往往产生形状缺陷，如纵向弯曲（波浪形）、横向弯曲、中间瓢曲及镰刀弯等。为消除这些缺陷，轧件需在矫直机上进行矫正。矫正板形的矫直方法可按表 2-6-9 分类。

表 2-6-9　矫直机的分类

名　称	主 要 作 用	说 明 图
辊式矫直机	反复弯曲	
拉伸矫直机	拉　伸	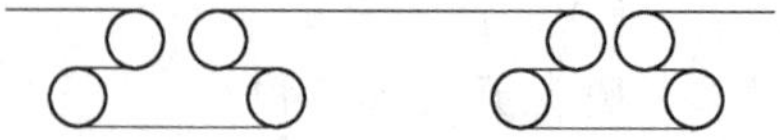
拉弯矫直机	反复弯曲 + 拉伸	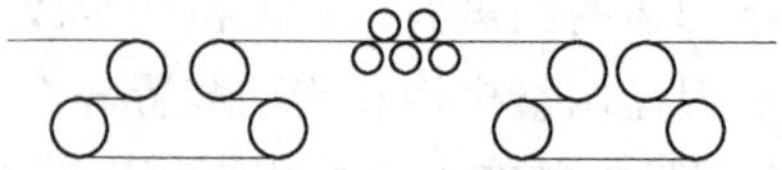

6.5.4.1　辊式矫直机

辊式矫直机在横剪机组中用来对钢板进行矫平。

A　矫直原理

矫直过程是使钢板在旋转的矫直辊之间运行时经受反复多次的弹塑性弯曲变形。钢板在矫直辊压力的作用下进行纯弯曲，发生弹塑性弯曲变形，当矫直力消除、钢板弹性恢复后，消除了一部分原始曲率。剩余的曲率则为下一个矫直辊的原始曲率。经过多个矫直辊的作用，剩余曲率逐渐减小，钢板趋于平直。

薄钢板矫直普遍采用17辊或21辊矫直机。钢板越薄，要求矫直辊数越多、辊径及辊距越小。矫直辊顺序交错排列，带钢经矫直辊反复弯曲得到矫直。上下矫直辊的排列如图2-6-25所示，自入口侧到出口侧开口量逐渐增大，使带钢的弯曲曲率逐渐减小，出口处开口量等于带钢厚度。对入口处的矫直要根据带钢厚度和板形给予适当的压下调整量。支撑辊不只用于防止矫直辊弯曲，而且能按一定的要求调整到某一位置，使矫直辊型成凸度或负凸度，局部弯曲矫直辊，以达到矫直带钢的目的。

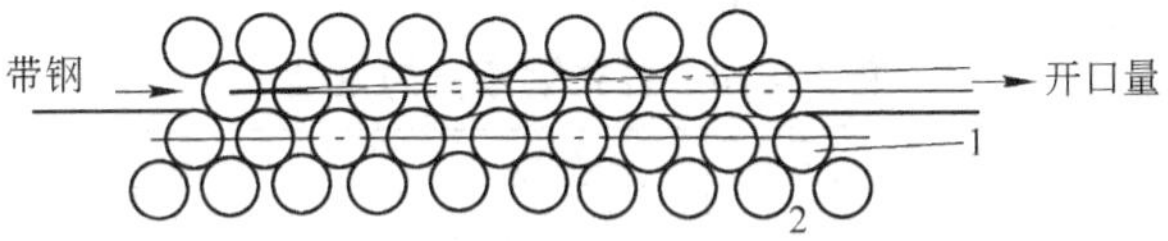

图2-6-25　辊式矫直机矫直辊的配置
1—矫直辊；2—支撑辊

B　功能

为了提高对板形的矫直能力，辊式矫直机配置有如下的调整功能：

(1) 上矫直辊根据钢板不同厚度进行压下调整。

(2) 上矫直辊的纵向倾斜调节，即调节从入口到出口的辊缝值由小到大，使出口板形平直。

(3) 上矫直辊横向倾斜调节。

(4) 下矫直辊的辊形调节。通过整体调节可以得到一个对称的凹凸辊形曲线；而单独调节则是不对称辊形调节，以矫平不同板形缺陷。

辊缝调整类型如图2-6-26所示。准确矫直所需的调节量，必须通过经验和观测得出。

六重式多辊板材矫直机（如图2-6-27所示）是一种高精度板材矫直机。工作辊外侧

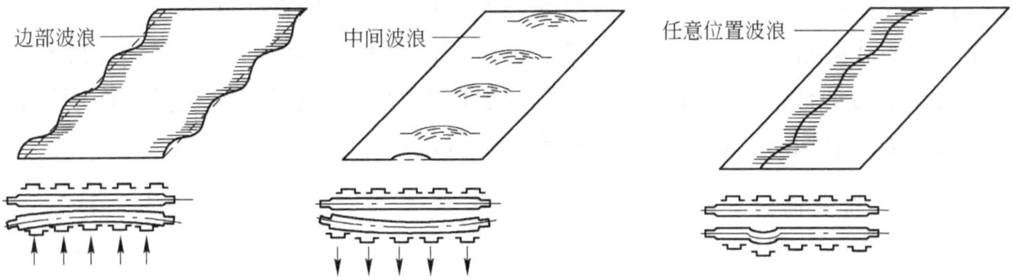

图2-6-26　矫直辊调解法

具有双层支撑辊，与工作辊直接接触的中间支撑辊，辊身长度与工作辊相等，但直径仅为其一半。它的轴承座为浮动式，可以使中间支撑辊在工作辊上自行对位。中间支撑辊外侧具有一排大直径的短平支撑辊。

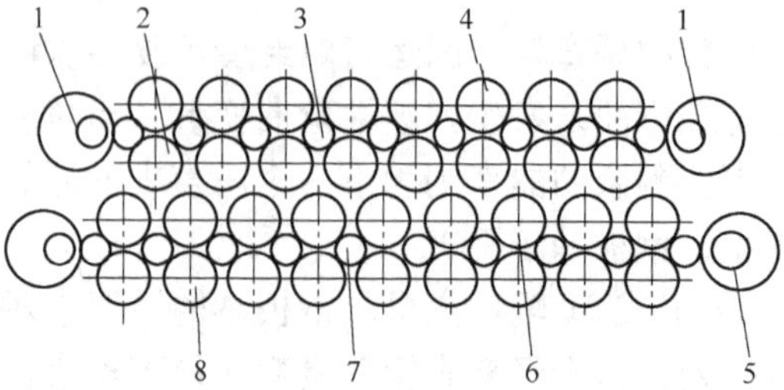

图 2-6-27 17 辊六重式矫直机示意图

1—偏心上压辊 $\phi75$；2—上排工作辊 $\phi50$；3—第一排上支撑辊 $\phi30$；4—第二排上支撑辊 $\phi51$；5—偏心下压辊 $\phi75$；6—下排工作辊 $\phi50$；7—第一排下支撑辊 $\phi30$；8—第二排下支撑辊 $\phi51$

1700mm、2030mm 冷轧厂带钢横剪机组的几台辊式矫直机的技术参数见表 2-6-10。

表 2-6-10 辊式矫直机的性能

机　组		1700mm	2030mm	2030mm		2030mm	
矫直厚度/mm		0.5 ~ 2.0	0.3 ~ 2.0	0.5 ~ 1.5	1.0 ~ 3.0	0.3 ~ 2.0	1.5 ~ 3.0
最大屈服极限/MPa		280	280	280	280	280	280
矫直辊	数　量	21	21	21	17	21	17
	尺寸/mm × mm	$\phi50 \times 1750$	$\phi50 \times 1740$	$\phi50 \times 2000$	$\phi70 \times 2000$	$\phi50 \times 1840$	$\phi50 \times 1840$
中间辊	数　量					23	19
	尺寸/mm × mm					$\phi30 \times 1700$	$\phi35 \times 1700$
支撑辊数量	顶　部	7 组 77 个	7 组 77 个	7 组 77 个	7 组 63 个	5 组 55 个	
	底　部	7 组 84 个	7 组 84 个	7 组 84 个	7 组 70 个	5 组 60 个	
支撑辊尺寸/mm × mm		$\phi50 \times 115$	$\phi50 \times 120$	$\phi50 \times 150$	$\phi70 \times 200$	$\phi50 \times 120$	$\phi66 \times 152$
最大矫直速度/m · min^{-1}		140	240	140	140	140	140

6.5.4.2 拉伸矫直机

拉伸矫直机适用于矫直厚度小于 0.6mm 的薄钢板及有色金属板。拉矫的特点对轧件施加超过材料屈服极限的张力，使之产生弹塑性变形，从而矫直轧件。

单张板用钳式拉矫机，其设备生产率低且钳夹住的部分要切除，金属损耗较大。对连续带钢可使用张力平整辊组进行粗矫，并能改善带钢的力学性能，但在张力作用下，工作辊易窜动而影响矫直质量，目前已被拉弯矫直所取代。

6.5.4.3 拉伸弯曲矫直机

A 原理

连续纵剪机组使用的拉伸弯曲矫直机综合了拉伸矫直机和辊式矫直机的优点，其矫直原理是在拉伸和连续矫直弯曲的联合作用下，使带材产生塑性延伸而获得良好的矫直。尤其对于薄的合金钢带才能收到张力矫直机和辊式矫直机无法比拟的矫直效果。

B　特点

拉伸弯曲矫直机主要有以下几个特点：

（1）改善带钢的力学性能和材料的各向异性，消除带材的瓢曲边浪和镰刀弯等三维形状缺陷，拉伸弯曲矫直后获得良好的板形。

（2）因为拉伸弯曲矫直机的弯曲辊和矫直辊均为从动辊，其矫直速度与带材同步，因此不伤害带材的表面质量。

（3）设备结构简单、重量轻、维修方便、操作容易。

C　结构形式

拉伸弯曲矫直机的结构形式如图2-6-28所示。

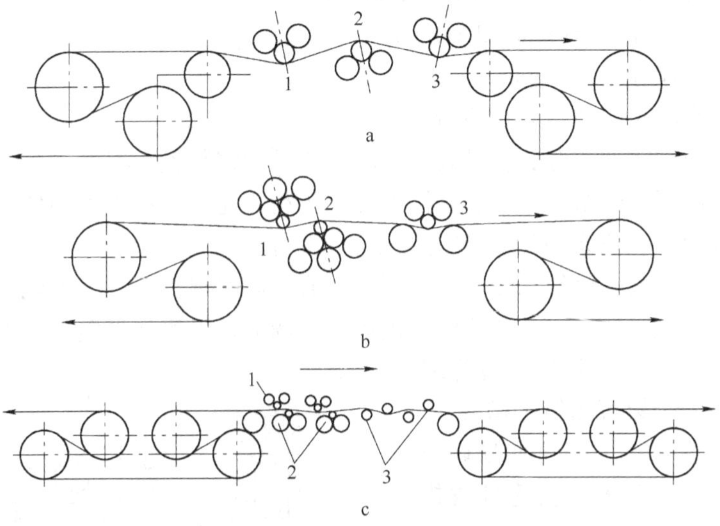

图2-6-28　拉伸弯曲矫直机的结构形式

a，b—具有一组弯曲辊和一组矫直辊的连续拉弯矫直机；

c—具有两组弯曲辊和一组矫直辊的连续拉弯矫直机

1，2—弯曲辊；3—矫直辊

D　应用范围

拉伸弯曲矫直机通常以机组形式出现，其应用范围相当广泛：

（1）对于一些特殊钢板如荫罩钢带，工艺要求在网板厂进行的喷涂感光层，其带钢必须具有最大的平直度，尽管采用了二十辊冷轧机进行二次冷轧或平整，也不一定能完全满足平直度的要求，通过对钢带的拉弯矫直才能保证工艺要求的平直度。

（2）拉伸弯曲矫直机几乎适用于所有带钢生产线，矫直最大厚度可达10mm。在同一拉伸弯曲矫直机上可以矫直厚度为0.2～0.5mm的薄带材，并且也可以矫直厚度为1～6mm的厚带材，最大宽度可达3000mm。

（3）矫直速度范围广，一般在0～240m/min，矫直机的最高速度可达1000m/min。

（4）在用于镀锌机组中可使带材锌花更细微、镀层更均匀。

E　技术性能

2030mm 冷轧厂重卷机组拉矫机的主要性能如下：

拉矫材料：冷轧低碳钢带；

屈服极限：＜300MPa；

带钢尺寸：厚度 0.3～3.5mm，宽度 900～1850mm；

拉伸伸长率；最大 2.5%；

张力辊：数量 4 个，尺寸 ϕ1300mm×2000mm；

弯曲矫直辊：

第一组：适用带钢厚度 0.3～1.8mm；

数量：弯曲辊 4 个，矫直辊 1 个；

尺寸：ϕ56mm×2000mm，支撑辊 7 个，ϕ122mm；

第二组：适用带钢厚度 1.5～3.5mm；

数量：弯曲辊 2 个，尺寸：ϕ63mm×2000mm；

矫直辊 1 个，尺寸：ϕ80mm×2000mm；

支撑辊 6 个，尺寸：ϕ122mm。

两组弯曲矫直辊布置如图 2-6-29 所示。

拉矫机由张力辊机架、弯曲辊机架、传动马达及调整装置所组成。张力辊组由入口和出口呈 S 形分布的张力辊组成，它们分别由马达传动并通过行星齿轮箱使内、外张力辊产生速度差形成张力。入口张力辊的作用是提高入口段张力，使带钢达到拉伸所需的拉伸力。出口张力辊的作用是使带钢张力降低到输出值。弯曲辊机架由上下辊架、立柱及机架倾斜机构等组成，上辊架可由马达和丝杆进行上下调节，以实现带钢弯曲度控制。下辊架可使液压快速打开，以便穿带和过焊缝时顺利通过。整个机架可倾斜 ±10°，以此改变带钢出口角度，实现拉伸量调节并消除横向弯曲。图 2-6-30 为弯曲辊机

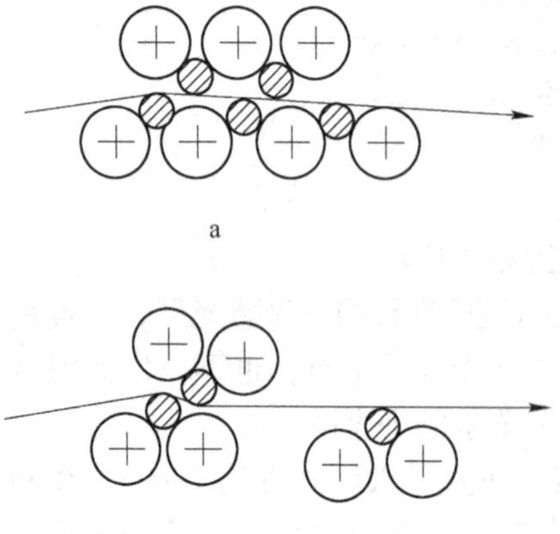

a

b

图 2-6-29　拉矫机弯曲辊与支撑辊布置

a—薄规格带钢；b—厚规格带钢

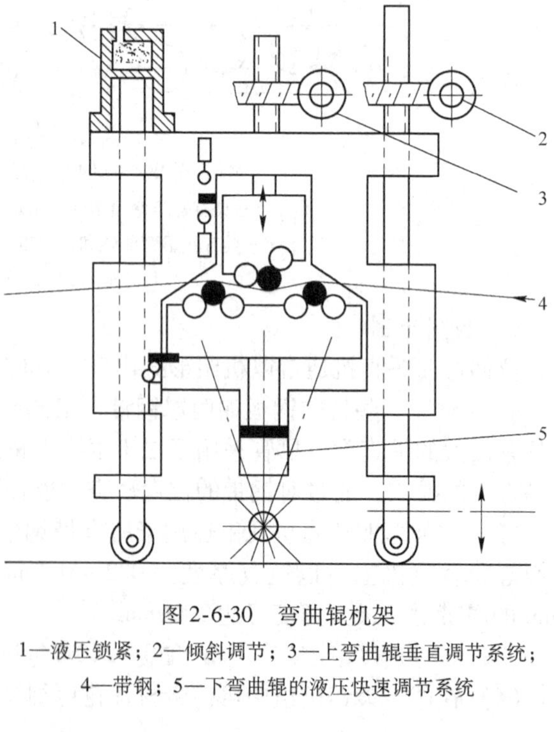

图 2-6-30　弯曲辊机架

1—液压锁紧；2—倾斜调节；3—上弯曲辊垂直调节系统；4—带钢；5—下弯曲辊的液压快速调节系统

架的组成示意图。

6.5.5　飞剪

飞剪是横剪机组的关键设备，它是把运行着的带钢连续剪切成定尺钢板的特殊重要设备。它决定了剪切钢板的尺寸精度和断口质量。冷轧钢带的定尺飞剪，一般采用滚筒式飞剪和曲柄摆式飞剪（或称施罗曼飞剪）。表2-6-11列出了两种飞剪在原理、应用、结构上的对比。

表2-6-11　飞剪的基本原理和应用情况

飞剪形式	运动原理	优　点	缺　点	应　用
滚筒式飞剪	剪刃安装在旋转滚筒上做圆周运动	具有良好的平衡性，剪切速度较高，可以在300m/min以上	因为剪切位置的不平行性，降低了剪切断面的质量、剪刃的磨损较快，剪切精度±0.8mm	适合于薄带钢剪切
曲柄摆式飞剪	剪刃做平面平移运动	剪切端口质量好，具有生产率高、定尺范围广、剪切精度高和使用操作简便等优点，是一种结构紧凑、控制系统完善的定尺飞剪。其剪切偏差为剪切长度的0.025%～0.03%	剪切速度较滚筒式飞剪低	在国内宽带钢冷轧厂广泛使用

6.5.5.1　滚筒式飞剪

滚筒式飞剪的两个滚筒旋转方向相反，剪刃在旋转的滚筒上做圆周运动，具有良好的平衡特性，因而剪切速度可以很高，已达到305m/min。但是滚筒式飞剪剪切钢带时，剪刃的位置不能始终保持平行，开始剪切时剪刃相对于钢带的位置是倾斜的，剪切成品的断口质量不好，不适于剪切厚度较大的带材；剪切过程不是纯剪切，附加有挤压作用，从而导致了水平力，使剪刃磨损加快。

6.5.5.2　曲柄摆式飞剪

曲柄摆式飞剪是德国施罗曼公司在20世纪70年代初在摆式结构飞剪的基础上改造而成的，也称施罗曼飞剪。该飞剪在剪切过程中，上下剪刃保持平行，剪切断口质量好，生产率高，定尺范围广，剪切精度高，使用操作方便，是一种结构紧凑的新型钢带定尺飞剪。

目前国内引进的曲柄摆式飞剪，有D型和K型两种；国内某2030mm冷轧厂采用了K型曲柄摆式定尺飞剪。

D型和K型两种曲柄摆式飞剪的区别在于：

D型飞剪机本体和夹送矫正装置共用一台直流电动机驱动，而K型飞剪机本体和夹送矫正装置可以分别用直流电动机或共用一台直流电动机驱动；D型飞剪的曲柄长度固定不可调，而K型飞剪的曲柄长度可调；D型飞剪的空切机构仅有液压偏心装置，没有机械偏心装置，只靠液压偏心完成倍尺剪切，而K型飞剪的空切机构包括机械偏心和液压偏心装置；D 型飞剪的基本定尺长度为 666.7mm，K 型飞剪可以将钢带切成 500 ~ 16000mm 内的任意定尺长度。

1700mm、2030mm 冷轧厂钢带横剪机组的曲柄摆式定尺飞剪的性能如表 2-6-12 所示。

表 2-6-12　曲柄摆式飞剪性能表

机　组	1700mm	2030mm	2030mm	2030mm
型号-刃长/mm	K-1650	K-1650	K-1650	K-1950
基本定尺长度/mm	500 ~ 1000	500 ~ 1000	500 ~ 1000	500 ~ 1000
剪切钢带厚度/mm	0.15 ~ 0.55	0.3 ~ 2.0	0.3 ~ 3.0	0.5 ~ 3.5
剪切钢带宽度/mm	1530	1550	1550	1850
剪切长度/mm	1000 ~ 4000	1000 ~ 4000	1000 ~ 4000	1000 ~ 6000
剪切速度/$m \cdot min^{-1}$	最大 300	24 ~ 200	24 ~ 120	24 ~ 120
剪切材料	碳素结构钢			

思 考 题

2-6-1　精整有哪些常见的工序？

2-6-2　平整的作用有哪些？

2-6-3　平整机分哪几种形式？

2-6-4　冷轧带钢精整工艺段的缺陷及预防措施有哪些？

参 考 文 献

[1] 张景进. 板带冷轧生产[M]. 北京：冶金工业出版社，2006.

[2] 陈龙官，黄伟. 冷轧薄钢板精整生产技术[M]. 北京：冶金工业出版社，2009.

[3] 张小平，梁爱生. 近终形连铸技术[M]. 北京：冶金工业出版社，2001.

[4] 王廷溥. 板带材生产原理与工艺[M]. 北京：冶金工业出版社，1995.

[5] 赵家俊，魏立群. 冷轧带钢生产问答[M]. 北京：冶金工业出版社，2004.

[6] 霍刚. 冷轧精整工艺段质量缺陷分析[J]. 第二届薄钢板质量研讨会论文集，2002.

[7] 傅作宝. 冷轧薄钢板生产[M]. 北京：冶金工业出版社，1996.

[8] 张景进. 板带冷轧生产[M]. 北京：冶金工业出版社，2006.

[9] 刘洪伟. 全氢罩式退火炉及其操作[J]. 轧钢，1998，(2).

[10] 李红梅. 全氢罩式退火炉的退火过程自动控制系统[J]. 冶金自动化，2003，(1).

[11] 佟强，崔勇，胡光远，等. 本钢冷轧罩式退火炉机组生产概况[J]. 钢铁，2003，(5).

[12] 崔作祥，赵英恺，王文生，等. 全氢罩式退火炉安全控制系统[J]. 冶金自动化，2001，(4).

[13] 李俊. 宝钢2号连续退火机组新技术介绍[J]. 宝钢技术，2002，(6).

[14] 徐乐江. 板带冷轧机板形控制与机型选择[M]. 北京：冶金工业出版社，2007.

[15] 中国金属学会轧钢学会冷轧板带学术委员学会. 中国冷轧板带大全[M]. 北京：冶金工业出版社，2005.

冶金工业出版社部分图书推荐

书　　名	定价(元)
材料成形设备	46.00
材料成形的物理冶金学基础	26.00
金属材料工程专业实验教程	22.00
无机非金属材料实验教程	30.00
中厚板生产与质量控制	99.00
中厚板生产实用技术	58.00
中厚板生产知识问答	29.00
中国中厚板轧制技术与装备	180.00
宽厚板轧机概论	75.00
冶金行业职业教育培训规划教材——板带冷轧生产	42.00
板带材生产原理与工艺	28.00
板带冷轧机板形控制与机型选择	59.00
高精度板带钢厚度控制的理论与实践	65.00
冷热轧板带轧机的模型与控制	59.00
板带材生产工艺及设备	35.00
中国热轧宽带钢轧机及生产技术	75.00
热轧薄板生产技术	35.00
热轧带钢生产知识问答	35.00
冷轧带钢生产问答	45.00
热轧生产自动化技术	52.00
冷轧薄钢板生产(第2版)	69.00
板带冷轧生产	42.00
冷轧生产自动化技术	45.00
冷轧薄钢板精整生产技术	30.00
冷轧薄钢板酸洗设备与工艺	28.00
包芯线用冷轧钢带	10.00
带钢连续热镀锌生产问答	48.00